Christian Mueller-Goldingen
Untersuchungen zu
Xenophons Kyrupädie

Beiträge zur Altertumskunde

Herausgegeben von
Ernst Heitsch, Ludwig Koenen,
Reinhold Merkelbach, Clemens Zintzen

Band 42

B. G. Teubner Stuttgart und Leipzig

Untersuchungen zu Xenophons Kyrupädie

Von
Christian Mueller-Goldingen

B. G. Teubner Stuttgart und Leipzig 1995

Gedruckt mit Unterstützung der Förderungs-
und Beihilfefonds Wissenschaft der VG Wort GmbH,
Goethestraße 49, 80336 München

Die Deutsche Bibliothek – CIP-Einheitsaufnahme

Mueller-Goldingen, Christian:
Untersuchungen zu Xenophons Kyrupädie /
von Christian Mueller-Goldingen. –
Stuttgart; Leipzig: Teubner, 1995
(Beiträge zur Altertumskunde; Bd. 42)
Zugl.: Saarbrücken, Univ. Habil.-Schr., 1991
ISBN 3-519-07491-5
NE: GT

Dem Andenken meines Vaters

Vorwort

Bei der vorliegenden Arbeit handelt es sich um die überarbeitete Fassung einer Habilitationsschrift, die im Wintersemester 1991 von der Philosophischen Fakultät der Universität des Saarlandes in Saarbrücken angenommen wurde. Danken möchte ich an erster Stelle Herrn Carl Werner Müller für die fruchtbare Kritik und das Engagement, mit dem er die Arbeit während ihrer Entstehung begleitete, ferner Herrn Clemens Zintzen, der mir anbot, sie in die Reihe 'Beiträge zur Altertumskunde' aufzunehmen.

Dem Verlag B.G. Teubner sei für die gute, zügige Zusammenarbeit, der VG Wort GmbH für den großzügigen Zuschuß zu den Druckkosten gedankt.

Saarbrücken, im Oktober 1994   Christian Mueller-Goldingen

Inhaltsverzeichnis

Einleitung

Xenophons Kyrupädie ist die umfangreichste literarische Würdigung, die in der Antike Kyros, dem Gründer des persischen Weltreiches, zuteil wurde. Das Werk legt auf eindrucksvolle Weise Zeugnis von dem früh erwachenden Interesse ab, das die Philosophie neben der Historiographie für den Perser als einen idealtypischen Herrscher entwickelte.

In der griechisch-römischen Antike hat Xenophons Darstellung große Aufmerksamkeit gefunden.[1] Dies gilt ebenso für die Spätantike, wie zahlreiche Kyrupädiezitate bei Stobaios zeigen[2], und für die byzantinische Literatur. Im Exzerptenwerk De virtutibus des Kaisers Konstantinos Porphyrogennetos[3] wird die Kyrupädie in umfangreicher Weise benutzt, und auch Tzetzes zeigt in den Chiliaden (I 51 ff., III 46 f., III 561 ff.) genaue Kenntnis dieser Schrift.[4] Gnomen aus der Kyrupädie finden sich in spätbyzantinischer Zeit bei Michael Apostolios.[5]

Die Wertschätzung und Bekanntheit der Kyrupädie lassen sich auch in der Renaissance feststellen. Besonders im Horizont der staatstheoretischen und politischen Schriften zeigt sich, daß Xenophons Werk weiterwirkt. Machiavelli verweist im Principe (c. 14) auf die paradigmatische Wirkung, die der xenophontische Kyros auf Scipio Africanus ausübte. Seine im gleichen Werk (c. 12) entwickelte Konzeption vom Herrscher, der zugleich das Amt des Feldherrn ausübt, erinnert an Xenophons Darstellung in der Kyrupädie. Und zweifellos orientiert er sich an der Kyrupädie, wenn er Kyros im Principe (c. 16) als Muster des Regenten, der die Freigebigkeit richtig ausübt,

---

[1] Vgl. Münscher, Xenophon in der griechisch-römischen Literatur, 45 ff. Zum Einfluß der Kyrupädie auf Cicero vgl. neben Münscher, 75 ff. auch J. Gruber, Cicero und das hellenistische Herrscherideal, WS 101, 1988, 243–58. – Zu den Xenophonpapyri mit Kyrupädiezitaten vgl. A. H. R. E. Paap, The Xenophon Papyri, Papyrologia Lugduno-Batava 18, Leiden 1970.

[2] Vgl. dazu Persson, Zur Textgeschichte Xenophons, 146 ff.

[3] Vgl. dazu K. Krumbacher, Geschichte der byzantinischen Literatur I, München 1897, 259.

[4] Vgl. Münscher, 230 f.

[5] Vgl. Münscher, 234 f.

in einer Reihe mit Cäsar und Alexander zitiert. Nicht weniger als fünf Mal nimmt Machiavelli in den Discorsi (II 13, III 20, III 22, III 39) Bezug auf Xenophons Kyrosdarstellung, wobei er den xenophontischen Kyros im wesentlichen aus zwei Gründen namhaft macht: Zum einen dient er als Paradeigma des guten Herrschers, zum zweiten als Muter des Pragmatikers, der im richtigen Augenblick das Richtige tut.

Die nachhaltige Wirkung der Kyrupädie[5a] hat mehrere Gründe: Zunächst eignet ihr aufgrund der Thematik etwas Exotisches. Xenophon wählt, was keineswegs selbstverständlich ist, einen persischen Herrscher und beschreibt im Laufe seines Werkes einen Staat, der zumal auf den griechischen Leser schon aufgrund seiner Dimensionen einen starken Eindruck ausüben muß. Hierin unterscheidet sich die Kyrupädie von ansonsten vergleichbaren Werken wie dem Euagoras und dem Nikokles des Isokrates.

Ein zweiter Punkt: Xenophon benutzt das Fremdartige im Grunde nur als Rahmen, innerhalb dessen er seine Konzeption vom idealen Herrscher entwickelt. Nicht das Faktum der Begründung eines Weltreiches steht bei ihm im Vordergrund, sondern das Bemühen, dem Leser zu veranschaulichen, wie der gute Monarch beschaffen ist. Der Bezugspunkt, nach dem Xenophon sein Werk ausrichtet, sind die Verhältnisse der griechischen Polis zu seiner Zeit, wie schon aus dem Beginn der Kyrupädie (I 1,1, I 2,2) erhellt. Der Reichsgründer Kyros erhält den Status eines Vorbildes, das Xenophon in Kontrast zur gegenwärtigen griechischen Welt setzt.

Mit der Projektion idealer Herrschereigenschaften auf eine historische Persönlichkeit schafft Xenophon im Grunde nichts Neues. Er steht in der Tradition des Antisthenes, der ebenfalls an Kyros zeigt, welche Eigenschaften den idealen Herrscher charakterisieren, und der sich wie Xenophon im wesentlichen an den Wertmaßstäben der griechischen Ethik orientiert.[6]

Xenophon geht jedoch noch weiter. Kyros ist bei ihm nicht nur der Träger eines Herrscherideals. Er repräsentiert den König, dem es gelingt, sein Reich bis zu seinem Tod im Zustand der Blüte zu erhalten, und der auf dem Gebiet der Organisation und Verwaltung Vorbildliches schafft. Bei Antisthenes findet sich, soweit die erhaltenen Fragmente erkennen lassen, nichts Vergleichbares. Die Kyrupädie läßt sich auch als eine Art Handbuch einordnen, die dem Staatsmann oder Herrscher vor Augen führt, wie sich ein Staat hierarchisch gliedern und wirkungsvoll trotz seiner Größe verwalten läßt.

[5a] Sie bestimmt die Gattungstradition des neuzeitlichen Fürstenspiegels von der Renaissance bis ins 18. Jahrhundert; vgl. Tatum, Xenophon's imperial Fiction, 3 ff.
[6] Zu Antisthenes' Kyrosbild vgl. unten S. 32 ff.

Was das Herrscherideal der Kyrupädie betrifft, so fallen mehrere Dinge auf: Zum einen orientiert sich Xenophon, wie schon das Proöm des Werkes (I 1,2)[7] zeigt, an der letztlich orientalischen Vorstellung vom Herrscher als einem guten Hirten.[8] Das Zweite betrifft den Staat: Xenophon setzt ihn im Proöm (I 1,1) in Analogie zum οἶκος, rechnet also wie Platon (Polit. 258e8–259c4) mit einer Zusammengehörigkeit der πολιτική und der οἰκονομική. Diese Konzeption erlaubt es Xenophon, den guten Herrscher in der Kyrupädie (VIII 1,1) mit einem guten Vater gleichzusetzen. Beide Vorstellungen stehen in einem inneren Zusammenhang. Was die Gleichsetzung des Regenten mit einem Vater betrifft, so kann sich Xenophon auf eine feste Tradition stützen.[9]

Auf der anderen Seite steht das Bild des Herrschers als eines Weisen. Der xenophontische Kyros verkörpert gleichsam einen Philosophen auf dem Thron, wie besonders der dritte, der Organisation und Verwaltung des Reiches gewidmete Teil des Werkes (VII 5,37 ff.) zeigt.

Bei Kyros' Wissen handelt es sich um einen um eine theoretische σοφία, zum zweiten aber auch um praktische Kenntnisse, die er als Feldherr besitzen muß (I 6,7 ff.). Die σοφία bezieht sich auch auf metaphysische Fragen. Dies erhellt besonders aus VIII 7, wo Kyros die Natur der Seele und die Frage untersucht, ob sie unsterblich ist. Kyros' Weisheit manifestiert sich jedoch ebenso auf dem Gebiet der Ethik, wenn er das Problem der Eudaimonie thematisiert (VIII 7,6 ff.). Und sein Wissen äußert sich auch im Maßhalten im Glück, da er um die Grenzen, die dem Menschen gesetzt sind, weiß (VIII 7,3).

Als Feldherr und Herrscher hat Xenophons Kyros ein Vorbild für seine Untertanen zu sein. Dieser Gedanke durchzieht im Grunde die gesamte Kyrupädie. Xenophon betont ihn besonders zu Beginn des Katalogs der Herrschertugenden (VIII 1,21 ff.). Die ἀρεταί des Herrschers sollen zur Nachahmung stimulieren und die Untertanen sittlich gut machen. Xenophons Kyros übt als König die Tätigkeit eines Lehrers in Ethicis aus und setzt, indem er die Bürger besser machen will, in die Tat um, was Platon im Gorgias (515b6 ff.) als Kennzeichen der wahren Staatsmänner erachtet.

Im Hintergrund dieses Modells steht die Vorstellung, daß die Sitten der Bürger eines Staates so gut sind wie der Herrscher (VIII 1,8).[10] Der Ge-

---

[7] Vgl. auch VIII 2, 14.
[8] Vgl. unten S. 42 mit Anm. 84.
[9] Vgl. unten S. 223 zu VIII 1.1.
[10] Vgl. auch VIII 8,5 ὁποῖοί τινες γὰρ ἂν οἱ προστάται ὦσι, τοιοῦτοι καὶ οἱ ὑπ' αὐτοὺς ὡς ἐπὶ τὸ πολὺ γίγνονται.

danke stammt nicht von Xenophon. Er übernimmt ihn aus einer festen
Tradition, wie sein Vorkommen bei Isokrates (2,31, 3,37) zeigt.[11] Neu ist
jedoch die Konsequenz, mit der Xenophon dieses Motiv im achten Buch
der Kyrupädie behandelt, indem er zeigt, wie das Wohl des von Kyros ge-
lenkten Staates von der Bereitschaft der Untertanen abhängt, ihm in der
Ausübung der ἀρεταί nachzueifern. Die vollendete Organisation eines Staates ist nach Xenophon notwendig, um ihn als ein geordnetes Ganzes zu
erhalten. Doch dies ist nur die eine Seite. Mindestens ebenso wichtig ist in
der Kyrupädie die Vorbildfunktion, die der Herrscher für seine Untertanen
hat.

Stellt man sich die Frage nach der Gattungszugehörigkeit und literarischen Eigenart der Kyrupädie, so zeigt sich Folgendes: Von der Thematik
her gehört sie zur Literatur über die Monarchie. Freilich handelt es sich
weder um einen primär theoretischen Traktat über die Vorzüge dieser
Staatsform, noch um den Entwurf eines Idealstaates von der Form, wie ihn
Platon in der Politeia bietet. Xenophon präsentiert den persischen Staat
im ersten Buch der Kyrupädie als ideales Gebilde, doch ordnet sich seine
Darstellung dem Zweck unter, gleichsam den Rahmen zu illustrieren, in
dem sich die Erziehung des künftigen Herrschers entwickelt. Im Mittelpunkt des Werkes steht die Person des idealen Königs und eben nicht die
Frage, welche Elemente die beste Staatsform konstituieren.

Die Kyrupädie entzieht sich jedoch andererseits einer einfachen Zuordnung zur philosophischen Literatur über die Monarchie. Der Grund ist offenbar in der literarischen Darstellungsweise und Perspektive zu suchen,
die Xenophon wählt: Er unternimmt den Versuch, die Entwicklung einer
historischen Person von ihrer Geburt bis zum Tod darzustellen. Die Kyrupädie rückt insofern auch in die Nähe der Biographie. Sie unterscheidet sich
andererseits von diesem Genus dadurch, das Xenophon seiner Darstellung
zwar wichtige historische Fakten zugrunde legt, zugleich jedoch der Fiktion
breiten Raum zugesteht, um den Stoff seinen Zwecken nutzbar zu machen.[12] Xenophon liegt nicht an einer lückenlosen, chronologisch genauen
Darstellung. Vielmehr bevorzugt er, wie sich im Zusammenhang der Erziehung des jungen Kyros im ersten Buch zeigt, ein Verfahren, das bestimmte
Eigenarten und Verhaltensweisen des laudandus in einem bestimmten Alter
exemplarisch mit πράξεις belegt. Die jeweils geschilderte Situation soll das
ἦθος des 'Helden' verdeutlichen.[13]

---

[11] Vgl. auch unten S. 225.
[12] Zur Fiktion in der Kyrupädie vgl. auch unten S. 2 ff.
[13] Vgl. auch unten S. 96 f. zu I 4.

Zur literarischen Eigenart der Kyrupädie gehört es, daß Xenophon seinen Entwurf des idealen Herrschers nicht gleichsam eindimensional anlegt,
sondern die Haupthandlung mit einer Vielzahl von Episoden verknüpft. Sie
werfen aus einer anderen Perspektive Licht auf Kyros. Xenophon zeigt in
ihnen mittels des Dialogs oder der Reden, die er dem idealen Herrscher in
den Mund legt, daß bestimmte ethische Maximen ihre Gültigkeit besitzen.
Zu nennen ist in diesem Zusammenhang Xenophons Überzeugung, daß es
vorgängiger Mühen bedarf, um die Tugend zu erlangen[14], ferner das
Dogma, daß jede ἀρετή wie eine Techne ständig geübt werden muß, um
nicht verloren zu gehen.[15]

Zum zweiten dienen diese Episoden der Auflockerung der Darstellung.
Besonders deutlich erhellt dies aus den Tischgesprächen des zweiten Buches,
die den Rahmen für die Diskussion über die beiden Formen der Gerechtigkeit abgeben. Xenophon scheint mit dieser Darstellungsweise dem Eindruck
einer theoretischen und trockenen Abhandlung entgegenwirken zu wollen.

Die bisher beschriebene Eigenart der Kyrupädie soll im folgenden im
Vergleich mit zeitgenössischen und früheren historischen und philosophischen Schriften verdeutlicht werden. Drei philosophische Autoren werden
sich als besonders relevant erweisen: Antisthenes, Platon und Isokrates. Auf
historischer Seite sind Herodot und Ktesias zu berücksichtigen.

Drei Aspekte sind besonders wichtig: der traditionsgeschichtliche und
damit die Frage, wie sich Xenophon mit dem Kyrosstoff in der Philosophie
und Historiographie auseinandersetzt, zweites die philosophische und staatstheoretische Dimension der Kyrupädie, drittens der literaturtheoretische
Aspekt. Zu ihm ist die Frage zu rechnen, wie Xenophon sein Werk als
literarische Schöpfung konzipiert, welche Struktur er ihm verleiht und wie
er es mit Stellen aus seinen anderen philosophischen Schriften in Verbindung bringt.

Die jüngste Forschung wird diesen drei Aspekten nicht gerecht. Tatum[16]
beschränkt sich darauf, die novellistischen und romanhaften Elemente der
Kyrupädie zu untersuchen. Die philosophische Bedeutung und literarische
Eigenart der Kyrupädie sind nicht Gegenstand von Tatums Untersuchung.

Die Arbeit von Due[17] widmet sich im wesentlichen der narrativen Technik Xenophons und der 'Botschaft' der Kyrupädie. Letztere, so Dues
These[18], bestehe darin, daß Xenophon auf die Notwendigkeit der höchst-

---

[14] Vgl. I 5, 12 und unten S. 106.
[15] Vgl. VII 5,75 und dazu S. 219.
[16] Tatum, Xenophon's imperial Fiction, 1989.
[17] Due, The Cyropaedia: Xenophon's Aims and Method, 1989.
[18] Due, 237.

möglichen "moral standards in the leader" als Mittel aufmerksam mache, um einem Staat Stabilität zu verleihen.

Due[19] geht zwar auf die philosophische Tradition ein, vor deren Hintergrund die Kyrupädie zu sehen und zu erklären ist. Die Diskussion des Kyrosbildes bei Antisthenes bleibt jedoch unbefriedigend, weil nicht deutlich wird, worin zum einen das Eigenartige der antisthenischen Konzeption besteht, wie Xenophon andererseits auf den älteren Sokratiker rekurriert und wie sich seine Kyrosdarstellung von der des Antisthenes unterscheidet.

Das Verhältnis Xenophon-Platon, aber auch Bezüge zwischen Xenophon und Isokrates, der als Archeget des Enkomions (Euagoras) in die Untersuchung der Kyrupädie einzubeziehen ist, bleiben bei Due weitgehend ausgeblendet.

An dem gleichen Mangel leidet die Arbeit von Levine Gera.[20] Sie konzentriert sich im wesentlichen, hierin Tatums Untersuchung vergleichbar, auf Gattungsfragen und novellistische sowie romanhafte Elemente der Kyrupädie. Das Problem der Quellen sowohl der historischen wie der philosophischen, kommt bei Levine Gera viel zu kurz. Isokrates wird so gut wie ganz ausgespart. Die Eigenart des antisthenischen Kyrosbildes wie auch das Verhältnis Xenophons zu Platon und die Unterschiede zwischen dem platonischen Ansatz im Staat und im Politikos und Xenophons Konzeption des idealen Herrschers werden nicht deutlich.

---

[19] Due, 139 ff.
[20] Levine Gera, Xenophon's Cyropaedia, Style, Genre, and Literary Technique, 1993.

I   Der Kyrosstoff in der Historiographie und Philosophie vor Xenophon

1. Xenophon und die Kyrostradition bei Herodot und Ktesias

Im folgenden sollen die Bezüge Xenophons zu Herodot und Ktesias in einem ganz bestimmten Sinne untersucht werden: Es geht um literarische Motive im Rahmen der Kyrostradition, deren Wirkungsmächtigkeit sich dadurch erweist, daß Xenophon sie umformt und einem neuen Zusammenhang adaptiert. Dieser Vorgang der Rezeption ist nicht an Gattungsgrenzen gebunden. Es kann keinem Zweifel unterliegen, daß sich Xenophon auf Herodot und Ktesias nicht als Historiograph bezieht. Er setzt sich mit seinen Vorgängern als primär literarischen Mustern auseinander. Die Aneignung vorgegebener Motive erweist sich im wesentlichen als Prozeß der Einschmelzung und Umformung, bei dem die Frage nach der historischen Zuverlässigkeit des Stoffes eine eher untergeordnete Rolle spielt.[1]

Der Maßstab der historischen Wahrheit entpuppt sich als ein ungeeignetes Mittel, wenn es darum geht, Xenophons Kyrupädie im Rahmen der historiographischen Tradition zu würdigen. Der Vergleich mit historiographischen Quellen kann lediglich als heuristisches Mittel dienen, durch das sich das Neuartige an Xenophons Ansatz besser erkennen läßt, nicht als ein Mittel, das eine Abwertung oder Aufwertung Xenophons als Historikers erlaubt.[2]

---

[1] Vgl. Tatum, Xenophon's imperial Fiction, 33 ff.

[2] Damit soll nicht grundsätzlich bestritten werden, daß Xenophon in einigen Punkten gegenüber Herodot und Ktesias einen größeren Anspruch auf Wahrheit erheben kann. Im Gegenteil bezeugen dies der 'Kyros-Zylinder' von Pasargadae und die Dareios-Inschrift von Behistun. – Todd, Persian Paideia and Greek History, 30 ff. und Hirsch, The Friendship of the Barbarians, 61 ff., ders., 1001 Iranian Nights: History and Fiction in Xenophon's Cyropaedia, 65–85 bemühen sich darum, Xenophon als Historiker zu salvieren; vlg. auch Lehmann-Haupt, WS 47, 1929, 123 ff., WS 50, 1932, 152 ff., Knauth, Das altiranische Fürstenideal von Xenophon bis Ferdousi, 21 ff. Auf der Gegenseite ist besonders Drews, The Greek Accounts of Eastern History, 119 ff. zu nennen. Vgl. weitere Literatur bei Breitenbach, Xenophon, 1709 ff.

Bereits in der Antike hat man die Trennlinie zwischen der Kyrupädie und der Historiographie konstatiert. Cicero (Ad Quint. fr. I 1,23)[3] bringt dies auf den Begriff, indem er das fiktive Element der Kyrupädie betont, in der Xenophon das Ideal des gerechten Herrschers entwerfe, das gerade nicht am Maßstab der historischen Wahrheit orientiert sei. So ist auch zu verstehen, daß sich drei Romanautoren der Kaiserzeit, Xenophon von Ephesos, Xenophon von Antiocheia und Xenophon von Kypros, den Namen 'Xenophon' als Autorennamen zulegen.[4]

Der damit in der Antike hergestellte Traditionszusammenhang macht Xenophon noch nicht zum Archegeten der Romanliteratur[5], doch wird eines deutlich: Man konnte sich in der Antike aufgrund romanhafter Elemente der Kyrupädie auf Xenophon als Vorbild berufen, wenn es darum ging, der Gattung des Romans Legitimität zu verschaffen.

Der Wahrheitsanspruch, den Xenophon im Proöm (I 1,6) erhebt, ist in erster Linie als ein Topos zu verstehen[6]; er ist ein literarisches Mittel, dessen sich Xenophon bedient, um seiner Darstellung den Anschein der Authentizität zu verleihen, nicht Ausdruck historischer Wahrheit. Der Wahrheitsanspruch im Proöm liegt auf der gleichen Ebene wie die zahlreichen Beglaubigungsfiktionen in den Memorabilien, durch die Xenophon Authentizität reklamiert.[7]

---

[3] Ad Quint. fr. I 1,23 Cyrus ille a Xenophonte non ad historiae fidem scriptus sed ad effigiem iusti imperi, cuius summa gravitas ab illo philosopho cum singulari comitate coniungitur.

[4] Vgl. Perry, The ancient Romances, 170 ff., Müller, Der griechische Roman, 377–79.

[5] In dieser Richtung zuerst Schwartz, Fünf Vorträge über den griechischen Roman, 77 ff., der die Kyrupädie als "moralisch-politischen Roman" (S. 74) aus der "romanhaften Geschichtsschreibung der Ionier" (S. 84) herleitet und in Ktesias gleichsam das Bindeglied zwischen beiden Gattungen sieht. Vgl. auch Weissbach, RE Suppl. 4 (1924) Kyros (6), 1130. Zum Archegeten des Romans wird Xenophon bei Perry, 168 ff., Momigliano, The Development of Greek Biography, 56. Vgl. auch Drews, 120 f., Bizos, Xénophon, La Cyropédie T. I, L II. Einen gewichtigen Einwand gegen Perrys These formuliert Momigliano, 56 im Grunde selbst, indem er auf die Unterschiede zwischen der philosophischen Kyrupädie und den "erotic stories" verweist. Gerne wird in diesem Zusammenhang die Geschichte von Pantheia und Abradatas angeführt, doch endet sie, worauf Perry, 357, A. 1 selbst hinweist, tragisch und nicht, wie es die Gattung des Romans im allgemeinen fordert, glücklich. Vgl. gegen diese These auch Carlier, L'idée de monarchie impériale dans la Cyropédie de Xénophon, 134.

[6] Dies wird mißverstanden von Hirsch, The Friendship of the Barbarians, 67. Richtiger Tatum, 63.

[7] Vgl. vor allem Mem. II 5,1, II 9,1, 10,1, III 3,1, IV 8,4, Oec. 1,1, Symp. 1,1. Die Beglaubigungsfiktion zu Beginn des Symposions ist als solche leicht durchschaubar. Das literarische Datum der Schrift ist das Jahr 422, in dem Autolykos bei den Großen Panathenäen im Pankration den Sieg errang; Xenophon war damals wahrscheinlich noch im Knabenalter; vgl. Breitenbach, Xenophon, 1571 ff., 1873 f., Patzer, Antisthenes der Sokratiker, 47 f., und Giannantoni, Socraticorum Reliquiae III, 187.

I

Mit Xenophons Benutzung des Ktesias in der Kyrupädie ist a limine aufgrund einer Anabasisstelle (I 8,26) zu rechnen, an der er Ktesias' Persika zitiert.[8] Was die Herodotrezeption betrifft, so begnügt man sich, von Ausnahmen abgesehen[9], mit vagen Vermutungen[10] oder behauptet einfach, Xenophon setze sich in der Kyrupädie mit seinem Vorgänger auseinander.[11] Oder man gibt sich mit dem Nachweis eher unerheblicher Übereinstimmungen zufrieden.[12] Die Skepsis, die andererseits Hoistad[13] bezüglich möglicher direkter Einflüsse Herodots auf Xenophon an den Tag legt, gründet im wesentlichen in der Beobachtung, daß Xenophon eine von Herodot abweichende Darstellung von Kyros' Kindheit, den Beziehungen zwischen den Persern und Medern, von Kyros' Feldzügen und seinem Tod gibt. Hoistad[14] läßt Xenophon direkt von Antisthenes und letztlich von der "Ionic Cyrus-Tradition" über Kyros den Jüngeren abhängen. Der zweite Zweig dieser ionischen Tradition werde von Herodot, von ihm abhängig von Platon, und, unabhängig von Herodot, von Ktesias repräsentiert.

Die Kyrosdarstellung bei Herodot hat zwei Seiten:[15] Zum einen finden sich über das ganze Werk verstreut positive Aussagen, die Kyros als den guten König und als Maßstab für seine Nachfolger erscheinen lassen.[16] Besonders eindrucksvoll ist dabei die Rolle, die ihm Herodot am Schluß des Werkes zuweist. Kyros figuriert hier als der Mahner, der zum Wohle seines Volkes gegen ein Verlassen des Landes plädiert. Nichts steht der Annahme entgegen, daß es sich bei diesen verstreuten positiven Wertungen wenigstens

---

[8] Vgl. Breitenbach, Xenophon, 1709, Walser, Hellas und Iran, 112, Hirsch, The Friendship of the Barbarians, 68, Due, The Cyropaedia, 68.

[9] Vgl. Lefèvre, Die Frage nach dem ΒΙΟΣ ΕΥΔΑΙΜΩΝ, Die Begegnung zwischen Kyros und Kroisos bei Xenophon, 283 ff., Due, 117 ff.

[10] So Breitenbach, Xenophons Kyropädie Bd. 1, 1890, 3, Hirsch, 1001 Iranian Nights, 72; vgl. auch ders., The Friendship of the Barbarians, 68.

[11] So Cizek, Antiquité Classique, 44, 1975, 549.

[12] Vgl. Riemann, Das herodoteische Geschichtswerk in der Antike, 25, Keller, Xenophon's Acquaintance with the History of Herodotus, CIJ 6, 1911, 252 ff.

[13] Hoistad, Cynic Hero and Cynic King, 82 ff.

[14] Vgl. das Stemma bei Hoistad, 93.

[15] Zur Zweiseitigkeit der herodoteischen Kyrosdarstellung vgl. besonders T. Spath, Das Motiv der doppelten Beleuchtung bei Herodot, Diss. Wien 1968, 56 ff., Avery, Herodotus' Picture of Cyrus, 529 ff.

[16] Zum folgenden vgl. auch Avery, 529 ff., E. Levy, Athènes devant la défaite de 404, Paris 1976, 203 ff., Carlier, a.a.O., 137.

zum Teil um eine persische Überlieferung handelt, zu der Herodot selbst zu Beginn und am Ende des Kyroslogos (I 95,1, I 214,5) Stellung bezieht. In I 95,1 nennt er neben seiner eigenen Darstellung von Kyros' Geburt und Kindheit sowie seinem Aufstieg drei weitere Versionen, die er als tendenziöse, Kyros preisende Logoi ausdrücklich von dem Logos, dem er folgt, abhebt und ablehnt.[17]

Auf der anderen Seite schildert Herodot Kyros' Feldzug gegen die Massageten und sein Ende in schwarzen Farben. Diese Schilderung verfolgt den Zweck, paradigmatisch die in der Macht gründende Gefahr der Selbstüberschätzung an Kyros zu demonstrieren. Sie wird in nuce vorbereitet durch eine frühere Stelle des Kyroslogos (I 126,6), an der Kyros die Perser zum Abfall von den Medern zu bewegen versucht und dazu auf seine gottgewollte Geburt verweist. Mit dem gleichen Hinweis, doch nun in malam partem gewandt, begründet Herodot Kyros' Entschluß zum Feldzug gegen die Massageten (I 204,1).

Ein beträchtlicher Teil der positiven Wertungen bezieht sich auf Kyros' historische Leistung, die Perser von den Medern befreit und die Grundlagen für ein Weltreich geschaffen zu haben.[18] Dieses Thema verknüpft den Kyroslogos, die in sich geschlossene Kyrosdarstellung, auf das engste mit anderen Stellen im Werk, da Herodot bereits in diesem Logos (I 126,6, 127,1, 210,2) Kyros als Befreier der Perser würdigt. In dieser politischen Leistung und der anschließenden Begründung eines Weltreiches wird man in erster Linie die Gründe für die hohe Reputation sehen, die Kyros auch ansonsten

---

[17] Das Korrelat zu dieser quellenkritischen Aussage findet sich am Ende des Kyroslogos (I 214,5): τὰ μὲν δὴ κατὰ τὴν Κύρου τελευτὴν τοῦ βίου πολλῶν λόγων λεγομένων ὅδε μοι πιθανώτατος εἴρηται. Vgl. auch Hoistad, 83 und Schubert, Herodots Darstellung der Cyrussage, 57 ff., ferner P. Legrand, Hérodote, Histoires, Livre I, Paris 1932, 106 ff., ders., Hérodote, Introduction, Paris 1932, 81. – Etwas anders urteilt D. Fehling, Die Quellenangaben bei Herodot, Berlin–New York 1971, 83–84 über die Angabe in I 95,1. Die Glaubwürdigkeit und Wahrscheinlichkeit, von der Herodot als Auswahlkriterien für die zugrunde gelegte Version spricht, beziehe sich auf die eigene Rationalisierung seines Logos (zustimmend R. Bichler, Die 'Reichsträume' bei Herodot, Chiron 15, 1985, 135; vgl. schon Wipprecht, Zur Entwicklung der rationalistischen Mythendeutung bei den Griechen I. Progr. des Gr. Progymn. Donaueschingen, Tübingen 1902, 32 f.). Herodot selbst rationalisiere die Geschichte von Kyros' Aussetzung, auf deren ursprüngliche Form er in I 122,3 verweist. Mit anderen Worten: Der Vorgang der Rationalisierung macht aus einer Version zwei Fassungen, die Quellenangabe wird zum Teil fiktiv. Doch auch Fehling scheint an der Existenz mehrerer Herodot vorliegender Fassungen grundsätzlich nicht zu zweifeln. Dazu besteht auch kein Anlaß, da wahrscheinlich vor Herodot zumindest Charon von Lampsakos Kyros' Geburtsgeschichte behandelte.

[18] Vgl. III 82,5, VII 2,3, IX 122.

in der griechischen Literatur des 5. und 4. Jahrhunderts genießt. Das früheste Zeugnis sind Aischylos' Perser (767–72)[19], in denen er Kyros innerhalb des persischen Herrscherkatalogs ein umfangreiches Lob einräumt. Der Preis seiner militärischen Leistung ist hier nur die eine Seite; auf der anderen erscheint er als Friedensstifter, der seine politischen Erfolge seiner εὐσέβεια und seiner weisen Art verdankte, die ihn das Verlangen nach übermäßiger Macht beherrschen ließ (768–69).[20] Es ist damit zu rechnen, daß Herodot unter dem Einfluß dieses kurzen enkomiastischen Porträts steht, da auch er sich nicht damit begnügt, die politische Bedeutung des Kyros hervorzuheben, sondern daneben einzelne ἀρεταί des Herrschers namhaft macht. In III 89,3 bezeichnet er Kyros im Namen persischer Überlieferung als ἤπιος und Wohltäter seines Volkes.[21] Zugleich überliefert Herodot an dieser Stelle den Ehrentitel πατήρ, den auch Xenophon (VIII 1,1, 44, VIII 2,9, VIII 8,1) Kyros zulegt.[22]

Mag man diese Übereinstimmung für eher zufällig und für das Ergebnis allgemein griechischer, letztlich wohl ionischer Überlieferung halten, so können zwei Motivkomplexe eher zeigen, daß sich Xenophon mit Herodot auseinandersetzt. Gemeint sind Herodots Erzählung von Kyros' Geburt und Aufstieg und seine Begegnung mit Kroisos nach der Eroberung von Sardes. Auf den ersten Blick scheint freilich Hoistads Zurückhaltung gegenüber der Annahme direkten herodoteischen Einflusses auf Xenophon durchaus berechtigt zu sein: Der Kyroslogos Herodots gehört, ganz anders als Xenophons Darstellung, typologisch zu jenen Aussetzungsgeschichten in der in-

---

[19] Pers. 767–72 (Text nach Page): τρίτος δ' ἀπ' αὐτοῦ Κῦρος, εὐδαίμων ἀνήρ, / ἄρξας ἔθηκε πᾶσιν εἰρήνην φίλοις, / φρένες γὰρ αὐτοῦ θυμὸν ᾠακοστρόφουν· / Λυδῶν δὲ λαὸν καὶ Φρυγῶν ἐκτήσατο / Ἰωνίαν τε πᾶσαν ἤλασε βίαι· / θεὸς γὰρ οὐκ ἤχθηρεν, ὡς εὔφρων ἔφυ. – Zu nennen sind ferner Isocr. 9, 37–38, 5,66, Plat. Alc. 1, 120 e ff., Plat. (?) Epist. 2,311 a 4 ff., 4,320 d 5 ff.; vgl. Lévy, a. a. O., 204.

[20] In diesem Sinne wird man die in V. 769 genannte Lenkung des θυμός durch die φρένες zu verstehen haben, die von ferne an Platons Gleichnis vom θυμός und dem ἡνίοχος im Phaidros erinnert; vgl. zu 769 H. D. Broadhead, The Persae of Aeschylus, Cambridge 1960. – Mit dem Adjektiv εὔφρων (772) ist wohl aufgrund des Kontextes eher Kyros' Weisheit als das freundliche Wesen gemeint; vgl. Broadhead zu 772. Doch schwingt daneben noch der Gedanke des Maßhaltens mit. Wie die erste Hälfte von V. 772 zeigt, denkt Aischylos auch an die Enthaltung von Hybris.

[21] Vgl. auch III 160,1 zur Wohltätigkeit.

[22] Nach Xenophon wohl Diod. IV 30,2, Paus. VIII 43,6.

dogermanischen Mythologie, in denen die Rettung und der Aufstieg eines Kindes zum Herrscher thematisiert werden.[23]

Das Besondere an Herodots Kyroslogos ist, daß es sich bei ihm um eine 'Dreiecksgeschichte' handelt, ähnlich wie die Geschichte von Gyges und Kandaules.[24] Harpagos, der 'treueste der Meder' (I 108,3), den Astyages mit der Aussetzung des neugeborenen Enkels betraut, hat nicht nur eine Schlüsselrolle im Rahmen der Aussetzungsgeschichte, sondern er ist nach Kyros' Rettung die treibende politische Kraft, indem er die Überwindung der Meder durch die Perser initiiert (I 123 ff.).

Wie stehen nun die Dinge bei Ktesias? Seine Version, die bei Nikolaos von Damaskus (FGrHist 90 F66) und bei Photios (Bibl. 72.36a11 ff.) überliefert ist, läßt Folgendes erkennen: Ktesias ist am pragmatischen Aspekt der Kyrosgeschichte, nicht an einer Sinndeutung gelegen. Sie zeugt von einer starken Rationalisierung. Ktesias' Darstellung fehlt der Charakter des Numinosen, der dem herodoteischen Kyroslogos eignet. Bei Ktesias ist Kyros nicht wie bei Herodot der Sohn der Mandane und des zwar nicht unedlen, politisch aber ungefährlichen Persers Kambyses; vielmehr stammt er von dem Räuber Atradates aus dem Stamm der Marder und der Ziegenhirtin Argoste ab.[25]

An die Stelle der Aussetzungsgeschichte setzt Ktesias die Geschichte eines Sklaven, der aus kleinsten Verhältnissen stammt und nicht mit Astyages verwandt ist. Kyros steigt zum Herrscher auf, indem er sich am Hofe des Astyages verdingt. Astyages ermöglicht ihm den Aufstieg bis zum Mundschenk (F 66,4–7). Als Artembares, sein Vorgänger im Amt des Mundschenken stirbt, stattet Astyages Kyros mit allen Privilegien seines Vorgängers aus (F 66,7).

Der Aufstand der Perser wird bei Ktesias anders als bei Herodot motiviert: Er gründet nicht, wie bei Herodot (I 123,2, 130), in Astyages' hartem Wesen. Während Herodot den Kampf der Perser als Freiheitskampf gegen das medische Joch darstellt, wirkt die Auseinandersetzung bei Ktesias eher wie das Ergebnis von Kyros' persönlichem Machtstreben (F 66,11 ff.).

---

[23] Vgl. die noch immer nützliche Materialsammlung von Schubert, 4 ff., der ähnliche Aussetzungssagen der indischen und persischen Mythologie heranzieht; ferner G. Binder, Die Aussetzung des Königskindes, Kyros und Romulus, Beitr. zur Klass. Philologie H. 10, Meisenheim 1964, 17–28 (Kyros), 125 ff. (griechische Mythen), 175 ff. (persische Mythen); F. Wehrli, Oidipus, MH 14, 1957, 108 ff., hier: 113–14 zur Parallelisierung zwischen dem Ödipusmythos und der Kyrosgeschichte.

[24] Vgl. K. Reinhardt, Herodots Persergeschichten, in: Vermächtnis der Antike, Göttingen ²1966, 143 ff.

[25] Vgl. F 66,3.

Astyages flieht im Zuge der Auseinandersetzung vor Kyros nach Ekbatana, wird im Königspalast von seiner Tochter und ihrem Mann versteckt und ergibt sich, als Kyros droht, die beiden und ihre Kinder zu foltern.[26] Erst danach kommt es zur Verwandtschaft zwischen Astyages und Kyros. Diese Darstellung stimmt weder zu Herodot noch zu Xenophon. Das bloße Faktum, daß Kyros nach Ekbatana zieht und es einnimmt, steht allerdings in Einklang mit der Chronik des Nabonidus (Col. II 1–4).[27]

Die veränderten Voraussetzungen, unter denen bei Ktesias der Konflikt zwischen Medern und Persern stattfindet, werfen die Frage auf, ob Ktesias einfach Herodot variiert oder einer anderen Tradition folgt.

Das gegenüber Herodot veränderte Astyagesbild entspringt nicht der Absicht, Herodot zu korrigieren[28], sondern ist bereits in der Tradition vorgegeben. Dies zeigt Aischylos in den Persern (766), in denen er ein günstiges Urteil über Astyages fällt.[29]

Herodoteische Motive finden sich auch bei Ktesias, doch werden sie anders eingeordnet: Der erste Traum des Astyages (I 107) kehrt bei Ktesias als Traum der Kyrosmutter Argoste wieder (F 66,9), nachdem Kyros sich bereits bei Astyages hochgedient hat und die Mutter mit dem Vater an den medischen Hof hat kommen lassen.[30]

---

[26] Vgl. Phot. Bibl. 72.36a11 ff.

[27] Vgl. Pritchard, Ancient Near Eastern Texts, ³1969, 305.

[28] So Jacoby, RE 11,2 (1922), Ktesias (1) 2056 in der Nachfolge von Bauer, Die Kyros-Sage und Verwandtes, 518 ff.

[29] Vgl. Accame, 17. Zu Aisch. Pers. 766 und dem Bezug auf Astyages vgl. Broadhead zu 765 ff. und Appendix I, 278 f.

[30] Daß Ktesias in diesem Punkt nicht notwendig von Herodot abhängt, zeigt die Notiz Tertullians (De an. 46 = FGrHist 262 F 14), Charon von Lampsakos habe vor Herodot die beiden Träume des Astyages behandelt. Die Chronologie Charons ist ein notorisches Problem. Das Tertullianzeugnis spricht, zumindest was Charons Persika angeht, gegen einen Spätansatz. Ihn vertritt besonders Jacoby, Charon von Lampsakos, in: Abhandlungen zur griechischen Geschichtsschreibung, Leiden 1956, 178 ff.; vgl. auch ders., FGrHist III a Kommentar, 1 f. Er sieht in Charon einen jüngeren Zeitgenossen des Hellanikos. Etwas anders v. Fritz, Die griechische Geschichtsschreibung Bd. 1, 521: "Soweit die Fragmente in Betracht kommen, könnte Charon ebensogut ein älterer Zeitgenosse des Herodot gewesen sein wie ein jüngerer Zeitgenosse des Hellanikos"; vgl. auch ders., Bd. 1, Anmerkungen, 245, Anm. 203. Gegen den Spätansatz Jacobys besonders Accame, 27 ff. und Drews, The Greek Accounts of Eastern History, 25 ff. Doch selbst wenn man das Zeugnis Tertullians abwertet und die Tätigkeit Charons zeitlich herabrückt, ist damit zu rechnen, daß Ktesias, als er seine Persika verfaßte, Charons Persika kannte, denn Ktesias' Persergeschichte ist aller Wahrscheinlichkeit nach nicht am persischen Hof, sondern erst nach seiner Rückkehr nach Griechenland, also in den 90er Jahren des 4. Jahrhunderts verfaßt; vgl. Jacoby, Ktesias, 2036 und ausführlicher Drews, Journal of Near Eastern Stu-

Kyros' Vater Atradates verdankt seinen Namen wohl dem herodoteischen Hirten Mitradates.[31]

Harpagos, der bei Herodot eine wichtige Rolle im Zusammenhang des Konflikts zwischen Medern und Persern spielt, entfällt bei Ktesias. An seine Stelle setzt Ktesias den Ratgeber Oibares (F 66,13 ff.). Dieser Oibares hat bei Herodot eine Schlüsselrolle als weiser Mann in der Dareiosgeschichte (III 85).[32] Ktesias kontaminiert jedoch nicht einfach. Oibares erlangt bei ihm vielmehr eine neue Funktion: Er ist Perser, wie Kyros wohl von niedriger Herkunft und steht, anders als bei Herodot, in keiner Verbindung mit Astyages.

Kyros begegnet Oibares, als er in einer politischen Mission für Astyages unterwegs ist, zufällig. Auf Anraten des Chaldäers, der ihm den Traum der Mutter deutete[33], macht er ihn zu seinem Ratgeber.[34]

Oibares wird alsbald zur treibenden Kraft im Kräftespiel zwischen Astyages und Kyros. Er läßt aus Angst vor einem Mitwisser den traumdeutenden Chaldäer beseitigen[35] und betreibt entschieden mit List den Abfall der Perser von den Medern, indem der Kyros' Vater in seinen Kalkül einbezieht.

Der Wegfall des Harpagos bedeutet erzähltechnisch eine Vereinfachung, da sich in Ktesias' Version das Interesse auf den Konflikt zwischen Astyages und Kyros konzentriert und die Spannung zwischen Herrscher und Vasall nicht thematisiert wird. Diese Änderung gründet zunächst darin, daß Kyros' Aussetzung, an der sich bei Herodot der Konflikt entzündet, bei Ktesias entfällt. Es bleibt jedoch die Frage, warum in der ktesianischen Version überhaupt ein Ratgeber an Kyros' Seite eine Rolle spielt, da es sich eben nicht um einen einfachen Personentausch gegenüber Herodot handelt. Möglicherweise deutet die Konstellation Kyros-Ratgeber auf ein älteres Motiv der Kyrosgeschichte, das Ktesias bereits vorfand und nicht selbst schuf, um sich von Herodot abzusetzen.

---

[30] (Fortsetzung)
dies 33, 1974, 391 mit Anm. 24. Wie Charon die beiden Träume des Astyages einsetzte, läßt sich nicht mehr erkennen, doch deuten sie auf ein ähnlich numinoses Geschehen wie bei Herodot. Das Faktum ihrer Erwähnung bei Charon ist in diesem Zusammenhang wichtig, da es dazu angetan ist, der Fixierung des Ktesias auf Herodot, von der besonders Jacoby ausgeht, entgegenzuwirken.

[31] Vgl. Bauer, 523, Jacoby, 2056.

[32] Vgl. Jacoby, 2057, Momigliano, Tradizione e invenzione in Ctesia, 195.

[33] Vgl. F 66,9.

[34] Vgl. F 66,13.

[35] Vgl. F 66,18.

Damit stellt sich die Frage nach Ktesias' Originalität. Soll man aufgrund der unverkennbaren herodoteischen Einflüsse Herodot zur "Hauptquelle" machen?[36] Dagegen sprechen mehrere Dinge: Zunächst der Ratgeber Oibares, den Ktesias nicht einfach aus Herodot übernimmt. Nur sein Name verrät den herodoteischen Einfluß, seine Funktion deutet auf eine andere Tradition der Kyrosgeschichte. Zum zweiten hat das positive Astyagesbild bei Ktesias bereits eine Tradition, wie die medisch-persische Königsliste in Aischylos' Persern (765 ff.) zeigt.

Typologisch gehört Ktesias' Version zu jenen Geschichten, in denen ein Mann niedriger Herkunft König wird und zu Macht und Ruhm gelangt. Sie steht in auffälliger Nähe zur Legende des Akkaders Sargon in der sumerischen Königsliste:[37] Sargon ist der Mundschenk des Königs Ur-Zababa; er kommt an die Macht, als sein König von Lugalzagesi von Uruk überwunden wird.

Der 'Sargonlegende'[38] läßt sich entnehmen, daß Sargons Mutter eine Priesterin ist; sein Vater ist ihm unbekannt. Sargon wird im Fluß ausgesetzt, von einem Wasserschöpfer gerettet und aufgezogen.

Wenn man die Übereinstimmungen nicht als zufällig abtun will, hat man mit der Möglichkeit des Einflusses dieser oder einer typologisch ähnlichen Geschichte auf Ktesias zu rechnen. Daß Ktesias von ihr Kenntnis erlangen konnte, macht seine Biographie wahrscheinlich, war er doch über mehrere Jahre in Babylon Hofarzt der Königinmutter Parysatis und ihres Sohnes Artaxerxes.[39]

---

[36] So Jacoby, 2057; vgl. auch F. König, Die Persika des Ktesias von Knidos, Archiv für Orientforschung 18, Graz 1972, 49. Gegen diesen Ansatz besonders Momigliano, Tradizione e invenzione in Ktesia, 195 ff., Drews, Journal of Near Eastern Studies 33, 1974, 388 ff.

[37] Col. VI 31 ff. (Übersetzung von T. Jacobsen, The Sumerian King List, Assyriological Studies 11, Chicago 1964, 111): "In Agade Sharru(m)-kin his... was a date-grower-cupbearer of Ur-Zababa(k), king of Agade, the one who built Agade, became king and reigned 56 years." Vgl. Drews, a. a. O., 390, Momigliano, 196.

[38] Übersetzung von E. Speiser, in: Pritchard, Ancient Near Eastern Texts, ³1969, 119: "Sargon, the mighty king, king of Agade, am I. / My mother was a high-priestess, my father I knew not. / The brother(s) of my father loved the hills. / My city is Azupiranu, which is situated on the banks of the Euphrates. / My mother, the high-priestess, conceived me, in secret she bore me. / She set me in a basket of rushes, with bitumen she sealed my lid. / She cast me into the river which rose not (over) me. / The river bore me up and carried me to Akki, the drawer of water. / Akki, the drawer of water, lifted me out as he dipped his ewer. / Akki, the drawer of water, took me as his son (and) reared me."

[39] Nach Diod. II 32,4 waren es 17 Jahre; Zweifel an dieser Angabe bei Jacoby, Ktesias, 2033 ff., der mit der Rückkehr in die Heimat 398–97 rechnet. Anders Drews, Journal of Near Eastern Studies 33, 1974, 391 mit Anm. 24.

Es ist somit mit der Möglichkeit zu rechnen, daß Ktesias dort, wo er von Herodot abweicht, auf eine Tradition zurückgreift, die Herodot in I 95 bezeugt.[40] Daß die Annahme, Ktesias sei auf Herodot fixiert, einseitig ist und ihm nicht ganz gerecht wird, zeigt auch Charon von Lampsakos; auf seine Persika nimmt Herodot möglicherweise in I 95 Bezug.[41]

Für die partielle Unabhängigkeit des Ktesias von Herodot mag schließlich noch eine andere Überlegung sprechen: An der herodoteischen Darstellung der militärischen Auseinandersetzung zwischen den Medern und Persern fällt auf, daß Astyages nach dem Abfall eines Teils seiner Truppen (I 127,3) und der Auflösung seines Heeres Kyros Leid androht (I 128,1). Diese Drohung bleibt seltsamerweise wirkungslos; Herodot beschreibt unmittelbar darauf Astyages' furchtbare Rache an den Traumdeutern und seine anschließende schnelle und endgültige Niederlage (I 128,2). Wenn man das Drohmotiv und die offensichtliche Diskrepanz zwischen der Drohung und der Realität nicht als bloßes Mittel der Ethopoiie deuten will, so hat man sich zu fragen, ob dieses nicht weitertragende Motiv nicht auf eine vorgegebene Tradition deutet, in der die Dinge einen etwas anderen Gang nahmen.[42] Man erwartete, daß die Drohung auch auf militärischer Ebene realisiert wird. Bei Ktesias ist tatsächlich Astyages zunächst siegreich, bevor Kyros den endgültigen Sieg davonträgt (F 66,35 ff.). Die gleichlautende Drohung des Astyages vor der Schlacht (F 66,30) findet bei Ktesias ihre konsequente Umsetzung auf dem Schlachtfeld. Anstatt anzunehmen, Ktesias versuche Herodot zu 'verbessern' und seine Darstellung in sich stimmiger zu machen, liegt die Annahme einer anderen Quelle näher, die Herodot verkürzt, indem er nur das Drohmotiv übernimmt.

II

Wie verhält sich nun Xenophon zu Herodot und Ktesias? Er nennt wie Herodot als Kyros' Mutter Mandane und als seinen Großvater Astyages (I 2,1). Anders als die beiden Vorgänger betont er, daß Kambyses König

---

[40] Vgl. Momigliano, 195 f., Hoistad, 86.

[41] Vgl. oben S. 7, A. 30. Jacoby, FGrHist III a, 262 F 14 (Kommentar): "die möglichkeit dass Herodot den Ch kannte, ist hier so wenig wie in F 9–10 zu bestreiten; ... schliesslich kannte Herodot, der τὸν ἐόντα λόγον περὶ Κύρου geben will, noch τριφασίας ἄλλας λόγων ὁδούς (1,95)."

[42] Der einzige, der auf die seltsame Wirkungslosigkeit von Astyages' Drohung hinweist und quellenkritische Folgerungen zieht, ist, soweit ich sehe, Aly, Volksmärchen, Sage und Novelle bei Herodot, 52.

der Perser sei. Dies stimmt mit dem 'Kyros-Zylinder' überein.[43] Xenophon
verbindet diese Information mit einer Quellenangabe (λέγεται), um sie zu
beglaubigen.[44] An die Stelle der Aussetzungsgeschichte bei Herodot, der
etwas Wunderbares und Numinoses eignet[45], setzt er etwas Anderes: Die
Perser befinden sich bei ihm nicht im Untertanenverhältnis; Kyros erlangt
die Herrschaft über Medien ohne Gewalt (I 1,4) und ohne göttliche Einwir-
kung. Er heiratet die Tochter seines Onkels Kyaxares, den Xenophon er-
findet. Die Mitgift besteht aus Medien (VIII 5,19,28). Diese Fiktion beseitigt die bei Ktesias auftauchende Schwierigkeit, daß Kyros Amytis, Astyages'
Tochter, und damit eine Tante heiratet.[46]

Daß Xenophon den historischen Sieg der Perser über die Meder kennt,
zeigt die Anabasis (III 4,12).

Auf der anderen Seite kennt er auch das δοῦλος-Motiv, das den Kern in
Ktesias' Version bildet. Interessant ist die Art der Umformung in I 3,18f.:
Auch in der Kyrupädie ist Kyros der Mundschenk des Großvaters Astyages,
den er erst mit 12 Jahren, also etwa im gleichen Alter wie Herodots Kyros,
an dessen Hofe kennenlernt (I 3,17).[47] Die Übereinstimmung mit Ktesias
erstreckt sich bis in die Sprache: Wie Ktesias (F 66,5), so gebraucht Xenophon zur Beschreibung des Kredenzens das Adverb εὐσχημόνως (I 3,9).
Doch Xenophon transponiert das Mundschenkmotiv ins Spielerische. Kyros
übt diese Tätigkeit aus, um den königlichen Mundschenk zu übertrumpfen
(I 3,9).

Dies ist jedoch nur die eine Seite. Zum zweiten macht Xenophon das
Mundschenkmotiv seiner Absicht nutzbar, in I 3,2ff. den medischen Luxus

---

[43] Übersetzung von A. L. Oppenheim, in: Pritchard, Ancient Near Eastern Texts,
316: "I am Cyrus, king of the world, great king, legitimate king, king of Babylon, king
of Sumer and Akkad, king of the four rims (of the earth), son of Kambyses (Ka-am-bu-
zi-ia), great king, king of Anshan, grandson of Cyrus, great king, king of Anshan ..."
[44] Anders Momigliano, 194, der λέγεται als Indiz für eine vorsichtige Haltung Xenophons deutet.
[45] Vgl. Carlier, 140, Due, 118.
[46] Die Korrektur genügt gleichsam bürgerlichen Moralvorstellungen. Ohne daß Xenophon Ktesias in VIII 5,28 mit Namen nennt, ist es wahrscheinlich, daß er ihn im Auge
hat. Den Bezug auf Ktesias sah auch der Verfasser der wohl interpolierten Erklärung in
VIII 5,28: ἔνιοι δὲ τῶν λογοποιῶν λέγουσιν ὡς τὴν τῆς μητρὸς ἀδελφὴν ἔγημεν· ἀλλὰ
γραῦς ἂν καὶ παντάπασιν ἦν ἡ παῖς. Der Erste, der hierin einen späteren Zusatz sah, war
J. G. Schneider; vgl. auch W. Dindorf, 1857. Zu vorsichtig Breitenbach, Xenophon,
1710. Es handelt sich wohl um eine am Rand notierte Erläuterung, die in einem zweiten
Schritt in den Text eindrang.
[47] Vgl. Jacoby, 2067 und Hoistad, 87, A. 1, die jedoch das Neue des Motivs und seine
Funktion im Kontext nicht berücksichtigen.

und die persische Einfachheit in einer großen Antithese einander gegen-
überzustellen. Sie baut sich in drei Schritten auf. Zunächst kontrastiert Xenophon Meder und Perser hinsichtlich ihrer Kleidung (I 3,2 f.), dann mit
Bezug auf die Ernährung (§ 4 f); das Motiv des Mundschenks bildet das
Zwischenglied zur dritten Stufe der Antithese, auf der Xenophon das medische Herrschaftsverständnis kritisiert (§ 10). Der kleine Kyros besiegt nicht
nur im Spiel den königlichen Mundschenk, er betont auch den entscheidenden Vorteil, den er genießt, muß er doch nicht vortrinken, um der
Gefahr der Vergiftung des Astyages vorzubeugen (§ 10). Xenophon legt hier
Kyros den Topos der Tyrannenfurcht in den Mund.[48]

Das Bild von Astyages als einem Despoten zeichnet Herodot in seinem
Kyroslogos. Xenophon mag von ihm die Anregung zum Vergleich zwischen
dem persischen βασιλικόν und dem medischen τυραννικόν in I 3,18 empfan-
gen haben. Wie wichtig ihm die Gegenüberstellung ist, erhellt daraus, daß
er sie Mandane in den Mund legt; ihre Position verleiht ihrem Urteil Gewicht und eine gewisse Objektivität:[49] Sie ist zugleich die Tochter des medischen Herrschers und die Frau des Persers Kambyses.

Xenophon nimmt um der Synkrisis in I 3,18 willen sogar eine gewisse
Unstimmigkeit in der Ethopoiie in Kauf. Im ersten Buch zeichnet er von
Astyages ansonsten ein günstiges Bild. In I 3,13 f. zeigt er große Zuneigung
zu seinem Enkel, in I 4,2 ist er der fürsorgliche Großvater, der Kyros keinen
Wunsch abschlagen kann, und umgekehrt legt auch Kyros eine große Zuneigung zu ihm an den Tag (I 4,2). Und dieses enge Verhältnis bestätigt sich
auch im folgenden: Astyages sorgt sich um Kyros' Sicherheit, als er zum
ersten Male auf die Jagd geht (I 4,7), und vermag ihm nicht die Zustimmung zu versagen, als er den Wunsch nach einer zweiten, gemeinsamen
Jagd mit den Freunden äußert (I 4,14).

III

Xenophons Verfahren, vorgegebene Motive umzuprägen, das sich am
Beispiel der Mundschenkszene beobachten ließ, läßt sich auch in einem
anderen Zusammenhang feststellen. Xenophon behandelt wie Herodot

---

[48] Vgl. Plat. Resp. 578a4–5, 579b3 ff., e4; Eur. Ion 624, 628, Soph. OT 585, 590,
Hier, 1,38, 2,8. 13. 18, 5,1, 6,3 ff.; zur Angst des Tyrannen vor Vergiftung vgl. Hier. 4,2.
Es spricht nichts für die Annahme von Luccioni, Xénophon, Hiéron, 86, beim Vortrinken und Voressen durch die Diener handle es sich um eine orientalische Sitte.
[49] Vgl. Farber, Xenophon's Theory of Kingship, 22.

(I 76,1 ff.) ausführlich im siebten Buch den persisch-lydischen Krieg, der in Sardes' Eroberung ein Ende findet, und die Begegnung zwischen Kyros und Kroisos, so daß sich die Möglichkeit des direkten Vergleiches bietet. Und für die Eroberung von Sardes und die Begegnung der beiden Herrscher kommt auch Ktesias hinzu, dessen Version Photios (Bibl. 72.36b = FGrHist 688 F 9, III C 456) in Form einer Paraphrase überliefert.

Herodot sieht im persisch-lydischen Krieg aus zwei Gründen ein einschneidendes Ereignis: Aus ethnographischer Sicht wertet er den Sieg der Perser als einen Wendepunkt ihrer δίαιτα (I 74,1). Er ermöglicht ihnen zum ersten Male die Berührung mit einer verfeinerten Lebensweise.[50] Der zweite in Rahmen des gesamten Werkes wichtigere Punkt ist militärischer Natur: Der Sieg der Perser über Lydien leitet die Unterwerfung der ionischen Griechen durch Harpagos ein und eröffnet die Möglichkeit des Zugriffs auf das griechische Mutterland (I 141,1 ff.).

Bei Xenophon stehen die Dinge etwas anders. Zwar sieht auch er in Kyros' Sieg über die Lyder die Voraussetzung des persischen Zugriffs auf Ionien (VII 4,9), doch begeben sich bei ihm die Griechen Ioniens mehr oder weniger freiwillig unter die persische Macht und entrichten Tribut. Bereits im Proöm (I 1,4) führt er die Griechen im Katalog jener Völker an, die sich freiwillig für Kyros' Herrschaft entscheiden. Diese Abweichung erklärt sich aus der enkomiastischen Tendenz der Kyrupädie: Kyros soll nicht wie der herodoteische Kyros (I 141,1 ff.) als der rastlose Eroberer, sondern vielmehr als der gerechte Herrscher erscheinen, dem die Griechen freiwillig gehorchen.

Im persischen Sieg über Lydien sieht Xenophon nicht wie Herodot ein Ereignis, das die persische Lebensweise in die gefährliche Nähe des Luxus bringt. Auch Xenophon arbeitet in der Kyrupädie mit dem Mittel des Kontrasts, doch besteht er hier zwischen den Persern früherer Zeit und denen der Gegenwart (VIII 8,1 ff.). Der Wendepunkt ist in der Kyrupädie Kyros' Tod. Er markiert den Beginn des Sittenverfalls und des militärischen Niedergangs des Perserreiches der Gegenwart.[51]

---

[50] Hier klingt das Motiv der durch die Eroberung eines fremden Landes drohenden Dekadenz eines Volkes an. Herodot setzt es unter umgekehrten Vorzeichen auch im Zusammenhang von Kyros' letztem Feldzug gegen die Massageten ein (I 207,6); er beschreibt die Massageten als des Luxus, den die Perser nun kennen, unkundig. Auch am Ende des Werkes (IX 122) kehrt das Motiv wieder. Kyros warnt die Perser vor einer expansiven Politik mit dem Hinweis, daß aus einem verweichlichten Land verweichlichte Männer hervorzugehen pflegen; vgl. zum Motiv H. Bischoff, Der Warner bei Herodot, Diss. Marburg 1932, 78 ff., T. Krischer, Herodots Schlußkapitel, seine Topik und seine Quellen, Eranos 72, 1974, 93–100.

[51] Zur Echtheitsproblematik des Schlusses vgl. unten S. 262 ff.

Die zwei Schlachten bei Pteria und unmittelbar vor Sardes, die der Eroberung der Stadt bei Herodot (I 76 ff.) vorausgehen, zieht Xenophon in
eine Schlacht bei Thymbrara in der Nähe von Sinope am Schwarzen Meer
zusammen (VII 1,1 ff.). Die Allianz der Feinde erweitert er um die Ägypter
(VI 2,10), Babylonier (VI 2,10) und Spartaner (VI 2,11), während der herodoteische Kroisos sich zu spät nach der Rückkehr nach Sardes um ein Bündnis mit ihnen bemüht, so daß die potentiellen Bündnispartner ihm nicht
mehr zur Hilfe eilen können (I 77). Indem Xenophon Kroisos mit den
Spartanern, Babyloniern und Ägyptern tatsächlich kämpfen läßt, erhöht er
den Wert des persischen Sieges.[52] Hinter dieser Änderung verbirgt sich
ebenso eine enkomiastische Absicht wie hinter der Konzentration auf eine
einzige Entscheidungsschlacht.

Xenophon gestaltet diese Schlacht zu einem Paradeigma von Kyros' stra-
tegischer Kunst. Er beschreibt ihn als einen omnipräsenten Feldherrn (VII
1,10 ff., 19), der wie im Epos[53] durch Kampfesparainesen (§ 10 ff.), den Appell an die αἰδώς (§ 15) und sein taktisches Genie den Sieg über das zahlenmäßig überlegene Heer des Kroisos (§ 33) erringt.

Einen wichtigen Anteil am persischen Sieg hat bei Xenophon (§ 22) wie
bei Herodot (I 80,2) das Mechanema, der überlegenen lydischen Reiterei
Kamele entgegenzustellen, um sie kampfunfähig zu machen. Während jedoch bei Herodot Harpagos für diese List verantwortlich zeichnet[54], schreibt
sie Xenophon Kyros selbst zu und fügt auf diese Weise einen weiteren Baustein in sein Enkomion ein.

Dieser enkomiastischen Steigerung korrespondieren auf der Gegenseite
Abweichungen von Herodot, die Kroisos und sein Heer als ernsthafte Gegner erscheinen lassen. Xenophon eliminiert die katastrophale Fehleinschät-
zung der Lage, die den herodoteischen Kroisos dazu verleitet, in der Hoffnung auf ein rechtzeitiges Eingreifen der Spartaner und Ägypter sein Söld-
nerheer vor Sardes zu entlassen (I 77,4).

Er betont die Stärke der Ägypter in der Schlacht (§ 33) und hebt sie in
§ 46 rühmend hervor (Ἐν δὲ τῆι μάχηι τῶν πολεμίων Αἰγύπτιοι μόνοι ηὐδο-

---

[52] Vgl. Breitenbach, Xenophon, 1710 f.

[53] Vgl. Il. 6,105 ff., 8,228 ff., 15,425 ff. In der Tragödie innerhalb des Botenberichtes:
Eur. Phoen. 1145–47. Zur Omnipräsenz eines Feldherrn im Epos vgl. Il. 11,64 f. (Hektor).

[54] Zum Motiv der ἀπάτη bei Herodot im allgemeinen vgl. H. R. Immerwahr, Form
and Thought in Herodotus, Cleveland 1966, 243.

κίμησαν). Kyros' Sieg bedarf bei Xenophon eines vorherigen Umschlages zugunsten der Gegenseite, um in hellerem Licht zu erscheinen (§ 34).[55]

Xenophons Nähe zu Herodot zeigt sich auch im Zusammenhang der Eroberung von Sardes. Bei Herodot (I 84,4 f.) ist sie dem Mager Hyroiades zu verdanken, der eine Schwachstelle in der Mauer der Akropolis erkennt, als er zufällig einen Lyder an dieser Stelle hinabsteigen sieht. Xenophon rationalisiert dieses Motiv gleichsam nach dem Maßstab der Wahrscheinlichkeit: Er läßt einen persischen Sklaven in Sardes den Persern den Aufstieg zeigen (VII 2,3). Daß Herodot das Vorbild ist, ergibt sich noch aus etwas Anderem: Während Herodot für die unbewachte Stelle der Akropolis eine stimmige Erklärung gibt (I 84,3 ἀπότομός τε γὰρ ἐστι ταύτηι ἡ ἀκρόπολις καὶ ἄμαχος), verkürzt Xenophon den Sachverhalt. Die Chaldäer und Perser dringen auch hier an der steilsten Stelle in die Stadt ein, doch fehlt die Begründung für dieses Vorgehen. Der Zusammenhang erklärt sich erst vor dem Hintergrund der herodoteischen Darstellung.[56]

Ktesias (FGrHist 688 F 9, p. 455 f. = Phot. 72.36a40 f.) weicht von Herodot und Xenophon ab und läßt sich schwerlich auf Herodot zurückführen.[57] Bei ihm erobern die Perser die Stadt mittels einer List, indem sie hölzerne εἴδωλα ihrer Soldaten auf gleiche Höhe wie die Stadtmauern bringen und damit die Einnahme der Mauern vortäuschen.[58]

Was die Begegnung zwischen Kyros und Kroisos betrifft[59], so stimmt Xenophon mit Ktesias darin überein, daß in seiner Darstellung die bei He-

---

[55] Die Beschreibung des Umschwungs in der Schlacht gehört ebenfalls zum epischen Repertoire; vgl. II. 13,723 ff., 14,440 ff. In der Tragödie: Eur. Hcld. 834 ff., Suppl. 694 f.

[56] Riemann, Das herodoteische Geschichtswerk in der Antike, 25 weist zwar auf die Parallelität zwischen der herodoteischen und der xenophontischen Darstellung hin, ignoriert jedoch die Unterschiede; ähnlich Due, 123.

[57] Anders Jacoby, 2059, der von einer "Variation Herodots" spricht. – In Herodots Tradition steht hingegen Hermesianax von Kolophon (?) (FGrHist 691 F 1), der in seiner Elegie 'Persika' den bei Herodot dem Zufall verdankten Aufstieg der Perser zur Akropolis von Sardes in eine erotische Geschichte einbettet: Kroisos' Tochter Nanis bietet aus Liebe zu Kyros, als die persische Belagerung zu scheitern droht, den Persern die Öffnung der Stadt an und fordert als Gegenleistung die Hochzeit mit Kyros; dieser sagt zu, bricht aber nach der Eroberung der Stadt sein Versprechen.

[58] Bei dem Motiv handelt es sich um ein Versatzstück, das Ktesias auch in der Semiramisgeschichte verwendet (FGrHist 688 F 1, p. 435).

[59] Zum folgenden vgl. auch Lefèvre, 283 ff., Higgins, Xenophon the Athenian, 52 f., Sage, Solon, Croesus and the Theme of the ideal Life, 73 ff., Due, 124 ff., Levine Gera, 266 ff. – Eine im wesentlichen verfehlte Interpretation der Szene bei Tatum, 146–59. Er sieht in Kroisos den trickreichen Verlierer, der nur aus Schmeichelei bekenne, sich und seine Grenzen erkannt zu haben (VII 2,25) und den Typus des "opportunist without moral conscience" (S. 158) darstelle. Daß es sich bei der Begegnung in der Kyrupädie nicht um einen ernsthaften Versuch handle, das Problem des glücklichsten Lebens zu diskutieren, wie Tatum, 159 annimmt, bleibt eine bloße Behauptung.

rodot im Zentrum stehende Scheiterhaufenszene fehlt.[60] Er hängt jedoch in diesem Punkt schwerlich von Ktesias ab, da die Begegnung zwischen Kyros und Kroisos bei Ktesias einen ganz anderen Verlauf nimmt.[61] Vielmehr ist mit einer gemeinsamen Vorlage zu rechnen, in der das Scheiterhaufenmotiv eliminiert war.

Bei Ktesias flüchtet sich Kroisos in den Tempel Apollons, wird dreimal von Kyros gefesselt und dreimal auf wunderbare Weise befreit. Auch ein vierter Versuch, seiner habhaft zu werden, endet mit seiner Befreiung (FGrHist 688F9, p. 456 = Phot. 72.36b14ff.). Kyros nimmt ihn daraufhin zum Begleiter und schenkt ihm die Stadt Barene bei Ekbatana. Ktesias' Kyros läßt also dem Besiegten nicht aus freien Stücken und innerer Überzeugung, sondern gezwungen durch die Manifestation göttlichen Willens die nominelle Herrschaft. Bei Ktesias kommt es an keinem Punkt der Handlung zu einem Gespräch zwischen den beiden Herrschern, sondern sie stehen in einem feindlichen Verhältnis zueinander, das erst ein Ende findet, als Kyros aufgrund der viermaligen Befreiung erkennen muß, daß Kroisos den besonderen Schutz Apollons genießt.

Von dem Streben nach einem ethischen Motiv für Kyros' Milde, das sich bei Xenophon feststellen läßt, ist bei Ktesias nichts zu erkennen. Dies kann nicht daran liegen, daß Ktesias' Version lediglich durch Photios' Exzerpt überliefert ist. Vielmehr zeigt Photios' ausführliche Paraphrase der Fesselung und Befreiung des Kroisos, daß es Ktesias vorrangig darauf ankommt, Kroisos als θεοφιλέστατος erscheinen zu lassen. Die θεοφιλία des Kroisos mußte in dieser Version einen besonders pointierten Ausdruck dadurch finden, daß er vor Sardes' Eroberung Kyros zu täuschen versucht und so den Tod des Sohnes verursacht, den er, durch ein göttliches Phantasma verführt, als Geisel stellte.[62]

Wenn man diese Abweichungen nicht ausnahmslos der Erfindungsgabe des Ktesias zuschreiben will, so bleibt, ähnlich wie bei seiner Darstellung von Kyros' Aufstieg, nur die Möglichkeit, daß er wenigstens teilweise eine andere Vorlage als Herodot zugrunde legt.

---

[60] Die Scheiterhaufenszene bei Nikolaos von Damaskus (FGrHist 90 F 68) kann, wie Phot. Bibl. 72.36b zeigt, nicht auf Ktesias zurückgehen, wie Cizek, From the historical Truth to the literary Convention, 546 annimmt; vgl. Jacoby, II C (Kommentar zu 90 F 68), 252, der aufgrund des günstigen Kyrosbildes bei Nikolaos mit Xanthos dem Lyder als Quelle rechnet.

[61] Vgl. E. Meyer, Geschichte des Altertums, Bd. 3, Stuttgart ³1937, 184, A. 2, Lefèvre, 284.

[62] FGrHist 688 F 9,4 III C, p. 456 ὅπως τε πρὸ τῆς ἁλώσεως δίδοται ὁ παῖς Κροίσου ἐν ὁμήρου λόγωι, δαιμονίου φαντάσματος ἀπατήσαντος Κροῖσον· ὅπως τε δολορραφοῦντος Κροίσου ὁ παῖς κατ' ὀφθαλμοὺς ἀναιρεῖται· καὶ ὅπως ἡ μήτηρ τὸ πάθος ἰδοῦσα ἑαυτὴν τοῦ τείχους ἀποκρημνίζει, καὶ θνήισκει.

Für diese Annahme spricht noch etwas Anderes: Während bei ihm und bei Xenophon Kyros als der milde Sieger erscheint, der Kroisos im Besitz der nominellen Macht beläßt, wird Kroisos bei Herodot lediglich Kyros' Ratgeber.

Auf der anderen Seite steht nichts der Annahme im Wege, daß die erzählerische Durchgestaltung, die auch Photios' Exzerpt noch erkennen läßt, mit der für die volkstümliche Erzählung charakteristischen Gliederung des Geschehnisablaufes in drei Phasen, auf die als Klimax eine vierte mit Kroisos' endgültiger Rettung folgt, von Ktesias selbst stammt.[63]

Bei Xenophon stehen die Dinge anders. Er eliminiert die bei Herodot zentrale Begegnung zwischen Kroisos und Solon, die Kroisos' Rettung erst ermöglicht. Doch behält er wesentliche Elemente dieser Begegnung bei, indem er sie in den Dialog zwischen Kyros und Kroisos einbaut. Auf Herodot deutet bereits vor diesem Dialog ein Detail, das für sich betrachtet nicht verständlich ist: Der xenophontische Kroisos schließt sich nach Sardes' Eroberung im Palast ein und ruft nach Kyros (VII 2,5). Dieses Verhalten ist unerwartet, fehlte doch zuvor jeglicher Hinweis auf die Möglichkeit eines Gespräches. Der Sinn dieses Motivs erschließt sich dem Leser erst vor dem Hintergrund Herodots.[64] Bei ihm ruft Kroisos auf dem Scheiterhaufen nach Solon (I 86,3).

Kyros läßt Kroisos aus dem Palast zu sich bringen (§ 9). Kroisos begrüßt ihn mit dem Titel δεσπότης, worauf Kyros antwortet: καὶ σύ γε, ἔφη, ὦ Κροῖσε, ἐπείπερ ἄνθρωποί γ' ἐσμεν ἀμφότεροι (§ 10). Der Hinweis auf das gemeinsame Band der condicio humana spielt deutlich auf das Motiv an, das Herodots Kyros zu dem Versuch bewegt, das Feuer zu löschen und Kroisos zu retten (I 86,6 ὅτι καὶ αὐτὸς ἄνθρωπος ἐὼν ἄλλον ἄνθρωπον, γενόμενον ἑωυτοῦ εὐδαιμονίῃ οὐκ ἐλάσσω, ζῶντα πυρὶ διδοίη).[65] Auch Kyros' Antwort wird in vollem Umfang erst vor dem Hintergrund von Herodots Darstellung verständlich. Xenophon verkürzt gewissermaßen das 'solonische' Motiv bei Herodot, da er die Scheiterhaufenszene wegfallen läßt. Ihm kommt es darauf an, Kyros Worte in den Mund zu legen, in denen sich seine maßvolle Haltung offenbart, die nicht durch den Anblick des vom Feuertod bedrohten Feindes hervorgerufen werden muß.[66] Die Begegnung der beiden Herrscher erhält somit von Anfang an den Wert eines Paradeig-

---

[63] Zur Dreigliederung als Bestandteil volkstümlicher Erzählung vgl. Aly, 240 f.; zur Klimax am Schluß der Erzählung Aly, 247 ff.

[64] Vgl. Keller, 253.

[65] Vgl. Keller, 253, Riemann, 24, Lefèvre, 285.

[66] Vgl. Lefèvre, 285.

mas, um Kyros' σωφροσύνη zu zeigen. Xenophon läßt Kyros so handeln,
wie er im Rahmen der Beschreibung der persischen Erziehung (I 2,8–9)
programmatisch ankündigt, wo er auf das Erlernen der σωφροσύνη durch
die Kinder und die Epheben hinweist.

Bei Xenophon kommt der Dialog zwischen den beiden Regenten zustande, da Kyros Kroisos um Rat fragen will (§ 10). Auch dieses Motiv ist
für sich betrachtet nicht einsichtig. Es wiederholt sich das Verhältnis zwischen Vorbild und Nachahmung. Xenophon hat die Rolle des Ratgebers,
die der herodoteische Kroisos nach seiner wunderbaren Rettung durch
Apollon spielt, vor Augen; er verwendet das Motiv jedoch in einem neuen
Kontext. Bei Herodot ist es Kroisos selbst, der durch seine Frage, ob er sein
Schweigen brechen solle (I 88,2) die neue Situation herbeiführt, in der er
als der entmachtete Herrscher dem Sieger durch sein Wissen und seine
tiefere Einsicht überlegen ist.

Xenophon behält das Ratgebermotiv bei, muß es aber, dem Wegfall der
Scheiterhaufenszene entsprechend, in der Weise umformen, daß es die Begegnung der beiden Herrscher überhaupt begründet. Während es bei ihm
die Handlung in Gang setzt, dient es bei Herodot der pointierten Verschränkung von Weisheit und Ohnmacht sowie Nichtwissen und Macht und intendiert eine gnomische Wahrheit: Als Kroisos auf Kyros' Feststellung, die
Perser plünderten seine Stadt, erwidert, es handle sich nicht um seine, sondern um Kyros' Stadt (I 88,3), wird die Flüchtigkeit des menschlichen Besitzes in Erinnerung gerufen. Kroisos' Rat, den Persern die Beute wieder
wegzunehmen, da die reichsten gegen ihn revoltieren könnten (I 89,2 f.),
ist politischer Natur; ihm liegt der Gedanke zugrunde, daß Reichtum das
Verlangen nach größerer Macht involviert.

Anders bei Xenophon. Das Gespräch zwischen Kyros und Kroisos gliedert sich bei ihm im wesentlichen in drei Teile (§ 10–14, 15–24, 25–29).
Den ersten Teil füllt Kyros' Frage nach der bestmöglichen Entlohnung seiner Soldaten und Kroisos' Rat. Der xenophontische Kyros will im Unterschied zu Herodots Kyros die Plünderung der Stadt verhindern. Wieder
wird die Szene zum Paradeigma, nun des gerechten Herrschers, der sich
von der Pleonexie distanziert, auf der anderen Seite jedoch um das Wohl
seiner Soldaten besorgt ist (§ 11)[67], während es bei Herodot nur um Kyros'
Wohl geht. Vorbereitet wird dieses Motiv von Xenophon bereits in VII
2,5–8, wo Kyros unmittelbar nach Sardes' Einnahme verhindert, daß die
Chaldäer die Stadt plündern und damit die Perser übervorteilen.

---

[67] Dies ist ein Leitmotiv der Kyrupädie; vgl. IV 1,2, V 1,1. Es wird vorbereitet durch
die Parainese des Vaters in I 6,7; vgl. auch I 6, 16, Mem. III 1,6.

Die Umprägung vorgegebener Motive läßt sich auch im zweiten Teil der
Begegnung (§ 15 ff.) erkennen. Kyros fragt Kroisos nach seinem Verhältnis
zum delphischen Orakel (§ 15); er bezieht damit die von Herodot getrennt
behandelte Orakelprobe des Kroisos (I 47 f.), die den Anfang seines Unglücks bildet, in den Dialog mit Kroisos ein. Kroisos' Antwort, er habe
Apollons Wahrheit prüfen wollen (§ 17), der Gott habe jedoch sein törichtes
Tun erkannt (§ 18), ist eine deutliche Anspielung auf diese Orakelprobe und
wird in ihrer Kürze nur vor dem Hintergrund der herodoteischen Darstellung verständlich.[68]
Der Wegfall des Gesprächs zwischen Solon und Kroisos und der Scheiterhaufenszene bringt es mit sich, daß der xenophontische Kroisos von sich
aus zur Selbsterkenntnis gelangt. Die Änderung dient also nicht nur dem
Preis des Kyros, sondern auch Kroisos' Aufwertung. Zum zweiten entlastet
sie Kroisos: Er erkennt seine Verfehlung gegen Apollon und unterscheidet
sich damit von Herodots Kroisos, der nach seiner Rettung Anklage gegen
Apollon und Delphi erhebt (I 90,1 f.) und erst von der Pythia belehrt werden muß (I 90,1 f.), um zur Einsicht seiner Schuld zu gelangen (I 91,6).
Während sich der herodoteische Kroisos an das Orakel wendet, um sich
über einen Krieg gegen Persien und die Dauer seiner Herrschaft Klarheit
zu verschaffen, und nur einmal aus privaten Gründen, wegen der Stumm-
heit seines Sohnes, anfragt (I 85,1), klammert Xenophon umgekehrt die
vom Machtinteresse getragenen Orakelbefragungen aus und rückt Kroisos'
Anfrage zwecks Kindern in den Mittelpunkt (§ 18 ff.). Das Motiv des kin-
derlosen Vaters findet bei Herodot keine Entsprechung. Xenophon führt es
aus strukturellen Gründen ein, um die Orakelbefragung wegen Nachkom-
men im folgenden mit der Frage nach dem glücklichen Leben zu verknüp-
fen, die den Kern des herodoteischen Gesprächs zwischen Solon und Kroisos bildet.[69]
Wie bei Herodot, so ist auch bei Xenophon (§ 18) Kroisos durch seine
beiden Söhne kein Glück beschieden. Ja Xenophon steigert das Leid des
Vaters noch dadurch, daß er den stummen Sohn nicht wie Herodot
(I 85,2 f.) die Stimme erlangen läßt, als er den Vater in Todesgefahr sieht.
Dahinter steht möglicherweise die Absicht, die Geschichte des stummen
Sohnes ihres wunderbaren Charakters zu entkleiden.[70]
Xenophon läßt den unglücklichen Kroisos ein zweites Mal um ein Orakel
ersuchen und thematisiert auf diese Weise die Frage nach der Eudaimonie

---

[68] Vgl. Lefèvre, 287.
[69] Vgl. Lefèvre 288.
[70] Vgl. Keller, 254, Due, 127 mit Anm. 44.

(§ 20 πιεζόμενος δὲ ταῖς περὶ τοὺς παῖδας συμφοραῖς πάλιν πέμπω καὶ ἐπερωτῶ τὸν θεὸν τί ἂν ποιῶν τὸν λοιπὸν βίον εὐδαιμονέστατα διατελέσαιμι· ὁ δέ μοι ἀπεκρίνατο· Σαυτὸν γιγνώσκων εὐδαίμων, Κροῖσε, περάσεις). Das Stichwort λοιπὸς βίος spielt auf die solonische Definition des Glückes an, derzufolge es nötig ist, auf das Ende eines jeden Menschen zu blicken, bevor man ihn glücklich preist (I 32,9). Apollons Antwort formuliert das γνῶθι σαυτόν; sie ist zugleich als Warnung vor dem Überschreiten der dem Menschen gesetzten Grenzen zu verstehen und wird von Kroisos falsch gedeutet (§ 21 ἐγὼ ἀκούσας τὴν μαντείαν ἥσθην· ἐνόμιζον γὰρ τὸ ῥᾷστόν μοι αὐτὸν προστάξαντα τὴν εὐδαιμονίαν διδόναι). Dieses Mißverstehen zeitigt bei Xenophon jedoch nicht unmittelbare Folgen. Im Gegenteil: Wie Herodot (I 46,1), so erzählt Xenophon (§ 22), zunächst habe sich Kroisos nach dem Orakel ruhig verhalten und sei nicht in Gefahr geraten.

Aufgrund des neuen Zusammenhangs sieht sich Xenophon vor das Problem gestellt, Kroisos' Krieg gegen Persien anders zu motivieren. Da er gegenüber Herodot die Reihenfolge umkehrt und das familiäre Unglück zum Anlaß macht, der Kroisos ein zweites Mal in Delphi anfragen läßt, entfällt die Möglichkeit, einen engen kausalen Zusammenhang zwischen der Selbstüberschätzung und der göttlichen Strafe in der Weise herzustellen, wie es Herodot tut, der Kroisos, weil er wünscht, sich von Solon als glücklichster der Menschen bestätigen zu lassen (I 30,3), die göttliche Nemesis geradezu herausfordern läßt (I 34,1). Ferner eliminiert Xenophon den bei Herodot (I 73,1) genannten Drang des Kroisos nach der Vergrößerung seiner Macht, schließlich Kroisos' Absicht, einen Präventivkrieg gegen Persien zu führen (I 46,1).

An die Stelle dieser Motive setzt er etwas Anderes. Kroisos erscheint wie schon in I 5,3 als Opfer der Überredung durch den assyrischen Herrscher (§ 22), seines eigenen Reichtums und von Schmeichlern[71], die ihn zum Krieg drängten. Er wirkt gerade nicht wie bei Herodot wie ein Herrscher, der aus eigenem Antrieb den Krieg gegen die Perser anstrebt. Das Motiv des Präventivkrieges überträgt Xenophon (I 5,3) auf den Assyrer, um Kroisos zu entlasten. Der gleichen Absicht ist zuzuschreiben, daß Xenophons Kroisos ausdrücklich das eigene Unglück nicht Apollon zur Last legt, sondern im Gegenteil betont, σὺν θεῶι dem Unglück zunächst entgangen zu sein (§ 22).

Eine überraschende Wende nimmt dieser Abschnitt, indem Xenophon ihn in eine Synkrisis der beiden Herrscher einmünden läßt. Sie bildet den

---

[71] Das Schmeichlermotiv gehört zur Topik der Gefahren der Monarchie; vgl. Pind. Pyth. 1,92, 2,72 ff.; Hier. 1,15, Isocr. 2,4.28, Plut. De adul. et am. 49 C, Dio Chrys. 1,16,9 ff.; vgl. auch Timaios FGrHist 566 F 32.

Höhepunkt des Gesprächs.[72] Die zuvor genannten causae belli erscheinen nun als Vorbereitung einer Klimax. Denn nicht sie, sondern die eigene Unkenntnis der Größe des Gegners macht Kroisos nun verantwortlich (§ 24). In genauer Korresponsion mit dem Prooöm (I 1,6)[73], in dem Xenophon die Analyse der Herkunft, Physis und Paideia des Kyros ankündigt, nennt Kroisos hier drei Ursachen für Kyros' Überlegenheit: seine göttliche Herkunft von Perseus, seine königliche Abstammung und seine in der Kindheit begonnene Übung der ἀρετή.

Es fällt auf, daß Kroisos besonders Kyros' adlige Abstammung betont und die eigene Herkunft abwertet, indem er auf Gyges verweist. Sachlich ist diese Antithese nicht ganz gerechtfertigt; sie allein mit der Absicht zu erklären, die Stelle eng an das Prooöm anzubinden[74], reicht nicht aus. Eine Erklärung findet diese Antithese, wenn man sie als Element des Enkomion interpretiert. Als nächste Parallele und mögliches Vorbild ist Isokrates' Euagoras zu nennen; Isokrates entwickelt in dieser Rede das gleiche triadische Schema mit Bezug auf Euagoras (9,12 ff.), indem er zunächst die Herkunft des kyprischen Monarchen und die Umstände seiner Geburt darlegt (§ 13–21), um dann auf seine natürlichen Anlagen und die Erziehung zu den Kardinaltugenden σωφροσύνη, ἀνδρεία, σοφία und δικαιοσύνη einzugehen (§ 22 ff.). Das gleiche Schema kehrt wieder mit Bezug auf Nikokles in der abschließenden Parainese (§ 81).[75]

Den Tugendkanon, den Xenophon Cyr. I 2,2 ff. behandelt, faßt er in der Synkrisis des Kyros und Kroisos im Begriff ἀρετή zusammen. Das Besondere an der Kyrupädiestelle besteht darin, daß Xenophon besonders die permanente Übung der Trefflichkeit betont. Dahinter steht die Überzeugung, daß es einer ständigen ἄσκησις bedarf, um die ἀρετή nicht zu verlieren.[76] Das Zweite ist die aristokratische Herkunft, die Kroisos an seinem Gegenüber betont. Die gute Physis ist nach I 2,1 f. die Voraussetzung, die Kyros befähigt, jede Mühe und Gefahr auf sich zu nehmen.

---

[72] Vgl. Lefèvre, 292.

[73] Vgl. Lefèvre, 291 f.

[74] In dieser Richtung Lefèvre, 291.

[75] Vgl. auch Isocr. 9,71, 10,16–17,38; Ages. 1,4–6, Plat. Menex. 237a6 ff., Tac. Agr. 4,1–3.

[76] Zur Bedeutung der Übung vgl. Mem. I 2,19 ff., III 9,1–3; zur Stelle Delatte, Le troisième livre des Souvenirs Socratiques de Xénophon, 109–12, Müller, Die Kurzdialoge der Appendix Platonica, 230–31. Die Kernstelle für dieses Dogma in der Kyrupädie ist VII 5,75 ff., wo die Schlüsselworte ἀσκεῖν und ἐπιμελεῖσθαι sechs Mal auftauchen. – Zur Position des Antisthenes vgl. unten S. 36 f.

Aus der Synkrisis der beiden Herrscher erwächst die Frage nach der Eudaimonie. Sie bestimmt den Schluß des Gesprächs (§ 25 ff.). Dieser Schluß
ist überraschend. Der xenophontische Kroisos erscheint wie in § 20 als ein
Mensch auf der Suche nach dem Glück; er steht damit in deutlichem Gegensatz zu seinem herodoteischen Vorbild, der sich sein vermeintlich höchstes Glück lediglich bestätigen lassen will. Die Pointe bei Xenophon ist, daß
Kroisos die Beantwortung der Frage nach seinem Glück Kyros anheimstellt.
Xenophon versetzt Kyros gleichsam in die Rolle Solons und macht aus ihm
den Wissenden.[77] Die Gebetsformel καὶ γὰρ δύνασαι ποιῆσαι (§ 25)[78], mit
der Kroisos seine Bitte um eine Antwort begründet, assoziiert nicht so sehr
die Vorstellung, Kyros habe einen gottähnlichen Status[79]; sie drückt vielmehr das Faktum aus, daß Kyros über sein Wissen hinaus auch die Macht
besitzt, andere glücklich zu machen.

Doch worin besteht nun das Glück, das Kyros Kroisos verschafft? Er verspricht, ihm Frau, Töchter, Freunde, Diener und Besitz zu belassen, nimmt
ihm aber die militärische Macht (§ 26). Damit scheint die philosophische
Problematik der Eudaimonie, die Herodot im Gespräch zwischen Solon
und Kroisos sich entfalten läßt, eine materielle Lösung zu finden, die überrascht. Und weiter: Kroisos sieht in Kyros' Angebot die Erfüllung der Eudaimonie (§ 27) und stellt im folgenden zur Bekräftigung seiner Zustimmung einen Kalkül an, der auf der Abwägung der Vor- und Nachteile des
Herrschens beruht. Er verspricht sich von seinem Bios die gleichen Vorteile
wie zuvor bei gleichzeitiger Enthebung von seinen Sorgen und Mühen und
setzt dieses Leben mit dem seiner Frau gleich (§ 28). Dieser Kalkül ist als
entfernter Reflex auf die im politischen Bereich und in der Tragödie des
5. Jahrhunderts wirksame Diskussion über die Vorteile der politischen
ἀπραγμοσύνη zu verstehen.[80]

---

[77] Daß dies Xenophons Intention ist, zeigt der Schluß des Werkes, wo er Kyros als
den weisen Herrscher präsentiert, der nach der solonischen Maxime, der Grenzen des
Menschen eingedenk zu sein, lebte (VIII 7,3) und der sich damit vom herodoteischen
Kyros abhebt, der trotz Kroisos' Warnung diese Maxime nicht beherzigt (I 207,2). Vgl.
auch Cyr. VIII 7,7.

[78] Vgl. dazu E. Norden, P. Vergilius Maro, Aeneis Buch VI, Darmstadt [4]1957, 157 zu
Aen. VI 117, ders., Agnostos Theos, Darmstadt [6]1974, 154; Lefèvre, 293, A. 1, ferner
Callim. H. 4,226 ἀλλά, φίλη, δύνασαι γάρ, ἀμύνεον πότνια δούλοις.

[79] Anders Lefèvre, 292, 293.

[80] Vgl. Thuk. II 40,2, 63,2 f., Plat. Resp. 620c–d, Eur. Hipp 1008 ff., Fg. 193 N.[2],
Fg. 787 N.[2]; dazu Müller, Zur Datierung des sophokleischen Ödipus, 12 ff., 41 ff. Vgl.
ferner Mimnermos Fg. 7 W. (= Theogn. 795 f.), Arist. Pol. VII 3, 1325a18 ff., Thuk. I
70,8, Eur. Suppl. 576 f.

Daß Kroisos seine Antwort ernst meint, steht wohl außer Zweifel. Es findet sich auch kein Hinweis darauf, daß Xenophon, wie Breitenbach[81] meint, den Bios einer Frau ironisch mit dem πόνος-Ideal kontrastiert.

Auf der anderen Seite ist zweifellos die Lebensform, die Kroisos mit der Eudaimonie gleichsetzt, nicht jene Form, die für Kyros in Frage kommt.[82] Dies zeigt sich in VIII 7,3 ff., wo Xenophon mit Bezug auf Kyros' Eudaimonie eine verinnerlichte Bestimmung des Glückes versucht, die sich gerade nicht, oder zumindest nicht vorrangig, auf die äußeren Güter stützt, sondern zur Grundlage den Gedanken des Maßes im Glück und Unglück hat. Zu Kyros' Lebensideal gehören nicht die παραυτίκα ἡδοναί (I 5,9, II 2,24, VII 5,80 f., VIII 1,32), sondern es hat die πόνοι zur Voraussetzung.[83] Und dem korrespondiert die Überzeugung, daß die Absage an die Mühen den Verlust der Eudaimonie nach sich zieht (VII 5,74).

Die Frage der Eudaimonie wird somit für Xenophon ein Mittel, um zwischen Kyros und Kroisos auch in diesem Punkt indirekt zugunsten des ersteren abzustufen; indem er zeigt, daß Kroisos nach dem Maßstab des Eigennutzens sein Glück bemißt, verweist er auf die Höherwertigkeit von Kyros' Glück, auf das er am Schluß (VIII 7,3 ff.) ausführlich eingeht. Die Frage der Eudaimoniebedingungen, das entscheidende Thema der Begegnung zwischen Solon und Kroisos bei Herodot, wirkt auf diese Weise durch Kroisos als Folie auch bei Xenophon fort.

Die Funktion einer Folie und Kontrastperson hat der xenophontische Kroisos auch im weiteren Verlauf, indem er wie bei Herodot an zwei späteren Stellen (VII 4,12 f., VIII 2,15 ff.) als Kyros' Ratgeber auftritt. In beiden Fällen dient sein rein materialistischer Standpunkt lediglich dazu, Kyros' nichtmaterielle, überlegene Haltung deutlicher zu machen. In VII 4,12 f. spielt Kroisos gleichsam die Rolle eines Buchhalters, der nach Sardes' Eroberung den Inhalt der mit Beute beladenen Wagen genau verzeichnet und dessen mißtrauischer, kleinlicher Haltung Kyros mit einer überlegenen Einschätzung seiner Leute begegnet. An der zweiten Stelle benutzt Xenophon das materielle Verhaftetsein des Lyders zur Diskussion eines Topos: Kyros zeigt, daß Freunde wahren Reichtum darstellen (VIII 2,19)[84], und weist nach, daß nicht die κτῆσις, sondern die χρῆσις über den Wert der äußeren

---

[81] Breitenbach, Xenophon, 1721; vgl. gegen Breitenbach auch Lefèvre, 293 f.

[82] In dieser Richtung auch Lefèvre, 294.

[83] Vgl. I 5,12, 6,6, 25, Hier. 5,2–3, Symp. 4,41 (Antisthenes); zur Stelle Woldinga, Xenophons Symposion II, 334. Das Konzept ist antisthenisch. Vgl. unten S. 36 f.

[84] Vgl. Hier. 11,13, Mem. II 4,4–7, Oec. 1,14, Men. Monost. 423, Gnom. Vat. 471 Sternbach (als Apophthegma des Sokrates ~ Mem. II 4,7), Epist. Socr. VI 8 (Epistologr. gr. 613 ff. Hercher = Aeschin. Fg. 35 Dittmar), Stob. Ecl. 4,272,22. Vgl. auch Cic. Tusc. V 63 die Geschichte von Damon und Phintias am Hofe von Dionysios I.

Güter entscheidet und es einen objektiven Maßstab, τὰ ἀρκοῦντα (§ 21), zur Bestimmung ihres Maßes gibt.[85]

Das Ergebnis, zu dem die Untersuchung der Beziehungen zwischen Herodot, Ktesias und Xenophon führte, läßt sich folgendermaßen zusammenfassen: Xenophon benutzt beide Autoren je nach dem Zusammenhang. Mit Herodot stimmt er im wesentlichen überein, was Kyros' Abstammung betrifft, mit dem Unterschied, daß er Kyros' Vater Kambyses, in Übereinstimmung mit der historischen Überlieferung[86], als König der Perser bezeichnet. Das δοῦλος-Motiv in Ktesias' Version kann in seine Darstellung keine Aufnahme finden, da es nicht zur enkomiastischen Tendenz der Kyrupädie paßt. Daß Xenophon es kennt, zeigt die Mundschenkszene im ersten Buch. Ebensowenig eignet sich für seine Zwecke die bei Herodot und Ktesias überlieferte historische Befreiung der Perser durch Kyros; Kyros soll nicht als der Sieger über Medien, sondern als der legitime Nachfolger des erfundenen Onkels Kyaxares erscheinen.

Herodot bildet den permanenten Hintergrund für Xenophons Darstellung der Begegnung zwischen Kyros und Kroisos. Zwar stimmen Xenophon und Ktesias darin überein, daß sie die Scheiterhaufenszene nicht berücksichtigen, doch wird man in diesem Punkt nicht mit Xenophons Abhängigkeit zu rechnen haben, da sich seine Version ansonsten sehr von der des Ktesias unterscheidet. Herodots Hinweis auf weitere Kyroslogoi und die Tatsache, daß Charon von Lampsakos die Träume des Astyages behandelte[87], zeigen, daß mit einer weiteren Quelle neben Herodot und Ktesias zu rechnen ist. Das Gleiche gilt für Ktesias in den Fällen, in denen er nicht mit Herodot übereinstimmt. Nicht alle Abweichungen wie das Motiv des aus niedrigen Verhältnissen aufsteigenden Herrschers oder die im Vergleich mit Herodot stimmigere Beschreibung des Konflikts zwischen Astyages und Kyros lassen sich mit der Absicht des Ktesias erklären, Herodot lediglich zu variieren. Das günstige Astyagesbild bei Ktesias steht in einer festen Tradition, wie Aischylos' Perser (766) zeigen.

---

[85] Kyros' Zugeständnis, selbst wie andere Menschen nach großem Reichtum zu streben (VIII 2,20), wirkt wie eine Anspielung auf Plat. Resp. 442a5 ff. Der Begriff der richtigen χρῆσις spielt allgemein in der Sokratik eine wichtige Rolle: Plat. Men. 88a4 f., e1, Euthyd. 280c1 ff., Aeschin. Kallias (vgl. Dittmar, Aischines von Sphettos, 199), Ps. Plat. Eryx. 400a–403d; vgl. auch Dittmar, 225 zu Aischines' Telauges; ferner Isocr. 2,4. – Zur Forderung, aus κτήματα χρήματα zu machen, vgl. auch Thuk, I 70,8, Ps. Isocr. 1,27 f., Men. Fg. 509 K.², Gnom, Byz. 199 Nr. 201 W.; vgl. auch Teles, Περὶ πενίας καὶ πλούτου p. 27,12–15 Hense, G. Gerhard, Phoinix von Kolophon, Leipzig–Berlin 1909, 113. – τὰ ἀρκοῦντα als Maßbegriff, der eine objektive Norm bezeichnet, ist vorplatonisch; vgl. Eur. Phoen. 554. Besondere Bedeutung erlangt er bei Antisthenes, wie Xen. Symp. 4,34 ff. (Fg. 117 DC) zeigt; nichts steht der Annahme antisthenischen Einflusses auf die Kyrupädiestelle VIII 2,15 ff. entgegen; zum Begriff τὰ ἀρκοῦντα vgl. auch Oec. 4,2, Plut. Mor. 527 B–C, Hor. Sat. I 1,45 ff., Gnom. Byz. 198 Nr. 195 W., Gnom. Byz. 197 Nr. 191.

[86] Vgl. oben S. 10 f.

[87] Vgl. oben S. 7, A. 30.

2. Die politische Theorie und das Kyrosbild des Antisthenes

Die Berücksichtigung des Antisthenes im Rahmen des Problems der vorxenophontischen Kyrostradition bedarf im Grunde keiner Rechtfertigung: Antisthenes ist wie Xenophon Sokratiker[1]; beide zeichnet ein ausgeprägter Lakonismus aus. Für Antisthenes bezeugen dies die Apophthegmata bei Diogenes Laertios VI 2 (Fg. 127 DC) und Theon (Progymn. 33 = Fg. 195 DC), besonders aber sein Interesse für Herakles[2], für Xenophon bezeugen diese Haltung der Agesilaos und seine Schrift über den Spartanerstaat[3], seine Biographie nach der Verbannung aus Athen, sein Aufenthalt in Skillus und der Kampf seines Sohnes Gryllos auf der Seite Spartas bei Mantineia.

Beide verbindet eine eigentümliche Neigung zur Monarchie. Dies zeigen auf der einen Seite Antisthenes' Kyrosfragmente, zu denen sich gleichsam komplementär seine Auseinandersetzung mit der Tyrannis im Archelaos gesellt, ferner seine Reflexionen über den idealen Herrscher im Rahmen seiner Homerforschungen (Fg. 62 DC). Auf der anderen Seite dokumentiert sich Xenophons Interesse für die Monarchie nicht nur im Agesilaos und in der Kyrupädie, sondern auch im Hieron, in dem er die Frage thematisiert, wie sich eine Tyrannis unter dem Einfluß eines Weisen in eine Monarchie verwandeln läßt.

Zum zweiten verbindet Antisthenes und Xenophon eine eigenartige staatstheoretische Sicht: Beide sehen nicht im idealen Staat, sondern im idealen Herrscher die entscheidende Voraussetzung, um das Glück der Bür-

---

[1] Wohl einer der ältesten: Das wichtigste Datum, das darauf hindeutet, ist die Schlacht beim Delion (424/23 v. Chr.), an der er teilnimmt; vgl. Fg. 123 DC und zum Bezug auf diese Schlacht P. von der Mühll, MH 23, 1966, 234 ff., Müller, Die Kurzdialoge der Appendix Platonica, 175 mit Anm. 4, G. Giannantoni, Socraticorum Reliquiae III, 180 ff. (182, A. 27 weitere Literatur zum Chronologieproblem), H. D. Rankin, Antisthenes Sokratikos, 3 f.

[2] Möglicherweise stammt auch die Lykurganekdote bei Plutarch (Apophthegm. Lacon. 225F–226B) von Antisthenes; vgl. Müller, a. a. O., 230, A. 4. Sie dient dem Nachweis, daß für den Erwerb der Tugend die Übung und nicht die Physis entscheidend sei. Für die Zuweisung spricht die unmittelbar folgende Erwähnung des Herakles (226A–B), die der Parainese der Spartaner, die ἀρετή zu üben, dient und zugleich ein Verständnis der εὐγένεια verrät, das stark an Antisthenes (Fg. 69 DC) erinnert.

[3] Der Versuch von K. Chrimes, The Respublica Lacedaemoniorum, Ascribed to Xenophon, Manchester 1948, diese Schrift Antisthenes zuzuweisen, findet in der Überlieferung nicht den geringsten Anhalt. Im Schriftenverzeichnis Xenophons (Diog. Laert. II 57) wird das Werk unter den γνήσια aufgeführt. Lediglich die zuletzt genannte Atheniensium Respublica stufte bereits Demetrios von Magnesia als Pseudepigraphon ein (Diog. Laert. II 57). Chrimes' These findet heute im allgemeinen keine Zustimmung; vgl. Patzer, Antisthenes der Sokratiker, 44, Giannantoni, Socraticorum Reliquiae III, 200, A. 69, Rankin, Antisthenes Sokratikos, 115.

ger zu sichern. Diese Perspektive unterscheidet sie grundlegend von Platon. Antisthenes und Xenophon konzentrieren sich folgerichtig auf die Herrschertheorie und erst in zweiter Linie auf den Staat.

Insbesondere die Methode zeigt die Nähe der beiden Sokratiker: Antisthenes projiziert wie Xenophon seine Vorstellungen auf Kyros als eine historische und schon halbmythische Person, die er zum Träger seiner philosophischen Ideen macht. Das ist ganz und gar nicht selbstverständlich. Dieser Ansatz unterscheidet sich von einem staatstheoretischen Ansatz, in dessen Mittelpunkt die Frage nach der besten Staatsform steht. Ihn wählt Platon in der Politeia. Er unterscheidet sich aber auch von dem historischen Verfahren, das Phänomen des Beginns, der Blüte und des Zerfalls eines Staates zu analysieren und historisch einzuordnen.

Daß Antisthenes gerade einen Barbarenherrscher zum Träger seiner philosophischen Gedanken macht, ist ebenfalls erstaunlich und bedarf einer Erklärung. Zwar kann er sich auf ein bereits bestehendes günstiges Kyrosbild in der Tragödie und der Historiographie stützen, doch besteht ein wesentlicher Unterschied zwischen derartigen Würdigungen und der philosophisch begründeten Wahl eines Monarchen, der den idealen Herrscher verkörpern soll.

I

Um eine Erklärung zu finden, ist zunächst kurz die allgemeine Frage nach Antisthenes' politischer Theorie und Ethik zu stellen. Daß man berechtigt ist, von einer regelrechten Theorie zu sprechen, zeigt zur Genüge bereits das Schriftenverzeichnis bei Diogenes Laertios (VI 15–18). Allein von daher ist die in der Forschung vertretene Auffassung, Antisthenes beschränke sich auf eine negative Haltung gegenüber dem Staat und entwickle den für den Kynismus späterer Prägung wichtigen Primat des Individuums vor der Gemeinschaft[4], unwahrscheinlich. Die von Diogenes aufgeführten Titel Περὶ

---

[4] In dieser Richtung v. Fritz, Antistene e Diogene, SIFC N. S. 5, 1927, 143, Giannantoni, a. a. O., 370, E. N. Tigerstedt, The Legend of Sparta in Classical Antiquity II, Lund 1965, 34. Vgl. schon M. Pohlenz, Staatsgedanke und Staatslehre der Griechen, 65 f. Anders M. Duric, Die politischen Anschauungen des Antisthenes, Antiquité vivante 5, 1955, 29 ff. – Es spricht wohl Vieles dafür, daß es sich bei der Deszendenz Antisthenes-Kyniker-Stoiker um eine antike Diadoche-Erfindung handelt; sie findet heute im allgemeinen keine Zustimmung; vgl. W. K. C. Guthrie, A History of Greek Philosophy Vol. III, 306 ff., Müller, Die Kurzdialoge der Appendix Platonica, 179, Rankin, Sophists, Socratics and Cynics, 220, K. Döring, Die Kyniker – eine antike Protestbewegung, AU 28, 1985, 19 ff., hier: 20, Giannantoni, 203 ff.; vgl. schon Wilamowitz, Platon II, 162 ff.

νόμου ἢ περὶ πολιτείας, Περὶ νόμου ἢ περὶ καλοῦ καὶ δικαίου im dritten Tomos des antisthenischen Schriftenverzeichnisses sowie Μενέξενος ἢ περὶ τοῦ
ἄρχειν, ᾿Αρχέλαος ἢ περὶ βασιλείας im zehnten Tomos zeugen eher von einer
positiven Auffassung des Staates und einer extensiven Beschäftigung als
Rechtstheoretiker.

In diesen Rahmen ordnet sich zunächst Antisthenes' scharfe Kritik der
athenischen Demokratie ein. Er steht mit dieser Haltung in der Nähe Xenophons[5] und besonders Platons[6]; Antisthenes' Demokratiekritik gilt dem
Wahlverfahren, speziell bei der Strategenwahl, das er zum Anlaß nimmt,
den Athenern vorzuschlagen, Esel zu Pferden zu machen.[7] Die Kritik entzündet sich an dem Verfahren, Macht zu verteilen, ohne darauf zu schauen,
ob die Gewählten Wissen besitzen. Dahinter verbirgt sich die Überzeugung,
daß derjenige, der den Anspruch erhebt, ein Stratege und Politiker zu sein,
eines Wissens bedarf, das sich von einem beliebigen Technewissen unterscheidet. In dieser Richtung deutet eine Stelle in Xenophons Symposion
(3,4)[8], an der Antisthenes die politische Kunst, die Menschen im Staat besser
zu machen, dem Kompetenzbereich einer banausischen Techne entzieht.
Die antisthenische Kritik an den ignoranten Strategen und den sie Wählen-
den ist von der Überzeugung getragen, die politische Kunst beziehe sich
auf τὰ μέγιστα.[9]

In enger Verbindung mit seiner Kritik des demokratischen Wahlverfah-
rens steht sein Angriff gegen die athenischen Demagogen im Politikos.[10]

Weiteren wichtigen Aufschluß über seinen Standpunkt gibt eine Stelle in
Aristoteles' Politik (III 13,1284a11ff.):[11] ὅθεν δῆλον ὅτι καὶ τὴν νομοθεσίαν

---

[5] Vgl. Mem. I 2,9, 49, III 1,2–4, 9,10f., Apol. 20f.
[6] Vgl. Prot. 319bff., Lach. 184d5ff., Apol. 21c–22a, 25a5ff., Crit. 47b–48a, Gorg.
459a1–c2, Polit. 297b7ff., 298e5ff., 300e4f., Alc. 1,111d6ff., 113d und besonders Resp.
488b–e. – Anders Aischines von Sphettos, der im Alkibiades (Fg. 8 Dittmar; vgl. auch P.
Oxy. 1608, Fg. 1) Themistokles aufgrund seines Wissens und seiner δύναμις preist. Zur
antidemokratischen Einstellung der Sokratiker vgl. L. Rossetti, Aspetti della letteratura
Socratica antica, 21ff.
[7] Fg. 169 DC. Vgl. auch Mem. III 9,10. Auf der gleichen Ebene liegt Antisthenes'
Forderung, die Schlechten im Staat zur Verantwortung zu ziehen (Fg. 104 DC), und die
Überzeugung, daß die Städte zugrunde gehen, falls sie nicht die Fähigkeit entwickeln,
die Schlechten von den Guten zu unterscheiden (Fg. 103 DC); vgl. Rankin, 139f.
[8] Fg. 78 Giannantoni; von Decleva Caizzi nicht aufgenommen.
[9] Vgl. Plat. Polit. 302a5ff.
[10] Fg. 43 DC; Herodicus (ap. Athen. 220 D) zitiert die Schrift mit diesem Titel, der
sich jedoch im Schriftenverzeichnis bei Diogenes nicht findet. Decleva Caizzi, 101 und
Patzer, 151 indentifizieren ihn mit Περὶ νόμου ἢ περὶ πολιτείας im dritten Tomos, doch
bleibt dies eine bloße Vermutung.
[11] Fg. 100 DC; Decleva Caizzi rechnet offenbar nur für 1284a15ff. mit Antisthenes,
doch wird sich zeigen, daß auch der weitere Kontext zu berücksichtigen ist.

ἀναγκαῖον εἶναι περὶ τοὺς ἴσους καὶ τῶι γένει καὶ τῆι δυνάμει, κατὰ δὲ τῶν τοιούτων οὐκ ἔστι νόμος· αὐτοὶ γὰρ εἰσι νόμος. καὶ γὰρ γελοῖος ἂν εἴη νομοθετεῖν τις πειρώμενος κατ᾽ αὐτῶν. λέγοιεν γὰρ ἂν ἴσως ἅπερ Ἀντισθένης ἔφη τοὺς λέοντας δημηγορούντων τῶν δασυπόδων καὶ τὸ ἴσον ἀξιούντων πάντας ἔχειν. Antisthenes greift die Demokratie wegen ihres Gleichheitsprinzips an und bedient sich dazu des αἶνος von den Löwen und Hasen; letztere beanspruchen in der Volksversammlung das gleiche Recht und werden von den Löwen mit dem Hinweis auf ihre unterlegene Physis in die Schranken gewiesen.[12] Antisthenes' Kritik an der radikalen, arithmetischen Gleichheit ordnet sich in den Zusammenhang der Gleichheitsdebatten der zweiten Hälfte des 5. Jahrhunderts[13] und der ersten Jahrzehnte des 4. Jahrhunderts ein.[14]

Auch Xenophon behandelt in der Kyrupädie (II 2,18 ff.) ausführlich das Problem der beiden Arten der Gleichheit, der arithmetischen, für die radikale Demokratie charakteristischen, und der geometrischen Gleichheit. Er bezieht wie Antisthenes und Platon eindeutig gegen erstere Stellung, vertritt jedoch, sich hierin von beiden unterscheidend, die Auffassung, die Masse könne zur Einsicht in die Höherwertigkeit der geometrischen Gleichheit gelangen (II 2,20).

Antisthenes' Kritik richtet sich in erster Linie gegen eine Gleichheitsforderung, die nicht das Angemessene zum Maßstab nimmt. Die Stelle darf nicht im Sinne der Nomos-Physis-Antithese interpretiert werden[15], und ebensowenig darf man Antisthenes zum Verfechter des Rechts des Stärkeren machen. Die Antithese besteht vielmehr zwischen der ἀρετή und den Nomoi; daß dies gemeint ist, erhellt auch aus einem anderen Zusammenhang,

---

[12] Antisthenes bezieht sich wahrscheinlich auf Fab. Aesop. 251, p. 116 Halm (450 Perry); vgl. W. L. Newman, The Politics of Aristotle, Vol. III, 243 zu Pol. 1284a15.

[13] Vgl. schon Hdt. III 80 ff. die Verfassungsdebatte, Eur. Suppl. 429 ff., Phoen. 531 ff.; vgl. auch Or. 902 ff.

[14] Vgl. Archytas VS 47 B 2,3 und besonders Plat. Resp. 558c, 561e, 563b ff. (443d–e zur geometrischen Gleichheit in der Einzelseele), Leg 757b–c; Isocr. 2,16, 3,14–26, 7,21 ff. (§ 23 die Polemik gegen das vom Zufall bestimmte Losverfahren). – Zu den Gleichheitsdebatten im allgemeinen vgl. G. Grossmann, Politische Schlagwörter aus der Zeit des Peloponnesischen Krieges, 43 ff. und Guthrie, A History of Greek Philosophy Vol. III, 148 ff.

[15] So Newman zu 1284a15, der auf Plat. Gorg. 483c verweist; vgl. auch J. Aubonnet, Aristote, Politique T. II, Paris 1971, 258, A. 3; dagegen E. Wolf, Griechisches Rechtsdenken III 1,79, Giannantoni, Socraticorum Reliquiae III, 363 f.; für die Nomos-Physis-Antithese jetzt wieder Rankin, Antisthenes Sokratikos, 141 f.; vgl. auch G. Reale, Storia della filosofia antica I, Mailand 1984, 399.

in dem Antisthenes vom Weisen fordert, die ἀρετή und nicht die Nomoi zum Maßstab des politischen Handelns zu machen.[16] Damit wird er nicht zum Gegner der bestehenden Gesetze und spielt gegen sie auch nicht die Physis aus.[17] Er verficht vielmehr den Standpunkt, daß sich die Nomoi, die im Laufe der Zeit durch die Tradition entwickelt wurden, am Maßstab der ἀρετή bewähren müssen.[18]

Daß er Nomos und Gerechtigkeit nicht als in einem gegenseitigen Spannungsverhältnis stehend betrachtet, erhellt aus dem Titel Περὶ νόμου ἢ περὶ καλοῦ καὶ δικαίου im dritten Tomos des Schriftenverzeichnisses; er deutet auf eine Gleichsetzung von Nomos und Gerechtigkeit. Xenophon greift diese Gleichsetzung in der Kyrupädie (I 3,17) auf, um durch sie die persische Rechtsauffassung zu charakterisieren: Der junge Kyros, der zur Übung die Aufgabe erhält, einen Rechtsfall zu entscheiden, in dem ein großer Junge eigenmächtig seinen kleinen Mantel gegen den großen eines kleinen Jungen eintauscht, wird darüber belehrt, daß in diesem Falle nicht das Angemessene, sondern der Nomos entscheide, was gerecht sei.[19]

Angesichts des antisthenischen Postulats, der Weise müsse sich nach dem Maßstab der ἀρετή, nicht nach dem der Nomoi politisch betätigen[20], stellt sich die Frage, ob nicht auch der dem Antistheneszitat in Aristoteles' Politik unmittelbar vorangehende Kontext (1284a3–14) wenigstens dem Sinn nach antisthenische Lehre enthält.[21] Denn an dieser Stelle ist ebenfalls von dem sich durch seine besondere Trefflichkeit auszeichnenden Menschen und Herrscher die Rede, für den die Nomoi eben aufgrund seiner Ausnahmestellung keine Gültigkeit besitzen (1284a13f.). Auch hier liegt die Antithese zwischen ἀρετή und Nomos vor; die Bedingung, die an die Entbindung dieses Herrschers von den Nomoi geknüpft ist, lautet: Er muß alle anderen Bürger in ihrer Gesamtheit an Trefflichkeit überragen, so daß sich von ihm sagen lasse: ὥσπερ γὰρ θεὸν ἐν ἀνθρώποις εἰκὸς εἶναι τὸν τοιοῦτον (1284a10f.).

---

[16] Vgl. Fg. 101 DC.
[17] So mit Bezug auf Fg. 101 Decleva Caizzi, 115 und schon H. Maier, Sokrates, 46, A. 2, Pohlenz, Staatsgedanke und Staatslehre, 67, J. Kaerst, Studien zur Entwicklung und theoretischen Begründung der Monarchie im Altertum, 29f. Vgl. auch Hoistad, 113, der allerdings einschränkt.
[18] Vgl. Müller, Die Kurzdialoge der Appendix Platonica, 179f.
[19] Zur Stelle vgl. auch unten S. 93f.
[20] Vgl. Fg. 101 DC.
[21] Vgl. Hoistad, 113f. und Rankin, Antisthenes Sokratikos, 144, die antisthenische Herkunft freilich nur vermuten, ohne eine Begründung zu geben.

Ob der Gedanke der Gottähnlichkeit von Antisthenes stammt, ist nicht zu entscheiden. Aristoteles mag eine im Grunde schon im homerischen Epos vorgeprägte Formel[22] selbst übernommen haben.

Es ist jedoch verlockend, die Vorstellung, solche Personen seien selbst Gesetz (1284a13–14 αὐτοὶ γάρ εἰσι νόμος), Antisthenes zuzuschreiben. Damit wäre ein sehr früher Ausgangspunkt für die spätere Konzeption des νόμος ἔμψυχος gewonnen, die besonders im Hellenismus und in der Römischen Kaiserzeit eine wichtige Rolle spielt.[23] Für diese Zuweisung spricht möglicherweise noch etwas Anderes: Unmittelbar nach dem Antistheneszitat nennt Aristoteles (1284a22 ff.) Herakles als mythisches Beispiel einer solchen Persönlichkeit, die alle anderen durch ihre ἀρετή überragt und gleichsam über den Nomoi steht. Von Antisthenes ist nun bekannt, daß er Herakles, wohl im Ἡρακλῆς μείζων[24], als mythisches Paradeigma verwendet: Herakles erwirbt durch die Erziehung bei Chiron[25] und durch die Belehrung, die er von Prometheus empfängt[26], seine besondere Tugend[27]; und Antisthenes stellt Herakles auf eine Ebene mit Kyros, indem er ihn zum idealen Repräsentanten seiner πόνος-Lehre macht.[28]

Was Xenophon betrifft, so kennt er die Vorstellung vom Herrscher als einem νόμος βλέπων, wie Cyr. VIII 1,22 zeigt; hier stuft er nach dem Kriterium des Nutzens zwischen den geschriebenen Gesetzen und dem guten Herrscher ab: Erstere vermögen die Menschen besser zu machen – dies ist im Grunde die Gegenthese zu Platons Position in der Politeia (426e4 ff.) –, der gute Herrscher Kyros hingegen sieht denjenigen, der schlecht ist und den es zu bessern gilt. Er hat somit die Eigenschaft, die Platon den starren

---

[22] Vgl. Il.5,78, 11,58, 22.394; vgl. auch Hes. Theog. 91 f., Isocr. 2,5.

[23] Vgl. Muson. bei Stob. 4,7,67. IV 283 W.-H., Plut. Ad princ. 780 C; Goodenough, The Political Philosophy of Hellenistic Kingship, Yale Classical Studies 1, 1928, 55 ff., hier: 59 ff., Aalders, ΝΟΜΟΣ ΕΜΨΥΧΟΣ, 315 ff. (dort die ältere Literatur). Einen Zusammenhang dieses Konzepts mit "kynischen Lehren" vermutete schon A. A. T. Erhardt, Politische Metaphysik von Solon bis Augustin I, Tübingen 1959, 173, A. 2, was Aalders, 320, A. 18 ohne Begründung zurückweist. Als Präfiguration dieser Vorstellung läßt sich Isocr. 2,18, 3,62 verstehen; vgl. Aalders, 317, der richtig darauf hinweist, daß Isokrates die Identifikation des Monarchen mit dem Gesetz noch nicht vollzieht; vgl. auch R. Andreotti, Per una critica dell' ideologia di Alessandro Magno, Historia 5, 1956, 294. Vgl. auch Ps. Isocr. 1,36. – Zur Ausprägung des νόμος ἔμψυχος-Gedankens bei Ps. Ekphantos und Diotogenes vgl. Aalders, 323, A. 29.

[24] Vgl. Giannantoni, Socraticorum Reliquiae III, 285.

[25] Vgl. Fg. 24 A–C DC.

[26] Vgl. Fg. 27 DC.

[27] Zur Lehrbarkeit der Tugend vgl. Fg. 23 DC und unten S. 36.

[28] Vgl. Fg. 19 DC.

Gesetzen im Politikos (294c) abspricht. Xenophon reserviert diese Fähigkeit für Kyros, denn in I 3,18 kennzeichnet er die Monarchie des Kambyses als eine Herrschaftsform, die den Nomos zum Maßstab nimmt, während Kyros das Gesetz verkörpert.

Herrscher kann nach Antisthenes nur der ἀγαθός sein, und wenn er gut ist, ist er auch weise. Von daher erklärt sich, daß Augustin[29] Antisthenes die an Platon erinnernde Forderung zuschreibt, dem Weisen die Staatsführung zu überlassen. Dieses Dogma spielt im Zusammenhang des antisthenischen Kyrosbildes eine nicht unerhebliche Rolle. Es zeigt, daß Antisthenes den Perser nicht einseitig nur als idealen Vertreter seiner πόνος-Lehre auffaßt.

Für den weisen Herrscher gilt, was Antisthenes im einzelnen an Bestimmungen zur Tugend des Weisen entwickelt: Als derjenige, der die ἀρετή und nicht die bestehenden Nomoi zum Maßstab seines Handelns macht[30], ist er autark.[31] Diese Autarkie definiert sich als die größtmögliche Unabhängigkeit von äußeren Gütern. Sie ist zum zweiten ein Zustand, der den Weisen in die Lage versetzt, alles zu besitzen, was den anderen gehört.[32] Diese paradox anmutende Definition erklärt sich ebenfalls vor dem Hintergrund des Gegensatzes zwischen Innen und Außen:[33] Dem Weisen ist nichts unerreichbar, was gut ist, da zwischen beiden eine innere Verwandtschaft besteht.[34] Dem entspricht die antisthenische Überzeugung, daß dem Weisen alles Schlechte fremd sei.[35]

---

[29] Aug. De civ. dei 18,41 = Fg. 102 DC.

[30] Vgl. oben S. 28 f.

[31] Vgl. Fg. 80 DC. – Die antisthenische Autarkie darf nicht mit der Autarkie, die sich Hippias (Plat. Hipp. min. 368b2–d7) zugute hält, verwechselt werden (in dieser Richtung Rankin, Antisthenes Sokratikos, 113; dagegen schon treffend A. N. M. Rich, The Cynic Conception of Autarkeia, Mnemosyne 9, 1956, 23 ff., hier: 25). Hippias' Unabhängigkeit ist eine äußerliche, die auf der Fähigkeit beruht, möglichst viel Technewissen zum eigenen Nutzen einzusetzen; Antisthenes' Autarkie ist essentiell eine verinnerlichte, die auf dem Gegensatz zwischen materiellem Besitz und ethischer ἀρετή beruht. Der autarke Weise löst sich nach seiner Überzeugung von den äußeren Gütern.

[32] Vgl. Fg. 80 DC. Der Gedanke wird von Rankin, Antisthenes Sokratikos, 113 mißverstanden. Er deutet ihn als Hinweis auf ein parasitäres Verhältnis zur Gesellschaft, die es lediglich zu benützen gelte.

[33] Zur Antithese vgl. Antisthenes im xenophontischen Symposion (4,34 = Fg. 117 DC); vgl. auch 4,41; Decleva Caizzi, 117 zu Fg. 117, Giannantoni, a. a. O., 356, ferner die Metapher der Phronesis als einer Mauer Fg. 63, 88 DC und die gleiche Metapher mit Bezug auf die Seele Fg. 90 DC.

[34] Vgl. Fg. 81 DC. Dies erinnert an Platons Gleichsetzung von ἀγαθόν und οἰκεῖον im Charmides (163c5 f.) und im Symposion (205e6); es ist jedoch nicht nötig, mit E. Zeller, Die Philosophie der Griechen II 1,304, A. 1 (vgl. auch K. Joel, Der echte und der xenophontische Sokrates I, 490, H. Maier, Sokrates, 392, A. 2) anzunehmen, diese Gleichsetzung stamme von Antisthenes; vgl. dagegen Giannantoni, 356.

[35] vgl. Fg. 73 DC; Giannantoni, 354 f.

II

Wie ordnet sich in diesen Rahmen das Kyrosbild des Antisthenes ein? Der Interpret sieht sich zunächst vor das Problem gestellt, daß die Zahl der relevanten Fragmente sehr gering ist und die Titel der in Frage kommenden Schriften sowie ihre Zahl unklar sind. In der Forschung hat dies zu einem regelrechten Gestrüpp von Hypothesen geführt.[36] Von seiner Entwirrung hängt zwar nicht unmittelbar die Bewertung der Fragmente ab, doch ist die Frage der Titel und der Zahl der Schriften über Kyros von Bedeutung, wenn es darum geht, den Grad des Interesses zu bestimmen, das Antisthenes Kyros entgegenbringt.

Der Schriftenkatalog bei Diogenes überliefert folgende Titel: Κῦρος im vierten Tomos und Κῦρος ἢ περὶ βασιλείας im fünften Tomos; schlecht bezeugt, nämlich nur im Laurentianus (F), sind die Titel Κῦρος ἢ ἐρώμενος und Κῦρος ἢ κατάσκοποι im zehnten Tomos, während der Parisinus (P) und der Burbonicus (B) κύριος ἢ ἐρώμενος und κύριος ἢ κατάσκοποι bieten. Κῦρος erweckt den Eindruck einer lectio facilior. Nun zeigt E. Norden[37] überzeugend, daß kein Grund besteht, die Überlieferung κύριος in Zweifel zu ziehen. Er weist nach, daß sich hinter dem Begriff κύριος die von Antisthenes ausgehende Gleichung κύριος = δεσπότης verbirgt, die letztlich mit dem antisthenischen Konzept von der Autarkie des Weisen konvergiert, dem äußere Einflüsse nichts anhaben können.[38]

Das Verzeichnis bei Diogenes enthielte demnach zwei Werke über Kyros, einen Κῦρος und einen Κῦρος ἢ περὶ βασιλείας. Damit scheint übereinzustimmen, daß Herodicus[39] feststellt, Antisthenes werfe Alkibiades in einer der beiden Schriften des Titels 'Kyros' (ἐν θατέρωι τῶν Κύρων) Inzest vor. Diogenes Laertios (II 61)[40] zitiert eine Schrift mit dem Titel ὁ μικρὸς Κῦρος,

---

[36] Einen guten Überblick über die Forschung gibt Giannantoni, 269 ff.

[37] Norden, Beiträge zur Geschichte der griechischen Philosophie, Jahrb. f. Class. Phil. Suppl. 19, 1892, 373 ff.

[38] Zu den Nebentiteln ἐρώμενος und κατάσκοποι verweist Norden, 376 ff. auf Antisthenes' Herakles, der als ἐραστής Chirons (Fg. 24 DC) durch die eigene Person den Nachweis erbringt, daß der σοφὸς ἀξιέραστος ist (Fg. 23 DC), ferner auf die – allerdings erst für die spätere kynische Philosophie bezeugte – Konzeption des kynischen Philosophen als eines Spähers, der das Treiben der Menschen erforscht; zustimmend Zeller, AGPh 7, 1894, 95 f.; vgl. auch Decleva Caizzi, Antisthenis Fragmenta, 86.

[39] Bei Athen. 220 C (Fg. 29 A DC): Ἀντισθένης δ' ἐν θατέρωι τῶν Κύρων κακολογῶν Ἀλκιβιάδην καὶ παράνομον εἶναι λέγει καὶ εἰς γυναῖκας καὶ εἰς τὴν ἄλλην δίαιταν. συνεῖναι γάρ φησιν αὐτὸν καὶ μητρὶ καὶ θυγατρὶ καὶ ἀδελφῆι ὡς Πέρσας.

[40] Fg. 6 DC.

was ebenfalls zwei Werke über Kyros voraussetzt. Der korrespondierende Titel wird etwa Κῦρος ὁ μέγας oder Κῦρος ὁ μείζων gelautet haben.[41] Bei der Angabe μικρός handelt es sich wahrscheinlich um eine Größenangabe, die bei der bibliothekarischen Erfassung des Corpus Antisthenicum dazu diente, diese Schrift von der umfangreicheren abzuheben. Die Angaben des Herodicus und Diogenes Laertios stützen sich gegenseitig: Herodicus' Hinweis auf Antisthenes' Alkibiadeskritik ἐν θατέρωι τῶν Κύρων ist mit Sicherheit nicht so zu interpretieren, als handle es sich bei dem Gegenstand dieser Schrift um Kyros den Jüngeren.[42] Dagegen spricht sowohl die Art der Formulierung, mit der Herodicus lediglich zwischen zwei Werken differenziert, als auch die Tatsache, daß Kyros der Jüngere ansonsten nicht durch den Zusatz ἕτερος von dem Reichsgründer Kyros abgehoben wird.[43]

Da die Schrift Κῦρος bei Diogenes im vierten Tomos neben Ἡρακλῆς ὁ μείζων aufgeführt ist, liegt die Annahme nahe, daß es sich bei ihr um das größere Werk über Kyros handelt. Κῦρος ἢ περὶ βασιλείας im fünften Tomos wäre demnach identisch mit dem Κῦρος μικρός bei Diogenes Laertios (II 61).[44]

Eine andere Frage ist, ob beide im Katalog bei Diogenes genannten und in der Parallelüberlieferung vorausgesetzten Werke über Kyros auch von Antisthenes stammen, wie etwa Hoistad[45] und Giannantoni[46] annehmen. In der Antike herrschte keineswegs die einhellige Meinung, beide Kyrosschriften entstammten der Feder des Antisthenes.

Zunächst ein Zeugnis des Zenonschülers Persaios aus Kition. Er stellt zuerst die These auf, die Mehrzahl der sieben Dialoge des Aischines stamm-

---

[41] Vgl. Patzer, 150.

[42] So zuerst Hirzel, Der Dialog I, 122 mit Anm. 2 mit Bezug auf Diog. Laert. VI 2 (Fg. 19 DC); vgl. auch Thomas, Quaestiones Dioneae, 10, U. Treu − K. Treu, Athenaios von Naukratis, Leipzig 1985, 154. Dagegen schon Kaerst, Studien, 30, A. 2 und besonders Hoistad, 73 f.; vgl. auch Decleva Caizzi, Antisthenis Fragmenta, 97, Giannantoni, 272 f. Giannantoni weist darauf hin, daß bei dieser Annahme, falls der Κῦρος im vierten Tomos mit dem größeren Werk über Kyros gleichzusetzen ist, der Titel Κῦρος ἢ περὶ βασιλείας im fünften Tomos schlecht zu Kyros dem Jüngeren paßt, da dieser nicht die Königswürde gegen seinen Bruder erlangte.

[43] Vgl. Ael. De nat. an. I 59, wo Kyros d. J. mit ὁ δεύτερος gekennzeichnet wird; Plut. Reg. et Imp. Apophthegm. 173 E wird er mit ὁ νεώτερος vom Reichsgründer abgehoben; vgl. auch Weissbach, Kyros, 1132, Hoistad, 73, A. 5.

[44] Vgl. schon A. Müller, De Antisthenis Cynici vita et scriptis, 43; Patzer, 149 f.

[45] Hoistad, 75.

[46] Giannantoni, 269: "Che Antistene abbia scritto almeno due opere intitolate Ciro risulta indubitabilmente dall'espressione ἐν θατέρωι τῶν Κύρων in Athen. V 220 C."

ten in Wirklichkeit von Pasiphon; ferner seien von Pasiphon der Kleine Kyros des Antisthenes, sein Kleiner Herakles und der Alkibiades verfertigt (?) worden:[47]

καὶ τῶν ἑπτὰ διαλόγων τοῦ Αἰσχίνου δὲ τοὺς πλείστους Περσαῖός φησι Πασιφῶντος εἶναι τοῦ Ἐρετρικοῦ, εἰς τοὺς Αἰσχίνου δὲ κατατάξαι. ἀλλὰ καὶ τῶν Ἀντισθένους τόν τε μικρὸν Κῦρον καὶ τὸν Ἡρακλέα τὸν ἐλάσσω καὶ Ἀλκιβιάδην καὶ τοὺς τῶν ἄλλων † δὲ ἐσκευώρηται.

Worauf diese Echtheitskritik gründet, läßt sich nicht entscheiden.[48] Falls es sich um eine Polemik gegen Pasiphon handelt, die von persönlichen Gründen bestimmt ist, verlöre das Zeugnis an Gewicht. Die Korruptel δὲ ἐσκευώρηται ist von F. Susemihl[49] überzeugend in διεσκευωρῆσθαι verbessert worden. Die Parallelstellen[50], an denen das Verbum vorkommt, schließen nicht aus, daß Persaios nicht den Vorwurf der Fälschung gegen Pasiphon erhebt, sondern ihm lediglich vorwirft, an den drei antisthenischen Schriften Eingriffe vorgenommen zu haben. Im Kontext der ersten Aussage liegt es freilich näher, auch die zweite Aussage als Vorwurf der Fälschung zu interpretieren.

Daß man an der Echtheit einiger antisthenischer Schriften in der Antike zweifelte, bestätigt auch das bei Diogenes Laertios (II 64)[51] überlieferte Urteil des Panaitios:

πάντων μέντοι τῶν Σωκρατικῶν διαλόγων Παναίτιος ἀληθεῖς εἶναι δοκεῖ τοὺς Πλάτωνος, Ξενοφῶντος, Ἀντισθένους, Αἰσχίνου, διστάζει δὲ περὶ τῶν Φαίδωνος καὶ Εὐκλείδου, τοὺς δὲ ἄλλους ἀναιρεῖ πάντας.

Die pronomcierte Feststellung, alle Schriften des Antisthenes seien echt, läßt sich nur als Reflex auf eine vorgängige Echtheitsdiskussion verstehen, in

---

[47] Persaios bei Diog. Laert. II 61 (Fg. 6 DC).

[48] A. Dyroff, Die Ethik der alten Stoa, Berlin 1897, 350 (in dieser Richtung auch Patzer, 106) nimmt an, Persaios erhebe den Vorwurf, da er sich mit Menedem aus Eretria, dem möglichen Lehrer Pasiphons, aus politischen Gründen überwarf. Doch es handelt sich um eine bloße Vermutung. Wir wissen zwar von einem Streit des Persaios mit Menedem, da letzterer mit Hilfe des Antigonos Gonatas in Eretria die Demokratie wieder einsetzen wollte und in Persaios einen Gegenspieler fand (Diog. Laert. II 143 = SVF I 460), doch gibt es keinen Anhalt, daß Pasiphon tatsächlich Menedems Schüler war. Zu Recht äußert sich v. Fritz, RE 18 (1949) Pasiphon (2), 2084 zurückhaltend zu dieser Hypothese.

[49] Susemihl, Jahrb. f. Class. Phil. 33, 1887, 209, ders., Geschichte der griechischen Literatur in der Alexandrinerzeit, 1. Bd., Leipzig 1891, 21.

[50] Plat. (?) Epist. 3,316a5, Resp. 540e3: διασκευωρεῖν 'überarbeiten' bzw. 'neu ordnen'; vgl. auch Giannantoni, 215.

[51] Fg. 5 DC.

der das Gegenteil behauptet wurde.[52] Sein Echtheitsurteil läßt jedoch offen, ob der Κῦρος μιχρός eine dieser verdächtigten Schriften war.

Anders stehen die Dinge bei Phrynichos[53]; sein Zeugnis zeigt, daß die Echtheitsdiskussion, möglicherweise unter dem Eindruck des Urteils des Persaios, noch im zweiten nachchristlichen Jahrhundert nachwirkt: εἰλικρινοῦς δὲ καὶ καθαροῦ καὶ Ἀττικοῦ λόγου κάνονας καὶ σταθμὰς καὶ παράδειγμά φησιν ἄριστον Πλάτωνά τε καὶ Δημοσθένην ... καὶ Ἀντισθένην μετὰ τῶν γνησίων αὐτοῦ δύο λόγων, τοῦ περὶ Κύρου καὶ τοῦ περὶ Ὀδυσσείας. Phrynichos gibt nicht nur ein Stil-, sondern auch ein Echtheitsurteil über die beiden Kyrosschriften ab; er rechnet sie mit Nachdruck mittels des Ausdrucks μετὰ τῶν γνησίων λόγων zu den authentischen Werken des Sokratikers.[54] Der Begriff γνήσιος ist, im Unterschied zu διασκευωρεῖν, eindeutig; sollte das Zeugnis des Phyrnichos tatsächlich die Echtheitskritik des Persaios reflektieren, so wäre damit indirekt eine Stütze für die Annahme gewonnen, daß bereits der Stoiker Pasiphon der Fälschung und nicht nur des wie auch immer gearteten Eingriffes in die drei genannten Schriften beschuldigte.

Überschaut man den Befund, so zeigt sich Folgendes: Bereits früh, wohl im ersten Drittel des 3. Jahrhunderts, zog man die Echtheit einiger antisthenischer Schriften, so auch die des Kleinen Kyros, in Zweifel. Die Gründe für diese Echtheitskritik sind nicht mehr zu erkennen; für die nachhaltige Wirkung dieser Echtheitsdiskussion legt allem Anschein nach noch Phrynichos Zeugnis ab. Auch wenn die Ursachen der antiken Kontroverse nicht mehr einsichtig sind, dürfen die angeführten Zeugnisse nicht heruntergespielt werden. Es ist zumindest mit der Möglichkeit zu rechnen, daß es sich bei dem Κῦρος μιχρός um eine Schrift handelt, die nicht von Antisthenes stammt.

Das methodische Problem, das unmittelbar aus dem Gesagten entspringt, besteht darin, eine Verteilung der überlieferten Fragmente auf die Kyrosschriften vorzunehmen und zu entscheiden, was dem mit Sicherheit genuinen größeren Werk zu attribuieren ist.

---

[52] Vgl. auch Patzer, 101 f. Er wendet sich zu Recht gegen den Versuch von H. v. Arnim, Leben und Werke des Dio von Prusa, 31, ἀληθεῖς als "Wahrheit des Inhalts dieser Dialoge" zu interpretieren.

[53] Bei Phot. Bibl. 101b9 (Fg. 10 DC).

[54] Der Satz ist nicht so zu verstehen, als ob Phrynichos nur die genannten Schriften über Kyros und die Odyssee für echt hielte. Er wählt vielmehr aus und nennt Beispiele; folglich ist mit P. Natorp, RE 1 (1984) Antisthenes (10), 2542 τοῦ vor περὶ Κύρου zu athetieren; vgl. auch Patzer, 107.

Der Fixpunkt ist die Notiz bei Diogenes Laertios (VI 2)[55], Antisthenes lehre im Großen Herakles und im Kyros, der πόνος sei ein Gut; die Bemerkung läßt darauf schließen, daß Antisthenes zur Exemplifizierung dieses Dogmas Kyros' und Herakles' Erziehung thematisierte. Denn ein zentraler Gedanke seiner Aretetheorie lautet, daß die sittliche Trefflichkeit lehrbar sei[56] und derjenige, der nach ihr strebe, sich in Mühen zu üben habe.[57]

Antisthenes stellt, wie sich Diogenes Laertios (VI 2) entnehmen läßt, Kyros und Herakles auf eine Ebene. H. Dittmar[58] betont den Wert dieser Analogie, denn sie erlaubt es, aus den Heraklesfragmenten zumindest sinngemäß auf einige wesentliche Gedanken des Großen Kyros zu schließen. Die in den Heraklesfragmenten entfaltete Theorie der ἀρετή lautet: Das tugendgemäße Leben ist ein Ziel. Die Tugend ist lehrbar und, sobald man sie erworben hat, ein Gut, das man nicht mehr verlieren kann.[59] Diese Thesen exemplifiziert Antisthenes an Herakles, indem er ihn als einen Schüler Chirons auftreten läßt:[60] Herakles, der zunächst beabsichtigt, den Kentauren zu töten, erliegt dem philosophischen Eros zu Chiron, der sich durch seine alle überragende Gerechtigkeit auszeichnet. Als Rahmen für die Thesen über die ἀρετή deutet sich ein protreptisches Gespräch zwischen Lehrer und Schüler an, da in Fg. 24 ausdrücklich davon die Rede ist, daß Herakles Chiron hört.[61]

Daß Antisthenes Herakles zum beispielhaften Vertreter des πόνος macht, ist nichts Neues; er steht damit in pythagoreischer Tradition[62] und in der

---

[55] Fg. 19 DC.

[56] Vgl. Fg. 23, 69 DC.

[57] Vgl. Fg. 96 DC.

[58] Dittmar, Aischines v. Sphettos, 71: "beide Schriften (sc. Κῦρος, Ἡρακλῆς μέγας) waren also gegenstücke, inhaltlich und wohl auch der form und dem umfang nach."; vgl. auch B. Keil, Hermes 23, 1888, 356, A. 2.

[59] Vgl. Fg. 22, 23, 69, 71 DC.

[60] Vgl. Fg. 24 A–B und dazu Duemmler, Kleine Schriften I, 140 ff., Hoistad, 35 f., Rankin, Antisthenes Sokratikos, 104.

[61] Decleva Caizzi, Antisthenis Fragmenta, 95 f. und Giannantoni, 290 vermuten, daß dieses Gespräch einen Dialog als Rahmen hatte, in dem die Rede von Chiron und seinem Schüler Achill auf einem Gemälde war; vgl. Fg. 28 DC.

[62] Vgl. Iambl. Protr. 21 p. 113 P. Ἡράκλειον δὲ οἱ Πυθαγορεῖοι ἐφήμιζον τόδε τὸ σύμβολον εἶναι αὐτοῖς ἐπισφραγιζόμενοι ἀπὸ τῶν ἐκείνου ἔργων. Dies zwingt nicht zu der von M. Detienne, Rev. d'Hist. de Réligions 158, 1960, 19–53, hier: 34 ff. vertretenen Annahme, Antisthenes hänge direkt von pythagoreischen Quellen ab. Es ist vielmehr mit einer weiten Verbreitung dieses Heraklesbildes bereits im 5. Jahrhundert zu rechnen; vgl. gegen Detienne auch Giannantoni, 293. – Die für Kinaithon, Kreophylos und Peisandros bezeugte Heraklesepik des 7. und 6. Jahrhunderts ist uns zu wenig bekannt, als daß sich etwas über mögliche Einflüsse auf Antisthenes sagen ließe; vgl. G. L. Huxley, Greek Epic Poetry from Eumelos to Panyassis, London 1969, 86 f., 99 ff., W. Burkert, MH 29, 1972, 74 ff., B. Effe, Hermes 116, 1988, 156–68, hier 166 ff. Doch ist damit zu rechnen, daß Antisthenes auch von diesen Epikern Anregungen empfing.

Nachfolge des Prodikos (VS 84 B 2)[63], der in den Horen Herakles die
Entscheidung für die mühevolle ἀρετή und gegen die κακία treffen läßt.
Und auch die Gleichsetzung des πόνος mit einem Gut ist älter.[64]

Neu ist hingegen die Exemplifizierung dieses Dogmas an Kyros. Die
Fragmente aus dem Großen Kyros[65] deuten darauf hin, daß auch für diese
Schrift mit einem protreptischen Gespräch zu rechnen ist. Fg. 20 A entstammt einem Dialog zwischen Kyros und einem unbekannten Ratgeber,
der den wohl noch jungen Herrscher darauf hinweist, daß die Wohltaten
eines Königs im allgemeinen nicht einen guten Ruf nach sich ziehen. Impliziert ist wohl die Mahnung, sich dadurch nicht davon abbringen zu lassen,
sich durch Wohltaten auszuzeichnen. Das Fragment fügt sich in den weiteren Rahmen der antisthenischen πόνος – Theorie: Antisthenes bezeichnet
auch den schlechten Ruf des Einzelnen bei der Menge als ein Gut und setzt
ihn dem πόνος gleich.[66] Der gute Ruf gehört dementsprechend nur zu den
Scheingütern. Er ist für die Entstehung des τῦφος verantwortlich. Seine
Überwindung ist Voraussetzung, um zur ἀρετή zu gelangen.

---

[63] Vgl. W. Nestle, Die Horen des Prodikos, Hermes 71, 1936, 167 (Griechische Studien, 425), der zu Recht auf die persönlichen Beziehungen des Antisthenes zu Prodikos,
die Xen. Symp. 4,62 bezeugt, hinweist. Darauf deutet auch die Attribution des Satzes
οὐκ ἔστιν ἀντιλέγειν an Prodikos durch Didymos den Blinden; vgl. G. Binder – L. Liesen-
borghs, MH 23, 1966, 37 ff., Müller, Die Kurzdialoge der Appendix Platonica, 175, A.
4 (Mit Prodikos' Einfluß auf den Herakles des Antisthenes rechnet auch G. K. Galinsky,
The Herakles Theme, New Jersey 1972, 106). Unter der Annahme, daß Antisthenes bei
der Konzeption seines Heraklesbildes unter dem Einfluß des Prodikos steht, fände auch
eine Erklärung, warum das Motiv der Wahl zwischen dem Guten und Schlechten und
der Bekehrung des Herakles bei Antisthenes eine derart wichtige Rolle zu spielen scheint:
Wie Prodikos' Herakles sich für die Tugend entscheidet, so Antisthenes' Herakles für
die Belehrung durch Chiron, der die Weisheit verkörpert, unter deren Einfluß er seine
anfängliche Gewalttätigkeit ablegt (Fg. 24 A DC); und auch in einer weiteren Szene, die
einen Dialog zwischen Prometheus und Herakles bietet (Fg. 27 DC), in dessen Verlauf
Prometheus sein Gegenüber von der größeren Werthaftigkeit des mit Intelligenz und
Klugheit geführten Lebens zu überzeugen versucht, deutet einiges auf eine Entschei-
dungssituation, vor die sich Herakles gestellt sieht, indem er zwischen zwei Lebensfor-
men, einer mehr hedonistischen und einer eher noetischen zu wählen hat; vgl. auch
Rankin, Antisthenes Sokratikos, 105, der "some trace here of a 'choice' or 'conversion'
of Heracles, like that of the Horai of Prodicus" vermutet.

[64] Vgl. die Stellen bei Decleva Caizzi, Antisthenis Fragmenta, 95; vgl. ferner Demokrit
VS 68 B 157, 182, 243, Eur. Fg. 11, 364 N.², Protagoras (?) VS 80 B 12; zur pythagoreischen Hochschätzung des πόνος Jambl. Protr. 3,10,21, 23 f. p. 114 P., Jambl. VP 85, p.
49 Deubner.

[65] Fg. 19–21 DC.

[66] Vgl. Fg. 85, 95 DC.

In Fg. 21 A ist es Kyros, der seinerseits als den wichtigsten Gegenstand des Lernes die Entwöhnung von κακά bezeichnet. Die beiden Fragmente deuten möglicherweise auf die Darstellung einer Entwicklung vom jungen Kyros, der belehrt wird, zum weisen Herrscher, der darüber belehrt, was das notwendigste Ziel des Lernens ist.[67] Decleva Caizzi[68] leugnet freilich eine derartige Entwicklung. Der Gebrauch der Begriffe βασιλικόν und βασιλεῦς (Fg. 20, 21) beweise, daß nicht vom jungen Kyros die Rede sei. Sie deuteten auf eine "carica già in atto". Diese Interpretation läßt unerklärt, warum die Fragmente auf der einen Seite Kyros' Belehrung thematisieren und ihn andererseits in der Rolle des Wissenden in Ethicis zeigen.

Besondere Aufmerksamkeit erregt in diesem Zusammenhang die in Fg. 21 gegebene Definition des ἀναγκαιότατον μάθημα als ἀπομαθεῖν τὰ κακά. Auf den ersten Blick wirkt diese negative Definition wie eine bloß formale negative Bestimmung des Guten, doch steckt wohl mehr hinter ihr. Sie gehört zu einer regelrechten Protreptik und scheint sich gegen das Technewissen zu richten, gegen das Antisthenes auch an anderer Stelle polemisiert.[69] In der Rangordnung der ἐπιστῆμαι steht das Tugendwissen an erster Stelle. Die Definition des ἀναγκαιότατον μάθημα in Fg. 21 bildet gleichsam das negative Komplement zu der zwar stoisch angehauchten, von der Sache her aber sicherlich antisthenischen Bestimmung τέλος εἶναι τὸ κατ' ἀρετὴν ζῆν im Herakles (Fg. 22).

Wer ist nun der Ratgeber, der im Großen Kyros des Antisthenes eine wesentliche Rolle zu spielen scheint? Dittmar[70] nimmt an, es handle sich um den schlauen Oibares, der schon bei Ktesias großen Anteil an Kyros'

---

[67] Vgl. Dittmar, 74: "In dieser schrift wurde Kyros vorgeführt, wie er sich zu dem könige seines weiten reiches entwickelte, von ratgebern in das königtum eingeführt, getröstet, ermahnt, belehrt, und wie er anderen aus den gewonnenen erfahrungen heraus lehren erteilt, – als ein könig im sinne des Antisthenes, der, wie Herakles, sein leben dafür verbrauchte, δοῦναι καὶ χαρίσασθαι."

[68] Decleva Caizzi, a. a. O., 93.

[69] Vgl. Fg. 66, 70, 191 DC. Der gleiche Gedanke wie in Fg. 21 findet sich Dio Chrys. 13,32, möglicherweise unter antisthenischem Einfluß; vgl. v. Arnim, Leben und Werke des Dio von Prusa, 259, der an einen der Protreptikoi des Antisthenes als Vorlage denkt. – Aus Fg. 66 folgt nicht, daß Antisthenes die Möglichkeit einer Wissenschaft allgemein ablehnt oder gegen den Nutzen der Wissenschaften polemisiert; anders G. Rodier, L'Année Philosophique 17, 1906, 33 f.; vgl. auch G. Zuccante, Rivista di Filosofia 8, 1916, 170 f. und besonders H. Maier, Sokrates, 514. Dagegen sprechen zumindest zwei Dinge (vgl. auch Giannantoni, 331): Antisthenes' intensive Beschäftigung mit der Logik und sein wohl bezeugtes Prinzip ἀρχὴ παιδεύσεως ἡ τῶν ὀνομάτων ἐπίσκεψις (Fg. 38 DC); letzteres ist doch wohl als Grundlage für Begriffsbestimmungen zu verstehen. Nichts deutet darauf hin, daß Antisthenes die Forderung nach der genauen Betrachtung der Begriffe als Spitze gegen eine positive Erkenntnistheorie formuliert.

[70] Dittmar, 73 f.

Aufstieg hat.[71] Diese Vermutung ist verlockend; sie läßt sich möglicherweise stützen durch die Romrede des Aelius Aristides[72], die Dittmar[73] heranzieht und in der tatsächlich Oibares' Ratgeberrolle thematisiert wird:

ἅ γε μὴν ἀπέλαυον (sc. οἱ τῶν Περσῶν βασιλεῖς) τῆς ἀρχῆς κατὰ τὴν Οἰβάρου σοφίαν, ὃς πρῶτος εἰπεῖν λέγεται Κύρωι δυσχεραίνοντι τὴν πολλὴν πλάνην δεῖν αὐτοῦ καὶ ἀνάγκην εἶναι πανταχοῦ περιφοιτᾶν τῆς ἀρχῆς ἑκόντα τε καὶ ἄκοντα, εἰ μέλλοι βασιλεύειν, ὁρῶντα εἰς τὴν βύρσαν, ὡς ἐφ' ἃ μὲν αὐτῆς βαίνοι, ταπεινὰ ἐγίγνετο καὶ τῆς γῆς ἔψαυεν, ἀφ' ὧν δὲ ἀπαλλάτοιτο, αὖθις ἀνίστατο καὶ πάλιν πατοῦντος ἐταπεινοῦτο.

Zwischen dieser Fassung und der antisthenischen Version bestehen Gemeinsamkeiten: In beiden bezieht sich der Ratschlag auf die Herrscherkunst. Ähnlich wie bei Antisthenes, handelt es sich bei Aelius Aristides um den noch jungen Kyros, der erst Herrscher wird (εἰ μέλλοι βασιλεύειν). Und in beiden Fällen dient der Rat dazu, zu zeigen, daß das Herrschen mühevoll sei; Antisthenes drückt dies durch den Hinweis auf die ἀδοξία aus, der sich ein Herrscher aussetze, bei Aristides betont Oibares etwas Ähnliches durch den Vergleich mit dem anpassungsfähigen Leder; die in diesem Vergleich involvierte Parainese, in der Ausübung des Herrscheramtes nicht zu starr zu sein, zielt zwar auf den ersten Blick in eine etwas andere Richtung, doch deutet auch der Vergleich an, daß ein König sich, als ein ἄδοξος, gleichsam erniedrigen müsse.

Es ist verlockend, die bei Aristides überlieferte Version mit Antisthenes in Verbindung zu bringen. Ktesias läßt sich mit einiger Sicherheit ausschließen, vorausgesetzt, daß das Exzerpt des Nikolaos von Damaskus nicht wesentliche Elemente des Verhältnisses zwischen Kyros und Oibares ausspart und damit ein verfälschtes Bild bietet. Bei Ktesias deutet zumindest nichts darauf hin, daß Oibares als Ratgeber Kyros über die Kunst des Herrschens belehrt. Seine Rolle ist rein pragmatisch und scheint sich darin zu erschöpfen, Kyros den Weg zur Herrschaft über die Meder zu ebnen.

Davon unbeschadet deutet die Konstellation Kyros-Ratgeber bei Antisthenes wie bei Ktesias auf eine andere Tradition als die, die sich bei Herodot greifen läßt. Daß Antisthenes auf die bei Ktesias zugrunde liegende

---

[71] Vgl. oben S. 8.

[72] Ael. Arist. or. 14,18 p. 97,5 ff. Keil.

[73] Fg. 3 des ΚΥΡΟΣ bei Dittmar, 305; skeptisch bezüglich der Zuweisung an Antisthenes Giannantoni, 275. Als Fragment läßt sich die Aristidesstelle in keinem Fall deklarieren, bestenfalls handelt es sich um ein Testimonium. In diesem Sinne sind auch die folgenden Überlegungen zu verstehen.

Fassung zurückgreift, ist auch a limine wahrscheinlich. Sie stimmt besser zu
seiner philosophischen Position: Der Nachweis, daß der πόνος ein Gut sei,
läßt sich eher im Rahmen einer Geschichte führen, in der Kyros aus kleinsten Verhältnissen als Sklave aufsteigt und zur Herrschaft gelangt. Sie liefert
die geeignete Grundlage, um den sozialen 'Makel' des Sklavendaseins positiv
umzuwerten; dies wiederum fügt sich auf das beste zu Antisthenes' Lehre,
daß die, die im Besitz der Tugend sind, die wahren εὐγενεῖς seien.[74]

Das Motiv des δοῦλος, der Herrscher wird, spielt im Rahmen der Kyrosgeschichte auch in einem weiteren Zeugnis eine Rolle. Es handelt sich um
die 15. Rede des Dion von Prusa (15,22); Kyros dient in einer Debatte über
die Knechtschaft und Freiheit als Paradeigma:[75]

Τί δέ; ἐμαυτὸν οὐκ ἄν σοι δοκῶ ἐλευθερῶσαι; Εἴγε ἀργύριόν ποθεν καταβάλοις
τῶι δεσπότηι. Οὐ τοῦτόν φημι τρόπον, ἀλλ᾽ ὅνπερ Κῦρος οὐ μόνον ἑαυτόν,
ἀλλὰ καὶ Πέρσας ἅπαντας ἠλευθέρωσε, τοσοῦτον ὄχλον, οὔτε ἀργύριον οὐδενὶ
καταβαλὼν οὔτε ὑπὸ τοῦ δεσπότου ἀφεθείς. ἢ οὐκ οἶσθα ὅτι λυχνοποιὸς[76] ἦν
Κῦρος Ἀστυάγους, καὶ ὁπότε γ᾽ ἐνεθυμήθη καὶ ἔδοξεν αὐτῶι, ἐλεύθερος ἅμα
καὶ βασιλεὺς ἐγένετο τῆς Ἀσίας ἁπάσης; Εἶεν.

Es ist verlockend, diese Version wenigstens in ihrer Substanz mit Antisthenes in Verbindung zu bringen.[77] Sie kongruiert rein äußerlich mit Ktesias'
Darstellung: Kyros übt auch hier, wenn man Hoistads Konjektur λυχνοφόρος für das überlieferte λυχνοποιός akzeptiert, zunächst die Tätigkeit eines
Lampenträgers am Hofe des Astyages aus, bevor er an die Herrschaft gelangt. Er ist, anders als bei Herodot und Xenophon, mit Astyages nicht
verwandt.

Diese Fassung auf Ktesias zurückzuführen, verbietet jedoch eine wichtige
Abweichung: Die bei Ktesias rein äußerliche, rechtliche Auffassung des
Sklavenstatus ist in Dions Darstellung ins Ethische gewandt und gleichsam
verinnerlicht.[78] Bei ihm entscheidet über die Frage, ob jemand Sklave oder

---

[74] Vgl. Fg. 69 DC und die Chrien Fg. 124, 145, 146 DC.

[75] Text nach H. v. Arnim, Dionis Prusaensis quem vocant Chrysostomum quae exstant
omnia Vol. II, Berlin 1896.

[76] λυχνοποιός suspectum v. Arnim. Mit Hoistad, 87 ist möglicherweise λυχνοφόρος
zu lesen; vgl. Ktesias FGrHist 90 F 66,4 καὶ ὃς ἀφίσταται παρὰ τὸν λυχνοφόρον· κἀκεῖνος
αὐτὸν ἠγάπα, καὶ προσάγεται πλησίον βασιλέως, ἵν᾽ ἐν τοῖς λυχνοφοροῦσι αὐτῶι εἴη.

[77] Vgl. Dittmar, 75 f.; man wird jedoch nicht so weit gehen dürfen, die Dionstelle als
Fragment des Antisthenes zu werten, wie Dittmar es tut; antisthenischen Ursprung ver-
mutete bereits Wilamowitz, Commentariolum grammaticum III, Göttingen 1889, 12
(Kleine Schriften IV, Berlin 1962, 633); vgl. auch Joel, Der echte und der xenophontische
Sokrates II,1, 387, 400, Thomas, Quaestiones Dioneae, 7 f., Hoistad, 87, 92 f; dagegen
Hirzel, Der Dialog I, 123, A. 2, ohne seine Ablehnung zu begründen.

[78] Vgl. auch Dittmar, 75.

Freier ist, seine innere Haltung; Kyros wählt geradezu die Freiheit, und sie ist Ausdruck seiner Willenskraft. Dions Fassung stellt eine philosophische Anverwandlung des bei Ktesias anders eingesetzten Motivs dar. Durch diese Transformation wird Kyros zu einer Person stilisiert, die vornehmlich kraft der eigenen Entscheidung die persönliche Freiheit und die der Perser realisiert.

Nichts von dem, was Dion bietet, widerspricht antisthenischer Lehre. Im Gegenteil: Die Umdeutung der δουλεία paßt zur Umdeutung, die Antisthenes mit Bezug auf die εὐγένεια vornimmt, indem er die ἐνάρετοι als εὐγενεῖς definiert.[79]

Und wir wissen ferner, daß die Freiheits- und Sklavenproblematik den Gegenstand einer antisthenischen Schrift des Titels Περὶ ἐλευθερίας καὶ δουλείας bildete[80], in der wohl in irgendeiner Form das Verhältnis zwischen innerer und äußerer Freiheit diskutiert wurde.[81]

Was läßt sich darüber hinaus gewinnen, das in den Rahmen des antisthenischen Kyrosbildes einzuordnen ist? Ein spätes Zeugnis verdient Erwähnung, das sicherlich nicht als Fragment aus Antisthenes' Kyros zu werten ist, jedoch einen Gedanken enthält, der der antisthenischen Lehre nicht allzu ferne steht. Der Humanist und Bischof Arsenius überliefert in seinem Werk Ἰωνιά folgende Chrie:[82]

Κῦρος ὁ βασιλεὺς θεασάμενός ποτε γυναῖκα εὔμορφον καὶ τῶν παρεστώτων τινὸς εἰπόντος ὅτι ἔξεστι σοι εἰ θέλεις χρήσασθαι βασιλεῖ ὄντι, ἔφη ἀλλὰ βασιλεῖ μὴ σωφρονεῖν οὐκ ἔξεστιν.

Im Hintergrund der Chrie steht die Frage, ob ein Herrscher immer Besonnenheit zeigen muß; sie exemplifiziert, daß er, selbst wenn die Umstände ein anderes Verhalten erlauben, konstant seine ἀρετή unter Beweis zu stellen

---

[79] Vgl. Fg. 69 DC.

[80] Fg. 1 DC. – In den weiteren Rahmen dieser Thematik gehört auch die Rolle des Skalven, die Odysseus auf sich nimmt, um in Troia das Palladium der Athene rauben zu können; vgl. Fg. 14,5 f., 15,9 DC.

[81] Vgl. auch Xenophons Antisthenes im Symposion (3,43), der den Verzicht auf äußere Güter und die damit verbundene Autarkie als Mittel zur Freiheit bezeichnet; vgl. auch Fg. 118 DC und dazu Giannantoni, 355.

[82] Arsen. p. 507, 12 ff. Walz. Decleva Caizzi, Antisthenis Fragmenta, 94 hält es für wahrscheinlich, daß der Auszug bei Arsenius auf die gleiche Quelle wie Fg. 21 zurückgeht; vgl. auch Hoistad, 76. Zurückhaltend Giannantoni, 274.

hat. Dieser Gedanke ist durchaus antisthenisch. Ihm liegt die in Fg. 71 formulierte Überzeugung zugrunde, daß derjenige, der die Tugend erworben hat, sie nicht mehr verlieren könne.[83]

Schließlich der homerische Vergleich des guten Herrschers und Feldherrn mit einem Hirten.[84] Obschon dieses Motiv für Antisthenes nicht direkt bezeugt ist, spricht einiges für die Annahme, daß es im Rahmen seines Bildes vom idealen Herrscher eine Rolle spielte:[85] Dem Vergleich liegt als tertium comparationis der Gedanke zugrunde, daß ein Herrscher

[83] In engem Zusammenhang mit diesem Dogma steht Antisthenes' Überzeugung, daß Tugend Wissen sei; dies erhellt zum einen aus der konstanten Hochschätzung der Phronesis (Fg. 88, 91; vlg. auch Fg. 63), zum anderen indirekt aus dem Dogma von der Lehrbarkeit der Tugend (Fg. 69), die ihrerseits auf der Gleichsetzung von Tugend mit Wissen gründet; vgl. auch Zeller, die Philosophie der Griechen II 1,312f., Th. Gomperz, Griechische Denker II, 122, Müller, Die Kurzdialoge der Appendix Platonica, 180, A. 4, der auf die Untertitel des Harakles, ἢ περὶ φρονήσεως ἢ ἰσχύος, hinweist, ferner Decleva Caizzi, La tradizione antistenico-cinica in Epitteto, 113. Gegen die Annahme des sokratischen Tugendwissens bei Antisthenes Gigon, Xenophons Memorabilien I, 45.

[84] Vgl. Il. 2,243, 254, 772, 4,413, 7,230, 19,35, Od. 3,156 mit Bezug auf Agamemnon; vgl. auch Aisch. Pers. 74, 241, Suppl. 767; Plat. Resp. 345c2ff., Gorg. 516a5ff., Theaet. 174d3ff., Polit. 267c1ff., 275a1ff., Ps. Plat. Min. 321b2, c1f., d2; Xen. Mem. I 2,32, III 2,1ff.; Skemp, Plato, The Statesman, 58, A. 5 verweist auf Psalm 23, Isai. 40; weitere Stellen bei Aalders, Political Thought in Hellenistic Times, 25, A. 83. – Der Hirtenvergleich ist älter als Homer. Er findet sich in Ägypten (vgl. J. M. A. Janssen, De Farao als goede herder, in: Mens en dier. Opstellen aangeboden an F. J. R. Sassen, Antwerpen–Amsterdam 1954, 71ff.) und schon in sumerischer Zeit in Mesopotamien. Zeugnisse: A. Falkenstein – W. v. Soden, Sumerische und Akkadische Hymnen und Gebete, Zürich 1953, 87, Nr. 17, V. 3–6; Assyrien: E. F. Weidner, Die Inschriften Tukulti-Ninurtas I. und seiner Nachfolger, Graz 1959, 35, Nr. 22, V. 11–12. Babylon: W. Eilers, Die Gesetzesstele Chamurabis, Leipzig 1932, 12f., Pritchard, Ancient Near Eastern Texts, 164f. (Prolog Col. I, IV); I. Seibert, Hirt, Herde, König, Berlin 1969, 7ff. Dieser Befund zwingt nicht zu der Annahme, der Vergleich sei von Griechen aus dem Orient übernommen worden (so Goodenough, 84 mit Anm. 93, F. Dvornik, Early Christian and Byzantine Political Philosophy I, Washington 1966, 267), da er im Grunde naheliegt und sich unabhängig in Griechenland ausgeprägt haben kann; vgl. W. B. Stanford, ClPh 52, 1957, 278, Aalders, Political Thought in Hellenistic Times, 25.

[85] Vgl. auch Zeller, Die Philosophie der Griechen II 1, 325, A. 5, Kaerst, Studien, 27f., T. A. Sinclair, A History of Greek Political Thought, 141, Müller, Die Kurzdialoge der Appendix Platonica, 183; Aalders, Political Thought in Hellenistic Times, 24 weist sicher zu Recht die Annahme Zellers, Die Philosophie der Griechen II 1, 325, A. 5 zurück, Antisthenes habe den Hirtenvergleich in der Sokratik ausgeprägt. Doch geht Aalders in seiner Skepsis zu weit, wenn er ihn Antisthenes abspricht, indem er Xen. Symp. 4,6 als nicht signifikant abtut (S. 24, A. 81). Zu skeptisch auch Delatte, Le troisième livre des Souvenirs Socratiques de Xénophon, 31, A. 1.

für seine Untertanen das Beste tue.[86] Im Kyros[87] bezeichnet Antisthenes
ausdrücklich das εὖ πράττειν als Kennzeichen eines Königs. Aus Xenophons
Symposion (4,6)[88] erhellt Antisthenes' Interesse für die Herrscherproblema-
tik mit Bezug auf Agamemnon, der in der Ilias ποιμὴν λαῶν genannt wird.

Xenophon gebraucht den Hirtenvergleich in der Kyrupädie im Proöm (I
1,1–2) und in VIII 2,14. Die zweite Stelle scheint unter antisthenischem
Einfluß zu stehen. Denn unmittelbar danach kommt es zum Dialog zwischen Kyros und Kroisos (§ 15 ff.), in dessen Verlauf Kyros nachweist, daß
Freunde den wahren Reichtum verkörpern und die natürlichen Bedürfnisse
der Maßstab des Besitzes sind (§ 21 f.), während übermäßige Güter schaden.
Die beiden letzten Gedanken finden sich auch in Antisthenes' Rede in
Xenophons Symposion (4,37 ff.). Es liegt nahe, auch den Hirtenvergleich
in VIII 2,14, der das Präludium zu dieser Plutosdiskussion bildet, mit Antisthenes in Verbindung zu bringen.[89]

Die Vorstellung vom Herrscher als Hirten berührt sich eng mit dem von
Aristoteles in der Politik III 13,1284a13 f. formulierten Gedanken, daß ein
durch seine ἀρετή alle überragender Einzelner selbst das Gesetz sei; als wahrscheinlicher Urheber dieser Gleichsetzung erwies sich Antisthenes.[90] Beiden
Vorstellungen liegt die Überzeugung zugrunde, daß ein Herrscher sich
durch seine ἀρετή wesentlich von seinen Untertanen unterscheidet.[91]

Für Antisthenes sind die Garanten dieses Wesensunterschiedes Wissen
und Tugend; beide bedeuten für ihn, entsprechend sokratischer Lehre, das
Gleiche. Dieses Ideal findet er in Kyros realisiert. In seine Nähe rückt Xenophon, wenn er als Bedingung des guten Herrschers den Besitz von Wissen
nennt (Cyr. I 1,3)[92] und sie durch Kyros erfüllt sieht. Beide stimmen hierin
mit Platon überein, der im Wissen ebenfalls die notwendige Bedingung

---

[86] Vgl. Plat. Resp. 343b, 345d, Gorg. 516a5 ff., Xen. Mem. I 2,32, III 2,1 ff., Arist.
EN VIII 3,1161a12 ff. Vgl. auch Dio Chrys. 1,23, 84.

[87] Fg. 20 DC.

[88] Fg. 62 DC.

[89] So auch Pohlenz, Staatsgedanke und Staatslehre der Griechen, 140 mit Anm. 9, der
allerdings keine Begründung gibt.

[90] Vgl. oben S. 30.

[91] Eben diese Annahme einer wesentlichen Differenz zwischen Herrscher und Unter-
tanen ist es, die Platon im Politikos (267c ff., 274e ff.) den Hirtenvergleich ablehnen läßt.
Der Kronosmythos soll verdeutlichen, daß der die Hirtenkunst Ausübende ein göttlicher
Hirt sein muß. Die menschlichen Politiker hingegen ähneln in ihrer Physis, Paideia und
Nahrung den Untertanen (275c2 ff.). Vgl. Skemp, Plato, The Statesman, 52 ff.

[92] Vgl. auch I 6,21 f. (Vergleich der Strategik mit der Medizin und Nautik), Mem. III
3,9; 4,6,12, 18.

der Herrschkunst sieht.[93] Platon leugnet jedoch im Politikos (301d8 ff.) die Existenz des idealen Herrschers, und er setzt an seine Stelle jenen, der sich an die Nomoi hält.

Das notwendige Wissen ist für Antisthenes freilich nur die eine Komponente, die den guten König ausmacht. Die zweite, mindestens ebenso wichtige Bedingung ist die Mühe (Fg. 19 DC), in der die Tugend erst zum Ausdruck kommt. Diese praktische Komponente wird, wie die Parallelisierung zeigt, die Antisthenes zwischen Herakles und Kyros vornimmt, eine wesentliche Rolle neben dem intellektuellen Anteil der Erziehung gespielt haben, die sein Kyros durchläuft.[94]

Überblickt man Antisthenes' Herrschertheorie und vergleicht mit ihr die xenophontische Konzeption des idealen Königs, so lautet das Ergebnis folgendermaßen: Antisthenes und Xenophon sind von der Existenz des idealen Herrschers überzeugt. Beide projizieren ihre sokratischen Vorstellungen auf eine historische Person, den persischen Reichsgründer Kyros, zurück.

Beide stimmen insbesondere darin überein, daß es sich bei der Tugend um eine intellektuelle Fähigkeit, um ein Wissen, handelt. Beide sind davon überzeugt, daß dieses Wissen die Bedingung des richtigen Herrschens darstellt und es den König grundlegend von den Bürgern des Staates unterscheidet. Der Hirtenvergleich illustriert diese essentielle Verschiedenheit zwischen König und Untertanen.

Antisthenes und Xenophon sehen, im Unterschied zu Platon, nicht im idealen Staat und seinen Institutionen, sondern in den Qualitäten des Regenten die entscheidende Voraussetzung für das Wohl der Bürger.[95]

Antisthenes und Xenophon, der hierin wohl unter dem Einfluß des älteren Sokratikers steht, räumen den Mühen, die der ideale Herrscher zum Wohle des Staates auf sich nimmt, einen besonderen Platz im Katalog der Herrschertugenden ein.

---

[93] Vgl. Polit. 258b4 ff., 292b6 ff., 300c9, 301b, 302a8 ff.; vgl. auch e.g. Gorg. 521d, Euthyd. 291c7 ff. und besonders Resp. 503b ff.

[94] Daß Antisthenes sich, wenn er den Wert der Mühen für einen Herrscher betont, auf eine gewisse Tradition stützen kann, deutet Euripides' Archelaos (Fg. 257–259 N.) an. Vgl. auch K. F. Stroheker, Zu den Anfängen der monarchischen Theorie in der Sophistik, Historia 2, 1954, 407.

[95] Falsch Levine Gera, 12, die Xenophons Ansatz in Analogie zu dem Platons setzt.

II   Die Kyrupädie

1. Zur Datierung der Kyrupädie

In der Forschung besteht ein weitgehender Konsens, daß es sich bei der Kyrupädie um ein Spätwerk handelt. Dieser Ansatz stützt sich im allgemeinen auf den Schluß des Werkes (VIII 8,4).[1] In ihm werden zwei historische Ereignisse, der Verrat des revoltierenden Satrapen Ariobarzanes durch seinen Sohn Mithridates und der Kontakt des Rheomitres mit Ägypten sowie der Verrat an seinen Verwandten[2], erwähnt. Beide fallen in das Jahr 362, das somit für den Schluß den terminus post quem liefert.

Obschon in der Antike die Echtheit des Schlußkapitels nicht bestritten wurde[3], sind die Zweifel in der Neuzeit seit L. C. Valckenaers Athetese[4] nicht verstummt. Methodisch erscheint es folglich angebracht, einen Datierungsversuch möglichst unabhängig vom Schluß zu unternehmen.

---

[1] Vgl. Roquette, De Xenophontis vita, 87 (dort die ältere Literatur), Scharr, Xenophons Staats- und Gesellschaftsideal, 40, A. 78, Münscher, Xenophon in der griechisch-römischen Literatur, 16, A. 1 (370–360 v. Chr.), Marschall, Untersuchungen zur Chronologie der Werke Xenophons, 56, Jaeger, Paideia 3, 425, A. 53, Aalders, Date and Intention of Xenophon's Hiero, 212f. mit Anm. 6, Delebecque, Essai sur la vie de Xénophon, 405 ff., Breitenbach, Xenophon, 1742, 1753, Carlier, 137, A. 13, Due, 18 mit Anm. 39. Für eine Datierung der Kyrupädie in die 60er Jahre jetzt auch Levine Gera, 23–25, die diesen Ansatz jedoch nicht mit tragfähigen Argumenten begründet. – Anders Diès, Platon, Œuvres complètes, T. VI, XLI, der anscheinend das Intervall 382–360/59 für möglich hält; vgl. schon Kalinka, Zeitschr. f. Österr. Gymn. 56, 1905, 402. Etwas anders Schwartz, Fünf Vorträge, 61: "um 364 v. Chr. herausgegebener Roman". Mit völlig unzureichender Begründung datiert Dahmen, Quaestiones Xenophonteae et Antistheneae, 22 die Kyrupädie auf "375–373 vel 72". – Skeptisch gegenüber der Möglichkeit der Datierung Bizos, Xénophon, Cyropédie I, XLVII, da er für die Athetese von VIII 8,1 ff. plädiert.

[2] Vgl. zum Verrat des Mithridates Arist. Pol. 1312a16; zu beiden Ereignissen E. Meyer, Geschichte des Altertums, Bd. 5, Darmstadt ⁴1958, 473 ff.

[3] Vgl. Athen. 456 E, 515 A.

[4] Valckenaer bei J. A. Ernesti, Apomnemoneumata seu Memorabilium Socratis dictorum libri IV, cui accesserunt animadversiones D. Ruhnkenni et L. C. Valckenarii, 238 zu Mem. I 1: "Quae vulgata prostat ut Xenophontis Σωκράτους ἀπολογία, est illa hoc ingenio capitali, si quid iudico, prorsus indigna, ab eodem conflata, cui finem Cyropaediae debemus et alia quaedam, quae vulgo leguntur ut Xenophontea."

Einiges spricht dafür, dem Proöm der Kyrupädie in diesem Zusammenhang größere Beachtung als bisher zu schenken. Xenophon beginnt mit
einer Verfassungsdiskussion, die den Nachweis anstrebt, daß das Herrschen
über Menschen zu den schwierigen Dingen gehöre (I 1,3). Für diese These
bringt er drei Argumente vor: die Instabilität der drei Verfassungsformen
Demokratie, Monarchie, Oligarchie, die Schwierigkeit, die selbst das Herrschen über wenige Haussklaven bereitet, und die Physis des Menschen, die
sich stärker als die der Tiere gegen die Herrschaft sträubt. Das dritte Argument erläutert er ausführlich am Hirtenvergleich (I 1,2). Die drei Punkte
haben, wie der Fortgang zeigt, die Funktion einer Folie; denn vor ihrem
Hintergrund nennt Xenophon in § 3 Kyros, der die These von der Schwierigkeit der ἀρχή zu widerlegen vermag. Als Kriterium führt er sein Wissen
an.

An diesem auf den ersten Blick plausiblen Argumentationszusammenhang
ist einiges überraschend: Der Gedanke der Instabilität der drei Verfassungsformen erfährt keine Begründung. Xenophon setzt seine Richtigkeit voraus. Am Hirtenvergleich überrascht die Ausführlichkeit, mit der ihn Xenophon verteidigt (§ 2). Der Hinweis auf Kyros' Wissen erfolgt etwas abrupt,
denn er entkräftet ja im Grunde nicht das über die menschliche Physis
Gesagte, in der Xenophon die grundlegende Schwierigkeit jeder Herrschaft
zu sehen scheint.

Es fällt nun auf, daß einige der im Proöm geäußerten Gedanken in Platons Politikos wiederkehren. Allerdings ist hier die Reihenfolge eine andere.
Auch Platon betont die große Schwierigkeit des Herrschens (292d). Auch
er weist darauf hin, daß die Menschen gegenüber einem Herrscher sich
unwillig zeigen (301c7 ff.). Und wie Xenophon, so betont er die Instabilität
der Verfassungsformen Monarchie, Aristokratie und Demokratie (301e6 ff.).

Angesichts dieser Konkordanzen fällt es schwer, sich der Annahme einer
Beziehung zwischen beiden Werken zu entziehen.[5]

---

[5] Nicht überzeugend ist die Annahme Marschalls, 42, Xenophon beziehe sich im
Proöm auf die Memorabilien, wenn er bemerkt, er habe schon früher auf die Instabilität
der Verfassungen und die Herrschaftsproblematik reflektiert. Der einleitende Satz ἔννοιά
ποθ' ἡμῖν ἐγένετο gehört eher zur Topik eines Proöms; vgl. Resp. Lac. 1,1. Er deutet
ebensowenig auf die Memorabilien wie der Hirtenvergleich, den Xenophon Mem. I 2,32
in einem ganz anderen Zusammenhang gebraucht. – Man ist zunächst versucht, die
analogen Anfänge der Kyrupädie und der Respublica Lacedaemoniorum chronologisch
auszuwerten und die beiden Werke zeitlich einander anzunähern (zur Datierung des
Spartanerstaates um 371 vgl. Breitenbach, Xenophon, 1752). Doch steht dem entgegen,
daß Xenophon diese Art des Eingangs schon für das erste Buch der Memorabilien wählt
(Mem. I 1,1 πολλάκις ἐθαύμασα), das mit Sicherheit erheblich früher als die Kyrupädie
und die Respublica Lacedaemoniorum entstanden ist; vgl. auch Vect. 1,2 (terminus post
quem: Isocr. De Pace (356); vgl. G. Mathieu, Les idées politiques d'Isocrate, 184, Ollier,
Le mirage spartiate, 431, Breitenbach, Xenophon, 1754, Delebecque, 470 ff.).

Skemp[6] versucht, Platons Aussage, es gebe den idealen Herrscher nicht, der sich durch Körper und Seele von allen anderen unterscheide (301d8–e2), als Replik auf Xenophons Herrscherkonzeption zu interpretieren und damit die Kyrupädie zum terminus post quem des Politikos zu machen. Die aufgezeigten Übereinstimmungen reichen allein für eine Bestimmung des Verhältnisses noch nicht aus. Für Platons Priorität spricht allerdings entschieden der logische Zusammenhang, in dem er die fraglichen Überlegungen vorbringt und der die Argumentation im Politikos ungleich einsichtiger als im Prooöm der Kyrupädie macht.

Platon verweist auf die Schwierigkeit des Herrschens im Rahmen der Suche nach dem Wissen, das dazu befähigt. Die Bestimmung der βασιλική als einer ἐπιστήμη ging bereits voran. Dieser Hinweis auf die Schwierigkeit der ἀρχή ist hier das sinnvolle Präludium der folgenden Analyse der Verfassungsformen Monarchie, Aristokratie und Demokratie (292eff.), die zeigen soll, daß dieses Wissen nur im Besitz eines Einzelnen sein kann. Der Zusammenhang macht den gleichen Gedanken einsichtiger als bei Xenophon, der ihn abrupt nach dem Hirtenvergleich vorbringt. Xenophon scheint ihn dem vorgegebenen Kontext entrissen und in sein Prooöm integriert zu haben.

Auch der Gedanke, daß die Menschen sich nur unwillig unter die Herrschaft einer Person fügen, wird im Politikos einsichtiger als in der Kyrupädie. Platon begründet ihn damit, daß die Menschen an die Existenz des guten Herrschers nicht glauben und demjenigen, der den Anspruch auf die Alleinherrschaft erhebt, mit Mißtrauen begegnen (301c6ff.). Aus diesem Befund schließt Platon auf die Nichtexistenz des wahren Königs (301d8–e2) und gibt im folgenden eine Erklärung für die Labilität der Verfassungen: Sie gründet im Nichtwissen derer, die die Macht ausüben und sich im Besitz des zur Herrschaft befähigenden Wissens wähnen (302a5–b3).

Diesem klaren Begründungszusammenhang im Politikos korrespondiert nichts Gleichwertiges in der Kyrupädie. Xenophon stülpt zum Teil die vorgegebene Reihenfolge um; er stellt den Gedanken der Instabilität der Verfassungen an die Spitze. An der letzten Stelle nennt er, in Antithese zum Politikos, Kyros als den idealen Herrscher, dessen Existenz Platon leugnet. Die Begründung, die Xenophon für seine Wahl gibt, ist wie bei Platon die ἐπιστήμη, die letzterer bei allen Herrschern vermißt.

Wenn man den Zusammenhang zwischen beiden Schriften anerkennt und die größere Stimmigkeit bei Platon als Indiz für die Priorität des Politikos wertet, so ist zumindest ein einigermaßen sicheres Zeitintervall gewon-

---

[6] Skemp, Plato, The Statesman, 59f.

nen, nach dem die Kyrupädie entstanden ist. Über die Zugehörigkeit des
Politikos zur späten Periode der platonischen Dialoge scheint heute auf der
Grundlage der Untersuchungen H. von Arnims[7] und C. Ritters[8] Einigkeit
zu bestehen. Der Politikos steht in engstem Zusammenhang mit den ihm
vorangehenden Dialogen Theaitetos und Sophistes. Auf den Theaitetos verweist Sokrates zu Beginn des Politikos (258a3 f.), auf den Sophistes der elea-
tische Fremde an der gleichen Stelle (258b2).[9] Das Entstehungsdatum des
Theaitetos ist, wie E. Sachs[10] und A. E. Taylor[11] wahrscheinlich gemacht
haben, das Jahr 368 oder 367.

Schwieriger gestaltet sich die Suche nach einem terminus ante quem.
Den entschiedensten Versuch, ihn aus dem Politikos selbst zu gewinnen,
unternimmt Skemp[12], indem er Platons Biographie heranzieht. Er setzt bei
dem vermeintlichen Widerspruch an, daß Platon im Politikos auf der einen
Seite die sechs Verfassungen nach den Kriterien der Freiwilligkeit und des
Gesetzesgehorsams der Bürger in zwei Triaden, eine schlechte und eine
gute, aufgliedert, auf der anderen Seite den wahren Herrscher, analog zum
Arzt gegenüber den Patienten, vom Gehorsam gegenüber den Gesetzen
entbindet und ihm gar das Recht auf Gewalt und Tötung zugesteht, wenn
er das notwendige Wissen besitzt (293a ff.) und wenn er dieses Wissen zum
Wohle der Polis einsetzt.

Skemp verbindet diese Konzeption mit Platons politischen Erfahrungen
nach der dritten Sizilienreise des Jahres 361 und folgert: Das Jahr 360, in
dem er Dion in Olympia traf und von dessen Entschluß erfuhr, sich gewalt-
sam der Herrschaft in Syrakus gegen Dionys II. zu bemächtigen, sei der

---

[7] v. Arnim, Sprachliche Forschungen zur Chronologie der platonischen Dialoge, SB
d. Ak. d. Wiss. Wien 1911.

[8] Ritter, Hermes 70, 1935, 1 ff. Vgl. auch P. Friedländer, Platon Bd. III, [3]1975, 415 ff.

[9] Vgl. auch 284b7, 286b10.

[10] Sachs, De Theaeteto Atheniensi Mathematico, Diss. Berlin 1914.

[11] Taylor, Plato, The Man and his Work, New York [6]1952, 320; vgl. auch R. Hackforth, Plato's Philebus, Cambridge 1945, 1 f., H. Thesleff, Studies in Platonic Chronology,
Helsinki 1982, 195 mit Anm. 46, Skemp, 14, Friedländer, Platon Bd. III, 132.

[12] Skemp, 16 f. Ähnlich schon Hackforth, 2 mit einem etwas anderen Ergebnis: Beginn
des Politikos "just before, and finished just after the final visit to Syracuse." Dieser Ansatz
beruht auf der problematischen Prämisse, die Diskussion der Staatsformen, die Nachah-
mungen des idealen Staates darstellen, zeuge von Platons aufgegebener Hoffnung, aus
Dionys einen Philosophenherrscher zu machen. Anders W. Lutoslawski, Sur une nouvelle
méthode pour déterminer la chronologie des dialogues de Platon, Paris 1896, 441 und
Gomperz, Griechische Denker II, 432, 590, die in Polit. 290b eine Anspielung auf Dions
Herrschaft nach 357 zu vermuten scheinen.

terminus ante quem für die im Politikos entwickelte Lehre von der Rechtmäßigkeit der Gewalt in den Händen des ὄντως πολιτικός. Nach 360 habe er "a work advocating curative violence by the statesman where necessary"[13] nicht mehr publizieren können.

Wenn man an diesem Ansatz die nötige Korrektur vornimmt, erscheint er als ein akzeptables Datierungsmittel. Von einem Widerspruch zwischen der Beschreibung der sechs Verfassungsformen und der Zeichnung des wahren Herrschers kann keine Rede sein; Platon gibt mit Bezug auf letzteren kein Manifest der Gewalt, sondern bietet einen rein hypothetischen Entwurf. Denn er läßt im Kontext von 293a ff. keinen Zweifel daran, daß dieser wahre Politiker nicht existiert. Die Möglichkeit, daß der Herrscher sich als korrupt erweist, die Heilmittel trotz besseren Wissens zur Tötung der Patienten einsetzt oder glaubt, das wahre Wissen zu besitzen, während es sich nur um eine Einbildung handelt (298a ff., 300d–e), wird von Platon derart deutlich durchgespielt, daß am bloß hypothetischen Charakter des Entwurfs eines zur Gewalt legitimierten Poltikers kein Zweifel bestehen kann.[14]

Ungeachtet des Befundes, daß es sich um eine Hypothese handelt, bleibt eine gewisse Irritation.[15] Es ist kaum anzunehmen, daß Platon, der ansonsten nirgends derart deutlich die Möglichkeit der Gewalt in der Hand des ὄντως πολιτικός in Betracht zieht, sich über diesen Effekt im Unklaren war. Von daher läßt sich tatsächlich die Verbindung zwischen dem Politikos und Platons politischen Erfahrungen aufgrund seiner drei Sizilienreisen herstellen; die Frage muß dann lauten, ob Platon nach 360 selbst einen nur hypothetischen Entwurf eines zur Gewalt und Tötung legitimierten Herrschers in Erwägung ziehen konnte. Die Wahrscheinlichkeit scheint eher dagegen zu sprechen.

Man käme bei diesem Ansatz tatsächlich auf das Jahr 360, das Jahr nach der dritten Sizilienreise Platons, als terminus ante quem des Politikos.

Für die Kyrupädie ergeben sich demnach die Jahre 366–361 als mögliche termini post quos. Eine gewisse Bestätigung für diese Spätdatierung liefert I 2,6, wo Xenophon die athenische Erziehung im Vergleich mit der persi-

[13] Skemp, 17.
[14] Das Hypothetische dieses Modells analysiert am deutlichsten v. Fritz, Platon in Sizilien und das Problem der Philosophenherrschaft, Berlin 1968, 122 ff.
[15] Vgl. E. Barker, Greek Political Theory, ²1947, 330.

schen mit παρ' ἡμῖν namhaft macht. Die Stelle zeugt von der Nähe zu Athen und setzt im Grunde die Aufhebung der Verbannung voraus, zu der man sich in Athen wohl um 367 entschloß.[16]

Bei der Suche nach einem terminus ante quem der Kyrupädie ist möglicherweise der Agesilaos aus dem Jahre 359[17] von Bedeutung. Am Schluß dieser Schrift (11,14) sagt Xenophon von Agesilaos, er habe gezeigt, daß die Kraft des Körpers zwar altere, die Stärke der Seele guter Männer jedoch alterslos sei. Das Alter jenes Mannes habe sich gar der Jugend der anderen überlegen gezeigt (§ 15). Am Ende der Kyrupädie (VIII 7,6) formuliert Kyros in seiner Parainese der Söhne einen ähnlichen Gedanken, der freilich noch eine Steigerung darstellt: Er habe das Gefühl gehabt, daß mit fortschreitender Zeit auch seine δύναμις wachse, so daß er nie sein Alter als schwächer denn seine Jugend empfand.

Und zweitens: Im Agesilaos lautet die Begründung für die These von der ψυχῆς ῥώμη ἀγήρατος des Spartanerkönigs, er habe nicht aufgehört, nach großem und schönem Ruhm zu streben (§ 14). In der Kyrupädie stellt Kyros im Anschluß an die Aussage über sein Alter fest, er habe nichts verfehlt, was er versuchte oder begehrte (§ 6). Auch hier findet sich also ein ähnlicher Gedanke, der in seiner Verallgemeinerung die Aussage im Agesilaos noch übertrifft.

Welche der beiden Passagen ist die frühere? Die Kyrupädiestelle darf den Anspruch auf Priorität erheben: Sie ist fest im Kontext verankert, während die Agesilaosstelle nach der Zusammenfassung (11,1–13) eher den Eindruck eines nachklappenden Zusatzes erweckt. Das Jahr 359 wäre demnach der terminus ante quem der Kyrupädie, was sich gut zu dem Befund fügt, daß das Schlußkapitel nach 362 entstanden ist.

---

[16] Vgl. Breitenbach, Xenophon, 1576. Die Aufhebung der Verbannung erfolgt wohl nach der Entsendung des Iphikrates durch Athen auf die Peloponnes (370), mit der Athen die Annäherung an Sparta bezweckte; vgl. Xen. Hell. VI 5,49, Roquette, 30.

[17] Zur Datierung vgl. Breitenbach, Xenophon, 1702, K. Bringmann, Xenophons Hellenika und Agesilaos, Gymnasium 78, 1971, 224–41, hier: 239 und ausführlich D. Krömer, Xenophons Agesilaos, Untersuchungen zur Komposition, Augsburg 1971, 69ff. Delebecque, Essai sur la vie de Xénophon, 462ff. datiert die Schrift ohne überzeugende Argumente auf 355.

Die Kyrupädie gehört mit dem Agesilaos und wohl auch mit dem Hieron (360 v. Chr. ?)[18] zu den späten Werken des Xenophon. Was sie mit diesen beiden Schriften über die zeitliche Nähe hinaus verbindet, ist das Interesse am Herrscherproblem. Alle drei Werke zeugen unter jeweils anderer Perspektive von der Beschäftigung mit der Frage, wie der ideale Herrscher auszusehen hat. Der Agesilaos kreist um dieses Problem in seinem zweiten, auf die ἀρεταί des spartanischen Königs bezogenen Teil (3,1 ff.). Im Hieron thematisiert Xenophon die Frage, wie sich eine Tyrannis in eine Monarchie umwandeln läßt, und sucht gleichfalls nach den Bedingungen, die der gute Herrscher zu erfüllen hat (8,1 ff.).

Das Proöm der Kyrupädie ist im Ergebnis gegen Platon gerichtet: Platons Diagnose, es gebe den wirklichen, mit Wissen ausgestatteten Herrscher nicht, setzt Xenophon Kyros entgegen. Von daher stellt sich die Frage, ob hinter der bereits in der Antike[19] vermuteten 'Feindschaft' zwischen Platon

---

[18] Das Argument für die Spätdatierung liefert zunächst Hier. 9,4, wo Simonides gegenüber Hieron die Choregie in Athen als beispielhaft für einen Regenten lobt und wie ein Athener argumentiert. Dies setzt wohl die Aufhebung von Xenophons Verbannung voraus. Vgl. J. Hatzfeld, Note sur la date et l'objet du Hiéron de Xénophon, REG 59–60, 1946–47, 54–70, hier: 57, Luccioni, Xénophon, Hiéron, 33, Aalders, Date and Intention of Xenophon's Hiero, 209, A. 12, Breitenbach, Xenophon, 1745. – Wichtiger ist Folgendes: Schon Hatzfeld, 58 f. bemerkte die Parallele zwischen Hier. 11,6 und Ages. 9,7; an beiden Stellen formuliert Xenophon den Gedanken, es gezieme sich für einen Herrscher nicht, im Wagenrennen mit Privatleuten zu konkurrieren. Die Frage nach der Priorität wird im allgemeinen nicht gestellt, doch könnte ein Blick auf den jeweiligen Kontext weiterführen: Im Hieron bildet der Appell an den Herrscher, sich nicht im Wagenrennen mit Privatleuten zu messen, den wirkungsvollen Abschluß der Parainese des Simonides, Aufwand für das Allgemeinwohl zu treiben (11,1). Der Maßstab soll die Eudaimonie der Polis und nicht der persönliche Erfolg sein (11,5). Im Agesilaos ist der gleiche Gedanke weniger eng mit dem Kontext verklammert. Ihm geht die Feststellung voran, Agesilaos habe die Gespannzucht grundsätzlich abgelehnt, da es sich um eine Demonstration des Reichtums, nicht der Männlichkeit handle (9,6). Daran schließt der Gedanke, Agesilaos habe auf einen Wettstreit im Wagenrennen mit Privatleuten verzichtet, nicht so recht an. Denn es handelt sich hierbei um einen Spezialfall, der zur grundsätzlichen Ablehnung der Gespannzucht nicht paßt. Xenophon übernimmt den Gedanken aus dem Hieron, wo er seinen ursprünglichen Platz hat. Das Jahr 359, in dem der Agesilaos kurz nach Agesilaos' Tod (360) erschienen ist, bildet somit den terminus ante quem des Hieron.

[19] Vgl. Diog. Laert. II 50, III 34, Athen. 504 E–505 B, Gellius NA XIV 3, Vita Thuk. Markell. 27.

und Xenophon nicht mehr steckt, als man in der Forschung im allgemeinen annimmt.[20]

In der Antike stützte man sich vor allem auf den Befund, daß Platon Xenophon nirgends erwähnt, Xenophon seinerseits auf Platon nur einmal Bezug nimmt (Mem. III 6,1) und sich zwischen ihren Schriften, was die Titel und die Thematik angeht, Parallelen ergeben. Es leuchtet unmittelbar ein, daß sich damit die These einer Gegnerschaft nicht stützen läßt.[21]

Mehr Beachtung verdient allerdings die Notiz bei Gellius (XIV 3,3 f.)[22], Xenophon habe die Publikation zweier Bücher der platonischen Politeia zum Anlaß genommen, mit der Kyrupädie einen Gegenentwurf zu verfassen, worauf Platon seinerseits in den Nomoi (III 694c) reagiere. Diese Nachricht bleibt, was ihren ersten Teil betrifft, rätselhaft. Nimmt man sie mit Wilamowitz[23] ernst, so deutet sie auf eine sukzessive Veröffentlichung der Politeia. Man sollte ihren Wert mit Bezug auf das Verhältnis zwischen Xenophon und Platon nicht a priori bestreiten, obschon unklar bleibt, worauf sie gründet. Daß Xenophon die beiden ersten Bücher des Staates zum Anlaß nahm, die Kyrupädie zu schreiben, ist unwahrscheinlich.[24] Eher wird man an das dritte und vierte Buch der Politeia zu denken haben, worin Platon die Erziehung der jungen Leute darstellt.[25] Auf der anderen Seite läßt sich nicht ausschließen, daß die antike Überlieferung lediglich einer genauen Beobachtung des Inhaltes der beiden Werke entsprang.

---

[20] Skeptisch gegenüber dieser These besonders A. Boeckh, De simultate quae inter Platonem et Xenophontem intercessisse fertur, Univ. Progr. Berlin (Kl. Schriften IV, Berlin 1874, 1–34, hier: 21 ff.), Düring, Herodicus the Cratetean, 55 f., Breitenbach, Xenophon, 1578, 1770. Kritiklose Zustimmung bei Scharr, Xenophons Staats- und Gesellschaftsideal, 97 ff.; vgl. schon G. Teichmüller, Literarische Fehden im vierten Jahrhundert v. Chr. II. Breslau 1884, 281 ff. Grundsätzlich zustimmend Pohlenz, Staatsgedanke und Staatslehre der Griechen, 154, ders., Aus Platons Werdezeit, 210 f. Vgl. auch Münscher, 33, 65 ff.

[21] Gellius selbst bzw. der von ihm benutzte Gewährsmann spricht von argumenta quaedam coniectaria, die die Verfechter dieser These den Schriften der beiden Sokratiker entnommen hätten.

[22] Die gleiche Überlieferung findet sich in etwas verkürzter Form bei Diog. Laert. III 34. Als Quelle des Diogenes und Gellius vermutet Pohlenz, Aus Platons Werdezeit, 210 den Epikureer Idomeneus (Περὶ τῶν Σωκρατικῶν). Damit wäre der Beginn der biographischen Überlieferung von der Feindschaft zwischen Platon und Xenophon für das dritte vorchristliche Jahrhundert gesichert.

[23] Wilamowitz, Platon II, 181 f. Vgl. auch Pohlenz, Aus Platons Werdezeit, 210 ff.

[24] Vgl. Wilamowitz, 182.

[25] Vgl. Wilamowitz, 182. Anders Carlier, 138, A. 17, der höchstens für Cyr. I 2 mit Platons Einfluß rechnet.

Es ist jedoch von Wichtigkeit, daß sich diese Nachricht genauer am dritten Buch der Nomoi (694c ff.) kontrollieren läßt. Im Kontext der relevanten Stelle entwickelt der Athener ein verfassungsgeschichtliches Modell, in dem als die beiden 'Mütter' aller Verfassungen die Monarchie und die Demokratie figurieren (693d2 ff.). Die persische Konstitution repräsentiert die extreme Monarchie, die athenische die extreme Demokratie. Unter Kyros kam es zu einer Verbindung monarchischer und demokratischer Elemente (694a–b): Nach ihrer Befreiung gaben die Perser den Untertanen Anteil an der Freiheit und führten das Gleichheitsprinzip ein. Es bestand die Möglichkeit, in der Versammlung als φρόνιμος einen Ratschlag zu geben.

Der Athener beschreibt diesen annähernd idealen Zustand mit den Kategorien der athenischen Demokratie, Gleichheit (694a7) und Redefreiheit (694b3).

Die mit 694c5 einsetzende Kyroskritik richtet sich nicht gegen Kyros' eigene Erziehung.[26] Und der Athener behauptet auch nicht, es sei bereits unter Kyros zu einem Wandel zum Schlechteren gekommen. Die Verschlechterung setzte erst mit seinen Söhnen ein (695b2 ff. παραλαβόντες δ' οὖν οἱ παῖδες τελευτήσαντος Κύρου τρυφῆς μεστοὶ καὶ ἀνεπιπληξίας, πρῶτον μὲν τὸν ἕτερον ἅτερος ἀπέκτεινε τῶι ἴσωι ἀγανακτῶν, μετὰ δὲ τοῦτο αὐτὸς μαινόμενος ὑπὸ μέθης τε καὶ ἀπαιδευσίας τὴν ἀρχὴν ἀπώλεσεν ὑπὸ Μήδων τε καὶ τοῦ λεγομένου εὐνούχου, καταφρονήσαντος τῆς Καμβύσου μωρίας).

Platon kritisiert an Kyros, daß er sich nicht um die richtige Erziehung der Söhne gekümmert und der οἰκονομία keine Aufmerksamkeit geschenkt habe. Die Verweichlichung der Söhne führt er auf die Erziehung durch Frauen zurück. So sei ihnen statt der einfachen persischen die luxuriöse medische Lebensweise zuteil geworden (695a1–b2).

Mehrere Dinge sprechen dafür, daß Platon Bezug auf Xenophon nimmt: Das idealisierte Bild Persiens, das Platon in 694a–b zeichnet, hat eine enge literarische Parallele in der Kyrupädie (I 3,18).[27] Beide Autoren verleihen der persischen Monarchie einen konstitutionellen Charakter. Platon kontrastiert deutlich die einfache persische Lebensweise des Kyros mit der luxuri-

---

[26] Vgl. Boeckh, Kl. Schriften IV, 26, Weil, L'"Archéologie" de Platon, 125 zu 694c, Carlier, 162, A. 68, Tatum, 225 ff. Auf Kyros' Erziehung beziehen 694c6 f. hingegen Diès, Platon, Œuvres complètes, T. VI, XL und Hirsch, The Friendship of the Barbarians, 183, A. 116. Vgl. schon Scharr, 97 ff.

[27] Mit Platons Bezug auf Cyr. I 3,18 scheint auch K. Schöpsdau, Persien und Athen in Platons Nomoi, Zu Plat. Leg. III 693 D–701 E, in: W. Görler – S. Koster (Hrsg.), Pratum Saraviense, Festschrift P. Steinmetz, Palingenesia 30, Stuttgart 1990, 28, A. 6 zu rechnen.

ösen der Meder, die die Voraussetzung für die Dekadenz der Söhne ist. In
der erhaltenen Kyrosliteratur findet sich die Antithese zwischen den beiden
δίαιται ansonsten nur bei Xenophon (I 3,4 ff.). Platons Kritik an der Erziehung der Kyrossöhne hat einen festen Bezugspunkt in der Kyrupädie (VIII
7,10).[28] Kyros rühmt sich vor seinem Tod in Gegenwart seiner Söhne, er
habe ihnen die gleiche persische Erziehung angedeihen lassen, die er zuvor
von seinem Vater Kambyses erhielt. Platon bestreitet diese Kontinuität. In
Kyros' Unfähigkeit, die eigenen Söhne zur gleichen ἀρετή zu erziehen, sieht
er die prima causa des Niedergangs nach Kyros.

Platons Vorwurf, Kyros habe der οἰκονομία keine Aufmerksamkeit geschenkt, hat man als Kritik an Xenophons Oikonomikos (4,16) interpretiert.[29] Xenophon lobt dort an Kyros dem Großen[30], er habe sich nicht nur
in der Kriegskunst ausgezeichnet, sondern sich auch um die Landwirtschaft
und die Lebensmittelversorgung der Bevölkerung gekümmert.

Ob Platon darauf repliziert, ist fraglich, da Xenophon im Oikonomikos
die Verbindung von πολεμική und γεωργία betont. Näher steht eine Stelle
in der Kyrupädie (VIII 6,1 ff.). Xenophon hebt hier im Zusammenhang der
Beschreibung, wie Kyros die Satrapien neu ordnet, hervor, daß Kyros die
eigene Sorge um Diener und Freunde im Palast als Vorbild für die Satrapen
versteht (§ 10 ff.). Seine οἰκονομία soll zur Nachahmung in den Satrapien
einladen. Xenophon versteht die militärische und ökonomische Organisation des Perserreiches in Form eines Analogieverhältnisses: Wie die Satrapen
Kyros nachahmen, so sollen sich die Untertanen ihren jeweiligen Satrapen
zum Muster nehmen (§ 13). Platon scheint auf diese Stelle anzuspielen,
wenn er Kyros vorwirft, sich nicht um die 'Ökonomie' gekümmert zu haben. Mit dem Begriff οἰκονομία ist sowohl die Ordnung des eigenen Hauses
wie die politisch-ökonomische Organisation im Großen gemeint.

Die aufgezeigten Übereinstimmungen zwischen Platons Nomoi und Xenophon sprechen dafür, daß Platon seine Kritik gegen die Kyrupädie richtet. Die antike Überlieferung von der Gegnerschaft zwischen den beiden
Sokratikern erlangt dadurch noch nicht den Wert eines unabhängigen
Zeugnisses, doch gewinnt sie angesichts der Nomoistelle an Bedeutung.
Xenophons Kritik am platonischen Politikos im Proöm der Kyrupädie komplementiert diese Beziehung nach der anderen Seite.

---

[28] Vgl. auch Weil, 125.

[29] So Weil, 124, 126.

[30] Der Bezug auf Kyros den Großen ist nicht unumstritten. Doch Xenophon spricht
vom εὐδοκιμώτατος βασιλεύς, womit nur der Reichsgründer Kyros II. gemeint sein kann;
vgl. Chantraine, Xénophon, Économique, 49, A. 2.

Das Bild, das Platon in den Nomoi von Kyros und seinen Leistungen zeichnet, ist unbeschadet des Vorwurfs, die Erziehung der Söhne vernachlässigt zu haben, positiv. Es bestätigt sich damit die Wertschätzung, die er dem persischen Reichsgründer bereits im Menexenos (239d6ff.) entgegenbringt.[31]

Die Untersuchung zur Datierung der Kyrupädie führt zu folgendem Ergebnis: Die Kyrupädie ist dem Spätwerk Xenophons zuzurechnen. Als termini post quos sind die Jahre 366–61 anzusetzen. Xenophon richtet sich im Proöm der Kyrupädie gegen Platons Politikos. In Antithese zu Platon nennt er Kyros als den idealen Herrscher, während Platon die Existenz des idealen Regenten leugnet. Platon nimmt seinerseits in den Nomoi die Kyrupädie zum Anlaß, um Xenophons Vorstellung vom idealen Herrscher einer Kritik zu unterziehen.

Den terminus ante quem der Kyrupädie liefert das Jahr 359, in dem der Agesilaos veröffentlicht wurde. Xenophon greift am Schluß des Agesilaos (11,14) zwei Gedanken der Kyrupädie (VIII 7,6) auf und bezieht sie auf den Spartanerkönig.

---

[31] Anders Weil, 124 zu Leg. 694a–b, der behauptet, Platon revidiere ein zunächst negatives Kyrosbild, das er im Menexenos entwerfe, unter dem Einfluß der Kyrupädie Xenophons. Dies beruht auf einer Fehlinterpretation der Menexenosstelle 239d6ff. – Die offenbar einzige Stelle in der Literatur des 4. Jh. v. Chr. mit einem negativen Urteil über Kyros findet sich in Isokrates' Euagoras (9,37ff.) mit der völlig singulären Notiz, Kyros habe seinen Großvater Astyages getötet. Die Abwertung an dieser Stelle ist jedoch eher rhetorisch. Sie dient der Aufwertung des laudandus Euagoras. Anders urteilt Isokrates im Philippos (5,66, 132) über Kyros, wo er zwar seine niedrige Herkunft betont und sich damit der Kyrostradition des Ktesias anschließt, seine Leistung aber zum Zwecke der Protreptik als vorbildlich lobt (Mathieu, Les idées politiques d'Isocrate, 182 schließt den Einfluß der Kyrupädie auf den Philippos nicht aus, doch ist er eher unwahrscheinlich, da Isokrates vor allem Ktesias zu folgen scheint).

2. Das Proöm der Kyrupädie

Das Proöm weist einen zweiteiligen Aufbau auf. Im ersten Teil (I 1,1–3), der die Funktion einer Folie hat, zeigt Xenophon an drei Phänomenen, der Instabilität der Verfassungen, der Schwierigkeit, im Haus zu herrschen, und der menschlichen Natur, warum er früher die Kunst der politischen Herrschaft für höchst schwierig hielt. Dieser phänomenologische Befund bereitet auf die Nennung des Kyros vor (§ 3). Im zweiten Teil (§ 3–6) begründet Xenophon, warum Kyros den Anspruch auf eine einzigartige Sonderstellung erheben kann. Am Ende des Proöms (§ 6) nennt er die Thematik des Werkes: eine Darstellung der Herkunft, der Physis und der Erziehung des persischen Herrschers.

Das Proöm beginnt für den Leser mit einer Überraschung. Er erfährt zunächst nicht direkt das Thema, sondern wird indirekt darauf vorbereitet. Das erzähltechnische Mittel, das die Spannung erzeugt, ist die Antithese: Xenophon beschreibt in zwei Schritten eine Wandlung in seinem Denken von der anscheinend rationalen Überzeugung, daß das Herrschen eine schwierige Sache sei, zu der Einsicht, daß es einmal einen Regenten gab, der alle seine empirischen Beobachtungen hinfällig machte. Sprachlich markieren diesen Wandel der einleitende Satz ἔννοιά ποτ' ἡμῖν ἐγένετο und die Aussage ἐπειδὴ δὲ ἐνενοήσαμεν, ὅτι Κῦρος ἐγένετο Πέρσης ... ἐκ τούτου δὴ ἠναγκαζόμεθα μετανοεῖν (§ 3). Das biographische Element verbindet sich auf diese Weise eng mit der Thematik. Der Leser soll den Eindruck gewinnen, daß ihn nicht nur ein theoretischer Traktat über den idealen Herrscher erwartet, sondern die Kyrupädie gleichsam das Resultat eines 'Schlüsselerlebnisses' des Autors ist.

Eine ähnliche Struktur weist der Beginn der Respublica Lacedaemoniorum auf.[1] Auch hier erzeugt eine Antithese, freilich in knapper Form, die Spannung. Xenophon beschreibt zunächst seine frühere Verwunderung darüber, wie Sparta als eine bevölkerungsarme Stadt zu höchster Macht und größtem Ruhm in Griechenland gelangen konnte (1,1). Dieser einleitende Satz bildet die Folie, vor der er in einem zweiten Schritt feststellen kann, daß er sich nicht mehr wunderte, als er auf die ἐπιτηδεύματα der Spartaner reflektierte.

Der Beginn der Kyrupädie impliziert, daß Xenophon die Monarchie als solche noch nicht über die anderen Verfassungsformen stellt[2], denn er rech-

---

[1] Vgl. auch oben S. 46, A. 5.
[2] Richtig Due, 24, 237.

net sie wie die Demokratie und Oligarchie[3] zu den Konstitutionen, die einem ständigen Wandel unterliegen. Die entscheidende Voraussetzung für die Stabilität ist das Wissen (§ 3). Worin diese ἐπιστήμη besteht, erfährt der Leser im Proöm nicht. Erst der große didaktische Dialog zwischen Kyros und seinem Vater (I 6,2–46) wird darüber Aufschluß geben.

Das Proöm gibt jedoch bereits zu erkennen, welchen Herrschaftsbegriff Xenophon vertritt. Er parallelisiert die Polis und den οἶκος.[4] Um das Besondere an Kyros' Leistung, die Herrschaft über sehr viele Menschen (§ 3), zu betonen, weist er e contrario auf die Probleme hin, die im Haus schon bei der Herrschaft über Wenige entstehen können (§ 1). Hier liegt die Annahme zugrunde, daß das politische Regieren und das ἄρχειν im häuslichen Bereich der gleichen species angehören und beide sich nur in der Zahl der Untertanen unterscheiden. Explizit vertritt Xenophon diese Auffassung im Oikonomikos (21,2). In den Memorabilien (IV 2,11) nennt der xenophontische Sokrates im Gespräch mit Euthydemos πολιτικοί und οἰκονομικοί in einem Atemzug.[5] Das Dogma der Zusammengehörigkeit von πολιτική und οἰκονομική findet sich bei Platon (Polit. 258e8–259c4), der beide als Synonyma bezeichnet. Aristoteles wendet sich zu Beginn der Politik (I 1,1252a7 ff.) strikt gegen diese Auffassung, da für ihn die Politik als eine Herrschaft über Freie der species nach von der οἰκονομική verschieden ist.[6]

Es wäre freilich voreilig, Xenophon in diesem Punkt mit Platon in Verbindung zu bringen. Die Frage des Verhältnisses zwischen πολιτική und οἰκονομική hat offenbar in sokratischen Kreisen eine gewisse Rolle gespielt. Im Schriftenverzeichnis des Antisthenes (Diog. Laert. VI 16) findet sich der Titel Περὶ νίκης οἰκονομικός, der darauf hindeutet, daß Antisthenes οἰκονο-

---

[3] Der Begriff 'Oligarchie' ist an dieser Stelle synonym mit 'Aristokratie', da Xenophon die guten Verfassungen und nicht ihre παρεκβάσεις in Betracht zieht; zu ὀλιγαρχία 'Aristokratie' vgl. Hdt. III 81,1, 82,1.

[4] Vgl. auch I 6,12, 17 die Analogie zwischen οἰκονομία und Strategik, letztere Teil der Politik.

[5] Vgl. auch Mem. III 4,6 ff. den von Sokrates hergestellten Zusammenhang zwischen χορός, οἶκος, πόλις, στράτευμα.

[6] Vgl. Pol. I 7, 1255b16 ff. Man nimmt im allgemeinen an, Aristoteles polemisiere zu Beginn der Politik gegen Platons Politikos; dabei wird nicht die Möglichkeit erwogen, daß sich Aristoteles gegen eine gängige Zuordnung von Politik und Ökonomik wendet, die sich bei Platon bereits reflektiert findet. Soweit ich sehe, bildet Gigon, Aristoteles: Politik, 263 f. eine Ausnahme. Er vermutet als 'Quelle' Platons den gleichen Theoretiker, gegen den Aristoteles polemisiert.

μία und στρατηγία in einen engen Zusammenhang brachte.[7] Von da zur Verbindung von οἰκονομία und πολιτική, der die Strategik als Teil untergeordnet ist[8], ist es nur ein kleiner Schritt.

Die Analogie zwischen οἶκος und Staat zu Beginn der Kyrupädie bildet die Voraussetzung, unter der Xenophon im folgenden Kyros' Leistung charakterisiert. Das Besondere an ihr ist zum einen die Herrschaft über eine große Zahl von Menschen, was Xenophon durch die Klimax παμπόλλους ἀνθρώπους – παμπόλλους δὲ πόλεις – πάμπολλα δὲ ἔθνη (§ 3) zum Ausdruck bringt. Eng damit verbunden ist der Hinweis auf die immense Ausdehnung seines Reiches (§ 3).

Das Zweite ist das Moment der Freiwilligkeit der Untertanen. Xenophon betont sie durch einen zweimaligen Hinweis in § 3 und die Anapher ἑκόντων μὲν ἡγήσατο Μήδων, ἑκόντων δὲ Ὑρκανίων (§ 4). Ihm geht es offenbar darum, von Anfang an die Monarchie von der Tyrannis abzugrenzen. Das Unterscheidungskriterium ist, ob die Untertanen sich freiwillig oder nicht unter die Herrschaft fügen. Xenophon nennt es explizit in den Memorabilien (IV 6,12). Es handelt sich um ein Kriterium, das um die Mitte des vierten Jahrhunderts bereits gängig ist. Platon genügt es, im Politikos (291e1 ff.)[9] darauf anzuspielen, wenn er von Leuten spricht, die damit zwischen den beiden εἴδη τυραννίς und βασιλική differenzieren. Mit einiger Wahrscheinlichkeit machte zuvor bereits Antisthenes im Dialog Ἀρχέλαος ἢ περὶ βασιλείας die Freiwilligkeit der Regierten zum Kriterium der Unterscheidung zwischen Monarchie und Tyrannis.[10]

Das Kriterium der Freiwilligkeit ist für Xenophon aber auch das Mittel, um Kyros von anderen Regenten abzuheben (§ 4). Er grenzt ihn von Königen, die die Herrschaft erbten, und solchen, die sie als Usurpatoren erwarben, ab. Die zweite Kategorie dürfte eine Anspielung auf Ktesias' Konzeption sein, bei dem Kyros aus kleinen Anfängen bis zum Herrscher aufsteigt.

---

[7] Vgl. Joel, Der echte und der xenophontische Sokrates, II 1,370 ff. R. Descat, Aux origines de l'oikonomia grecque, Quaderni Urbinati di Cultura Classica N. S. 28, 1988, 103–19, hier: 107 macht Antisthenes gar zum Archegeten des 'logos oikonomikos'. – Zu erwähnen ist in diesem Zusammenhang auch der Οἰκονομικός im Schriftenverzeichnis des Xenokrates (Diog. Laert. IV 12), den Xenophon möglicherweise schon kannte.

[8] Vgl. Plat. Prot. 322b5, Arist. EN I 1, 1094b3.

[9] Vgl. auch Polit. 276e6 ff., Resp. 567b ff., 569b3 ff., 575d3 ff.

[10] Dafür spricht zum einen der Titel, in dem die Antithese zwischen Königtum und Tyrannis angedeutet ist, zum zweiten, daß es im Archelaos wohl zu einem vergeblichen Versuch des makedonischen Herrschers kam, Sokrates für sich zu gewinnen; vgl. Arist. Rhet. II 23, 1398a24 ff. und Decleva Caizzi, 101 zu Fg. 42. Der Philosoph begründet seine Ablehnung mit dem Hinweis auf den drohenden Verlust seiner geistigen Freiheit. Er setzt die Tyrannis mithin mit einer durch den Zwang gekennzeichneten Herrschaftsform gleich.

Die Abgrenzung vom Erbkönigtum ist nicht so zu verstehen, als wenn der xenophontische Kyros eine dritte Gattung des Königtums repräsentierte; Xenophon hebt vielmehr die besondere Qualität seines Kyros als eines Vertreters der πάτριος ἀρχή hervor. Wie aus VIII 5,26 hervorgeht, übernimmt Kyros die Herrschaft über Persien von seinem Vater, doch bedarf es wie in einer konstitutionellen Monarchie dazu der Zustimmung der Magistrate, bestehend aus den Ältesten.

Der Völkerkatalog, den Xenophon in § 4 f. gibt, bildet den Höhepunkt des Proöms. Als Folie wählt er die Verhältnisse in Europa, wobei er in erster Linie wohl an die griechischen Poleis denkt. Xenophon konstatiert mit Bezug auf Europa ein weitgehendes Streben nach Autonomie (§ 4). Vor diesem Hintergrund wird Kyros' Leistung in doppelter Hinsicht paradigmatisch: Zum einen gelang ihm die Reichsgründung mit einer relativ geringen Zahl an Persern (§ 4), zum zweiten die Gründung eines Flächenstaates, der europäische Maßstäbe sprengt.

Der Katalog dient primär dem Enkomion und kann nur teilweise Anspruch auf Historizität erheben. Die auffälligste Abweichung gegenüber Herodot und Ktesias besteht darin, daß Xenophon die Meder nicht zu den Unterdrückern der Perser macht, von denen diese sich befreien. Unhistorisch ist ferner die Unterwerfung der Inder; nach Herodot (IV 44,3) gelang es erst Dareios, einen Teil Indiens zu gewinnen.[11] Das Gleiche gilt wohl für die angebliche Unterwerfung Arabiens. Die nabatäischen Araber kamen laut Herodot (III 88,1) zu keiner Zeit unter persische Herrschaft; von ihnen hing vielmehr ab, daß Kambyses in Ägypten einfallen konnte.[12] Eng mit dieser Fiktion ist verbunden, daß Xenophon Kyros am Ende des Kataloges auch die Herrschaft über Kypros und Ägypten zuschreibt, die erst Kambyses erlangte.[13]

---

[11] Vgl. Holden zu I 1,4. Arrian Ind. 1,3 spricht allerdings von Tributleistungen der Inder an Kyros, was Hertlein – Nitsche, XI aber nur auf die Inder westlich des Indus beziehen. Anders Arrian Ind. 9,10 wo es heißt, Kyros habe, obgleich der πολυπραγμονέστατος der asiatischen Herrscher, in Indien nicht einfallen können; vgl. auch Anab. VI 24,3.

[12] Vgl. Hdt. III 88,1.

[13] Zu Kypros' Annexion durch Kambyses vgl. Hdt. III 34,4 und How–Wells, A Commentary on Herodotus, Vol. I, 393 f. Zum Angriff auf Ägypten ebd., 394. Vgl. ferner Weissbach, RE Suppl. 4 (1924) Kyros (6), 1153 zur Eroberung Ägyptens durch Kambyses, der allerdings mit der Einnahme von Kypros durch Kyros rechnet. – Die Eroberung Ägyptens durch Kyros erwähnt Xenophon auch VIII 6,20, wo er die Mitteilung mit einem λέγεται verbindet. Ob man daraus schließen kann, er distanziere sich von einer Quelle, wie Hirsch, The Friendship of the Barbarians, 80 annimmt, ist fraglich. Es handelt sich vielmehr um eine Quellenangabe zum Zwecke der Beglaubigung, vergleichbar der Angabe in I 2,1.

Eine feste geographische Gliederung liegt dem Katalog, im Unterschied
zur Liste der Satrapien bei Herodot (III 89 ff.), die von einer Dreiteilung
Asiens ausgeht, nicht zugrunde. Die Spur einer Ordnung deutet sich insofern an, als Xenophon die Reihenfolge Kappadokien, die beiden Phrygien,
Lydien, Karien und Phönikien wählt und auf diese Weise vom Osten Klein-
asiens ausgehend die kleinasiatischen Küstenregionen anführt.

Der Schluß des Prooms (§ 6) leistet zweierlei: Zum einen rekapituliert er
den Gedanken in § 3, daß die Untersuchung einer Person gilt, die sich
durch die besondere Befähigung zum Herrschen auszeichnet. Der Leser
vermag zu erkennen, daß ihn in erster Linie nicht eine staatstheoretische
Schrift über die Monarchie, sondern über den idealen Herrscher erwartet.[14]

Zum zweiten kündigt Xenophon in § 6 die Thematik an, die er behandeln will: Kyros' Herkunft, Physis und Erziehung. Er erhebt den Anspruch
auf Historizität, indem er verspricht darzulegen, was er erfahren und unmittelbar wahrgenommen habe (§ 6 ὅσα οὖν καὶ ἐπυθόμεθα καὶ ἠσθῆσθαι δο-
κοῦμεν περὶ αὐτοῦ, ταῦτα πειρασόμεθα διηγήσασθαι). Es handelt sich um
einen Beglaubigungstopos[15], mit dem sich Xenophon von Autoren wie
Ktesias absetzt, die von Kyros' Herkunft und Kindheit eine andere Darstellung geben.

Es fällt auf, daß diese Exposition nur das erste Buch abdeckt. Die Phase
der Eroberungen und die nach Babylons Einnahme einsetzende Reichsor-
ganisation (VII 5,37 ff.) finden keine Erwähnung. Dieser Befund ist erstaunlich. Er steht in engem Zusammenhang mit der Titelgebung, die sich ja
ebenfalls dadurch auszeichnet, daß nur Kyros' Erziehung namhaft gemacht
wird.

Zwei Möglichkeiten der Erklärung bieten sich an: Xenophon versteht
unter dem Begriff 'Paideia' nicht nur im engeren Sinne die Ausbildung, die
ein Kind bis zum Erreichen des Erwachsenenalters durchläuft, sondern auch
die fortwährende Formung von Fähigkeiten, die sich geradezu über das
ganze Leben erstreckt.[16] Oder der Titel und die Exposition im Proöm sind

---

[14] Zu ungenau ist die Feststellung von Breitenbach, Xenophon, 1708, die Kyrupädie
gehöre "bis zu einem gewissen Grade zur πολιτεία-Literatur." Er vergleicht den Beginn
der Kyrupädie mit der Verfassungsdiskussion bei Herodot (III 80 ff.), doch zeichnet sich
diese gerade durch einen staatstheoretischen Ansatz und Schwerpunkt aus, der die Kyrupädie nicht im gleichen Maße kennzeichnet.

[15] Vgl. oben S. 2.

[16] So Schmalzried, Kindlers Literaturlexikon 13, München 1974, 5442, Nickel, Xenophon, 57 f. Vgl. auch Higgins, 54, Rinner, Untersuchungen zur Erzählstruktur in
Xenophons Kyrupädie, 9, A. 1, Due, 15, Tatum, 90.

so zu erklären, daß Xenophon in der Paideia die fundamentale Voraussetzung für die sich später offenbarenden Fähigkeiten des Herrschers sieht und besonders auf die Erziehung verweist, da sie zeitlich vorangeht. Als Parallele bietet sich die Anabasis an, die ihren Titel dem ersten Teil der Schrift verdankt.[17] Beide Möglichkeiten schließen einander nicht aus, und es erscheint angebracht, beide Aspekte bei der Frage der Titelgebung zu berücksichtigen.[18]

Indem Xenophon den Akzent besonders auf die Erziehung des Herrschers legt, stellt er sein Werk in die Tradition jener Schriften, die sich in erster Linie mit der Erziehung zum Regieren beschäftigen. Zu nennen sind für das vierte Jahrhundert besonders Isokrates' kyprische Reden An Nikokles, Nikokles und Euagoras.[19] Alle drei stehen in einem inneren Zusammenhang. Mit Bezug auf die beiden ersten deutet Isokrates dies im Proöm

---

[17] Vgl. Jaeger, Paideia 3, 424, A. 30, Hadot, Fürstenspiegel, RAC 8, 1972, 577. Vergleichbar sind auch die Hellenika. Der Laurentianus M überliefert den Titel Ξενοφῶντος Θουκυδίδου παραλειπόμενα Ἑλληνικῆς ἱστορίας, die Aldina weist den Titel τὴν Ξενοφῶντος ἑλληνικὴν ἱστορίαν, ἅτινα λέγεται παραλειπόμενα τῆς Θουκυδίδου ξυγγραφῆς auf. Beide passen nur zum Anfang des Werkes. Vgl. Hatzfeld, Revue de Philologie 56, 1930, 117.

[18] Exzeptionell ist, soweit ich sehe, die Zitierweise Plut. Non posse suav. 1093 B ὅταν δὲ μηδὲν ἔχουσα βλαβερὸν ἢ λυπηρὸν ἱστορία καὶ διήγησις ἐπὶ πράξεσι καλαῖς καὶ μεγάλαις προσλάβηι λόγον ἔχοντα δύναμιν καὶ χάριν, ὡς τὸν Ἡροδότου τὰ Ἑλληνικὰ καὶ τὰ Περσικὰ τὸν Ξενοφῶντος κτλ. Wenn die überlieferte Reihenfolge heil und nicht mit Rasmus in τὰ Περσικὰ καὶ τὰ Ἑλληνικὰ τὸν Ξενοφῶντος zu ändern ist (so auch Persson, Zur Textgeschichte Xenophons, 68, A. 1), so läge eine Art Doppeltitel zu 'Kyrupädie' vor, vermutlich ad hoc in Analogie zu Ἑλληνικά gebildet; vgl. Persson, 68, A. 1. Ein Analogon findet sich Plut. Quaest. conv. 630 A ἀλλ᾽ ὅρα μὴ καὶ αὐτὸς ὁ Ξενοφῶν ἕν τε τῶι Σωκρατικῶι καὶ τοῖς Περσικοῖς ἐπιδείκνυσι συμποσίοις τὸ γένος. Hier sind sicherlich die Symposien der Kyrupädie gemeint.

[19] Vgl. auch Tatum, 5. Viel zu weit geht Delebecque, Essai sur la vie de Xénophon, 388, der im Euagoras den Quellpunkt für Xenophons Idee sieht, aus Kyros einen "héros modèle" zu machen. Der Euagoras ist nicht, wie Delebecque, 388 behauptet, der negative Bezugspunkt für Xenophon; es kann keine Rede davon sein, daß Xenophon sein Idealbild primär in der Auseinandersetzung mit Isokrates entwickelt, weil letzterer im Euagoras (§ 37) die historische Leistung des Kyros herunterspielt. Zum einen kann Xenophon selbst auf eine günstige Kyrostradition zurückgreifen, die älter als Isokrates ist, zum zweiten ist die Stelle im Euagoras, an der Isokrates Kyros namhaft macht, viel zu knapp gehalten, als daß man in ihr den Anstoß für Xenophons Schrift sehen könnte.

des Nikokles (3,11) an, wo er auf die Rede An Nikokles anspielt.[20] Während An Nikokles einen Herrscherspiegel im engeren Sinne darstellt, behandelt der Nikokles als eine Art Komplement die Frage, wie sich das Volk zu verhalten hat (§ 11).[21] Beide Reden kreisen um das Problem der Herrschererziehung unter jeweils anderer Perspektive. Und in beiden entwirft Isokrates an einer zeitgenössischen Persönlichkeit das Bild des idealen, philosophisch gebildeten Herrschers, insofern Xenophon in der Kyrupädie vergleichbar, der allerdings seine Vorstellungen zurückprojiziert.

Eine auffällige Ähnlichkeit zwischen der Rede An Nikokles und der Kyrupädie ist auch in Folgendem zu sehen: Isokrates bezweckt mit seiner Schrift eine Gesetzgebung für Monarchen (§ 8 οὐ μὴν ἀλλὰ τό γ' ἐπιχείρημα καλῶς ἔχει, τὸ ζητεῖν τὰ παραλελειμμένα καὶ νομοθετεῖν ταῖς μοναρχίαις). Er geht von der Überlegung aus, daß die Erziehung von Regenten nicht nur diesen, sondern auch dem Volk nützt. Zugleich versteht er seine Schrift auch als Leitfaden, um den Bestand einer Monarchie zu gewährleisten. Seine Maxime lautet: Μάλιστα μὲν πειρῶ τὴν ἀσφάλειαν καὶ σαυτῶι καὶ τῆι πόλει διαφυλάττειν (§ 36). Sie findet eine auffällige Entsprechung im dritten,

---

[20] Der terminus post quem der Rede An Nikokles ist 374, das Todesjahr des Euagoras; vgl. Diod. XV 47,8. Die Rede wird bald nach diesem Datum entstanden sein, da nichts auf einen längeren Zeitraum zwischen Euagoras' Tod und Nikokles' Thronbesteigung hindeutet; vgl. E. Drerup, Isocratis Opera I, Leipzig 1906, CXLII, Münscher, RE 9 (1916) Isokrates, 2190, E. Forster, Isocrates, Cyprian Orations, Oxford 1912, 21, Mathieu, Les idées politiques d'Isocrate, 110 mit Anm. 5, K. Bringmann, Studien zu den politischen Ideen des Isokrates, Hypomnemata 15, 1965, 103. Eucken, Isokrates, 215 datiert An Nikokles "in die Zeit vor oder um 370." Die Rede ist gewiß vor der Kyrupädie entstanden. – Das Gleiche gilt wohl auch für den Euagoras, dessen Datierung freilich ein notorisches Problem darstellt; vgl. die Literatur bei Eucken, 214f. Am wahrscheinlichsten ist, daß er nach der Rede An Nikokles entstand: Im Proöm der Schrift An Nikokles (§ 8) verkündet Isokrates, er wolle eine bisher noch nicht unternommene Aufgabe, den Monarchien Gesetze zu geben, angehen und Nikokles zur ἀρετή hinwenden. Am Ende des Euagoras heißt es, er führe Nikokles zur Philosophie hin, indem er ihm die Taten des Vaters als Paradeigmata vor Augen halte (§ 76 ff.). Mit Eucken, 214f. wird man die Aussage in der Schrift An Nikokles als die frühere erachten, da Isokrates in ihr auf das Neue seiner Absicht hinweist. – Den terminus ante quem des Euagoras liefert mit einiger Wahrscheinlichkeit der platonische Theaitet (174d1 ff.) und somit das Jahr 368 oder 367. Bereits Rohde, Kleine Schriften I, Tübingen 1901 (Nachdr. Hildesheim 1969), 259 ff., 277 f. bezog die Theaitetosstelle auf Prosaenkomien für Zeitgenossen; vgl. auch Eucken, 277 f. Das erste Beispiel dieser Gattung ist der Euagoras, worauf Isokrates im Proöm dieser Schrift ausdrücklich hinweist (§ 5 ff.). Platon stellt im Zusammenhang der Philosophencharakteristik fest, ein Philosoph lasse sich nicht vom Lob eines Königs oder Tyrannen, eines großen Landbesitzes und einer adligen Herkunft, oder wenn jemand mit Stolz eine 25 Glieder zählende Ahnenreihe bis auf Herakles geltend mache (175a5 f.), beeindrucken. Der letzte Punkt bezieht sich sicherlich nicht auf mythische Herrscher, sondern eine zeitgenössische Persönlichkeit.

[21] Zum Zusammenhang der beiden Reden vgl. auch Eucken, 263.

der Organisation des Perserreiches gewidmeten Teil der Kyrupädie (VII
5,37 ff.), in dem Xenophon ja die besondere Schwierigkeit betont, die die
Bewahrung einer Herrschaft mit sich bringt (VII 5,76).

Auf der anderen Seite dürfen die Unterschiede zwischen der Kyrupädie
und den kyprischen Reden des Isokrates nicht übersehen werden. Isokrates
bezweckt mit dem Nikokles und der Rede An Nikokles eine reale Beein-
flussung des Adressaten, der zu seinen Schülern gehörte.[22] Ein ähnlicher
Zweck läßt sich in der Kyrupädie nicht erkennen.[23] Hier gilt das Interesse
und Enkomion einer zwar historischen, zugleich jedoch schon halbmythi-
schen Person, um die sich Legenden ranken. Das Proöm deutet bereits an,
daß es Xenophon in erster Linie um den Nachweis, daß es einmal den
idealen Herrscher gab, und die Untersuchung seiner Eigenschaften geht.
Das schließt eine für zukünftige Herrscher intendierte lehrhaft-protreptische
Abzweckung nicht aus, wie ja auch Isokrates insbesondere seine Parainesen
in der Rede An Nikokles nicht nur auf den kyprischen Fürsten bezogen
wissen will, sondern ihre paradigmatische Funktion für andere Herrscher
betont (§ 8).[24] Doch bezieht sich die Kyrupädie nicht auf einen konkreten
Adressaten.

Ungeachtet dieser Unterschiede erscheint es aus drei Gründen angebracht, die kyprischen Reden des Isokrates als Hintergrund der Kyrupädie
im Auge zu behalten: Zunächst sind sie geeignet, der Annahme entgegenzuwirken, Xenophon sei nur auf die Sokratiker Antisthenes und Platon fixiert.
Es handelt sich bei ihnen um signifikante Beispiele der Literatur Περὶ βασιλείας, die unmittelbar vor der Kyrupädie entstanden sind. Zum dritten bestehen Gemeinsamkeiten zwischen Xenophon und Isokrates, was ihren Bios
betrifft.[25] Beide entstammen dem gleichen Demos Erchia. Xenophons Sohn
Gryllos wird nach seinem Tod bei Mantineia von Isokrates in einem Enkomion gepriesen.[26]

---

[22] Vgl. Isocr. 15,40.

[23] Anders Knauth, Das altiranische Fürstenideal von Xenophon bis Ferdousi, 11, der
in der Kyrupädie eine antidemokratische Propagandaschrift sieht. Vgl. auch Luccioni, Les
idées politiques et sociales de Xénophon, 249 und Delebecque, Essai sur la vie de Xénophon, 387 mit Bezug auf den Schluß (VIII 8).

[24] Vgl. auch Isocr. 9,78.

[25] Vgl. besonders Münscher, Xenophon in der griechisch-römischen Literatur, 2 f.
Münscher, 16 f. rechnet fest mit Xenophons Kenntnis der kyprischen Reden des Isokrates, ohne allerdings der Frage weiter nachzugehen.

[26] Vgl. Diog. Laert. II 55. – Xenophon zeigt in seinem Werk auch den stilistischen
Einfluß des Gorgias, dessen Schüler Isokrates war. Am deutlichsten wird dies im zusam-
menfassenden Schlußteil des Agesilaos (11,1 ff.), der wie Gorgias' Epitaphios (VS 82 B 6)
von Antithesen, Isokola, Parisokola und Homoioteleuta beherrscht wird; vgl. Gautier, La
langue de Xénophon, 111 f., J. Bigalke, Der Einfluß der Rhetorik auf Xenophons Stil,
Diss. Greifswald 1933, 13 ff., Münscher, 3, A. 1.

3. Der persische Idealstaat und Kyros' Erziehung (I 2,1 ff.)

Auf das Prööm folgt ein kurzer Abschnitt (I 2,1–2), der Kyros' Herkunft
gewidmet ist. Er ist im Vergleich zum Paideia-Teil knapp gehalten und bein-
haltet einen Bericht dessen, was Xenophon für historisch gesichert hält.
Xenophon erwähnt die Geburtslegende bei Herodot ebensowenig wie das
bei Ktesias überlieferte δοῦλος-Motiv, erstere wohl deswegen nicht, weil sie
den Charakter des Wunderbaren und Numinosen hat, letzteres nicht, da es
in den Rahmen eines Enkomion nicht paßt.

Ihm geht es in erster Linie um den Hinweis auf Kyros' königliche Abstammung (§ 1). Die Quellenangabe verdeutlicht den Anspruch auf Historizität. Daß Xenophon bei der Nennung des Namens 'Mandane' sich auf
einen Konsens beruft (§ 1), läßt nicht den Schluß zu, er kenne nicht Ktesias'
Version[1], in der Kyros' Mutter Argoste heißt und eine Ziegenhirtin ist.[2]
Die Stelle deutet vielmehr darauf hin, daß er mit Absicht die Variante bei
Ktesias außer Acht läßt, da er seinen Bericht in diesem Punkt für unglaub-
würdig hält. Wichtig ist die Angabe, daß Kyros' Vater Kambyses ein Perseide
war und diese Familie ihren Namen vom griechischen Heros Perseus herleitet (§ 1). Xenophon folgt damit der aus Herodot (VI 53, VII 61, 150) bekannten Genealogie der Perser. Kyros ist nach dieser Deszendenz göttlicher
Herkunft, da Perseus Sohn des Zeus ist.[3] Kroisos verweist darauf besonders
nachdrücklich im Gespräch mit Kyros (VII 2,24).

Auf die biographischen Angaben folgt ein knappes Enkomion. Es stellt
das Bindeglied zum folgenden Paideia-Teil dar. Xenophon distingiert mittels der Superlative κάλλιστος, φιλανθρωπότατος, φιλομαθέστατος und φιλο-
τιμώτατος in körperliche und geistige ἀρεταί. Die gleiche Distinktion findet
sich zu Beginn des Euagoras (9,22 παῖς μὲν γὰρ ὢν ἔσχεν κάλλος καὶ ῥώμην
καὶ σωφροσύνην, ἅπερ τῶν ἀγαθῶν πρεπωδέστατα τοῖς τηλικούτοις ἐστίν).
Man hat aufgrund dieser Übereinstimmung geschlossen, Xenophon hänge
von Isokrates ab.[4] Dieser Schluß ist jedoch voreilig. Zugrunde liegt vielmehr
ein festes Enkomionschema, dessen sich beide Autoren bedienen. Es findet
sich auch in Isokrates' Helena (10, 38, 54 ff.), wo sich an die Behandlung

---

[1] Damit rechnet Weissbach, Kyros, 1140.
[2] Vgl. oben S. 6.
[3] Vgl. auch Plat. Alc. mai. 120e8 ff. ἢ οὐκ ἴσμεν ὡς οἱ μὲν Ἡρακλέους, οἱ δὲ Ἀχαιμένους ἔκγονοι, τὸ δ' Ἡρακλέους τε γένος καὶ τὸ Ἀχαιμένους εἰς Περσέα τὸν Διὸς ἀναφέρε-
ται;
[4] So Münscher, Xenophon in der griechisch-römischen Literatur, 17 mit Anm. 1.
Dahmen, 54 vermutete zuvor umgekehrt Abhängigkeit des Isokrates von der Kyrupädie.

der ἀρεταί die Beschreibung des κάλλος anschließt. Isokrates beschreibt im Euagoras die Eigenschaften des laudandus gegliedert nach den Lebensphasen des Kindes und des Mannes. Xenophon differenziert in I 2,1 hingegen nicht nach dem jeweiligen Lebensalter.

Auffällig sind an der Kyrupädiestelle die Prädikate φιλανθρωπότατος, φιλομαθέστατος und der betonte Hinweis auf Kyros' φιλοπονία. Das Prädikat φιλάνθρωπος findet sich im Bereich der Enkomienliteratur ansonsten nur im Euagoras (§ 43), in der Parainese des Nikokles (§ 15) und im Agesilaos (1,22). Es liegt nahe, aufgrund dieses Befundes mit dem Einfluß des Isokrates zu rechnen. Auf der anderen Seite handelt es sich bei dem Gedanken, ein Herrscher habe zum Zeichen seiner Philanthropie Wohltaten zu erweisen, um ein derart charakteristisches Element im antisthenischen Κῦρος, daß man Antisthenes' Einfluß nicht wird ausschließen wollen.[5] Die spätere kynische Lehre nennt konstant im Rahmen der Monarchiediskussion die Philanthropie als Eigenschaft eines guten Königs[6]; das Motiv steht in engem Zusammenhang mit dem Vergleich des Herrschers mit einem Hirten. Die φιλανθρωπία des Kyros ist ein zentrales Motiv der Kyrupädie. Es spielt eine Rolle in I 4,1 und IV 2,10, besonders aber im siebten Buch (VII 5,73) nach der Eroberung Babylons.[7] Hier richtet Kyros an die persischen ὁμότιμοι den Appell, nicht von dem ewig gültigen Gesetz des Siegers, der über alle Güter der Besiegten verfügen darf, Gebrauch zu machen, sondern den Babyloniern aus Menschenfreundlichkeit ihren Besitz zu belassen.

Das zweite ist die φιλομάθεια.[8] Xenophon bereitet hier bereits auf die Konzeption des philosophischen Herrschers vor, denn bei der φιλομάθεια handelt es sich um eine spezifische Eigenschaft des Philosophen. Er steht hierin in der Nähe Platons, der in der Politeia (475b11ff., 485b1ff.)[9] in der Reihe der den Philosophenherrscher kennzeichnenden Eigenschaften die

---

[5] Vgl. Joel, Der echte und der xenophontische Sokrates II 1,90. Due, 163 scheint mit keinem Einfluß einer bestimmten 'Quelle' für das Motiv der Philanthropie in der Kyrupädie zu rechnen. Es ist zwar richtig, daß es sich um "a characteristic feature of the fourth century" (S. 163) handelt, doch so weit gestreut sind die Belege für diese Zeit nicht. Jaeger, Paideia 3,159f. macht im wesentlichen Isokrates namhaft; als Herrscherattribute finden sich φιλάνθρωπος / φιλανθρωπεῖν / φιλανθρωπία in den Inschriften erst ab dem beginnenden 3. Jahrhundert v. Chr.

[6] Vgl. Dio Chrys. 1,50, 3,112, 4,150; Joel, a. a. O., 90, A. 10.

[7] Vgl. Due, 164f.

[8] Vgl. dazu auch Due, 181ff., die allerdings die philosophische Qualität dieser Eigenschaft außer Acht läßt.

[9] Vgl. auch Resp. 376b8f.

Wißbegierde an erster Stelle nennt. Kyros ist von Natur aus φιλομαθής (I 4,3). Die φιλομάθεια kennzeichnet ihn in besonderer Weise schon im Kindesalter.

Das xenophontische Herrscherideal hat jedoch neben diesem theoretischen Element auch eine praktische Komponente. Es handelt sich um die φιλοπονία, die Xenophon in I 2,1 durch den Hinweis, Kyros habe jede Mühe und Gefahr auf sich genommen, umschreibt. Das πόνος-Motiv deutet auf den Einfluß des Antisthenes. Es spielt bei ihm eine herausragende Rolle und dient ihm dazu, Kyros und Herakles einander anzunähern und an ihnen den Nachweis zu erbringen, daß es sich bei dem πόνος um ein Gut handelt. Dies geht weit über den Gedanken im isokratischen Euagoras (§ 42) hinaus, Euagoras habe sich jeder Mühe unterzogen, in der Einsicht, auf diese Weise in den Genuß wahrer Entspannung zu gelangen. Von einer regelrechten Gipfelstellung des πόνος ist bei Isokrates mit Bezug auf den Herrscher keine Rede.[10] Isokrates bewegt sich zu Beginn der Rede viel stärker in den Bahnen einer vorgegebenen Enkomientradition, wenn er Euagoras die Kardinaltugenden Tapferkeit, Weisheit und Gerechtigkeit zuspricht (9,23)[11], als Xenophon in I 2,1, dem besonders an dem Gedanken gelegen ist, daß sich in Kyros das Streben nach Wissen und die Bereitschaft zu Mühen vereinen.

Freilich übernimmt er den antisthenischen Begriff des πόνος nur zum Teil. Bei Antisthenes bildet der Gedanke, die ἀδοξία sei ein Gut (Fg. 95 DC)[12] und dem πόνος gleichwertig, ein wichtiges Komplement. Es bestimmt allem Anschein nach auch sein Kyrosbild. Denn Kyros wird darüber belehrt, daß es einen Herrscher kennzeichne, gute Taten zu wirken und gleichwohl keinen Ruhm zu ernten.[13] Eine vergleichbare philosophische Überhöhung der ἀδοξία fehlt bei Xenophon.

Da das kurze Enkomion in I 2,1 griechischen Wertvorstellungen entspricht, wird man Xenophons Hinweis φῦναι δὲ ὁ Κῦρος λέγεται καὶ ᾄδεται ἔτι καὶ νῦν ὑπὸ τῶν βαρβάρων, mit dem er den Preis einleitet, mit Skepsis begegnen. Es kann nicht darum gehen, die Existenz derartiger persischer

---

[10] Dies zeigt auch die in 9,45 formulierte Antithese ὀλίγοις πόνοις πολλὰς ῥᾳστώνας κτώμενος, ἀλλ' οὐ διὰ μικρᾶς ῥᾳθυμίας μεγάλους πόνους ὑπολειπόμενος. Isokrates stuft im Euagoras den πόνος nicht als Gut ein. Er sieht in ihm eher die Voraussetzung für die Muße.

[11] Zu den Kardinaltugenden im Enkomion vgl. Ages. 3–6; vgl. auch Arist. Rhet. I 9, 1366b1 ff. und zur Stelle Buchheit, Untersuchungen zur Theorie des Genos Epideiktikon, 140 f.

[12] Vgl. auch Fg. 85 DC und oben S. 37.

[13] Fg. 20 DC.

Heldenlieder und –erzählungen zu bestreiten.[14] Doch in erster Linie dient die Angabe λέγεται καὶ ᾄδεται ἔτι καὶ νῦν als Beglaubigungstopos.[15] Die Prädikate, die Kyros erhält, sind genuin griechisch.[16]

★

Die Erziehung des jungen Kyros beschreibt Xenophon im folgenden, indem er zunächst einen systematischen Überblick über die persische Erziehung als Ganzes gibt (I 2,2–16), den er gleichzeitig als eine Darstellung der Περσῶν πολιτεία verstanden wissen will (§ 15). Der Paideia-Teil wird damit in die umfassendere Untersuchung der Struktur des persischen Staates eingebettet. Es folgt eine Episode, in der Xenophon Kyros' Aufenthalt am Hofe des Großvaters Astyages beschreibt (I 3–4) und eine Synkrisis Mediens und Persiens vornimmt.

Die Beschreibung der persischen Politeia und Paideia gliedert sich in zwei Teile. In einem größeren expliziert Xenophon die persischen Nomoi, die Aufgliederung des Erziehungssystems in vier Altersklassen und die politische Funktion der γεραίτεροι (§ 2–14), in einem kürzeren nennt er präzisierend die sozialen Voraussetzungen, an die die persische Erziehung gebunden ist, bevor er abschließend auf die Sitten der jetzigen Perser eingeht (§ 15–16).

---

[14] Vgl. auch Strab. XV 18. – Es entbehrt jedoch jeder sicheren Grundlage, wenn A. Pizzagalli, L'Epica iranica e gli Scrittori greci, Atene e Roma 19, 1942, 42 ein persisches Kyrosepos postuliert, das Xenophon über einen Griechisch sprechenden Persienhistoriker kenne. Ähnlich auch Knauth, 63 mit Bezug auf VIII 7,1 ff. Daß es Kongruenzen zwischen der in VIII 7,1 ff. beschriebenen Szene und Ferdousi gibt, beweist noch nicht die Existenz eines derartigen Epos für das 5. oder gar 6. vorchristliche Jahrhundert, stammt doch das Epos des Ferdousi aus dem ausgehenden 10. Jahrhundert n. Chr.

[15] Problematisch ist die von Knauth, 31 f. und besonders von Hirsch, The Friendship of the Barbarians, 72 ff. vertretene These, der jüngere Kyros figuriere als Modell für das Herrscherbild in der Kyrupädie. Den starken Eindruck, den Kyros d. J. auf Xenophon machte, dokumentieren das Enkomion in der Anabasis (I 9) und der Oikonomikos (4,18 ff.). Er betont an ihm seinen Ehrgeiz (Oec. 4,24) und, wie mit Bezug auf Kyros II., seine φιλομάθεια (Anab. I 9,5). In den Umrissen kongruiert die in der Kyrupädie dargestellte persische Erziehung mit der Beschreibung in der Anabasis (I 9,2 ff.). Es fällt jedoch auf, daß Xenophon weder in der Anabasis noch im Oikonomikos dem jüngeren Kyros in dem Maße die Bereitschaft, Mühen zu ertragen, zuschreibt, in dem er den Reichsgründer durch sie charakterisiert. Hier liegt mit Sicherheit der literarische Einfluß des Antisthenes und nicht die idealisierte persönliche Kenntnis des jüngeren Kyros vor; skeptisch gegenüber Hirschs These auch Sage, AJPh 109, 1988, 141 f. und Due, 188. Vgl. auch Tatum, 42.

[16] Tacitus Ann. II 88 septem et triginta annos vitae, duodecim potentiae explevit, caniturque adhuc barbaras apud gentis (bezogen auf Arminius) scheint auf Cyr. I 2,1 anzuspielen; vgl. F. Münzer, Hermes 48, 1913, 617–19, R. Reitzenstein, Hermes 48, 1913, 619 ff., Münscher, Xenophon in der griechisch-römischen Literatur, 92.

Man hat in der Forschung den zweiten Teil als einen späteren Zusatz
verdächtigt, der an I 2,2–14 nicht anschließe.[17] Davon kann keine Rede
sein. Vielmehr sind beide Teile organisch miteinander verknüpft. Als verbindende Klammer dient der doppelte Hinweis auf die 'Schulen der Gerechtigkeit' (§ 6,15), wobei Xenophon an der zweiten Stelle die neue Information
einfließen läßt, daß diese prinzipiell allen Persern zugänglich sind. Der Verklammerung dient ferner der in § 5 und § 15 ausgedrückte Gedanke, Ziel
der persischen Politeia sei es, daß ihre Bürger möglichst gut werden. Er
steht jeweils an bedeutender Stelle: zu Beginn der Erörterung, welche spezifischen Aufgaben jede Altersklasse wahrnehmen soll, und am Ende des Poli-
teiateils (§ 5 ἃ δὲ ἑκάστηι ἡλικίαι προστέτακται ποιεῖν διηγησόμεθα, ὡς μᾶλλον
δῆλον γένηται ἧι ἐπιμέλονται ὡς ἂν βέλτιστοι εἶεν οἱ πολῖται ~ § 15 καὶ ἡ
πολιτεία αὕτη, ἧι οἴονται χρώμενοι βέλτιστοι ἂν εἶναι).

Die systematische Darstellung der persischen Erziehung und Politeia verfolgt einen doppelten Zweck: Zunächst soll sie über die Bedingungen infor-
mieren, unter denen der künftige Herrscher aufwächst. Zum zweiten geht
es Xenophon um den Entwurf der idealen Erziehung. Dieser Zweck
scheint, wie der einleitende Vergleich mit den Verhältnissen in den meisten
griechischen Städten zeigt, sein eigentliches Anliegen zu sein. Er stellt die
persische Paideia als vorbildlich hin. Die Ursache für ihre Höherwertigkeit
sieht er in den Nomoi. Sie reglementieren die Erziehung von staatlicher
Seite und setzen sich das κοινὸν ἀγαθόν zum Ziel.[18] Die Erziehung in den
meisten griechischen Städten hingegen leistet nach Xenophon einem ausge-
prägten Individualismus Vorschub. In ihr ist nicht das Allgemeinwohl, sondern das Wohl des Einzelnen die oberste Maxime.

Das Zweite betrifft die jeweilige Strafgesetzgebung. Xenophon gibt den
persischen Nomoi den Vorzug vor den griechischen, da sie prophylaktisch,
die griechischen hingegen korrigierend verfahren (§ 2–3). In letzteren sieht
er anscheinend nur die Träger von Verboten, die zwar genau vorschreiben,
was der Privatmann und der Staatsmann nicht zu tun haben, jedoch keinen
Beitrag zur Erziehung und somit zum ethisch richtigen Handeln leisten.

---

[17] So Lincke, De Xenophontis Cyropaediae interpolationibus, 11 f., ders., Philologus
60, 1901, 541 ff., hier: 557. Er sieht in I 2,15–16 ein neues, besonderes Proöm und zieht
aus dieser Prämisse weitreichende Schlußfolgerungen: Alle Aussagen in der Kyrupädie, in
denen auf das gegenwärtige Persien Bezug genommen wird, stammten von dem gleichen
Verfasser, der I 2,15–16 interpolierte. Der Autor sei Gryllos (S. 571)!

[18] Ganz ähnlich verficht Aristoteles in der Politik (VIII 1, 1337a21 ff.) die These von
der Höherwertigkeit des Allgemeinwohls, dem sich jeder Individualismus unterzuordnen
habe. Wie Xenophon, so fordert Aristoteles eine staatlich gelenkte Erziehung. Als Paradeigma dient Sparta.

Eben dies vermögen die persischen Gesetze, die von Beginn an nach Xenophon dafür sorgen, daß die Bürger nicht nach Schlechtem oder Schändlichem streben (§ 3).

Überblickt man diese einleitende Synkrisis, so drängt sich der Eindruck
auf, daß Xenophon sich an Sparta orientiert. Auch in der Republica Lacedaemoniorum beginnt er den Überblick über die spartanische ἀγωγή mit
einer Antithese: Der staatlich dirigierten Erziehung in Sparta steht die indi-
vidualistische in den anderen griechischen Poleis gegenüber (2,1–2).[19] Der
Gegensatz durchzieht das ganze Werk mit Ausnahme des 14. Kapitels, in
dem Xenophon die Verfallserscheinungen des jetzigen Sparta kritisiert.

Folgende Übereinstimmungen sind im einzelnen zwischen der von Xenophon beschriebenen persischen Erziehung und der spartanischen zu no-
tieren: Beide weisen eine Aufteilung in vier Altersklassen, Kinder, Epheben,
erwachsene Männer, Alte, auf.[20] Mit Bezug auf die Altersgrenzen differieren
jedoch die Angaben. Xenophon gibt für die persischen Kinder als Grenze
16–17 Jahre an (§ 8); dies stimmt in etwa mit den für Sparta überlieferten
Daten überein.[21] Das Ephebenalter endet bei den Persern nach Xenophon
10 Jahre später, also mit 26–27 Jahren. Dies differiert erheblich von den
spartanischen Verhältnissen. Nach Plutarch (Lyc. 17,3 f.) liegt die Grenze
zwischen Ephebe und erwachsenem Mann bei 20 Jahren.[22] Als γεϱαίτεϱοι
bezeichnet Xenophon die etwa 50jährigen (§ 13). In Sparta hingegen liegt
die Altersgrenze dieser Klasse bei 60 Jahren (Plut. Lyc. 26.1).

---

[19] In der Diskussion um die beste Erziehung wird Sparta im 4. Jahrhundert geradezu
zu einem Paradeigma eines Staates mit staatlich gelenkter Erziehung. Vgl. Arist. Pol. VIII
1, 1337a31 f., EN X 10, 1180a24 ff., wo Aristoteles wie Xenophon Sparta mit dem
Individualismus der meisten anderen griechischen Städte kontrastiert. Pol. VII 14,
1333b12 ff. zeigt, daß in der staatstheoretischen Literatur über Sparta besonders die durch
die Gesetze geregelte Lebensweise gelobt wurde. Aristoteles nennt mit Namen nur Thibron. Vermutlich handelt es sich um den spartanischen Feldherrn, der im Jahre 400 die
Führung im spartanischen Perserkrieg innehatte (Xen. Hell. III 1,4 f., Isocr. 4,144). Vgl.
Jacoby, FGrHist. III b (Kommentar), 617 zu Thibron 581 T 1. Die Spartaenkomien
müssen bereits zu Beginn des 4. Jahrhunderts eine Gegenreaktion ausgelöst haben. Dies
zeigt die für den spartanischen König Pausanias bezeugte Schrift Gegen die Gesetze des
Lykurg. Vgl. Jacoby im Kommentar zu 582 T 1. Zu dieser frühen spartafeindlichen
Literatur ist auch die Schmähschrift des Polykrates von Athen (FGrHist 597 T 1) zu
rechnen, in der Jacoby, FGrHist III b (Kommentar), 668 die Zielscheibe der xenophontischen Respublica Lacedaemoniorum vermutet.

[20] Vgl. Resp. Lac. 2ff., Plut. Lyc. 16,7, 17,3–4, 26,1.

[21] Nach den λέξεις Ἡϱοδότου (Text in: K. Latte, Lexica Graeca Minora, Hildesheim
1965, 213) reicht das Ephebenalter in Sparta von 14–20. Vgl. dazu MacDowell, Spartan
Law, 161 ff.

[22] Zur Plutarchstelle vgl. MacDowell, 164.

Xenophon spricht mit Bezug auf die Perser davon, daß alle vier Altersklassen sich in Gebäuden aufhalten, die der jeweiligen Altersgruppe vorbehalten sind und sich auf einer ἐλευθέρα ἀγορά befinden (§ 3 f.). Die Kinder
und Erwachsenen finden sich auf dieser Agora bei Tagesbeginn ein, die
Epheben verbringen nahezu Tag und Nacht auf diesem Platz in unmittelbarer Nähe des Palastes (§ 4). Die Regelung für die Epheben erinnert an die
spartanische Sitte, daß die Epheben nicht zu Hause, sondern in einem gemeinsamen Schlafsaal schlafen (Plut. Lyc. 15,7).

Ähnlich wie die spartanischen Epheben, die nach Xenophon (Resp. Lac.
4,4–6) in einem fortwährenden Konkurrenzkampf stehen und sich besonders im Faustkampf üben, konkurrieren die persischen Epheben in öffentlichen Agonen (§ 12). Wie die spartanischen Epheben (Resp. Lac. 4,7, 6,3 f.),
so üben sich die persischen ständig in der Jagd als einer Art Propaideia für
den Krieg (§ 10).

Der persische König ist zugleich oberster Kriegsherr (§ 10), ähnlich wie
die spartanischen Könige.[23] Der Treueeid, den die Perser Kyros leisten (VIII
5,25) und der Eid des designierten Herrschers, die persischen Nomoi zu
schützen, erinnern an die Eide der spartanischen Könige und Ephoren.[24]

Der persische Ältestenrat übt die Jurisdiktion aus (§ 14). Seine Funktion
ist analog der der spartanischen Geronten, die als oberster Gerichtshof fungieren.[25] Wie die Geronten Spartas (Resp. Lac. 10,2), so fällen die persischen Ältesten Todesurteile (§ 14). Auch hierin ist ihre Macht der Kompe-
tenz der Gerusia vergleichbar, daß sie denjenigen, der ein νόμμον nicht
befolgte, aus der Gemeinschaft ausschließen (§ 14). Bei den Persern zeigen
die Phylarchen und jeder beliebige Bürger einen Verstoß gegen die für die
Epheben und erwachsenen Männer gültigen Gesetze an (§ 14). Auch dies
erinnert an spartanische Praxis.

---

[23] Vgl. Hdt. VI 56, Resp. Lac. 13,1–10, Arist. Pol. III 14, 1285a4 ff.
[24] Vgl. Resp. Lac. 15,7.
[25] Vgl. Resp. Lac. 10,2, Plut. Lyc. 26,2; MacDowell, 127.

Auf der anderen Seite gibt es einige wesentliche Unterschiede.[26] Sie sprechen gegen die These, Xenophon habe Sparta einfach als Modell bei der Darstellung der persischen Erziehung zugrunde gelegt.[27]

Der junge Kyros durchläuft die gleiche Erziehung wie die ὁμότιμοι und im Grunde alle seine Altersgenossen. Die spartanischen Könige hingegen werden getrennt von den ὅμοιοι erzogen.[28] Xenophon folgt in diesem Punkt möglicherweise Herodot (I 136,2), der bei der Beschreibung der persischen Nomoi zumindest mit keinem Wort andeutet, daß die persischen Könige und Königssöhne eine besondere Erziehung genießen. Es muß auf der anderen Seite auch literarische Behandlungen der Herrschererziehung in Persien gegeben haben, in denen die Andersartigkeit dieser Paideia behauptet wurde. Aristoteles spielt in der Politik (III 4, 1277a16 ff.)[29] auf derartige, sich wohl auf die persischen Könige beziehende Traktate an.[30]

Die von Xenophon beschriebene persische Erziehung ist in viel stärkerem Maße als die spartanische ethisch ausgerichtet. Letztere beschränkt sich im wesentlichen darauf, die Epheben zur Gymnastik, zum Faustkampf und zur Jagd anzuhalten und ihnen αἰδώς und σωφροσύνη zu vermitteln.[31] Die Mü-

[26] Vgl. besonders Scharr, Xenophons Staats- und Gesellschaftsideal, 32 ff. und Carlier, 142 f.

[27] So Prinz, De Xenophontis Cyri institutione, 7 ff., Luccioni, Les idées politiques et sociales de Xénophon, 214, 217 f., Jaeger, Paideia 3, 237 ff., Barker, The Political Thought of Plato and Aristotle, 55, Castiglioni, Studi senofontei, 35, Sinclair, A History of Greek Political Thought, 172; vgl. auch Tigerstedt, The Legend of Sparta I, 178 f., der allerdings die Unterschiede nicht ignoriert. – Bereits in der Antike rückte man die persischen Bräuche in die Nähe der spartanischen Paideia; vgl. Arr. Anab. V 4,5 καὶ γὰρ καὶ Πέρσαι τότε πένητές τε ἦσαν καὶ χώρας τραχείας οἰκήτορες, καὶ νόμιμά σφισιν ἦν οἷα ἐγγυτάτω εἶναι τῆι Λακωνικῆι παιδεύσει. Ob das Zeugnis von Xenophon unabhängig ist, wie Scharr, 35 anzunehmen scheint, ist zumindest fraglich angesichts der notorischen Bewunderung, die Arrian für Xenophon empfindet und die sich besonders in seinem Kynegetikos, aber auch in der extensiven Benutzung der Anabasis im Περίπλους Εὐξείνου πόντου bemerkbar macht; vgl. den Similienapparat bei A. G. Roos – G. Wirth, Persson, 68 f., Münscher, 125 f. Immerhin zeigte die Anabasisstelle, falls sie von der Kyrupädie abhängt, daß Arrian einige Analogien zwischen der persischen und spartanischen Erziehung feststellte.

[28] Vgl. Plut. Ages. 1,4; Scharr, 38, MacDowell, 43, 48, 54.

[29] 1277a16 ff. καὶ τὴν παιδείαν δ' εὐθὺς ἑτέραν εἶναι λέγουσί τινες ἄρχοντος, ὥσπερ καὶ φαίνονται οἱ τῶν βασιλέων υἱεῖς ἱππικὴν καὶ πολεμικὴν παιδευόμενοι.

[30] Daß Aristoteles an Ktesias denkt, wie Gigon, Aristoteles: Politik, 299 annimmt, bleibt bloße Vermutung. Die bei Photios und Nikolaos überlieferten Exzerpte aus seinen Περσικά lassen nicht erkennen, daß er die These einer besonderen Erziehung der persischen Königssöhne vertrat.

[31] Vgl. Resp. Lac. 3,4.

hen erfüllen hier nicht so sehr die Aufgabe, die Epheben 'besser' zu machen, als vielmehr den Zweck, die ἐπιθυμία τῶν ἡδονῶν zu mindern.[32]

Ein wesentliches Element der von Xenophon beschriebenen persischen Erziehung besteht darin, daß bereits die Kinder zur Gerechtigkeit erzogen werden (§ 6 f.). Xenophon scheint darunter eine Art Elementarunterricht zu verstehen, den er mit dem Erlernen der Schrift bei den Griechen vergleicht (§ 6). Den Kindern ist es möglich, indem sie sich auf die gleiche Rechtsgrundlage wie die Erwachsenen stützen, gegen Gleichaltrige Anklage wegen Diebstahls, Raubs, Gewalts, Betrugs und Schmähung zu erheben. Als Richter fungieren die zwölf für die Erziehung zuständigen, aus der Klasse der γεραίτεροι gewählten Erzieher (§ 6). Ein Analogon fehlt in der spartanischen ἀγωγή völlig.[33] Hier ist es im Gegenteil den Kindern erlaubt zu stehlen, um den Hunger zu stillen.[34] Der Diebstahl ist zugleich eine Art Propaideia für die Kriegskunst.

Als eigentümlich persisch bezeichnet Xenophon ferner die harte Strafe für Undank (§ 7).[35] Auch dies findet keine Entsprechung in der spartanischen Erziehung. Xenophon begründet die Strafe für Undank damit, daß er die Ursache der Asebie und der Vernachlässigung der Eltern, des Vaterlandes und der Freunde sei. Zwischen der ἀδικία und der ἀχαριστία besteht ein enger Zusammenhang, den er hier nur andeutet. Im Hintergrund steht das Gespräch zwischen Sokrates und seinem Sohn Lamprokles in den Memorabilien (II 2,3), wo er diesen Gedanken expliziert.[36] Lamprokles, der seiner Mutter zürnt, wird von Sokrates belehrt, daß er undankbar ist und die Undankbarkeit eine bestimmte, besonders reine Form der Ungerechtigkeit darstellt (II 2,3 εἰλικρινής τις ἂν εἴη ἀδικία ἡ ἀχαριστία).[37] Als Beispiel dient

---

[32] Vgl. Resp. Lac. 3,2.

[33] Vgl. Scharr, 36, Carlier, 142.

[34] Vgl. Resp. Lac. 2,6 ff., Plut. Lyc. 17,5–6; MacDowell, 59 ff., Ollier, Xénophon, La république des Lacédémoniens, 28 zu 2,6–8.

[35] Eine versteckte Anspielung auf dieses Gesetz findet sich bei Aelian NA 8,3; vgl. Münscher, 146 f.

[36] Auf den Zusammenhang der Memorabilien- und Kyrupädiestelle weist Gigon, Xenophons Memorabilien II, 87 hin. Das Eigenartige an der Memorabilienstelle ist, daß der xenophontische Sokrates zur Definition der Gerechtigkeit zunächst die traditionelle Formel 'Den Freunden nützen, den Feinden schaden' verwendet (vgl. dazu Müller, Die Kurzdialoge der Appendix Platonica, 167 f.), in einem zweiten Schritt jedoch diese Antithese außer Kraft setzt, indem er Lamprokles die Dankbarkeit als eine den Gegensatz Freund-Feind überwindende Pflicht und indirekt als Kennzeichen der Gerechtigkeit definieren läßt; vgl. Gigon, 88. Die Stelle deutet an, daß sich die Dankbarkeit nicht je nach den Umständen relativieren läßt.

[37] Dieser Auffassung korrespondiert die Feststellung in der Kyrupädie (VIII 3,49), daß die Dankbarkeit den Menschen von allen anderen Lebewesen unterscheide, also geradezu eine differentia specifica darstelle.

wie in der Kyrupädie die Undankbarkeit gegenüber den Eltern und Freunden. Und auch an der Memorabilienstelle (II 2,13 f.) unterstreicht Xenophon den eminent politischen Charakter der χάρις und ihres Gegenteils, indem er die Maßnahme schildert, die die Polis gegen den ergreift, der gegenüber den Eltern undankbar ist: Er wird bestraft und verliert die Möglichkeit zu herrschen, da man damit rechnet, daß er auch die Opfer der Stadt vernachlässigen und ihr damit schaden werde. Den Gedankenzusammenhang deutet Xenophon in der Kyrupädie (§ 7) mit dem Satz οἴονται γὰρ τοὺς ἀχαρίστους καὶ περὶ θεοὺς ἂν μάλιστα ἀμελῶς ἔχειν καὶ περὶ γονέας καὶ πατρίδα καὶ φίλους an.

Die persische Erziehung ist nach Xenophon prinzipiell jedem ohne Ansehen seiner Herkunft und seines Standes zugänglich (§ 15, II 1,15, II 3,7, VIII 3,36 ff.). Ein möglicher Hindernisgrund besteht lediglich darin, daß ein Vater seinem Sohn aus Mangel an Geld diese Erziehung nicht ermöglichen kann. Als Beispiel fungiert in der Kyrupädie Pheraulas (II 3,7, VIII 3,37 f.), ein Mann aus dem Volk, der zunächst die Paideia der ὁμότιμοι genießt, dann aber wegen der finanziellen Not des Vaters Bauer wird. Dessen ungeachtet erlangt er nach der Reichsgründung hohe Ehren und Reichtum (VIII 3,39). Anders in Sparta: die spartanische Erziehung ist nur für die Spartiaten, die ὅμοιοι[38], vorgesehen. Die Periöken und gar Helioten bleiben von ihr ausgeschlossen.

Besonders eigentümlich ist die von Xenophon beschriebene ἐλευθέρα ἀγορά (§ 3). Sie ist abgesondert von den für den Verkauf und die Abwicklung von Geldgeschäften vorgesehenen Märkten und nur für die Erziehung der Kinder und Epheben sowie für den Wachdienst der erwachsenen Männer bestimmt. Diese Agora grenzt an den Palast und die Magistratsgebäude an. Die Konzeption deutet nicht auf Sparta[39], sondern weist eine auffällige Ähnlichkeit mit einer Institution in Thessalien auf.[40] Aristoteles (Pol. VII

---

[38] Die beiden Begriffe sind nach Hell. III 3,5–6 synonym; vgl. zur Stelle Hatzfeld, Xénophon, Hélleniques, Livre I–III, Paris 1936, 165.

[39] Auch Herodot (I 153,2) kann nicht Xenophons Vorlage sein, da er die Existenz von Verkaufsmärkten bei den Persern leugnet.

[40] Vgl. schon Dindorf, 1857, Hertlein [2]1859, Holden zur Stelle; F. Susemihl – R. D. Hicks, The Politics of Aristotle, London 1894 zu Pol. VII 12, 1331a32, Newman, III, 414 zu Pol. 1331a32, Ammendola zu Cyr. I 2,3, Luccioni, Les idées politiques et sociales de Xénophon, 218, A. 96, Todd, Persian Paideia, 55, J. Aubonnet, Aristote, Politique, Tome III, Livre VII, Paris 1986, 223. – Knauth, 71 versucht den Begriff 'freie Agora' als interpretatio Graeca des persischen Wortes maidan, das den Parade- und Exerzierplatz vor dem Königspalast bezeichnet, zu erklären. Die von ihm als Parallele herangezogene Anabasis (I 9), in der Xenophon eine Art Palastschule beschreibt (I 9,3), beweist jedoch nichts, da hier der Begriff ἀγορὰ ἐλευθέρα fehlt.

12, 1331a30 ff.) gibt eine nähere Beschreibung der thessalischen ἀγορὰ ἐλευθέρα im Rahmen seines Idealstaatsentwurfs und lobt diese Einrichtung als
vorbildlich:

πρέπει δ' ὑπὸ μὲν τοῦτον τὸν τόπον τοιαύτης ἀγορᾶς εἶναι κατασκευὴν οἵαν
καὶ περὶ Θετταλίαν νομίζουσιν, ἣν ἐλευθέραν καλοῦσιν, αὕτη δ' ἐστὶν ἣν δεῖ
καθαρὰν εἶναι τῶν ὠνίων πάντων, καὶ μήτε βάναυσον μήτε γεωργὸν μήτ' ἄλλον
μηδένα τοιοῦτον παραβάλλειν μὴ καλούμενον ὑπὸ τῶν ἀρχόντων. εἴη δ' ἂν
εὔχαρις ὁ τόπος, εἰ καὶ τὰ γυμνάσια τῶν πρεσβυτέρων ἔχοι τὴν τάξιν ἐνταῦθα·
πρέπει γὰρ διῃρῆσθαι κατὰ τὰς ἡλικίας καὶ τοῦτον τὸν κόσμον, καὶ παρὰ μὲν
τοῖς νεωτέροις ἄρχοντάς τινας διατρίβειν, τοὺς δὲ πρεσβυτέρους παρὰ τοῖς ἄρ-
χουσιν· ἡ γὰρ ἐν ὀφθαλμοῖς τῶν ἀρχόντων παρουσία μάλιστα ἐμποιεῖ τὴν ἀλη-
θινὴν αἰδῶ καὶ τὸν τῶν ἐλευθέρων φόβον.

Einige Elemente des beschriebenen Lokals ähneln Xenophons Entwurf: Der
Ort der obersten Magistrate befindet sich nach Aristoteles' Beschreibung
wie bei Xenophon in unmittelbarer Nähe der ἀγορὰ ἐλευθέρα, allerdings in
etwas höherer Lage als diese Agora. Wie bei Xenophon, so sind bei Aristoteles die Verkaufsgeschäfte und alle, die sie betreiben, von ihr verbannt. Wie
in der Kyrupädie, so findet sich hier eine Trennung der Aufenthaltsplätze
der Jüngeren von denen der Älteren. Allerdings spricht Aristoteles nicht von
einer Vierteilung. Die Präsenz der Beamten soll nach Aristoteles wahre
αἰδώς und Respekt vor den Freien einflößen. Dies erinnert zumindest von
fern an Xenophons Feststellung, daß die Perser die Schamlosigkeit schon
während der Erziehung der Kinder bekämpfen und der Gehorsam der Älteren gegenüber den Magistraten vorbildlich sein soll (§ 8).

Es ist kaum anzunehmen, daß Aristoteles Xenophon als Quelle benutzt,
um die Topographie der idealen Polis und ihre Struktur im Zentrum zu
beschreiben.[41] Wahrscheinlicher ist, daß sich beide, was den Begriff ἀγορὰ
ἐλευθέρα betrifft, auf eine gemeinsame Quelle beziehen, in der die thessali-
sche Politeia behandelt wurde. Gigon[42] vermutet Kritias' πολιτεία Θετταλῶν
(VS 88 B 31) als Vorlage. Dafür ließe sich anführen, daß Kritias' πολιτεῖαι
noch bis ins späte zweite Jahrhundert nach Christus Beachtung fanden, wie
die Exzerpte bei Athenaios zeigen. Das Bedenkliche an dieser Annahme ist,
daß Xenophon in den Memorabilien (I 2,24) Kritias mit deutlicher Abneigung als ἄνομος bezeichnet und Aristoteles ihn ansonsten als Schriftsteller
nur in De anima (I 6, 405b6) in einem ganz anderen Zusammenhang erwähnt.

---

[41] Anders Newman zu 1331a32, der es als sicher ansieht, daß Aristoteles auf die Kyrupädiestelle Bezug nimmt. Aubonnet, a. a. O., 224 rechnet mit der Möglichkeit, daß Aristoteles die Idee der Trennung des Gymnasiums der Älteren von dem der Jüngeren Xenophon verdankt.
[42] Gigon, Aristoteles: Politik, 378 zu 1331a30–33.

Es gibt schließlich zwei die Verfassung betreffende Eigenarten, durch die sich die von Xenophon beschriebene persische Politeia deutlich von Sparta abhebt: Zum einen fehlt ein wirkliches Analogon zu den Ephoren, zum zweiten beschreibt Xenophon die Klasse der persischen Geronten als ein Gremium, in das grundsätzlich jeder, sobald er die drei ersten Stufen der Erziehung absolviert und die Altersgrenze erreicht hat, gelangt (§ 13). Aus I 2,15 erhellt, daß die Aufnahme unter die γεραίτεροι ferner davon abhängt, ob der Betreffende sich als erwachsener Mann tadellos verhielt. Von einer Wahl der Gerusia, wie sie für Sparta bezeugt ist und über deren Modus sich Aristoteles in der Politik (II 9, 1271a9 ff.) mokiert[43], ist keine Rede.

Überschaut man Xenophons Darstellung, so lassen sich mithin neben zweifellos vorhandenen Kongruenzen mit der spartanischen Verfassung nicht weniger auffällige Abweichungen feststellen. Die markanteste ist darin zu sehen, daß Xenophon seiner Konzeption des persischen Idealstaates eine ethische Grundlage gibt und die einseitige spartanische Betonung der Gymnastik und Übung für den Krieg ausklammert.

Zur persischen Paideia im einzelnen: An ihr fällt zunächst das besondere Gewicht auf, daß Xenophon den Nomoi beimißt. Ihr oberster Zweck ist die Sorge um das κοινὸν ἀγαθόν (§ 2). Worin es besteht, sagt Xenophon zwar nicht direkt, doch erhellt aus dem Folgenden, welche Bedingungen zur Realisierung des Allgemeinwohls notwendig sind: Die Bürger sind von Anfang an durch die Gesetze daran zu hindern, nach Schlechtem oder Schändlichem zu streben. Die Nomoi sind das Richtmaß, nach dem die Kinder zwischen Gerechtigkeit und Ungerechtigkeit zu unterscheiden lernen, indem sie die 'Schulen der Gerechtigkeit' besuchen und dort unter der Aufsicht der Lehrer die Rechtspraxis üben.

Warum vergleicht Xenophon dieses Erlernen der Gerechtigkeit mit dem elementaren Erlernen der Schriftzeichen? Zunächst steht dahinter die Überzeugung, daß die Gerechtigkeit ein Wissen und somit lehrbar ist.[44] Die Kinder erlernen sie durch eine Art Mimesis, die darin besteht, daß sie vor den Richtern Anklage wegen Vergehen erheben, die nach den moralischen Normen der Polis, an die sie gewöhnt werden sollen, strafwürdig sind.

---

[43] Die Wahl beruht auf Akklamation durch die Volksversammlung, deren Lautstärke Wahlmänner in einem separaten Raum registrieren; vgl. Plut. Lyc. 26,3 ff.; Ollier, Xénophon, La République des Lacédémoniens, 50 f.

[44] Zeller, Die Philosophie der Griechen II 1, 237 spricht zu Unrecht Xenophon dieses Dogma ab. In den Memorabilien (IV 6,6) definiert Sokrates den Gerechten als denjenigen, der Wissen um die menschlichen νόμιμα hat; vgl. auch Mem. IV 6,11 die Definition der Tapferkeit, die mit Plat. Prot. 360d4–5, Lach. 194e11 f., 199c5 f. übereinstimmt.

Daß Xenophon die δικαιοσύνη als grundlegendes μάθημα nennt, entspricht der besonderen Bedeutung dieser ἀρετή. Sie ist in der griechischen Ethik seit Theognis (147 f.) geradezu der Inbegriff der politischen Tugend[45] und das Fundament, auf der jede menschliche Gemeinschaft und Politeia beruht. Dies spricht deutlich der platonische Protagoras im gleichnamigen Dialog aus (322e2 ff.), und die gleiche Überzeugung liegt auch der platonischen Politeia zugrunde, wenn Platon im vierten Buch (433b7 ff.) die Gerechtigkeit als die ἀρετή bezeichnet, die der Weisheit, Tapferkeit und Besonnenheit Macht verleiht und ihre Erhaltung gewährleistet.

Es fällt auf, daß Xenophon die Gerechtigkeit an die Nomoi bindet (§ 6). Sie entscheiden, was gerecht ist. Xenophon deutet die Gleichung Nomos = δίκαιον hier nur an; er formuliert sie ausdrücklich in I 3,17.[46] Die Gesetze werden auf diese Weise aufgewertet: Sie sind die Instanz, die den unverrückbaren Maßstab für die Entscheidung bilden, ob etwas gerecht oder nicht ist. Im Kern ist dies auch die Position des Antisthenes, wie sich dem Titel Περὶ νόμου ἢ περὶ καλοῦ καὶ δικαίου entnehmen läßt.[47]

Joel[48] vermutet, Xenophon stehe bei der Beschreibung der persischen Nomoi unter antisthenischem Einfluß. Er stützt sich auf die Junktur οἱ νόμοι ἐπιμελούμενοι (§ 2). Sie deute auf die Abhängigkeit von der ἐπιμέλεια-Konzeption des Antisthenes. Zum zweiten beurteilt Joel die 'Personifikation' des Nomos als typisch "kynisch".[49] Davon kann jedoch keine Rede sein. Der Begriff der νόμοι ἐπιμελούμενοι läßt sich nicht als genuin antisthenisch bezeichnen. Er ist allenfalls sokratisch in dem Sinne, daß er in der sokratischen Literatur verbreitet ist. Im platonischen Kriton (50a6 ff.) findet sich beides, die Prosopopoiie der Nomoi und das Motiv, daß sie für den Einzelnen von seiner Geburt an sorgen und verantwortlich sind. Sie sind Erzeuger, Ernährer und Erzieher in einem und diejenigen, die an allem Schönen Anteil geben (51c8 ff.). Wenn man in I 2,2 ff. mit antisthenischem Einfluß rechnet, dann möglicherweise in einem anderen Punkt. Die persischen Kinder lernen, indem sie die 'Schulen der Gerechtigkeit' besuchen, zwischen gut und schlecht, gerecht und ungerecht zu unterscheiden. Diese Fähigkeit

---

[45] Vgl. auch Arist. EN V 3, 1129b29, Pol. VII 15, 1334a24 f., Plat. Leg. 660e–661c. Vgl. ferner L. Schmidt, Die Ethik der alten Griechen I, Berlin 1882, 302 ff., R. Hirzel, Themis, Dike und Verwandtes, Leipzig 1907, 180 ff., H. J. Krämer, Arete bei Platon und Aristoteles, Heidelberg 1959, 43. Vgl. auch Schwartz, Ethik der Griechen, 57.

[46] Vgl. auch Mem. IV 4, 12 ff., IV 6,6 und unten S. 93 f.

[47] Vgl. Fg. A 1 DC und oben S. 29.

[48] Joel, Der echte und der xenophontische Sokrates II 1, 119, A. 1.

[49] So auch schon Duemmler, Prolegomena zu Platons Staat, in: Kl. Schriften I, 193.

scheint für Xenophon eine grundlegende Voraussetzung für das Bestehen des Staates zu sein. Ähnliches läßt sich bei Antisthenes erkennen. Die Fragmente, die staatstheoretische Gedanken über die Grundlagen der Existenz der Polis und ihre Gefährdung enthalten[50], zeigen, daß für ihn die Fähigkeit, zwischen ἀγαθοί und κακοί zu unterscheiden, eine wichtige Voraussetzung zur Erhaltung der Polis bildet, die dazu führen soll, daß die Schlechten von der Macht abgehalten werden.

Der 'Tugendkatalog', den Xenophon im Anschluß an die Erwähnung der Gerechtigkeit gibt (§ 7 f.), entspricht im wesentlichen der traditionellen griechischen Werteethik und läßt sich kaum auf eine bestimmte Quelle zurückführen. Er nennt Strafe für Verleumdung und Undankbarkeit; das ἀδίκως ἐγκαλεῖν (§ 7) stuft bereits Pindar (Pyth. 4,283) als ein die Gemeinschaft schädigendes Übel ein. Die Undankbarkeit ist eine Form der Ungerechtigkeit[51] und hat somit auch politische Bedeutung; sie gefährdet nicht nur das Verhältnis zu den Eltern und damit den οἶκος, sondern in letzter Instanz die gesamte Polis, wie Xenophon in den Memorabilien (II 2,13 f.) feststellt.

In enger Verbindung stehen auch αἰδώς und σωφροσύνη.[52] Erstere nennt Xenophon nicht ausdrücklich, doch ergibt sie sich indirekt aus dem Begriff ἀναισχυντία (§ 7); αἰδώς und σωφροσύνη sind für die griechische Ethik "die beiden grundlegenden Tugenden des jungen Mannes und der ehrbaren Frau".[53] Auch Xenophon bezieht beide Tugenden auf die νέοι. Den Versuch einer Differenzierung unternimmt er in der Prodikosfabel von Herakles am Scheideweg (Mem. II 1,22): Die σωφροσύνη der Arete zeigt sich in ihrer Haltung, ihre αἰδώς im Blick. Diese Lokalisierung der Scham ist bereits

---

[50] Vgl. Fg. 102–105 DC.
[51] Vgl. auch oben S. 72.
[52] Vgl. schon Thuk. I 84,3 (Rede des Archidamos) πολεμικοί τε καὶ εὔβουλοι διὰ τὸ εὔκοσμον γιγνόμεθα, τὸ μὲν ὅτι αἰδὼς σωφροσύνης πλεῖστον μετέχει, αἰσχύνης δὲ εὐψυχία κτλ.
[53] Gigon, Xenophons Memorabilien II, 65. Vgl. auch Schwartz, Ethik der Griechen, 54 f.; Theogn. 409 f., 1326.

in der Ilias (1,225) geläufig.[54] Daß sich die σωφροσύνη im äußeren σχῆμα manifestiert, drückt Charmides im gleichnamigen Dialog Platons (159b2 ff.) aus. Die σωφροσύνη sei τὸ κοσμίως πάντα πράττειν καὶ ἡσυχῇ und allgemein eine Art von ἡσυχιότης. Auch diese Definition, die Sokrates im weiteren Verlauf des Dialoges durch die Bestimmung der σωφροσύνη als einer ἐπιστήμη ἑαυτοῦ ersetzt, ist traditionell. Xenophon folgt ihr in der Kyrupädie (I 4,4), wenn er als Kennzeichen des Epheben Kyros die ruhige Stimme nennt und ihn allgemein als ἡσυχαίτερος qualifiziert.

Am Schluß der ethischen Tugenden stehen der Gehorsam gegenüber den Herrschenden und die ἐγκράτεια γαστρὸς καὶ ποτοῦ (§ 8). Beide Eigenschaften haben in der Kyrupädie leitmotivische Bedeutung. Sie finden nicht nur an zahlreichen Stellen des Werkes Erwähnung[55], sondern kehren auch in der gleichen Reihenfolge in VIII 1,29–32 im Rahmen des I 2,6 ff. korrespondierenden Katalogs der Herrschertugenden wieder. Auch dort hat die ἐγκράτεια die Schlußstellung inne. Xenophon verklammert auf diese Weise das erste mit dem letzten Buch und unterstreicht die Kontinuität in der Entwicklung des jungen Kyros zum Herrscher, der für seine Untertanen ein Paradeigma darstellt.

---

[54] Vgl. Gigon, a.a.O., 65. Vgl. auch Resp. Lac. 3,5. Eine auffällige Differenzierung zwischen αἰδώς und σωφροσύνη findet sich Cyr. VIII 1,31, wo Xenophon einen I 2,6 ff. korrespondierenden Katalog der ἀρεταί gibt. Er unterscheidet hier die Scham von der Besonnenheit nach dem Kriterium der Sichtbarkeit und Unsichtbarkeit. Die αἰδούμενοι meiden die offenbaren αἰσχρά, die σώφρονες hingegen auch die unsichtbaren. Zugrunde liegt die Distinktion in eine Scham vor sich selbst und eine Scham vor anderen. Nestle, Xenophon und die Sophistik, Philologus 94, 1941, 45 (Griechische Studien, 444) und L. Radermacher, Artium Scriptores, Wien 1951, 68 zu Prodikos Fg. 10 (Plat. Euthyd. 277e3 f. πρῶτον γάρ, ὥς φησι Πρόδικος, περὶ ὀνομάτων ὀρθότητος μαθεῖν δεῖ) vermuten wegen der Begriffsunterscheidung Prodikos als Quelle der Kyrupädiestelle. Vgl. auch H. North, Sophrosyne, Ithaca 1966, 92, die fälschlich Kritias VS 88 B 25 (Sisyphos) und Antiphon VS 87 B 44 (Ἀλήθεια) vergleicht. Näher steht ein Dogma Demokrits (?) VS 68 B 264 (vgl. Nestle, 45, A. 40 (Griechische Studien, 444, A. 40)): μηδέν τι μᾶλλον τοὺς ἀνθρώπους αἰδεῖσθαι ἑωυτοῦ μηδέ τι μᾶλλον ἐξεργάζεσθαι κακόν, εἰ μέλλει μηδεὶς εἰδήσειν ἢ οἱ πάντες ἄνθρωποι· ἀλλ' ἑωυτὸν μάλιστα αἰδεῖσθαι, καὶ τοῦτον νόμον τῇ ψυχῇ καθεστάναι, ὥστε μηδὲν ποιεῖν ἀνεπιτήδειον. Vgl. auch B 181. Der in Cyr. VIII 1,31 ausgedrückte Gedanke ist im Ansatz sokratisch: Wer besonnen ist, verhält sich dementsprechend nicht nur in der Öffentlichkeit, sondern auch, wenn er unsichtbar bleibt. Denn er weiß, daß ihm die ἀφροσύνη schaden wird.

[55] πειθώ: I 6,13, 20 ff. (Hauptstelle), I 6,26, 42; II 1,24; 2,10; 3,8, 19; III 3,9, 59; IV 1,3; VIII 1,2 ff. (Hauptstelle). ἐγκράτεια: I 5,7, IV 1,14; VII 5,75 f.; VIII 1,37; 8,15.

Das Motiv des Gehorsams bezieht Xenophon in I 2,8 nur auf die ἀρχόμε-νοι[56], doch hat es, wie I 6,20 zeigt, einen doppelten Bezug. Im Hintergrund steht der Gedanke, daß derjenige, der herrschen will, zunächst Gehorsam zu lernen hat. Diesen Zusammenhang expliziert Kyros gegenüber Kambyses (I 6,20): Nur dadurch, daß ihn die Lehrer als Kind und Epheben zu gehorchen lehrten, besitze er nun die Fähigkeit, seinerseits die Soldaten zum Gehorsam anzuleiten. Ja er bezeichnet es geradezu als die wichtigste Aufgabe der meisten Nomoi, das ἄρχειν und ἄρχεσθαι zu lehren. Es ist verlockend, diesen Zusammenhang zwischen Herrschen und Regiertwerden mit Sparta in Verbindung zu bringen. An Sparta wird des öfteren gerühmt, es lehre seine Bürger als κάλλιστον μάθημα das ἄρχειν καὶ ἄρχεσθαι.[57]

Die von Xenophon erwähnte ἐγκράτεια γαστρὸς καὶ ποτοῦ gehört zum Thema 'maßvolle Lebensweise'. Das ἐγκράτεια-Motiv, das hier zum ersten Male auftaucht, bereitet auf die Synkrisis der persischen Beherrschtheit und der medischen ἀκολασία in I 3,4 ff. vor, wo Xenophon ebenfalls am Essen und Trinken exemplifiziert. Der Hinweis auf die Beherrschtheit im Trinken läßt sich als Herodotkritik verstehen: Herodot vermerkt in I 133,3 die Neigung der Perser zu Wein, während er sie an einer früheren Stelle im Rahmen des Kroisoslogos als Wassertrinker bezeichnet (I 71,3). Beide betonen das Maßhalten der Perser beim Essen. Herodot berichtet, sie äßen wenige Hauptgerichte, hingegen zahlreiche Zutaten.[58] Xenophon steigert noch. Bei ihm ernähren sich die persischen Kinder und auch die Epheben auf der Jagd (§ 11) von Brot, Kresse (κάρδαμον)[59] und Wasser. Daß die Perser auch Fleisch verzehren, stellt er in I 3,4 fest. Als Trinkgefäß dient ihnen der κώθων (§ 8), ein spartanischer Becher[60], dessen Vorzüge Kritias in der Λακε-δαιμονίων πολιτεία preist.[61]

---

[56] Der Gedanke, die Älteren wirkten durch ihren Gehorsam gegenüber den Magistraten als Vorbild für die Jüngeren, scheint ein Topos zu sein. Platon verwendet ihn in den Nomoi (729c1 f.) mit Bezug auf die αἰδώς der Alten, die auf die Jungen wirken soll. Er leitet daraus für den vernünftigen Gesetzgeber die Forderung ab, besonders die Alten zur Scham vor den Jungen anzuhalten.

[57] Vgl. Gigon, Xenophons Memorabilien II, 9, A. 4. Er verzeichnet folgende Stellen: Plut. Apophth. Lac. 212 B–C, 215 D. Vgl. auch Ages. 2, 16, Arist. Pol. III 4, 1277a25 ff., Plut. Apophth. Lac. 221 E. Weitere Stellen bei W. Nachstädt – W. Sieveking – J. B. Titchener zu Plut. Apophth. Lac. 212 B–C.

[58] I 133,2 σίτοισι δὲ ὀλίγοισι χρέωνται ἐπιφορήμασι δὲ πολλοῖσι καὶ οὐκ ἀλέσι.

[59] Die Erwähnung der Kresse ist auffällig. Möglicherweise steht dies in Verbindung mit der in der Diaitetik vertretenen Auffassung, es handle sich um ein hydrophiles Mittel; vgl. Ar. Nub. 234, Hipp. De victu II 54, Plin. NH 20,13, Suda s. v. κάρδαμον.

[60] Vgl. Archil. Fg. 4 W.

[61] VS 88 B 34; vgl. Plut. Lyc. 9,7. Dindorf, 1857 zu Cyr. I 2,8 verweist auf Poll. 6,96–97. Vgl. auch Heniochos Fg. 1 K.–A., Ar. Equ. 600 und J. van Leeuwen, Aristophanis Equites, Leiden 1900 zur Stelle.

Die Beschreibung der persischen Lebensweise in § 8 hat wohl Cicero in
den Tuskulanen (V 99) und in De finibus (II 92) vor Augen. An beiden
Stellen fungiert sie als Paradeigma einer δίαιτα μέτρια, an der ersten in Verbindung mit Sparta.[62] Die Kyrupädiestelle hat eine enorme Wirkungsge-
schichte aufzuweisen, wie ihre Zitierung noch bei Hieronymus (adv. Iovin.
I 13) dokumentiert[63], der auch auf § 11 anzuspielen scheint.

In der Beschreibung der Ephebenklasse (§ 9 ff.) dominieren zwei Gedanken: Der Aufenthalt der Epheben in unmittelbarer Nähe des Palastes und
der Magistrate fördert die σωφροσύνη und die Ausrichtung auf das κοινόν
(§ 9). Was Xenophon unter dem allgemeinen Begriff κοινόν versteht, erhellt
aus § 9 und 12: Die Epheben fungieren als Wächter und gleichsam als Poli-
zei, die die Magistrate gegen κακοῦργοι und λῃσταί einsetzen. Dies steht
der Vorstellung Platons in der Politeia (414b5 f.) nicht fern, nach der die
jungen Wächter ἐπίκουροι und βοηθοὶ τοῖς τῶν ἀρχόντων δόγμασιν sind.
Und wenn Xenophon feststellt, der Ephebe bedürfe am meisten der Sorge
(§ 9), so steht auch dies in einer gewissen Nähe zu Platon, der in der Politeia
(389d7 ff.) die Dichterkritik nicht zuletzt mit der Überlegung legitimiert,
daß gerade die νεανίαι der σωφροσύνη bedürfen.[64]

Das Zweite ist die Jagd als ἀληθεστάτη μελέτη für den Krieg (§ 10). Sie
findet unter der Leitung des Königs, ähnlich wie in Sparta, statt. An ihr
partizipiert nur die Hälfte der Epheben, während die andere Hälfte unter
der Aufsicht der Magistrate für die innere Ordnung sorgt. Bei der Vorstellung, die Jagd sei eine Art Propaideia für den Krieg, handelt es sich geradezu
um einen Lieblingsgedanken des Xenophon, den er in der Kyrupädie mehrmals formuliert.[65] Die Analogie zwischen Jagd und Krieg[66] verficht am
ausführlichsten Kambyses in seiner an Kyros gerichteten Parainese (I 6,28);

---

[62] Tusc. V 99 civitates quaedam universae more doctae parsimonia delectantur, ut de
Lacedaemoniis paulo ante (V 77) diximus. Persarum a Xenophonte victus exponitur,
quos negat ad panem adhibere quicquam praeter nasturcium. De fin. II 92 sit voluptas
non minor in nasturcio illo, quo vesci Persas esse solitos scribit Xenophon, quam in
Syracusanis mensis, quae a Platone graviter vituperantur. Vgl. Münscher, 78.

[63] adv. Iovin. I 13 Persarum id est Cyri vitam Xenophon octo voluminibus explicat,
polenta et cardamo et sale ac pane cibario eos adserens victitare. Vgl. Münscher, 101, A.
1, 103. Auffällig ist Hieronymus' Hinweis auf Salz, der sich nicht auf den Kyrupädietext
stützen kann. Münscher, 101, A. 1 vermutet Benutzung einer kommentierten Xeno-
phonausgabe.

[64] Vgl. auch Resp. Lac. 3,2.

[65] Vgl. VIII 1,34 ff.; 6.10; 8,12. Vgl. auch Resp. Lac., 4,7, Ps. Xen. Cyn. 12,1 ff., bes.
7 ff. Breitenbach, Xenophon, 1919.

[66] Der Vergleich zwischen Kriegskunst und Jagd auch Plat. Soph. 222c5 ff.

sie gründet hier auf der Prämisse, daß die Jagd List und Trug lehrt und diese Mittel auch im Krieg Gültigkeit besitzen. Im Hintergrund steht die traditionelle Maxime 'Den Freunden nützen, den Feinden schaden', deren Gültigkeit Kambyses im Anschluß an die Jagd-Krieg-Analogie verficht (I 6,30 ff.).[67]

Neben diesem gleichsam technischen Nutzen hat die Jagd nach Xenophon eine ethische Aufgabe: Sie dient, wie ebenfalls aus I 2,10 erhellt, der Erziehung zur καρτερία, insbesondere dem Ertragen von Hitze und Kälte, und der Tapferkeit. Ersteres ist geradezu ein xenophontischer Topos.[68] Er findet sich besonders ausgeprägt im Agesilaos (5,3), in den Memorabilien (I 2,1 ff.; 6,6, II 1,1 ff.) und schließlich in der Kyrupädie.[69] Besonders auffällig ist die Übertragung des Gedankens auf Sokrates in den Memorabilien; Xenophon bezeichnet ihn in der 'Schutzschrift' (I 2,1 ff.) im Zusammenhang des Nachweises, er habe sich mit seiner Sorge um die ἀρετή (§ 8) nicht der Jugendverführung schuldig gemacht, als ἐγκρατέστατος, καρτερικώτατος und autark (§ 1).[70]

Zwischen der ἐγκράτεια und der καρτερία besteht nach Xenophon ein enger Zusammenhang. Sie verhalten sich komplementär zueinander. Die Perser üben sich bei der Jagd nicht nur im Aushalten von äußeren Widrigkeiten und Mühen, sondern ebenso in der Beherrschung bei Essen und Trinken. Denn während sie jagen, nehmen sie kein Frühstück ein, und falls sich die Jagd verlängert, verzehren sie das Frühstück als Hauptmahlzeit, so daß sie nur einmal in zwei Tagen essen (§ 11).

Entscheidend ist nun, daß Xenophon diese Praxis nicht als Askese verstanden wissen will, sondern umgekehrt die natürlichen Bedürfnisse des Hungers und Durstes zum Maßstab des ἡδύ macht: Am Ende von § 11 steht

---

[67] Vgl. zur Stelle auch unten S. 126 ff.

[68] Vgl. Breitenbach, Historiographische Anschauungsformen Xenophons, 60 ff., ders., Xenophon, 1920.

[69] Vgl. I 6,25. Vgl. auch Anab. III 1,23, Oec. 5,4, 7,23, Hell. V 1,15.

[70] Gigon, Xenophons Memorabilien I, 27, der ansonsten mit der Annahme antisthenischen Einflusses auf Xenophon zurückhaltend ist, hält es für sicher, daß Xenophon in I 2,1 durch den älteren Sokratiker beeinflußt ist. Dafür spreche die "völlige Inkommensurabilität dieses Sokratesbildes mit dem platonischen." Dieses Urteil ist so nicht richtig: Immerhin besitzen wir in der Lobrede des Alkibiades im platonischen Symposion (219e5 ff.) ein Zeugnis, in dem Sokrates bei Poteidaia als ἐγκρατής und καρτερικός in bezug auf Hunger, Durst und Kälte beschrieben wird. Es ist freilich nicht auszuschließen, daß Platon im Symposion Motive des antisthenischen Sokratesbildes aufgreift, doch zeigte dies, daß die beiden Sokratesbilder so inkommensurabel nicht sind (Breitenbach, Xenophon, 1784 rechnet mit einer sophistischen Systematisierung des alten πόνος-Ideals, nach der Platon im Symposion seinen Sokrates stilisiere).

die Überlegung, μᾶζα, ἄρτος und ὕδωρ seien für denjenigen, der Hunger
und Durst leidet, etwas Angenehmes. Der Gedanke ist alt, und es empfiehlt
sich nicht, mit Joel[71] die Kyrupädiestelle einseitig als Reflex antisthenischer
Lehre zu interpretieren.[72] Antisthenes' Einfluß ist nicht auszuschließen,
doch bereits bei Demokrit[73] findet sich die Überlegung, daß einfache Nahrung wie Gerstenbrei und ein einfaches Strohlager 'süßeste Heilmittel' gegen Hunger und Ermattung für den bedeuten, der in der Fremde lebt.
Zugrunde liegt der Gedanke, daß sich der Wert einer scheinbar nicht sehr
wertvollen Sache je nach den Umständen erhöht. Das Korrelat bildet das
ebenfalls für Demokrit bezeugte Dogma, daß das, was am angenehmsten ist,
in sein Gegenteil umschlägt, wenn jemand das richtige Maß überschreitet.[74]

Der Gedanke, daß die Perser bei der Jagd nur einmal täglich essen (§ 11),
kehrt in gesteigerter Form im in seiner Echtheit umstrittenen letzten Kapitel
des Werkes (VIII 8) wieder. Dort heißt es, auch jetzt pflegten die Perser
noch das μονοσιτεῖν, allerdings habe sich diese Sitte ins Sinnlose verkehrt,
indem sie nun im Grunde den ganzen Tag bis in die Nacht mit Essen und
Trinken verbrächten.[75] Zwischen beiden Stellen besteht kein Widerspruch,
vielmehr zeigt sich im Schlußkapitel wie auch mit Bezug auf andere persische Sitten, deren Fortbestand jeweils vermerkt wird[76], daß ein alter Nomos
seine ursprüngliche Funktion verloren hat und zur bloßen Form degeneriert
ist.

Ein drittes wesentliches Element der persischen Ephebenerziehung sind
nach Xenophon die öffentlichen Agone (§ 12). Auf den ersten Blick erinnert dieses ἀγῶνες-ἆθλα-Motiv an die spartanische Sitte, sich öffentlich in
gymnastischen und militärischen Wettkämpfen zu messen. Doch Xenophon

---

[71] Joel, Der echte und der xenophontische Sokrates II 1,58 ff.

[72] Zurückhaltender als Joel äußert sich Breitenbach, Xenophon, 1784, der mit voranti-
sthenischem Einfluß zu rechnen scheint. – Immerhin gilt es festzuhalten, daß Xenophon
das Dogma vom Angenehmen, das sich nach Hunger und Durst bemißt, im Symposion
(4,37 ff.) Antisthenes in den Mund legt.

[73] VS 68 B 246 ξενιτείη βίου αὐτάρκειαν διδάσκει· μᾶζα γὰρ καὶ στιβὰς λιμοῦ καὶ
κόπου γλυκύτατα ἰάματα. Danach wohl Epikur, Epist. ad Menoec. 131 Us. καὶ μᾶζα καὶ
ὕδωρ τὴν ἀκροτάτην ἀποδίδωσιν ἡδονήν, ἐπειδὰν ἐνδεῶν τις αὐτὰ προσενέγκηται.

[74] Vgl. VS 68 B 233.

[75] Joel, Der echte und der xenophontische Sokrates II 1,58, A. 2 bezeichnet "diese
Dialektik der Sünde" als kynisch pointiert.

[76] Vgl. VIII 8,8, 10, 13 f. (Fortbestehen der 'Schulen der Gerechtigkeit', doch ohne die
frühere Zielsetzung, 'Pflanzenkunde' als Lernfach wie zuvor, doch nun zu dem Zweck,
möglichst viel Übel anzurichten), 8,15, 19, 23.

spricht in der Respublica Lacedaemoniorum (10,4)[77] davon, daß sich alle Spartaner diesen Übungen unterziehen, während es in der persischen Paideia nur die Epheben sind. Der zweite Unterschied: Die Perser belohnen nach Xenophon denjenigen der zwölf zuständigen Lehrer, dessen Phyle die meisten sehr verständigen, tapferen und gehorsamen Epheben aufzuweisen hat. Ein dritter Unterschied besteht darin, daß Xenophon in der Respublica Lacedaemoniorum als alleinigen Zweck der öffentlichen Agone das αὔξειν des Staates nennt (10,4), womit in erster Linie die durch die Kriegskunst erzielte Vergrößerung gemeint sein wird. In der Kyrupädie betont er stärker das Wissen, das für diese Agone nötig ist, indem er sich des poetischen Wortes δαημονέστατοι bedient (§ 11).[78]

Das ἀγῶνες-ἆθλα-Motiv ist ebenfalls geradezu ein xenophontischer Topos.[79] Man wird es nicht mit seinem Lakonismus, sondern vielmehr mit seinen praktischen Erfahrungen als Soldat in Kleinasien in Verbindung bringen. Das Motiv findet sich verstreut über das ganze Werk: in den Hellenika (IV 2,5 ff.) im Zusammenhang des Berichtes, wie Agesilaos beim Verlassen Asiens Wettkämpfe veranstaltet, um mit den besten Truppen nach Europa zurückzukehren, in der Anabasis (III 1,21), wo Xenophon den militärischen Kampf mit einem Agon und die Beute mit Preisen vergleicht, und im Hieron (9,7).[80] Den Vergleich zwischen Beute und Preis legt er Kyros in der Kyrupädie (II 3,2) vor dem Krieg gegen die Assyrer als Einleitung einer an die Soldaten gerichteten Rede in den Mund. Auffällig ist, daß auch Platon in den Nomoi (830c8f.) den Krieg metaphorisch als 'größten der Agone' bezeichnet, um die Notwendigkeit einer ständigen militärischen Übung der Polis für den Ernstfall zu unterstreichen.

---

[77] Zur Stelle vgl. Ollier, Xénophon, La République des Lacédémoniens, 51, Proietti, Xénophon's Sparta, 63. Xenophon spricht davon, daß Lykurg alle Spartaner zwang, öffentlich alle Tugenden zu üben. Nicht zuletzt sind unter diesen Übungen die militärischen zu verstehen, wie sich aus dem Folgenden ergibt. Wie bekannt ist, verurteilt Aristoteles in der Politik (VII 15, 1334a40ff.) diese einseitige Ausrichtung Spartas auf den Krieg.

[78] Vgl. Od. 8.159f. οὐ γάρ σ' οὐδέ, ξεῖνε, δαήμονι φωτὶ ἐίσκω / ἄθλων. Möglicherweise spielt Xenophon auf diese Stelle an, da auch er das Adjektiv auf das Wissen in Wettkämpfen bezieht. Die attische Prosa meidet δαήμων. Demokrit (VS 68 B 197) benutzt es als einziger Vorsokratiker einmal in Antithese zu ἀνοήμονες. Es bezeichnet hier kein technisches Wissen, sondern kennzeichnet den Vernünftigen, der sich nicht von der τύχη, sondern der σοφία Gewinn erhofft.

[79] Vgl. Schwartz, Quellenuntersuchungen zur griechischen Geschichte, RhM 44, 1889, 173, A. 3, Breitenbach, Historiographische Anschauungsformen Xenophons, 82ff., ders., Xenophon, 1725f.

[80] Vgl. auch Oec. 4,6ff., Vect. 3,3.

Der Sinn des ἀγῶνες-ἆθλα-Motivs erschöpft sich bei Xenophon nicht darin, den Ehrgeiz zu fördern. Aus dem Hieron (9,7) erhellt, daß er in Wettkämpfen, wenn man die Aussage des Simonides mit seiner eigenen Überzeugung identifizieren darf, auch ein Mittel sieht, um Besonnenheit zu erzeugen. Die Überlegung lautet hier, daß Agone in der Polis, aber auch auf dem Land zur Verbesserung der Landwirtschaft der Untätigkeit entgegenwirken und damit die Besonnenheit zu fördern vermögen.

Als ein politisches Instrument, das ein Herrscher einsetzen kann, um eine Agglomeration der Macht unter den Optimaten zu verhindern, definiert Xenophon die Wettkämpfe im achten Buch der Kyrupädie (VIII 2,26 ff.).[81] Die Agone des Kyros stiften Uneinigkeit unter den ἄριστοι, die danach streben, in der Gunst des Herrschers den ersten Platz einzunehmen (§ 28). Im Falle eines Zivilprozesses oder Wettstreits wählen die Konkurrenten die Richter aus ihrer Mitte, so daß der König für ungerechte Entscheidungen nicht verantwortlich gemacht werden kann.[82]

Auf die Beschreibung der Ephebenerziehung läßt Xenophon in § 13 die kurze Charakteristik der Klasse der erwachsenen Männer folgen. Sie üben im wesentlichen ebenfalls zwei Aufgaben aus: Kriegsdienst und Tätigkeiten zum Wohle des Staates. Genaueres sagt Xenophon nicht, doch vermerkt er, daß alle Magistrate aus dieser Altersklasse, die Lehrer der Kinder ausgenommen, besetzt seien. Der Gedanke an eine oligarchische Ordnung und Magistratsverteilung in Abhängigkeit vom Besitz liegt hier fern. Die Wahl dieser Magistrate obliegt den Älteren (§ 14), und zu diesen γεραίτεροι wiederum gehört jeder Perser, sobald er 50 Jahre alt ist. Von einer Wahl der Gerusia wie in Sparta ist keine Rede.[83]

Wenn im Rahmen dieser Paideia und Politeia der Begriff 'Staatsutopie' angemessen ist, dann in bezug auf die Vorstellung, die erwachsenen Politen stünden in Friedenszeiten im Grunde fortwährend für den 'Staatsdienst' zur Verfügung. Eine bestimmte griechische Polis oder Verfassung, die als Modell dieser Konzeption gedient haben könnte, gibt es nicht. Am ehesten ist noch Platons Vorstellung im Staat (416d3 ff.) zu vergleichen, daß die Wächter ständig für die innere und äußere Sicherheit der Polis zu sorgen und auf

---

[81] Vgl. Breitenbach, Historiographische Anschauungsformen Xenophons, 83, A. 132.

[82] Ein ähnlicher Gedanke Hier. 9,3. Möglicherweise hat Aristoteles in der Politik (V 11, 1315a6 ff.) diese Stelle vor Augen, wenn er im Rahmen der Frage, wie sich eine Tyrannis erhalten lasse, nämlich durch Angleichung an die βασιλική (1314a34 f.), empfiehlt, daß ein Herrscher den Politen größere Ehren erweist, als es Privatleute vermögen, die Bestrafungen aber anderen Magistraten und Gerichten überläßt.

[83] Vgl. auch Carlier, 142.

jeden materiellen Besitz zu verzichten haben. Doch reserviert Platon für diesen Stand nur die Aufgabe des Wachens, während Xenophon den erwachsenen Männern nicht nur die πολεμική, sondern auch das aktive πολιτεύεσθαι als Aufgabe zuweist. Daß Xenophon jemals an die Realisierung der Vorstellung dachte, daß die Bürger eines Staates einen permanenten Dienst für das Allgemeinwohl verrichten, sich also dauernd politisch betätigen, ist kaum anzunehmen.[84]

Aus dem zweiten Teil der Paideia- und Politeiadarstellung (§ 15 f.) erhellt zunächst, daß von den 120 000 Persern, womit Xenophon die freien Vollbürger meint, jeder von Gesetzes wegen Zugang zu Ämtern und Ehrungen hat. Freilich ist die Teilnahme an der beschriebenen Erziehung an eine gewisse materielle Unabhängigkeit geknüpft. Auf der anderen Seite zeigt das Beispiel des Pheraulas (VIII 3,39), daß auch ein Mann aus dem Volk die Möglichkeit besitzt, zu Ehren zu gelangen, auch wenn er nicht vollständig die persische Erziehung genossen hat.[85]

Xenophon scheint in § 15 der Gedanke vorzuschweben, daß zum Lernen und überhaupt zu einer regelrechten Erziehung Muße nötig ist. Die persischen Kinder müssen die Möglichkeit zum ἀργεῖν haben (§ 15 ἀλλ' οἱ μὲν δυνάμενοι τρέφειν τοὺς παῖδας ἀργοῦντας πέμπουσιν, οἱ δὲ μὴ δυνάμενοι οὐ πέμπουσιν).[86] Möglicherweise spielt auch die spartanische ἀργία hinein, der in der politischen Diskussion des 4. Jahrhunderts eine beachtliche Rolle zukommt.[87]

---

[84] Anders Carlier, 143 mit Bezug auf die Poroi, in denen Xenophon das Ziel intendiere, "à permettre l'entretien de tous les Athéniens comme 'citoyen à temps complet'". Carlier, der sich auf P Gauthier, Un commentaire historique des Poroi de Xénophon, Paris 1976, 20 ff., 238 ff. stützt, denkt wohl an das Schlußkapitel dieser Schrift (6,1 ff.), doch erlaubt es eine derartige Deutung nicht. Vgl. E. Schütrumpf, Xenophon, Vorschläge über die Beschaffung von Geldmitteln oder über die Staatseinkünfte, Darmstadt 1982, 65 ff. Das Schlußkapitel der Poroi impliziert nicht eine permanente politische Betätigung der Athener. Xenophon spricht nicht von Tagegeldern für Gerichte und Volksversammlung, und die Löhne für die Priester, die βουλή und die Beamten, die er in 6,1 erwähnt, sind nicht mit den Tagegeldern für den Demos gleichzusetzen; vgl. Schütrumpf, 71.

[85] Man sollte daher nicht wie Bizos, Xénophon, Cyropédie I, XVI die persische Verfassung als eine "oligarchie ploutocratique" bezeichnen.

[86] Den Zusammenhang zwischen Muße und Lernen expliziert Kyros mit Bezug auf das Erlernen des Reitens in IV 3,12. Ähnlich Mem. III 9,9 wo Sokrates die σχολή als Ruhehalten für eine gute Tätigkeit definiert und von ihr die ἀσχολία abgrenzt.

[87] Bei Isokrates (11,20) ist ἀργία geradezu Schlagwort für die Lebensweise der spartanischen Vollbürger, die sich auf die Jagd und das Kriegswesen konzentrieren. Vgl. auch Thuk. I 69,4, I 118,2 (dazu Grossmann, Politische Schlagwörter aus der Zeit des Peloponnesischen Krieges, 131), Plut. Lyc. 24,3.

Den Schluß des Kapitels (§ 16) nimmt ein Reflex auf die gegenwärtige Lebensweise der Perser ein. Nachdem Xenophon unmittelbar zuvor auf dem Gedanken insistierte, daß zu den γεραίτεροι nur derjenige Zugang hat, der sich der vollständigen Erziehung in den drei früheren Altersklassen unterzog, mag dieser Wechsel abrupt erscheinen. Die Abfolge findet jedoch eine auffällige Parallele in Herodot. Auch er setzt die Darstellung der persischen Nomoi an das Ende seines Kyroslogos (I 131–140). Wie Herodot (I 133,3), so vermerkt Xenophon, daß es bei den Persern verpönt sei, auszuspucken und öffentlich Wasser zu lassen.[88] Zum dritten nennt er das Vermeiden des Schneuzens, was bei Herodot keine Entsprechung findet. Während Herodot die bei den Persern verpönten Dinge lediglich vermerkt, versucht Xenophon eine diaitetisch-medizinische Begründung zu geben. Er erklärt, die Perser könnten sich so nur aufgrund ihrer maßvollen Lebensweise verhalten und weil sie durch körperliche Anstrengungen dafür sorgten, daß dem Körper Feuchtigkeit entzogen werde (ταῦτα δὲ οὐκ ἂν ἐδύναντο ποιεῖν, εἰ μὴ καὶ διαίτηι μετρίαι ἐχρῶντο καὶ τὸ ὑγρὸν ἐκπονοῦντες[89] ἀνήλισκον, ὥστε ἄλληι πῆι ἀποχωρεῖν).

Xenophon erwähnt noch an zwei weiteren Stellen den persischen Brauch, nicht auszuspucken und sich nicht zu schneuzen: zunächst in VIII 1,42, wo er beschreibt, wie Kyros entsprechende Verbote erläßt. Die Adressaten sind hier nicht alle Perser, sondern diejenigen, die Ämter versehen sollen. Kyros' Maßnahme dient dazu, ihnen größere Autorität gegenüber den Untertanen zu verschaffen. Der gleiche Brauch findet mit Bezug auf die Perser der Gegenwart auch im Schlußkapitel (VIII 8,8) Erwähnung, und er wird auch hier wie in I 2,16 von einer diaitetischen Erklärung begleitet. Die Perser kümmerten sich nun jedoch nicht mehr um das ἐκπονεῖν. Wie mit Bezug auf das μονοσιτεῖν (VIII 8,9) wird also die Fortdauer eines Brauches vermerkt, der nunmehr zur bloßen Form erstarrt sei.

Die Kenntnis der genannten Kyrupädiestellen deutet Ammian (XVI 10,10) an, der von Constantius II. berichtet, er habe bei seinem Einzug in Rom weder ausgespuckt noch sich geschneuzt.[90] Ammian adaptiert das

---

[88] Vgl. auch Hdt. I 99,1, wo es heißt, der Meder Deiokes habe bereits das Verbot, in seiner Gegenwart auszuspucken, erlassen. Es bildet hier einen Teil eines förmlichen Hofzeremoniells.

[89] Zu ὑγρὸν ἐκπονοῦντες vgl. I 6,17 ἐκπονῶ τὰ εἰσιόντα, Mem. I 2,4 τὸ μὲν οὖν ὑπερεσθίοντα ὑπερπονεῖν ἀπεδοκίμαζε, τὸ δὲ ὅσα ἡδέως ἡ ψυχὴ δέχεται, ταῦτα ἱκανῶς ἐκπονεῖν ἐδοκίμαζε, Oec. 11,12.

[90] Auf die Parallele machte schon Goodenough, Yale Classical Studies 1, 1928, 79, A. 84 aufmerksam. Vgl. auch C. J. Classen, RhM 131, 1988, 177–86. Kenntnis der Kyrupädiestelle I 2,16 verrät Varro Fg. 27 R. (Logistoricus Catus de liberis educ.). Vgl. Dindorf, 1857 zu I 2,16. Vgl. auch Dio. Chrys. 13,24.

xenophontische Motiv, indem er es zu einem Teil der Herrschergestik macht, während es sich bei Xenophon auf alle Perser bzw. die Amtsträger bezieht.

★

Das dritte Kapitel eröffnet Xenophon mit der Feststellung, Kyros sei bis zum 12. Lebensjahr oder etwas länger in der soeben beschriebenen Weise erzogen worden. Er habe sich vor allen seinen Altersgenossen durch seine schnelle Auffassungsgabe und im Lernen dessen, was zum 'schönen und tapferen Handeln' nötig sei, ausgezeichnet. Der Leser erwartet im folgenden eine Erläuterung dieser allgemeinen Aussage und wird in gewisser Weise überrascht. Zwar gibt Xenophon, getreu seiner Ankündigung (I 2,16), Kyros' Taten, beginnend mit der Kindheit, zu beschreiben, eine Darstellung dieser Kindheit, doch durchläuft Kyros nach Vollendung des 12. Lebensjahres nicht mehr die persische Erziehung, sondern geht mit der Mutter Mandane an den medischen Hof des Großvaters Astyages. Aus I 4,16 und I 5,1 erhellt, daß er erst im Alter von 15 bis 16 Jahren nach Persien zurückkehrt. Die Ankündigung in I 2,16 wird also nur zum Teil erfüllt, da Kyros über 4 Jahre hin mit der medischen Erziehung konfrontiert wird.

Angesichts dieser Diskrepanz stellt sich die Frage, welche Absicht Xenophon mit der Herauslösung des jungen Kyros aus der persischen Erziehung verbindet. Zunächst erweckt das Motiv nur den Anschein einer romantischen Episode: Der Großvater, der bereits Kunde von der Trefflichkeit des Enkels erhalten hat (§ 1), begehrt ihn zu sehen, dem Wunsch wird unverzüglich Folge geleistet (§ 2). Doch dahinter steckt mehr. Es handelt sich um einen Kunstgriff, der mehrere Aufgaben erfüllt: Zunächst geht es Xenophon um eine Synkrisis der medischen und persischen Sitten, insbesondere der Tisch- und Eßgewohnheiten und der Tracht. Insofern besteht ein enger Zusammenhang zwischen I 2,16 und dem dritten Kapitel. Das Ergebnis dieses Vergleiches lautet eindeutig zugunsten der persischen Nomoi. Die persische Einfachheit ist dem medischen Luxus überlegen.

Für Kyros stellt der Aufenthalt in Medien die erste Bewährung dar. Er hat seine persische Erziehung gegenüber der medischen Erziehung und Lebensweise zu bewahren.[91] Daß dies ein wesentlicher Aspekt der Episode ist,

---

[91] Vgl. Wolf, Griechisches Rechtsdenken III 1, 111. Wolf geht allerdings zu weit, wenn er meint, Xenophon wolle "mit diesem ἀγών zwischen rechter und schlechter παιδεία zeigen, wie ein im sokratischen Geist erzogener Mann nicht (wie bei Aristophanes in den "Wolken") zum Vertreter des ἄδικος λόγος, sondern zur Verkörperung des δίκαιος λόγος wird."

deutet sich in I 5,1 an. Die persischen Jungen verspotten Kyros bei seiner
Rückkehr, da er ihrer Meinung nach das ἡδυπαθεῖν gelernt hat. Im nach-
hinein müssen sie ihr Urteil korrigieren, da sich Kyros als ein echter Perser
erweist.

Der dritte Punkt hängt eng mit dem Motiv der Gefährdung zusammen.
Die Episode am medischen Hof zeigt, daß Kyros' Physis konstant bleibt,
obwohl er während einiger Jahre unter medischem Einfluß stand.

Schließlich dient das dritte Kapitel einer politischen und verfassungsthe-
oretischen Synkrisis. Zum Abschluß (§ 18) vergleicht Mandane die medische
und persische Rechtsauffassung und die Verfassungen beider Staaten. Xenophon könnte diesen Vergleich auch in einem anderen Rahmen entwickeln,
doch ginge dies zu Lasten der Erzähltechnik. Er läßt die Synkrisis Persiens
und Mediens aus der biographischen Darstellung erwachsen. Das Hauptge-
wicht liegt, entsprechend der Ankündigung in I 2,16, auf den Taten und
dem in ihnen sichtbar werdenden ἦθος des jungen Kyros.

Der Aufbau des dritten Kapitels ist dreiteilig. Einer Kurzbeschreibung der
Ankunft des jungen Kyros und einer ersten Synkrisis der persischen und
medischen Kleidung (§ 2) folgt die Darstellung einer Tischszene zwischen
Astyages und Kyros mit dem Vergleich der persischen und medischen Eß-
und Trinkgewohnheiten und dem aus Ktesias bekannten Weinschenkmotiv
(§ 4–12). In einem dritten Teil (§ 13–18) beschreibt Xenophon Mandanes
Abschied, den er zur Synkrisis der persischen und medischen Verfassung
benutzt.

Das Verhältnis zwischen Kyros und Astyages ist herzlich und geradezu
vertraut. Xenophon weist eigens darauf hin, daß Kyros den Großvater wie
einen alten, lieben Bekannten begrüßt (§ 2). Möglicherweise steckt dahinter
die Absicht, sich von der aus Herodot, aber auch aus Antisthenes bekannten
Tradition, die von der Feindschaft zwischen Persern und Medern ausgeht,
abzugrenzen.

Das Zweite betrifft die Physis des jungen Kyros. Xenophon betont seine
angeborene Zärtlichkeit (§ 2 οἷα δὴ παῖς φύσει φιλόστοργος ὤν) und seine
kindliche Freude über das medische Gewand, das ihm Astyages schenkt (§ 3
ὁ δὲ Κῦρος ἅτε παῖς ὢν καὶ φιλόκαλος καὶ φιλότιμος ἥδετο τῆι στολῆι). Der
zweifache Hinweis, es handle sich um Eigenschaften des Kindes, deutet
darauf hin, das Xenophon nach Lebensaltern klassifiziert.[92] Eine Bestätigung
bringt I 3,8, wo Kyros den Großvater fragt, warum er den Weinschenk
Sakas dermaßen ehre; er tut dies προπετῶς ὡς ἂν παῖς μηδέπω ὑποπτήσσων,
zeigt also eine dem Kind eigene ungestüme Art und Furchtlosigkeit.

---

[92] Vgl. Erasmus, Der Gedanke der Entwicklung eines Menschen in Xenophons Kyrupädie, 113–25.

Die φιλοστοργία, die Xenophon an Kyros hervorhebt (§2), bezeichnet die natürliche Liebe zu den Verwandten, speziell die Liebe der Kinder zu den Eltern.[93] Doch Xenophon kennt daneben noch eine zweite Form. In I 4,3 spricht er von Kyros' ἁπλότης und φιλοστοργία als dem Ergebnis seiner πολυλογία, die ihrerseits aus der Erziehung und seiner natürlichen Wissbegierde resultiert. Der Begriff φιλοστοργία bezeichnet hier keine angeborene Eigenschaft, sondern etwas, das sich aus der Physis und der διδαχή herausbildet.

Das vertraute Verhältnis zwischen Kyros und Astyages gibt den Rahmen ab, in dem Xenophon in §2 einen ersten Vergleich zwischen Persern und Medern anstellt. Ihm fehlt an dieser Stelle die polemische Schärfe, da Kyros auf die Frage der Mutter, ob ihm der Vater oder der Großvater schöner erscheine, die naiv-kindliche Antwort gibt, beide seien für ihn am schönsten, der eine unter den Persern, der andere unter den Medern. Als medische Eigenarten nennt Xenophon das Untermalen der Augen, Schminken und Perücken, zum zweiten Purpurgewänder, die langen, doppelarmigen Obergewänder (κάνδυες) sowie Halsketten und Armbänder. Auf der Gegenseite stehen die einfache Kleidung und Lebensweise der Perser.[94]

Die Begriffe der ersten Reihe repräsentieren die Künstlichkeit der Meder, die der zweiten ihren Aufwand. Insbesondere das Untermalen der Augen symbolisiert nach griechischem Verständnis weibisches Wesen.[95] Das Gleiche gilt für das Schminken.[96] Im Rahmen der Geschichte von Herakles am Scheideweg (Mem. II 1,22) nennt Xenophon als Attribute der Κακία neben

---

[93] Vgl. Ael. NH II 40, OGI I 229,8; Diod. IV 44 (Liebe des Vaters), OGI I 331,47 (Liebe der Mutter).

[94] Völlig abwegig ist die Athetese von ταῦτα γὰρ πάντα Μηδικά ἐστι ... ἐν Πέρσαις δὲ τοῖς οἴκοι καὶ νῦν ἔτι πολὺ καὶ ἐσθῆτες φαυλότεραι καὶ δίαιται εὐτελέστεραι, die Lincke, De Xenophontis Cyropaediae interpolationibus, 13 f. vertritt. Er argumentiert damit, daß Xenophon von Beginn an den Eindruck einer Trennung der Meder von den Persern vermeiden wolle, während in I 3,2 gerade die Vorstellung eines sich von den Nachbarn abschottenden Persiens evoziert werde. Die Prämisse ist falsch. An keiner Stelle des Werkes spricht Xenophon von der Gleichheit der persischen und medischen Lebensweise und Tracht als Folge eines Zusammenlebens. In VIII 1,40 berichtet er von der Übernahme der medischen Kleidung durch die Perser und setzt somit die ethnische Differenz in diesem Punkt voraus.

[95] Vgl. die Polemik des Duris gegen Demetrios von Phaleron (Athen. 542b = Fg. 34 Wehrli): ἐπεμελεῖτο δὲ καὶ τῆς ὄψεως, τήν τε τρίχα τὴν ἐπὶ τῆς κεφαλῆς ξανθιζόμενος καὶ παιδέρωτι τὸ πρόσωπον ὑπαλειφόμενος καὶ τοῖς ἄλλοις ἀλείμμασιν ἐγχρίων ἑαυτόν.

[96] Vgl. Diss. Log. 2,6 καὶ κοσμεῖσθαι καὶ ψιμυθίωι χρίεσθαι καὶ χρυσία περιάπτεσθαι τῶι μὲν ἀνδρὶ αἰσχρόν, τᾶι δὲ γυναικὶ καλόν, Ar. Lys. 48, Eccl. 878, 929.

anderem Schminke und untermalte Augen; beides steht für die Erzeugung eines schönen Scheins. Ausführlicher kehrt der gleiche Gedanke im Oikonomikos (10,2 ff.) wieder. Ischomachos, so erzählt Sokrates, bekehrte seine Frau, die durch rote und weiße Schminke ihr Aussehen verschönern wollte, zur Natürlichkeit und brachte sie von den kosmetischen ἀπάται (10,8) ab. Seitdem wollte sie nicht mehr nur schön erscheinen, sondern es wirklich sein (10,9).

Wie Herodot (I 135), so berichtet Xenophon an späterer Stelle (VIII 1,40) von der Übernahme der medischen Kleidung durch die Perser. Allerdings begründet er sie auf andere Weise. Während sich bei Herodot in dieser Rezeption die besondere Fähigkeit der persischen Eroberer zur Assimilation ausdrückt, handelt es sich in der Kyrupädie um eine Maßnahme, mit der Kyros den Magistraten Schönheit und Größe verleihen will. Der entscheidende Punkt ist hier die Differenz zwischen Herrschenden und Untertanen, die nicht nur im Bessersein der ersteren zum Ausdruck kommen soll. Der gute Herrscher freilich wirkt, wie Xenophon unmittelbar zuvor (VIII 1,39) zeigt, besonders durch seine sittliche Trefflichkeit als Paradeigma. Wenn er in I 3,2 ausdrücklich vermerkt, auch die zeitgenössischen Perser hätten eine einfachere Kleidung und führten ein bescheideneres Leben als die Meder, so widerspricht dies nur scheinbar VIII 1,40. Die Übernahme der medischen Kleidung bezieht sich auf die Magistrate des gesamten Reiches, während im ersten Buch von der Persern des Stammlandes, der Persis, die Rede ist.

Vor dem Vergleich der persischen und medischen Eß- und Trinksitten (§ 4 ff.) schaltet Xenophon eine kurze Bemerkung über Kyros' Bekanntschaft mit dem Reiten am medischen Hofe ein (§ 3). Er erwähnt damit letztlich das Aition, das zur Gründung der persischen Reiterei führt (IV 3,4 ff.).

Besonderes Gewicht legt Xenophon auf die folgende Synkrisis der persischen und medischen Eß- und Trinkgewohnheiten (§ 4 ff.). Sie entwickelt sich aus einer Tischszene zwischen Kyros und Astyages. Mandane ist zwar zugegen, spielt jedoch keine Rolle. Nur in § 11 stellt sie eine kurze Frage. Astyages will Kyros mit allerlei Zwischengerichten und Soßen verwöhnen. Das Stichwort ist ὡς ἥδιστα δειπνεῖν. Die Antithese, die Kyros vertritt, lautet, die Perser trieben weniger Aufwand und setzten einfachere Mittel ein, um das gleiche Ziel, die Sättigung, zu erreichen (ἀλλὰ πολὺ ἁπλουστέρα καὶ εὐθυτέρα παρ' ἡμῖν ἡ ὁδός ἐστιν ἐπὶ τὸ ἐμπλησθῆναι ἢ παρ' ὑμῖν). Dieses Argument klingt auf den ersten Blick antihedonistisch; in ihm scheint sich eine bloß an der menschlichen Physis und ihren elementaren Bedürfnissen orientierte Haltung auszudrücken. Doch dahinter steckt mehr. Das Regulativ, das Kyros in Antithese zum Begriff des ἡδύ vorschwebt, ist die natürliche χρεία. Sie bestimmt, was zu ihrer Befriedigung gut ist. Das Gute einer Sache, in diesem Falle der Nahrung, bemißt sich danach, wie gut sie ihren Zweck erfüllt. So ist zu erklären, daß Kyros auf die Frage des Astyages, ob ihm das medische Mahl nicht schöner als das persische erscheine, als Kriterium den Nutzen, nämlich die Befriedigung des elementaren Hungers, nennt. Dies ist auch nicht gleichbedeutend mit einem groben Utilitarismus[97], nach dem sich der Wert einer Sache nur nach ihrem Nutzen bemißt. Vielmehr scheint wie in den Memorabilien (III 8,5), wo Sokrates καλόν und ἀγαθόν gleichsetzt, die Überlegung zugrunde zu liegen, daß es ein nutzloses καλόν nicht geben kann, oder, wenn es existiert, es nicht ein Gut sein kann.[98]

In einem zweiten Schritt macht Astyages auf die Macht des ἡδύ aufmerksam. Auch Kyros werde, wenn er erst einmal koste, erkennen, daß es sich um etwas Angenehmes handle (§ 5). Es folgt keine theoretische Widerlegung dieses ἡδύ-Begriffes, sondern die Kritik des Luxus aus der 'naiven' Sicht des Kindes; Kyros interpretiert die medische Sitte, sich die Hände nach der Berührung der Speisen abzuwischen, als Widerwillen. Dem Gegensatz zwischen der persischen und medischen Lebensweise nimmt Xenophon, indem er ihn aus der Perspektive des Kindes beschreibt, die polemische Spitze.

Während bis zu diesem Punkt die Frage im Vordergrund stand, was nötig ist, um den Hunger zu stillen, und ob es dazu einer besonderen Verfeinerung bedarf, rückt im folgenden das Problem der χρῆσις in den Mittelpunkt. Astyages läßt Kyros viel Fleisch auftischen, in der Meinung, ihm zu nützen (§ 6). Kyros jedoch bedient sich des Fleisches, indem er es unter den Dienern des Großvaters verteilt, um sie für ihre Dienste, die sie ihm und dem Großvater erweisen, zu belohnen (§ 7). Damit klingt zum ersten Male das im Fortgang des Werkes[99] eine große Rolle spielende Motiv der χάρις an. Xenophon will zeigen, daß es sich bei der Dankbarkeit um eine gleichsam angeborene Eigenschaft des künftigen Herrschers handelt. Entscheidend ist in diesem Zusammenhang das Prinzip des Verdienstes, das nach Ehre ver-

---

[97] So Duemmler, Akademika, 73 f. mit Anm. 1.

[98] Vgl. auch Mem. III 8,7 πάντα γὰρ ἀγαθὰ μὲν καὶ καλά ἐστι πρὸς ἃ ἂν εὖ ἔχηι, κακὰ δὲ καὶ αἰσχρὰ πρὸς ἃ ἂν κακῶς, IV 6,8 τὸ ἄρα ὠφέλιμον ἀγαθόν ἐστιν ὅτωι ἂν ὠφέλιμον ἦι, IV 6,9 τὸ χρήσιμον ἄρα καλόν ἐστι πρὸς ὃ ἂν ἦι χρήσιμον; Ἔμοιγε δοκεῖ, ἔφη. Die Gleichung ἀγαθόν = χρήσιμον ist in der sokratischen Literatur verbreitet; vgl. Plat. Prot. 333d9 f., 358b5 f., Charm. 174c9 f., Men. 87e1 f., Gorg. 477a1 ff., 499d1 ff., Resp. 354a6 ff. Vgl. Guthrie, A History of Greek Philosophy III, 462 ff. Auch der sokratische Satz οὐδεὶς ἑκὼν ἁμαρτάνει gründet auf dieser Gleichung (Maier, Sokrates, 307 mißversteht den Sinn der Gleichsetzung von gut und nützlich, indem er sie als hedonistisch motiviertes Tugendstreben interpretiert).

[99] Vgl. II 1,30 f., IV 1,2, VII 2,11, VIII 2,2 ff. Vgl. auch Oec. 13,10 ff., Wood, Xenophon's Theory of Leadership, 54.

langt. Es wird auch in § 8 thematisiert: Kyros beschenkt alle Diener außer
dem Weinschenk Sakas, da dieser ihm bei früheren Gelegenheiten den Zugang zu Astyages verwehrte (§ 11).

Damit ist der Übergang geschaffen zur folgenden Mundschenkszene, deren Vorbild bei Ktesias zu suchen ist.[100] Xenophon transponiert das Motiv
des zum Mundschenk des Astyages aufsteigenden Kyros ins Spielerische. Bei
ihm demonstriert Kyros, daß er ebenso gut dieses Amtes walten kann wie
Sakas (§ 9).

Das Spielerische dieser Szene ist jedoch nur vordergründig. Xenophon
benutzt sie zu einer Spitze gegen die medische Sitte des Vortrinkens[101] und
den übermäßigen Weingenuß der Meder; Kyros weigert sich, wie ein richtiger Mundschenk vorzutrinken, da er diese Sitte richtig als Giftprobe interpretiert. Er schließt in kindlicher Weise aus den Symptomen, die die Meder
zeigen, wenn sie den Geburtstag des Herrschers mit übermäßigem Trinken
begehen (§ 10), es handle sich um Gift.

Im Gegensatz zu der medischen Unbeherrschtheit im Trinken steht die
persische ἐγκράτεια (§ 11). Kyros hebt hervor, daß sein Vater Kambyses nur
zur Stillung des Durstes trinke. Der Gedanke, der vorschwebt, ist der des
natürlichen Bedürfnisses, das das richtige Maß setzt. Das Argument ist sokratisch. Xenophon benutzt es zur Charakteristik des Sokrates in den Memorabilien (I 3,5 f.)[102]; Sokrates' Maxime lautet, nicht die Menge und die
Art des Getränks bestimmen das ἡδύ, sondern der Durst. Auf der Gegenseite
stehen diejenigen, die nicht Hunger und Durst zum Maßstab machen und
dadurch in die Nähe der von Kirke in Schweine verwandelten Gefährten
des Odysseus rücken (Mem. I 3,7).

Eine ähnlich polemische Antithese fehlt an der Kyrupädiestelle, statt dessen bedient sich Xenophon der Karikatur: Der übermäßige Weingenuß der
Meder nivelliert die Unterschiede zwischen dem βασιλεύς und seinen Untertanen. Xenophon bezeichnet diesen Zustand, wohl mit einem Seitenhieb
auf die Demokratie, als ἰσηγορία (§ 10).[103] Was er unter der wahren ἰσηγορία
versteht, zeigt er in der Gleichheitsdebatte des zweiten Buches (II 2,18 ff.)
zwischen dem Aristokraten Chrysantas und Kyros, in der die geometrische,
nach dem Prinzip der ἀξία verfahrende Gleichheit den Vorzug erhält.

---

[100] Vgl. oben S. 6.
[101] Vgl. zu diesem Motiv auch S. 12 mit Anm. 48.
[102] Vgl. zur Stelle Gigon, Xenophons Memorabilien I, 101.
[103] Vgl. zur Stelle Dindorf, 1857, Hartman, Analecta Xenophontea nova, 14 f., Breitenbach, ²1869, VII mit Anm.*, Hertlein-Nitsche, ⁴1886, Holden. Zu ἰσηγορία 'gleiches
Recht auf Rede' vgl. Ps. Xen. Ath. Pol. 1,12. Ps. Dem. 60,28 eignet dem Begriff die
Bedeutung 'politische Gleichheit'. Zur speziellen Bedeutung 'gleiches Recht auf Rede
in der Volksversammlung' vgl. Polyb. II 38,6. Zum Begriff allgemein J. Bleicken, Die
athenische Demokratie, Paderborn 1985, 370 mit weiteren Stellen.

Den Rest des dritten Kapitels füllt der Abschied Mandanes von Astyages und Kyros (§ 13 ff.). Die Ausführlichkeit, mit der die Xenophon die Szene beschreibt, gründet nicht darin, daß ihm besonders an der Episode als solcher gelegen wäre. Das Szenische dient vielmehr, ähnlich wie zuvor das Mundschenkmotiv, nur als Anknüpfungspunkt, um Kyros näher zu charakterisieren und die Synkrisis der persischen und medischen Verfassung einzuleiten.

Astyages versucht, Kyros zum Bleiben zu bewegen, indem er ihm gleichsam persische Verhältnisse verspricht: freien Zugang zu ihm und Essen nach persischem Muster. Ferner lockt er ihn mit der Möglichkeit des Reitens und der Jagd. Dieses Angebot verfehlt nicht seine Wirkung; entscheidend ist jedoch, daß Kyros bleiben will, um das Reiten, in dem er sich den medischen Altersgenossen unterlegen fühlt, möglichst gut zu lernen. Ihn treibt die Sorge, in einer den Persern fremden Kunst nicht der Beste zu sein, zu seinem Entschluß. Xenophon zeigt an einem konkreten Beispiel, daß Kyros zu Recht als φιλομαθέστατος καὶ φιλοτιμότατος (I 2,1) gilt.

Das Stichwort μανθάνειν (§ 15) bildet das Bindeglied zum zweiten Abschnitt der Abschiedsszene (§ 16 ff.). Mandane fragt Kyros, ob er in Medien auch die Gerechtigkeit lernen werde, und leitet damit den Vergleich zwischen dem persischen und medischen Rechtsbegriff und den beiden Verfassungen ein. Nur an dieser Stelle des Werkes kommt der Mutter eine Rolle zu, die über die einer Randfigur hinausgeht. Xenophon läßt sie als die Wissende in Erscheinung treten, die Kyros, der meint, bereits ein hinreichendes Wissen zu besitzen, belehrt. Sie korrigiert ihn, da er von der falschen Annahme ausgeht, mit der Kenntnis des persischen Rechts bereits das Wissen um die medischen Gesetze erworben zu haben. Das Gespräch ist nicht eigentlich elenktisch, vielmehr handelt es sich um einen λόγος διδασκαλικός[104] in Kleinform, wie er in großem Umfang im Gespräch zwischen Kambyses und Kyros über die wahre Feldherren- und Herrscherkunst (I 6) vorliegt.

Kyros berichtet der Mutter von einem Rechtsentscheid, den er in Gegenwart seines persischen Lehrers nach dem Maßstab des ἁρμόττον fällte; der Lehrer bestrafte ihn, da er ignorierte, daß im konkreten Fall nicht das Angemessene, sondern die Frage des gerechten Besitzes zu berücksichtigen war (§ 17). Entscheidend ist an dieser Geschichte das Dogma des Lehrers, daß das Gesetzliche gerecht sei, das Ungesetzliche hingegen der Gewalt gleichkomme (§ 17 ἐπεὶ δὲ {ἔφη} τὸ μὲν νόμιμον δίκαιον εἶναι, τὸ δὲ ἄνομον βίαιον,

---

[104] Zum Begriff vgl. Mem. I 2,21, im Zusammenhang mit den Lehren, die Sokrates dem Alkibiades und Kritias zu vermitteln versuchte.

σὺν τῶι νόμωι ἐκέλευεν ἀεὶ τὸν δικαστὴν τὴν ψῆφον τίθεσθαι). Die Gleichsetzung des νόμιμον mit dem δίκαιον ist in der sokratischen Literatur verbreitet.[105] Xenophon verwendet sie auch in den Memorabilien (IV 4,12ff.,
6,5f.)[106] und im Oikonomikos (14,4ff.). Platon legt sie im Kriton (51a2ff.)
der Prosopopoiie der Gesetze zugrunde. Und auch Antisthenes verficht
diese Gleichung.[107]

Mandane nimmt dieses Dogma zum Anlaß, Kyros über die Differenz
zwischen dem persischen und medischen Rechtsbegriff aufzuklären (§ 18).
Bei den Persern gelte τὸ ἴσον ἔχειν als gerecht, bei den Medern hingegen
habe sich Astyages zum Herrn aller gemacht. Der Begriff τὸ ἴσον bezeichnet
hier die Rechtsgleichheit aller Bürger; er kommt ἰσονομία nahe.[108]

Auf der Gegenseite beschreibt Mandane die medische Herrschaft mit traditionellen Kategorien als eine Tyrannis: Der Meder macht nicht den Nomos, sondern den eigenen Willen zum Maßstab des politischen Handelns.[109] Xenophon läßt Mandane den Gegensatz terminologisch vermer-
ken: Die persische Verfassung repräsentiert das βασιλικόν, die medische das
τυραννικόν. Als wesentliches Kennzeichen der letzteren nennt sie zum Abschluß die Pleonexie, die Ausdruck der Ungerechtigkeit des Tyrannen ist.

---

[105] Vgl. auch schon Gorgias VS 82 B 11a, 30 … νόμους τε γραπτοὺς φύλακας {τε}
τοῦ δικαίου.
[106] Zu beiden Stellen und dem Zusammenhang mit Ps. Plat. Περὶ δικαίου vgl. Müller,
Die Kurzdialoge der Appendix Platonica, 137f., 166. Als gemeinsame Vorlage der beiden
Memorabilienstellen und des pseudoplatonischen Dialoges macht er eine Schrift des Anti-
sthenes wahrscheinlich (S. 174ff.). Vgl. auch Joel, Der echte und der xenophontische
Sokrates II 2, 1098ff.
[107] Vgl. den Titel Περὶ νόμου ἢ περὶ καλοῦ καὶ δικαίου (Diog. Laert. VI) und oben
S. 32.
[108] Der erste Beleg für den Begriff 'Isonomie' findet sich bei Herodot (III 80,6) mit
Bezug auf die Demokratie. Er ist jedoch nicht auf die Demokratie beschränkt (vgl. A.
W. Gomme, A Historical Commentary on Thukydides, Vol. II, Oxford 1986 zu Thuk.
III 82,8), sondern bezeichnet einen idealen Rechtszustand, der auch von Oligarchen
reklamiert werden kann: Vgl. Hdt. III 142,3, Thuk. IV 78,3 und zur Stelle Gomme III,
²1962, 542.
[109] Vgl. Eur. Suppl. 429ff. οὐδὲν τυράννου δυσμενέστερον πόλει, / ὅπου τὸ μὲν πρώτι-
στον οὐκ εἰσὶν νόμοι / κοινοί, κρατεῖ δ'εἷς τὸν νόμον κεκτημένος / αὐτὸς παρ' αὑτῶι· καὶ
τόδ' οὐκέτ' ἔστ' ἴσον. Vgl. auch Anon. Iambl. 6,1 VS II, 402,21. Der Gegensatz zwischen
Nomos und Tyrannis noch bei Synesios (Über das Königtum 6 D, 399 n. Chr.): βασιλέως
μέν ἐστι τρόπος ὁ νόμος, τυράννου δὲ ὁ τρόπος νόμος. Vgl. Hadot, Fürstenspiegel, RAC
8, 1972, 606. Vgl. auch Dio Chrys. 3,43f. (Nestle, Xenophon und die Sophistik, Philologus 94, 1941, 32 (Griechische Studien, 431) sieht in dem Satz μέτρον δὲ αὐτῶι οὐχ ἡ
ψυχὴ ἀλλ' ὁ νόμος ἐστίν, mit dem Xenophon den persischen Herrscher kennzeichnet,
eine Anspielung auf den Homo-mensura-Satz des Protagoras. Das ist unwahrscheinlich,
da die Kyrupädiestelle je überhaupt keine erkenntnistheoretische Bedeutung hat und auch
nicht relativistisch zu verstehen ist).

Dies entspricht den Tyrannenbeschreibungen des 5. und 4. Jahrhunderts.[110] Der kürzer gehaltene Paralleltext findet sich in den Memorabilien (IV 6,12), wo Sokrates die Monarchie und Tyrannis sowie die Aristokratie, Plutokratie und Demokratie voneinander abgrenzt: Die Monarchie unterscheidet sich von der Tyrannis durch die Bindung an die Gesetze, ferner dadurch, daß ihre Untertanen freiwillig gehorchen. Letzteres betont Xenophon auch im Proöm der Kyrupädie.[111]

Obschon sich Mandane bei der Synkrisis der beiden Herrschaftsformen traditioneller Elemente bedient, handelt es sich bei der Stelle nicht um ein bloßes Versatzstück. Sie hat vielmehr eine feste Funktion: Der Vergleich soll zeigen, daß die persische Verfassung im wesentlichen eine konstitutionelle Monarchie ist; in ihr hat das κοινὸν ἀγαθόν den Primat. Es wird durch eine Art Ausgleich zwischen der Polis und dem Monarchen angestrebt. Und es soll deutlich werden, daß Kyros eine bestehende Tradition fortsetzt, wenn er vom Vater in Gegenwart der Ältesten zum Nachfolger designiert wird (VIII 5,22 ff.). Freilich wird Kyros zeigen (VIII 7,10), daß er auf der Grundlage der persischen Verfassung und in Übereinstimmung mit den Nomoi ein besserer Herrscher als seine Vorfahren ist, zum einen, weil er selbst einen νόμος βλέπων verkörpert (VIII 1,22), zum zweiten, weil er wie ein guter Hirte es fertigbringt, den Untertanen die Eudaimonie zu verschaffen (VIII 2,14, 7,7).

Daß Mandane die medische Herrschaft als Tyrannis charakterisiert, ist auf den ersten Blick überraschend, wenn man in Rechnung stellt, daß Astyages ansonsten nicht negativ gezeichnet wird. Xenophon scheint es vor allem darum zu gehen, eine Kontrastfolie für die persische Verfassung zu schaffen, um deren Eigenschaften schärfer zu fassen.

Doch damit ist die Funktion des Vergleichs noch nicht voll erfaßt. Es fällt auf, daß Xenophon besonders auf dem Problem der Pleonexie insistiert. In der Sorge der Mutter, Kyros könne in Medien das τυραννικόν lernen, spieglet sich die Gefährdung, der der junge Kyros mit Bezug auf das πλεονεκτεῖν ausgesetzt ist.

Kyros' beschwichtigende Antwort liefert zum Abschluß des Kapitels eine Pointe: Astyages werde ihn wie die Meder nicht zum Streben nach Mehrbesitz, sondern zum Wenigerhaben erziehen. Daß damit ernsthaft gemeint ist, ein τύραννος sei in der Lage, das Gegenteil der Pleonexie und damit die

---

[110] Vgl. e. g. Eur. Suppl. 450 f., Anon. Iambl. 7,13, VS II, 404, 21, Plat. Resp. 568d, 574d ff., Xen. Symp. 4,36 f., Hier. 4,6 ff.
[111] Vgl. oben S. 58 mit weiteren Stellen.

Gerechtigkeit zu lehren[112], ist ausgeschlossen. Xenophon qualifiziert Kyros'
Antwort als kindliches 'Geschwätz' (4,1), doch das Problem, auf das er auf-
merksam machen will, ist ernster Natur. Es ist die Frage, ob sich eine gute
Physis unter ungünstigen Umständen bewährt und als konstant erweist. Der
Aufenthalt in Medien wird unter diesem Aspekt zu einer Bewährungsprobe
für den jungen Kyros.

Doch wie steht es mit der Pleonexie? Farber[113] vertritt die These, Kyros
tendiere im weiteren Verlauf in gewisser Beziehung zum medischen πλεονεκτεῖν. Davon kann jedoch keine Rede sein. Wo Kyros für das πλεονεκτεῖν
eintritt, geschieht dies nach dem Prinzip der Angemessenheit; der Maßstab
ist die ἀρετή, die ein Mehrhaben der Besseren gegenüber den κακοί rechtfertigt (I 5,9). Dies ist etwas Anderes als das willkürliche Streben nach persönlichem Mehrbesitz. Das Richtmaß für Kyros ist ferner das Wohl der Polis
und der Untertanen[114], also das konträre Gegenteil dessen, was für eine
Tyrannis gilt.

★

Das vierte Kapitel weist wie das dritte einen dreiteiligen Aufbau auf. In
einem ersten allgemeinen Teil (4,1–6) schildert Xenophon umrißhaft, durch
welche Eigenschaften sich Kyros in Medien auszeichnet und skizziert seine
Entwicklung vom Kind zum Epheben. Es folgt ein großer Mittelblock
(4,7–24), in dem er demonstriert, wie sich der Protagonist bei der Jagd und
der ersten militärischen Auseinandersetzung mit den Assyrern auszeichnet.
Am Schluß steht, in Analogie zur Abschiedsszene des dritten Kapitels, die
Beschreibung von Kyros' Abschied (4,25–28).

Das Ganze hat nicht die Funktion, dem Leser eine lückenlose Darstellung
der Ereignisse zu bieten. Sie fügen sich nicht zu einem chronologischen
und gleichsam biographischen Zusammenhang. Für Xenophon steht vielmehr das ἦθος des Protagonisten im Mittelpunkt des Interesses. Um dieses
ἦθος zu verdeutlichen, wählt er exemplarische Situationen aus. Diese Form
der Darstellung weist Ähnlichkeit mit dem Prinzip auf, das er im Agesilaos
im Anschluß an das Prooem explizert (1,6): ἀπὸ γὰρ τῶν ἔργων καὶ τοὺς

---

[112] So Farber, Xenophon's Theory of Kingship, 23 f., der von einem absichtlichen
Paradox spricht. Anders Erasmus, 114, der Kyros' Antwort als "die Aufdeckung des wahren Sachverhalts durch den Mund des Naiven" interpretiert.
[113] Farber, a. a. O., 26 ff.
[114] Vgl. besonders I 5,8, VIII 2,14, 5,23, 7,7.

τρόπους αὐτοῦ κάλλιστα νομίζω καταδήλους ἔσεσθαι. Die ἔργα fungieren als
Medium, durch das sich der Charakter des Handelnden illustrieren läßt.[115]

Xenophon verfährt nun in der Kyrupädie nicht so, daß er bestimmten
Qualitäten entsprechende Taten oder Ereignisse schematisch zuordnet. Vielmehr nennt er im einleitenden ersten Teil gleichsam die κεφάλαια, um in
einem zweiten Schritt καθ' ἕκαστον die Wirkweise der genannten Eigenschaften exemplarisch vorzuführen. Im wesentlichen sind es drei Qualitäten,
auf die sich alle πράξεις des vierten Kapitels reduzieren lassen: die φιλανθρωπία, φιλοτιμία und φιλομάθεια. Die beiden ersten nennt Xenophon ausdrücklich zu Beginn (§ 1). Als φιλομαθής bezeichnet er Kyros in 4,3. Als
Beleg für die Wissbegierde dient 4,7–8, wo Xenophon beschreibt, wie Kyros die Grundkenntnisse der Jagd erwirbt.

Die φιλανθρωπία und φιλοτιμία sind im wesentlichen soziale ἀρεταί. Sie
zeigen sich im Bezug auf andere. Auf beide führt Xenophon zurück, daß
Kyros sich die medischen Altersgenossen zu Freunden macht (§ 1). Beide
Eigenschaften exemplifiziert er an der Jagd. Obwohl Kyros noch nicht das
bei den Persern übliche Ephebenalter von 16 bis 17 Jahren erreicht hat,
drängt ihn sein Ehrgeiz bereits zur wirklichen Jagd außerhalb des Paradeisos
(§ 5). Seine φιλανθρωπία und φιλοτιμία bewegen ihn, vom Großvater auch
für die Gefährten die Erlaubnis zur Jagd zu erwirken (§ 13 f.). Seinen Ehrgeiz
stellt er bei der folgenden zweiten Jagd unter Beweis, die er als einen Wettkampf mit den Gleichaltrigen bestreitet, in dem er sich auszeichnet (§ 15).

Xenophon versteht offenbar unter den drei genannten Eigenschaften natürliche ἀρεταί. Besonders auffällig ist dies hinsichtlich der φιλανθρωπία. Sie
gehört als ein εἶδος der φιλία zu den ethischen Tugenden und stellt mithin,
aristotelisch gesprochen, eine ἕξις dar, die sich allmählich entwickelt.[116] Un-

---

[115] Das Verfahren ist nicht ungewöhnlich. Xenophon bedient sich seiner im Preis des
jüngeren Kyros (Anab. I 9), doch geht er hier schematischer vor: Besonders hervorste-
chende Eigenschaften des laudandus belegt er durch entsprechende Ereignisse, die zum
Teil typisch sind. Vgl. A. Dihle, Studien zur griechischen Biographie, Göttingen 1956,
25, ders., Die Entstehung der historischen Biographie, SB d. Ak. d. Wiss. Heidelberg
1986, 10. – Nahe steht auch der Euagoras (§ 22 f.) des Isokrates. Isokrates nennt, nachdem
er die Abstammung des laudandus behandelte (§ 12 ff.), besondere Eigenschaften des zu
Preisenden und beruft sich für sie auf 'Zeugen'. Einzelne πράξεις dienen dazu, die Physis
des Euagoras zu illustrieren, wie Isokrates selbst vermerkt (§ 29), und sollen zur Erkenntnis
seiner ἀρετή und des μέγεθος τῶν πεπραγμένων (§ 33) führen.
[116] Arist. EN VIII 1, 1155a20f., Ps. Plat. Def. 412e11 ff. φιλανθρωπία ἕξις εὐάγωγος
ἤθους πρὸς ἀνθρώπου φιλίαν· ἕξις εὐεργετικὴ ἀνθρώπων. Vgl. E. A. Schmidt, Aristoteles,
Über die Tugend (Aristoteles, Werke, hrsg. von H. Flashar, Bd. 18,1), Berlin 1965, 138
zu 1251b35. Zur Entwicklung des Begriffes S. Lorenz, De progressu notionis φιλανθρωπίας, Diss. Leipzig 1914, H. Hunger, φιλανθρωπία. Eine griechische Wortprägung auf
ihrem Wege von Aischylos bis Theodoros Metochites, Anz. d. Österr. Ak. d. Wiss. philos.-hist. Kl. 100, 1963, 1–20.

ter dieser ἀρετή versteht Xenophon nicht die das gesamte Menschenge-
schlecht umfassende Liebe, sondern in erster Linie die Zuneigung zu den
Verwandten und Freunden.[117] Kyros zeichnet neben der Gerechtigkeit besonders die φιλανθρωπία aus.[118] Dies weist bereits auf das hellenistische
Herrscherideal mit seinem festen Herrscherprädikat φιλάνθρωπος.[119]

Der Einfluß der Erziehung und der διδαχή scheint in diesem Zusammenhang gegenüber der Bedeutung der Physis gering zu sein. Beide fördern
lediglich bereits vorhandene Eigenschaften, ohne sie im eigentlichen Sinne
erst zu ermöglichen. Dieser Eindruck verstärkt sich, wenn man die von
Xenophon geschilderten Episoden daraufhin betrachtet: Zwar lernt Kyros
vor der ersten Jagd, was er zu tun und wovor er sich zu hüten hat (§ 7), doch
daß er sich schon vor Erreichen des dafür vorgesehenen Alters während der
Jagd derart auszeichnet, will Xenophon offenbar auf seine εὐφυία und nicht
auf die διδαχή zurückführen. Das Gleiche gilt für Kyros' erste Erfahrung in
einer kriegerischen Auseinandersetzung (§ 18 ff.). Xenophon vermerkt, daß
er zu diesem Zeitpunkt erst 15 oder 16 Jahre alt ist (§ 16). Gleichwohl
zeichnet er sich bereits durch seine Besonnenheit aus (§ 20), ja Xenophon
stilisiert die Szene sogar so, daß Kyros beim entscheidenden Angriff auf die
Assyrer die Führung übernimmt und sein Onkel Kyaxares nur noch folgen
kann (§ 20). Xenophon deutet an keiner Stelle an, daß Kyros zuvor durch
eine entsprechende διδαχή das für diese Bewährung nötige Wissen erwarb.
Der Leser soll den Eindruck erhalten, daß die Begabung entscheidend ist.

Auf der anderen Seite deutet Xenophon eine Entwicklung an. Er rechnet
wie schon zuvor (I 3,2, 8) mit typischen Eigenschaften, die spezifisch für
ein bestimmtes Alter sind. Als Kind erweist sich Kyros, teils aufgrund der
Erziehung, die von ihm verlangt, Rechenschaft gegenüber den Lehrern ab-
zulegen, teils wegen seiner angeborenen Wissbegierde, als πολυλογώτερος
(§ 3). Dies ändert sich, als er vor dem Eintritt ins Ephebenalter steht. Xenophon betont, daß er nun ruhiger wird und ihn αἰδώς gegenüber den Älteren
erfüllt. (§ 4). Beides ist Ausdruck der σωφροσύνη. Xenophon schwebt nicht

---

[117] Eine abstraktere, umfassendere Bedeutung zeigt der Begriff Isocr. 4,29 οὕτως ἡ
πόλις οὐ μόνον θεοφιλῶς, ἀλλὰ καὶ φιλανθρώπως ἔσχεν, ὥστε κυρία γενομένη τοσούτων
ἀγαθῶν οὐκ ἐφθόνησεν τοῖς ἄλλοις, ἀλλ᾽ ὧν ἔλαβεν ἅπασιν μετέδωκεν. Ähnlich abstrakt
auch die Vorstellung vom νόμος τῆς φιλανθρωπίας Dem. 21,48 ἀκούετ᾽, ὦ ἄνδρες ᾽Αθη-
ναῖοι, τοῦ νόμου τῆς φιλανθρωπίας, ὃς οὐδὲ τοὺς δούλους ὑβρίζεσθαι ἀξιοῖ. Vgl. auch
Dem. 24, 156, Oec. 15,4.
[118] Vgl. auch VIII 4,7 (Gobryas über Kyros).
[119] Vgl. OGI I, 223,30, 227,17, 233,16, 270,6 et passim, Schubart, Das hellenistische
Königsideal nach Inschriften und Papyri, in: H. Kloft (Hrsg.), Ideologie und Herrschaft
in der Antike, 90 ff., hier: 100 ff., Hunger, a. a. O., 6.

eine individuelle Entwicklung, sondern eine typische Veränderung vor, wie sie sich im allgemeinen an der menschlichen Physis beobachten läßt. Diese Vorstellung ist nicht allzu weit entfernt von Gorgias' These, daß sich die ἀρεταί nicht nur mit Bezug auf Mann und Frau, sondern auch nach der jeweiligen Altersstufe unterscheiden.[120] Mit Gorgias' direktem Einfluß auf Xenophon ist jedoch nicht zur rechnen. Der Gedanke der spezifischen, altersabhängigen Besonderheit und ἀρετή ist vorsophistisch: Er findet sich bereits bei Pindar.[121] Xenophon legt ihn am Schluß der Kyrupädie Kyros gegenüber seinen Söhnen in den Mund (VIII 7,6) und schlägt so die Brücke zum ersten Buch.

Doch es gibt noch einen zweiten Punkt im vierten Kapitel, der eine individuelle Entwicklung des Kyros zumindest andeutet. Xenophon weist mit besonderem Nachdruck darauf hin, daß Kyros sich bei der Jagd und der ersten Kampfprobe tollkühn verhält (§ 8, 21). In § 21 vergleicht er ihn mit einem zwar edlen, doch unerfahrenen Hund, der ἀπρονοήτως einen Eber verfolgt. ἀπρονοήτως greift Xenophon im folgenden auf, indem er Kyros durch das Partizip οὐδὲν προνοῶν qualifiziert (§ 21). Und zum Abschluß der Szene wählt er sogar den Ausdruck μαινόμενος τῆι τόλμηι (§ 24), um Kyros' Handeln zu beschreiben.

Von einer ähnlichen Tollkühnheit und einem Mangel an Voraussicht ist im weiteren Verlauf keine Rede mehr. Vielmehr scheint Kyros die πρόνοια und die Besonnenheit, also die Eigenschaften zu erwerben, in denen Xenophon Wesensmerkmale des guten Herrschers sieht.[122] Von einer Belehrung durch andere spricht er nicht; der Leser soll vielmehr den Eindruck gewinnen, daß Kyros diese Qualitäten durch eigene Einsicht erlangt.

Auf der anderen Seite bedeutet dies nicht, daß Xenophon der ethischen Paideia und der Unterrichtung, die der Vermittlung technischen Wissens, insbesondere der Strategik, dient, nur begrenzte Bedeutung beimißt. Ganz im Gegenteil zeigt der λόγος διδασκαλικός, in dem Kambyses Kyros über

---

[120] Vgl. Plat. Men. 71e1–72a5. Bekanntlich gibt Aristoteles in der Politik (I 13, 1260a20 ff.) diesem Dogma den Vorzug vor der sokratisch-platonischen Vorstellung von der Einheit der sittlichen Trefflichkeit. – Bei den Stoikern scheint Zenon die ἀρεταί nach Funktionen aufgegliedert zu haben; vgl. SVF I Fg. 201. Plutarch, De virt. mor. 441 B wirft Chrysipp (SVF III Fg. 255) vor, ein σμῆνος ἀρετῶν zu postulieren. Vgl. auch Galen, De Plac. Hipp. et Plat. V 5 (Chrys. SVF III Fg. 257).

[121] Vgl. Nem. 3,70 ff., Pyth. 4,281. Vgl. auch Plut. De ser. num. vind. 552 D.

[122] Vgl. I 6,8. Besonders deutlich der Vergleich zwischen dem ἄρχων ἀγαθός und dem guten Vater VIII 1,1. Tertium comparationis ist das προνοεῖν. Vgl. auch VIII 1,13 (ökonomische Voraussicht des Herrschers), 1,44, 2,2.

die Pflichten des guten Feldherrn und Herrschers belehrt (I 6), daß Xenophon den Erwerb entsprechenden Wissens von der Unterrichtung und der
anschließenden ἄσκησις abhängig macht.

Dazu paßt, daß Kyros Medien verläßt, um in Persien die Ephebenerziehung zu genießen (§ 25). Er leistet dem Befehl des Vaters Folge. Xenophon
begründet Kyros' Entschluß damit, daß er sich vor dem Tadel des Vaters
und der Polis fürchtet, falls er der Aufforderung nicht nachkommt (§ 25).
Diese Motivierung ist wichtig, weil dem Leser der Unterschied zwischen
Persien und Medien ins Gedächtnis gerufen wird. In I 3,18 hieß es ausdrücklich, in Persien gelte für den Herrscher als Maßstab der Nomos und
das, was die Polis anordne.

Die Abschiedsszene selbst dient einem doppelten Zweck. Xenophon setzt
sie ein, um erneut auf Kyros' Freigebigkeit hinzuweisen. Kyros beschenkt
die Altersgenossen mit einem Großteil der Geschenke, die er von Astyages
zum Abschied erhält, und vermacht einem unter ihnen auch sein medisches
Gewand (§ 26). Es handelt sich um Araspas; den Namen erfährt der Leser
erst in V 1,2. Und auch über die wichtige Funktion, die dieser Meder im
Zusammenhang der Geschichte von Pantheia und Abradatas erfüllen wird,
informiert Xenophon den Leser noch nicht. Es handelt sich um eine Erzähltechnik, die darauf abzielt, eine Nebenperson ganz beiläufig einzuführen
und sie erst an der wichtigeren Stelle mit Namen zu nennen.

Um das Motiv der Freigebigkeit des Kyros noch zu steigern, beschreibt
Xenophon, wie die Geschenke in einem Kreislauf zu Astyages zurückgelan-
gen und ein zweites Mal bei Kyros landen, bevor er sich schließlich durch-
setzt (§ 26). Auch hier wird deutlich, daß die Szene nur den Rahmen abgibt,
innerhalb dessen Xenophon einen bestimmten Zug am ἦθος des Protagonisten hervorhebt.

Zum zweiten nimmt Xenophon die aus Herodot (I 134,1) bekannte persische Sitte, sich unter συγγενεῖς[123] beim Abschied zu küssen, zum Anlaß,
daran einen παιδικὸς λόγος anzuknüpfen (§ 27). Der Begriff bezeichnet eine
Liebeserzählung[124]; zugleich eignet ihm die Konnotation des Scherzhaf-

---

[123] Der Begriff συγγενεῖς scheint hier nicht die verwandtschaftliche Beziehung, sondern einen vom persischen Herrscher verliehenen Ehrentitel zu bezeichnen. Vgl. Quint.
Curt. III 3,14, Arr. Anab. VII 11,1 (Alexander) τῆι τρίτηι δὲ καλέσας εἴσω τῶν Περσῶν
τοὺς ἐπιλέκτους τάς τε ἡγεμονίας αὐτοῖς τῶν τάξεων διένειμε καὶ ὅσους συγγενεῖς
ἀπέφηνε, τούτοις δὲ νόμιμον ἐποίησε φιλεῖν αὐτὸν μόνοις und Holden zu Cyr. I 4,27.
Herodot bezieht die Sitte auf die ὅμοιοι, also auf die Gleichgestellten.

[124] Vgl. Ages. 8,2. Ein Beispiel für eine derartige Geschichte liefert die Begegnung
zwischen Agesilaos und Megabates (Ages. 5,4 ff. = Plut. Ages. 11,6 ff. = Apophth. Lac.
209 D–E). Vgl. Breitenbach, Historiographische Anschauungsformen Xenophons, 41, A.
31.

ten.[125] Xenophon schildert, wie ein in Kyros verliebter Meder[126] sich als sein συγγενής ausgibt, so daß er ihn more Persico küssen kann. Die kleine Erzählung, die Xenophon gleichsam sich entschuldigend einleitet (§ 27 εἰ δὲ δεῖ καὶ παιδικοῦ λόγου ἐπιμνησθῆναι κτλ.)[127], enthält eine Pointe: Der Meder erfährt von Kyros, daß die Perser sich beim Abschied küssen, worauf er ankündigt zu gehen, und die Gelegenheit zur Umarmung ein zweites Mal nützt (§ 28).

Erzähltechnisch handelt es sich bei der kleinen Geschichte lediglich um eine Einlage, die im weiteren Rahmen der Handlung keine Funktion hat. Xenophon thematisiert sie offenbar, um die Darstellung aufzulockern und einem ethnographischen Detail einen scherzhaften Rahmen zu geben.

---

[125] Zu παιδικοὶ λόγοι 'scherzhafte Reden' vgl. Hell. V. 3,20. Anders Breitenbach, a. a. O., 41, A. 31, der unter den παιδικοὶ λόγοι an der Hellenikastelle "Gespräche über die Liebe" versteht.

[126] Auch den Namen dieses Meders nennt Xenophon erst an späterer Stelle (VI 1,9), obschon er ihn auch in IV 1,22 und V 1,24 einsetzt.

[127] Zur Form der Aussage vgl. Hell. II 4,27, Ps. Xen. Athen. Pol. 2,7, Isocr. 9,39. Breitenbach, Historiographische Anschauungsformen Xenophons, 42, A. 31 interpretiert Cyr. I 4,27 so, daß Xenophon einer "Stilforderung" nachkomme, doch bleibt unklar, was er damit meint.

4. Kyros' erste Feldherrnrede (I 5,7 ff.)
und der Dialog mit Kambyses (I 6,2 ff.)

Die Erziehung, die Kyros als Ephebe genießt, faßt Xenophon lediglich in einer summarischen Bemerkung zusammen. In ihr nennt er stichwortartig ϰαϱτεϱεῖν, αἰδεῖσϑαι und πείϑεσϑαι als ihren Zweck (I 5,1). Von der anspruchsvollen Ausbildung zum Strategen ist keine Rede. Xenophon spart dieses Thema aus, um es in I 6 in einem geschlossenen Block zu behandeln. Es bestätigt sich, daß es ihm nicht so sehr auf eine streng chronologische und lückenlose Darstellung ankommt. Vielmehr überspringt er zehn Jahre, um sofort von Mediens Bedrohung durch Assyrien zu berichten (§ 2 f.).

Entscheidend sind im folgenden zwei Dinge: Xenophon stellt den Krieg, den die Perser an der Seite der Meder führen, als Verteidigungskrieg dar. Die Perser werden von Kyaxares, der nach dem Tod des Astyages Herrscher Mediens wird, um Hilfe gebeten (§ 4). Xenophon versucht von Anfang an den Eindruck zu vermeiden, Kyros' Politik sei aus egoistischen Motiven auf Expansion angelegt. Auf der Gegenseite charakterisiert er den assyrischen Herrscher als Angreifer, der Bündnispartner zu gewinnen versucht, indem er Meder und Perser als Aggressoren verleumdet (§ 3). Der Assyrer, bei dem es sich um Nabonidus handelt, bleibt ebenso wie sein Sohn Belsazar, der letzte neubabylonische Herrscher, der ihm nach seinem Tod auf dem Thron folgt, anonym.[1]

Kyaxares richtet sein Hilfegesuch an das persische ϰοινόν (§ 4), womit wohl die Ältesten gemeint sind. Kyros erhält zunächst nur das Amt des Strategen. Nicht der persische König, sondern die Ältesten ernennen ihn, was der Beschreibung ihrer Kompetenzen in I 2 entspricht. Als Feldherr ist Kyros ihnen gegenüber zur Rechenschaft verpflichtet, wie aus IV 5,16 f. erhellt, wo er zu den Ältesten und den Magistraten schickt, um um Truppenverstärkung zu bitten.[2] Kyros' Heer nimmt sich zahlenmäßig eher bescheiden aus. Ob Xenophon damit andeuten will, für die Griechen sei ein

---

[1] Der historische Belsazar ist noch zum Zeitpunkt der Eroberung Babylons Mitregent des Vaters und nicht alleiniger Herrscher. Im Buch Daniel (5,30) gilt Belsazar, wie bei Xenophon, als letzter babylonischer Herrscher; vgl. C. F. Lehmann-Haupt, Klio 2, 1902, 341 ff., hier: 343, ders., WS 50, 1932, 152 ff., hier: 154 ff., Breitenbach, Xenophon, 1710; vgl. auch Hirsch, The Friendship of the Barbarians, 77, G. Buchanan Gray, The Persian Empire, in: The Cambridge Ancient History Vol. 4, 11.

[2] Vgl. Carlier, 143, A. 33.

Eroberungsfeldzug gegen Asien mit geringen Mitteln erfolgversprechend[3], ist sehr fraglich. Nichts deutet darauf hin, daß er eine derartige Analogie nahelegen will. Die Konstellation, die Xenophon beschreibt, ist so deutlich fiktiv, daß der These, er bediene sich der Kyrupädie gleichsam als einer Schlüsselschrift, um damit realpolitische Ziele wie einen panhellenischen Zug gegen Persien zu empfehlen, die Grundlage fehlt.

Xenophons eigentliches Interesse gilt auch hier nicht so sehr den fingierten Voraussetzungen für die künftige Eroberungspolitik des Kyros, sondern vielmehr der Frage, wie sich der ideale Feldherr in der beschriebenen Situation verhält. So erklärt sich, daß die folgende Feldherrnrede (§ 7 ff.) viel mehr Raum einnimmt als die Beschreibung der πράξεις. Vom Typus her ist sie zum Teil ein λόγος παρακλητικός; ihr eigentlicher Zweck besteht jedoch in der Darlegung des ethischen und politischen Programms, das Kyros zu realisieren trachtet.

Das Überraschende ist zunächst, daß Kyros mit einer kritischen Bemerkung über die Vorfahren beginnt. Von einer Polemik oder Verurteilung[4] kann allerdings keine Rede sein. Er bezeichnet sie ausdrücklich als in nichts schlechter denn die jetzigen Perser (§ 8). Was Kyros tadelt, ist ihr ἀρετή-Verständnis. Sie hätten weder für das persische κοινόν noch für sich selbst etwas Gutes 'hinzuerworben'.

Auf den ersten Blick klingt diese Argumentation erstaunlich: Der Wert der politischen ἀρετή scheint sich danach zu bemessen, ob es gelingt, privaten oder öffentlichen Mehrbesitz zu erlangen. Daß Kyros nach Art eines Tyrannen der Pleonexie das Wort redet[5], ist ausgeschlossen. Aus dem folgenden erhellt, daß es nicht um einen beliebigen Mehrbesitz geht, sondern entscheidend ist, daß die ἐσθλοί mehr als die πονηροί erhalten. Als Prinzip schwebt Kyros die Angemessenheit vor.

---

[3] So Carlier, 144, der von der Prämisse ausgeht, Kyros' Situation evoziere für den Leser "la position des stragèges et condottieri grecs qui vont offrir leur concours aux rois et Satrapes d'Orient-celle des stratèges de l'Anabase, celle d'Agésilas en Carie en 365, celle du même Agésilas en Egypte en 361, par example". Allerdings kommt Carlier im Laufe seiner Untersuchung aufgrund des letzten Kapitels der Kyrupädie zu dem Ergebnis, Xenophon warne vor den schlimmen Folgen eines Feldzuges der Griechen gegen Persien und vor einer absoluten Monarchie.

[4] So Farber, Xenophon's Theory of Kingship, 26.

[5] So Farber, a. a. O., 26 f. Vgl. auch Newell, Xenophon's Education of Cyrus, 54 ff., der behauptet, Kyros setze de facto die Bindung der Perser an den Nomos außer Kraft und stimuliere ihre "selfish passions" (S. 55). Newell stellt die Dinge geradezu auf den Kopf, wenn er von der "subversion of Persia" (S. 56) durch Kyros spricht und seine Feldherrnrede.als einen ersten Schritt in dieser Richtung betrachtet.

Seine These lautet: Keine ἀρετή wird zu dem Zwecke ausgeübt, daß die Guten nicht mehr als die Schlechten haben (§9 καίτοι ἐγὼ οἶμαι οὐδεμίαν ἀρετὴν ἀσκεῖσθαι ὑπ' ἀνθρώπων ὡς μηδὲν πλέον ἔχωσιν οἱ ἐσθλοὶ γενόμενοι τῶν πονηρῶν κτλ.). Eine auffällige Ähnlichkeit mit diesem Gedanken weist der Beginn des isokrateischen Nikokles (3,2) auf: Isokrates hält den Gegnern der Rhetorik, die ihren Vertretern vorwerfen, nicht der ἀρετή, sondern der Pleonexie wegen diese Techne auszuüben, Folgendes vor: Es sei unsinnig, wenn ihnen entgehe, daß die Menschen sich nicht der εὐσέβεια, δικαιοσύνη und der anderen ἀρεταί befleißigen, um weniger als die anderen zu haben, sondern damit sie das Leben mit möglichst vielen Gütern verbringen.[6]

Isokrates leugnet wie der xenophontische Kyros die Zweckfreiheit der ἀρετή. Er betrachtet es als ihr Kennzeichen, daß ihr Telos gleichsam außerhalb ihrer liegt. Man mag diese Übereinstimmung als bloß zufällig ansehen und argumentieren, beide Autoren formulierten lediglich den Gedanken, daß ein ἀγαθόν ein ἀγαθὸν πρός τι sei. Da beide jedoch das eigentümliche Argument entwickeln, daß die ἀγαθοί nach einem πλέον streben, spricht mehr für die Annahme, daß Xenophon die Schrift des Isokrates vor Augen hat. Beide Stellen zeichnen sich durch den Versuch aus, die sittliche Trefflichkeit mit dem Gewinnstreben zu vereinbaren.[7]

Dem Argument, daß Kyros vorbringt, liegt der Gedanke zugrunde, daß jede Tätigkeit, die ein ἔργον aufzuweisen hat, das Telos nicht in sich enthält. Analog muß dies für die ἀρετή mit einem guten ἔργον gelten.

Kyros illustriert diesen Gedanken an der ethischen Trefflichkeit und den Technai. Als Beispiele der letzteren dienen die Rhetorik, die Kriegskunst, der Ackerbau und die Athletik (§9–10). Allen ist gemeinsam, daß sich kein Technite damit zufrieden gibt, seine Tätigkeit nur formal gut ohne ein höheres Ziel auszuüben.

---

[6] 3,2 ἔπειτα κἀκεῖν' ἄτοπον εἰ λέληθεν αὐτοὺς ὅτι τὰ περὶ τοὺς θεοὺς εὐσεβοῦμεν καὶ τὴν δικαιοσύνην ἀσκοῦμεν καὶ τὰς ἄλλας ἀρετὰς ἐπιτηδεύομεν, οὐχ ἵνα τῶν ἄλλων ἔλαττον ἔχωμεν, ἀλλ' ὅπως ἂν ὡς μετὰ πλείστων ἀγαθῶν τὸν βίον διάγωμεν.

[7] Eucken, Isokrates, 250 sieht in dem an der Nikoklesstelle ausgedrückten Gedanken eine "wesentliche Fortentwicklung der sophistischen Theorien" und des Thukydides, da Isokrates das Gewinnstreben in wertneutraler Weise bestimme, in der es vor allem Ruhm und Ansehen miteinschließe. Von einer wertneutralen Bestimmung kann jedoch keine Rede sein, vielmehr bemüht sich Isokrates wie Xenophon, die Pleonexie an die ἀρετή zu binden. Nicht die Physis des Stärkeren, wie in der sophistischen Theorie, rechtfertigt das πλέον ἔχειν, sondern die sittlich gute ἕξις. Diese Lehre wird von S. Sudhaus, RhM 44, 1889, 57 ff. mißverstanden, der sie als unmoralisch bezeichnet. Anders Duemmler, Kl. Schriften I, 80 f., der in dieser πλεονέξια "weder etwas unmoralisches noch etwas unplatonisches" sieht und sie als harmlos bezeichnet.

Es fällt zunächst auf, daß Kyros im Bereich der Ethik mit besonderem Nachdruck die ἐγκράτεια nennt, die nicht Selbstzweck, sondern Mittel zum εὐφραίνεσθαι ist (§ 9). Bei dem Gedanken handelt es sich um ein Leitmotiv der Kyrupädie[8] und um einen xenophontischen Topos. Xenophon versucht auf diese Weise nicht nur die ἐγκράτεια und das ἡδύ miteinander zu vereinbaren, sondern die ἐγκράτεια zur notwendigen Bedingung eines gesteigerten ἡδύ aufzuwerten. Die ausführlichste Fassung des Gedankens findet sich als Dogma des Sokrates in den Memorabilien (I 6,5 ff.), wo Sokrates gegenüber Antiphon den Nachweis führt, daß seine Beherrschtheit mit Bezug auf Essen und Trinken zumindest ebenso wie großer Aufwand gesund, stärkend und angenehm sei.[9]

Worin das εὐφραίνεσθαι als Ziel der ἐγκράτεια besteht, läßt Kyros ebenso offen wie die Frage, was unter den πολλὰ καὶ μεγάλα ἀγαθά als Telos der Rhetorik zu verstehen ist. Es erscheint jedoch ausgeschlossen, daß die Rhetorik an dieser Stelle nur als Instrument angesehen wird, das dazu dient, durch Überredung ein Ziel zu erreichen, das moralisch indifferent ist.[10]

Die beiden letzten Technebeispiele bringen einen neuen Aspekt ins Spiel: Der gute Bauer und Athlet werden sich nicht damit begnügen, auf gute Weise zu säen und zu pflanzen bzw. sich zahlreichen Mühen zu unterziehen, ohne das eigentliche Ziel zu erreichen (§ 10). Neu ist hier der Gedanke der mangelnden Sorge, mit dem die Frage nach dem selbstverschuldeten Verfehlen des Zieles in den Blickpunkt rückt. Das Argument dient dem Nachweis,

---

[8] Vgl. III 3,8, IV 2,22, VIII 1,32. Die Stelle im achten Buch steht am Ende des Kataloges der Eigenschaften, durch die der ideale Herrscher als Paradeigma wirkt; sie weist auch im Wortlaut auf I 5,9 zurück: I 5,9 οἵ τε τῶν παραυτίκα ἡδονῶν ἀπεχόμενοι ∼ VIII 1,32 μὴ ὑπὸ τῶν παραυτίκα ἡδονῶν ἑλκόμενον.

[9] Vgl. auch Symp. 4,39 ff. (Antisthenes).

[10] Wie aus den Memorabilien (III 3,11) erhellt, bindet Xenophon die Fähigkeit zur Rede an ein gutes Telos. Der Logos als Sprache ist hier das Medium, durch das die Menschen die zum Leben in der Gemeinschaft nötigen Voraussetzungen erlernen, und das zur Erlernung und Vermittlung eines jeden schönen μάθημα notwendig ist. Die Memorabilienstelle weist eine auffällige Ähnlichkeit mit Isocr. 3,5 ff. auf, wo Nikokles einen ähnlichen Preis der Sprache als eines gemeinschaftstiftenden und -erhaltenden Instruments anstimmt. Als Vorlage der Nikoklesstelle gilt seit langem Gorgias mit seiner Theorie vom Logos als μέγας δυνάστης. Vgl. E. Maass, Zur Geschichte der griechischen Prosa, Hermes 22, 1887, 573, A. 1, Nestle, Spuren der Sophistik bei Isokrates, Philologus 70, 1911, 9 (Griechische Studien, 459). Vgl. auch J. Frey, Studien zur dritten Rede des Isokrates, Diss. Freiburg/Schweiz 1946, 37 f., Müller, Die Kurzdialoge der Appendix Platonica, 176 f.

daß bei den genannten Technai blosses Wissen nicht genügt, sondern es zusätzlich der ἐπιμέλεια bedarf.[11]

Auch im folgenden schwebt Kyros der Gedanke vor, daß es nicht nur des Wissens, sondern auch der praktischen Anwendung bedarf, um ein Telos zu erreichen. Er wendet dieses Argument auf die πολεμική an, um zwischen einem falschen und richtigen Begriff dieser Techne zu unterscheiden: Die, die nur über ein technisches Wissen verfügen, das sich in der Beherrschung des Bogenschießens, Speerwerfens und Reitens zeigt, sind ἰδιῶται, Laien (§ 11). Auf der Gegenseite stehen die Perser als die ἀσκηταί.[12] Sie besitzen über das technische Wissen hinaus die Fähigkeit, Mühen zu ertragen, und zeigen sich durch ihre ἐγκράτεια in bezug auf Schlaf, Hunger und Durst überlegen (§ 11 f.).

Xenophon geht es an dieser Stelle nicht darum, die technische ἐπιστήμη abzuwerten, vielmehr bezweckt er eine Aufwertung der psychisch-physischen πόνοι und der dazu nötigen ἄσκησις.[13] Hunger, Durst und Schlafbedürfnis sind nach diesem Dogma zwar elementar und natürlich[14], doch lassen sie sich durch die Willenskraft wenigstens mindern.

Das Schlüsselwort in Kyros' Argumentation ist χρῆσθαι; der ἐγκρατής 'bedient' sich der Nacht wie des Tages und des Hungers wie einer Zutat.[15] Die πόνοι sind ebensowenig wie die ἐγκράτεια Selbstzweck. Aus der Aussage πόνους δὲ τοῦ ζῆν ἡδέως ἡγεμόνας νομίζετε (§ 12) erhellt, daß die Mühen die Bedingung für ein angenehmes Leben sind.[16] Worin letzteres besteht, bleibt

---

[11] Explizit findet sich der Gedanke im Oikonomikos (20,1 ff.) mit Bezug auf den Ackerbau. Ischomachos erklärt gegenüber Sokrates die Tatsache, daß nicht alle auf diesem Gebiet den gleichen Erfolg erzielen, mit der fehlenden ἐπιμέλεια, die geradezu die differentia specifica zwischen einem erfolgreichen und einem erfolglosen Bauern sei.

[12] Zum Begriffspaar ἀσκηταί-ἰδιῶται vgl. auch Mem. III 7,7, Hipp. 8,1. Der ἰδιώτης in Antithese zum Seher: Anab. VI 1,31.

[13] Vgl. auch Oec. 21,6 f.: Die differentia specifica zwischen den guten und schlechten Vertretern der γεωργική, πολιτική, οἰκονομική und πολεμική, denen das ἀρχικόν gemeinsam ist (21,2), ist die γνώμη. Ischomachos erläutert diese These mit Bezug auf die Strategik: Der gute Feldherr unterscheidet sich vom schlechten nicht dadurch, daß er besser als seine Soldaten das Speerwerfen, Bogenschießen und Reiten beherrscht, sondern dadurch, daß er sie dazu bringt, Mühen und Gefahren auf sich zu nehmen.

[14] In den Memorabilien (II 1,1 f.) bezeichnet Sokrates Hunger und Durst als στοιχεῖα. Ihre Beherrschung sei Voraussetzung, um zu herrschen.

[15] Zum Gedanken vgl. auch IV 5,4, VII 5,80, Mem. I 3,5. Cicero übersetzt das Dogma, daß der Hunger eine Zutat ist, De fin. II 90. Vgl. auch Tusc. V 97 und Gigon, Xenophons Memorabilien I, 101 zu I 3,5.

[16] Vgl. auch VII 5,80. Liv. V 4,4 Nusquam nec opera sine emolumento nec emolumentum ferme sine impensa opera est. Labor voluptasque, dissimillima natura, societate quadam inter se naturali sunt iuncta.

freilich offen. Der Begriff ἡδύ ist gleichsam eine Variable, die sich durch verschiedene Begriffe ersetzen läßt. Kyros nennt im folgenden die τιμή als Zweck der Mühen und Gefahren (§ 12). Diesen Lohn verspricht auch die Ἀρετή in der Heraklesfabel (Mem. II 1,28).

Im weiteren Verlauf der Kyrupädie zeigt sich, daß Xenophon den πόνος nicht nur als Mittel ansieht, um äußere Güter zu erwerben. Die geistig-physischen Mühen sind vielmehr erforderlich im Rahmen der ἄσκησις τῆς ἀρετῆς. Der, der ein ἀγαθός werden will, bedarf nach xenophontischem Dogma ständiger Übung, da in Analogie zu den Technai auch die σωφροσύη und die ἐγκράτεια und damit die sittliche Trefflichkeit kein unveränderlicher, nicht vom Verlust bedrohter Besitz sind.[17] Unter dieser Prämisse hat der πόνος seine ständige Berechtigung.

Im letzten Teil seiner Rede (§ 13 ἀλλὰ θαρροῦντες ὁρμώμεθα, ἐπειδὴ καὶ ἐκποδὼν ἡμῖν γεγένηται τὸ δόξαι τῶν ἀλλοτρίων ἀδίκως ἐφίεσθαι) thematisiert Kyros die Rechtsfrage und sein Verhältnis zu den Göttern (§ 14). Er legt besonderes Gewicht auf den Gedanken, daß die Perser in der Rolle der Verteidiger sind und das Recht auf ihrer Seite haben. Die Feinde erscheinen als Aggressoren (§ 13 νῦν γὰρ ἔρχονται μὲν οἱ πολέμιοι ἄρχοντες ἀδίκων χειρῶν[18], καλοῦσι δὲ ἡμᾶς ἐπικούρους οἱ φίλοι).

Auf der Gegenseite soll deutlich werden, daß Kyros nichts wider das δίκαιον unternimmt. Xenophon schafft hier bereits die Voraussetzung für sein Idealbild des gerechten Herrschers.[19] In engem Zusammenhang damit steht, daß Kyros am Schluß seiner Rede, der durch ἀλλὰ μὴν (§ 14) deutlich abgesetzt ist[20], als εὐσεβής erscheint. Er unternimmt nichts, bevor er sich nicht zuvor des Wohlwollens der Götter versichert hat. Kyros macht das ἀεὶ ἀπὸ θεῶν ὁρμᾶσθαι (§ 14) zu seiner Maxime. Er gibt nachträglich eine Begründung für die Opfer, die er nach der Wahl zum Feldherrn darbrachte (§ 6).[21]

---

[17] Vgl. VII 5,75.

[18] Der Ausdruck ἄρχοντες ἀδίκων χειρῶν entstammt der Gerichtssphäre und bezeichnet denjenigen, der den ersten Schlag ausführt. Vgl. Antiph. 4,2,1, Lys. 4,11, Plat. Leg. 869d1.

[19] Vgl. II 4,8, III 1,34, 42 (Gerechtigkeit gegenüber den Armeniern), IV 4,11, V 2,10, 3,31, VII 5,73, 77 und besonders VIII 1,26, 2,23, 7,18, 23.

[20] Zu ἀλλὰ μήν zu Beginn eines neuen Abschnitts vgl. IV 3,9, V 3,31, VIII 8,11 ff.

[21] Newell, Xenophon's Education of Cyrus, 65 f. vertritt die abwegige These "Cyrus manifests no genuine piety – no sense of holy awe and dependency before the god's unfathomable will."

Bei der Frömmigkeit des Kyros handelt es sich um ein Leitmotiv, das im gesamten Werk zu finden ist[22] und noch am Schluß in der Rede des sterbenden Herrschers eine Rolle spielt (VIII 7,3.22): Kyros ist sich gewiß, daß er seinen Aufstieg göttlichem Wohlwollen zu verdanken hat und der φόβος θεῶν für die Söhne die notwendige Bedingung ist, um die Stabilität des Reiches zu gewährleisten (VIII 7,22).

Daneben hat das Motiv der εὐσέβεια eine gliedernde und strukturelle Funktion. Als Kyros Babylon eingenommen und somit den Gipfel der Macht erreicht hat, nennt er in seiner Rede gegenüber den ὁμότιμοι (VII 5,72 ff.) als erstes die Pflicht, den Göttern für die fortwährend geleistete Hilfe zu danken. Xenophon verbindet auf diese Weise die erste Feldherrnrede im ersten Buch eng mit dem letzten Teil des Werkes, in dem er schildert, wie Kyros das neue Reich zu organisieren beginnt.

Die Frömmigkeit des Kyros ist die eines Griechen. Der Feldherr betet, bevor er mit dem Vater zur persischen Grenze aufbricht, im Haus zu Hestia, Zeus und 'den anderen Göttern' (6,1). Daß er zuerst Hestia anruft, entspricht dem griechischen Brauch, beim Opfer im Haus mit der Göttin des Herdes zu beginnen.[23] Xenophon versieht Hestia und Zeus mit dem Attribut πατρῷος, um anzudeuten, daß Kyros den von den Vätern verehrten Gottheiten treu bleibt. Griechischer Vorstellung entspricht es, daß er beim Verlassen des Hauses als günstiges Omen Donner und Blitz wahrnimmt, worauf er mit dem Vater aufbricht (6,1 τούτων δὲ φανέντων οὐδὲν ἄλλο ἔτι οἰωνιζόμενοι ἐπορεύοντο, ὡς οὐδένα ἂν λύσαντα τὰ τοῦ μεγίστου θεοῦ

---

[22] Vgl. e. g. II 4,18 ff., III 1,34, 2,29, 3,20 ff., 34, 57, IV 1,2,4,6, V 1,23, 2,35, VII 5,42, 72, 77, 81.

[23] Vgl. Hym. Hom. 29,4 ff., Pind. Nem. 11,1 ff., Soph. Fg. 726 Radt ὦ πρῷρα λοιβῆς, Ἑστία, κλύεις τάδε, Plat. Crat. 401b1, Ar. Av. 865 f., Vesp. 846. Wilamowitz, Der Glaube der Hellenen Bd. 1, Darmstadt ³1959, 154, M. Nilsson, Geschichte der griechischen Religion I, München ³1967, 337 f., II, ³1974, 214. Zur sprichwörtlichen Wendung ἀφ' ἑστίας ἄρχεσθαι vgl. Plat. Euth. 3a7, Zenob. I 40 CPG I 14. – Christensen, Les gestes des rois dans les traditions de l'Iran antique, 124 rechnet aufgrund der Formel καὶ τοῖς ἄλλοις θεοῖς, die Xenophon auch in III 3,21 und VIII 7,3 gebraucht, mit dem Einfluß einer "épopée iranienne". Er verweist auf die Dareios-Inschrift von Behistun, Col. IV 61 (Übersetzung in: Kent, Old Persian, 132), in der Dareios mitteilt, daß Ahuramazda und die 'anderen Götter' ihm halfen. Statt dessen liegt es näher, in der Formel καὶ τοῖς ἄλλοις θεοῖς eine Reminiszenz an eine Formel im homerischen Epos zu sehen; vgl. II. 6,475 εἶπε δ' ἐπευξάμενος Διί τ' ἄλλοισίν τε θεοῖσι; vgl. auch 8,526, Od. 4,472, 8,432.

σημεῖα).[24] Von der persischen Verehrung der Elemente[25] ist ebensowenig die Rede wie vom Götterkult der Perser auf den Bergspitzen.[26] Die gesamte Beschreibung ist auf den griechischen Leser zugeschnitten.

★

Die Frage des Verhältnisses zu den Göttern schlägt die Brücke zum folgenden Dialog zwischen Kyros und seinem Vater Kambyses (6,2 ff.), der den Rest des Buches einnimmt. Thematisch gehört er zur Erziehung des künftigen Herrschers[27], denn Kyros wird von Kambyses über die Pflichten des Feldherrn und Königs aufgeklärt. Vom Typus her handelt es sich um eine Parainese, die der Vater an den Sohn richtet. Die auffälligsten Parallelen bilden zum einen die Parainese des Isokrates an Nikokles (2,2 ff.), mit der er ihn über die richtige Ausübung des Herrscheramtes belehrt, zum anderen die offenbar von Antisthenes genutzte Konstellation[28], daß ein Ratgeber dem jungen Kyros zeigt, welches die Eigenschaften und Werke des guten Königs sind. Zu vergleichen sind aber auch die ὑποϑῆκαι, die der junge Achill von Chiron erhält, worauf bereits Pindar (Pyth. 6,21 ff.) anspielt und die Antisthenes im Herakles thematisiert.[29]

---

[24] So die Überlieferung des Guelferbytanus (G) und des Bremensis (R). Sie ist auch im Bodleianus (D) vorausgesetzt, der οὐδὲν ἄλλο ἀύσαντα liest, was durch fehlerhafte Transskription der Majuskelvorlage (ΟΥΔΕΝΑ ΑΝ〉 οὐδὲν ἄλλο, ΛΥΣΑΝΤΑ〉 ἀύσαντα) zu erklären ist. Der Überlieferung in G und R ist der Vorzug gegenüber οὐδένα ἂν λήσαντα in CAEH zu geben. Die dorische Form von λανθάνειν kommt bei Xenophon nicht in Frage, man erwartete λαϑόντα. Dindorf ändert in οὐδένα λήσοντα, Bizos liest οὐδένα ἂν λήσοντα, Gemoll οὐδένα ἀγνοήσαντα. Zu einer Änderung besteht kein Anlaß. λύσαντα ist lectio difficilior gegenüber λήσαντα. Die Aussage in der absoluten Partizipialkonstruktion ist so zu verstehen, daß kein anderes augurium in der Lage ist, Zeus' Zeichen ungültig zu machen. Vgl. Holden zur Stelle. Zu λύειν τὰ σημεῖα vgl. Eur. IT 1268.

[25] Vgl. Hdt. I 131,2 und die relevanten Avestastellen bei H. Stein, Herodotos Bd. I, Berlin ³1870 zu I 131,2.

[26] Anders VIII 7,3. Vgl. auch Hdt. I 131,2.

[27] Vgl. Castiglioni, Studi senofontei V, la Ciropedia, 38, Zimmermann, Roman und Enkomion-Xenophons 'Erziehung des Kyros', 100.

[28] Vgl. oben S. 37 ff.

[29] Vgl. oben S 36. Zu nennen ist auch Hippias' Troischer Dialogos, der die Belehrung des Neoptolemos durch Nestor zum Gegenstand hatte; vgl. Ps. Plat. Hipp. mai. 286a5 ff.; Guthrie, A History of Greek Philosophy III, 284. Wir wissen jedoch außer der kurzen Notiz im Hippias maior, aus der hervorgeht, daß Neoptolemos Nestor danach fragt, was sich für einen jungen Mann, der sehr berühmt werden will, geziemt, so gut wie nichts über den Inhalt der Schrift. Daß der Dialog, wie J. Endt, WS 24, 1902, 4, 7 f. und 9 f. und Nestle, Spuren der Sophistik bei Isokrates, Philologus 70, 1911, 42 (Griechische Studien, 491) vermuten, Vorbild für Isokrates' Rede an Nikokles war, ist möglich, jedoch nicht zu beweisen. Zu Hippias' Troischem Dialogos vgl. jetzt auch Levine Gera, 51.

Die Parainese des Kambyses vollzieht sich zum Teil in Form einer Erinnerung an früher erfolgte Belehrungen. Der Rückblick ist für Xenophon das
erzähltechnische Mittel, um seine Lehre vom guten Feldherrn und Herrscher in die Form eines in sich geschlossenen Systems zu bringen. Zugleich
dient er dazu, die Wahrscheinlichkeit zu wahren: Zu dem Zeitpunkt, da
Kyros sich mit dem Vater unterhält, muß er bereits ein gewisses Maß an
Wissen haben. Es wäre unwahrscheinlich, wenn er jetzt zum ersten Male
etwas über die Aufgaben des Feldherrn erführe.

Das Besondere ist, daß Kyros in § 12 ff. erwähnt, er habe schon früher
gegen Entgelt Unterricht in Strategie bei einem Lehrer erhalten. Es stellt
sich heraus, daß sich der Unterricht auf die Taktik beschränkte, einige wichtige Punkte hingegen außer Acht blieben. Die Ausgangssituation ist die
gleiche wie in Mem. III 1; dort hat ein junger Mann auf die Empfehlung
des Sokrates hin für Geld (§ 11) den Unterricht des Taktiklehrers Dionysodoros, des Bruders des Euthydemos, genossen. Es stellt sich im Gespräch
mit Sokrates heraus, daß er nur in der Taktik unterrichtet wurde und von
einigen anderen wichtigen Voraussetzungen der Strategik nichts weiß
(§ 6 ff.). Im Unterschied zur Version der Kyrupädie schickt Sokrates den
jungen Mann ein zweites Mal zum gleichen Lehrer; die Episode endet mit
der Polemik gegen diese Form des bezahlten Unterrichts: Sokrates ist sich
sicher, daß Dionysodoros, falls er über die anderen wichtigen Erfordernisse
der Strategik Bescheid weiß, den Schüler nicht mehr gegen Bezahlung ohne
das nötige Wissen fortschicken wird (§ 11).

Die Frage stellt sich, welche der beiden Stellen die zeitliche Priorität
beanspruchen kann.[30] Daß die Fassung in der Kyrupädie viel ausführlicher
ist, beweist noch nicht ihre Priorität. Entscheidend ist, wie gut sich das
Motiv in den Kontext einfügt.

Während Joel[31], Maier[32] und Delatte[33] für die These eintreten, daß die
Kyrupädiestelle früher ist, verficht besonders v. Arnim[34] die gegenteilige
These. Für v. Arnims Standpunkt spricht Folgendes: Die Einfügung des
Motivs, daß Kyros früher Unterricht von einem Lehrer der Strategie erhielt,

---

[30] Die früher als apokryph verdächtigte Memorabilienstelle darf heute als echt gelten.
Vgl. Delatte, 10 ff. zur Echtheitsdiskussion mit der älteren Literatur.

[31] Joel, Der echte und der xenophontische Sokrates II 2, 1057 f.

[32] Maier, Sokrates, 32.

[33] Delatte, 18 ff. zu Mem. III 1.

[34] v. Armin, Xenophons Memorabilien und Apologie des Sokrates, 184–91; vgl. auch
Marschall, 32 ff. Richter, Xenophon-Studien, 114 ff. geht auf die Frage der Priorität nicht
näher ein. Unbefriedigend ist die Diskussion bei Levine Gera, die zu dem Ergebnis
kommt (S. 64), die Prioritätsfrage lasse sich nicht beantworten.

wirkt in der Kyrupädie gezwungener und komplizierter.[35] Xenophon ver-
schachtelt hier drei Situationen. Kyros erinnert sich, wie er seinerzeit Unterricht beim Strategiklehrer nahm, wie sich dieser als ungenügend erwies und
wie Kambyses ihn daraufhin zu anderen Lehrern schickte. Es bleibt unklar,
warum der Vater, der doch im folgenden sein Wissen unter Beweis stellt,
damals Kyros den Besuch anderer στρατηγικοί empfahl.[36] An der Memorabilienstelle ist das Motiv einfacher und einsichtiger realisiert: Sokrates empfiehlt dem jungen Mann, als er von Dionysodoros' Ankunft in Athen erfährt, den Besuch seines Unterrichts und schickt ihn nach dem Gespräch
zu jenem zurück.

An der Kyrupädiestelle verrät das Motiv auch aus einem anderen Grund
seine sekundäre Verwendung. In § 12 erinnert Kambyses Kyros daran, daß
ein guter Stratege sich um die Versorgung des Heeres kümmern müsse.
Dadurch entsteht eine Doppelung zu § 9 ff., wo Kambyses bereits die Sorge
um die Verpflegung thematisierte.[37] Der Vergleich zwischen Soldaten und
οἰκέται, die verpflegt werden müssen (§ 12), klang schon in § 7 an. Xenophon legt anscheinend das in den Memorabilien behandelte Motiv in einer
ausführlicheren Fassung in der Kyrupädie ein, ohne sich um die Beseitigung
dadurch entstehender Dubletten zu kümmern.

Zum dritten ist es a limine wahrscheinlicher, daß die Polemik gegen
einen falschen Begriff der Strategik sich ursprünglich gegen einen bekannten Sophisten richtet, der den Anspruch erhebt, hierin Bescheid zu wissen,
als daß Xenophon umgekehrt das Motiv zunächst zu einer Spitze gegen
einen persischen Strategiklehrer benutzt, bevor er es in den Memorabilien
gegen Dionysodoros einsetzt.[38] Wie aus Platons Euthydemos (273c2 ff.) erhellt, erheben Dionysodoros und Euthydemos den Anspruch, alles, was zum
Krieg gehört und was ein künftiger guter Feldherr beherrschen muß, zu
wissen.[39] Gegen diesen Anspruch richtet Xenophon den sokratischen Logos
in den Memorabilien, indem er ihn als falsch und nicht der Kunst gemäß
entlarvt, bevor er das Thema in der Kyrupädie ein zweites Mal behandelt.

---

[35] Anders Marschall, 33, der von einem "geistreichen, eleganten Mittel" spricht, wodurch Xenophon seine eigenen Memorabilien zitiere.
[36] Vgl. v. Armin, 188.
[37] Vgl. auch Marschall, 33.
[38] Vgl. auch v. Armin, 187.
[39] 273c2 ff. ᾽Ω Κλεινία, τώδε μέντοι τὼ ἄνδρε σοφώ, Εὐθύδημός τε καὶ Διονυσόδωρος,
οὐ τὰ σμικρὰ ἀλλὰ τὰ μεγάλα· τὰ γὰρ περὶ τὸν πόλεμον πάντα ἐπίστασθον, ὅσα δεῖ τὸν
μέλλοντα ἀγαθὸν στρατηγὸν ἔσεσθαι, τάς τε τάξεις καὶ τὰς ἡγεμονίας τῶν στρατοπέδων
καὶ {ὅσα} ἐν ὅπλοις μάχεσθαι {διδακτέον}.

Es handelt sich bei diesem Motiv jedoch nicht um ein bloßes Versatzstück. Xenophon setzt es in der Mitte des Gesprächs zwischen Kyros und Kambyses gleichsam als ein heuristisches Mittel ein: Die falsche Vorstellung, die Strategik erschöpfe sich in der Taktik, ist der Ansatzpunkt, von dem aus Kambyses, wie sich Kyros im Rückblick erinnert, die οἰκονομία, ὑγίεια, ῥώμη, τέχναι, die der Täuschung und Übervorteilung des Feindes dienen, die Bereitwilligkeit des Heeres und schließlich den Gehorsam der Soldaten als Aufgaben des wahren Strategen nannte (§ 12–13). Alle diese Punkte sind Thema des zweiten Teils des Dialoges bis zum Schluß (§ 43).

Im ersten Teil (§ 7–11) thematisiert Kambyses das ethische Problem, wie man καλὸς κἀγαθός wird; damit ist jedoch, wie der Fortgang des Gesprächs zeigt, in erster Linie die Frage des καλῶς ἄρχειν (§ 8) gemeint.

Den Rahmen des gesamten Dialoges bildet das Problem des Verhältnisses zu den Göttern (§ 2–6, 44–46). Nichts zeigt deutlicher als dieses Thema, daß Xenophon den guten Strategen und Herrscher nicht nur danach bestimmt, ob er das nötige Wissen zur Ausübung seines Amtes besitzt. Ausdrücklich formuliert er diesen Gedanken im Hipparchikos (9,2):[40] Im Bereich des Ackerbaus, der Schiffahrt und der Herrschaft reicht nicht die richtige Erkenntnis, es bedarf zusätzlich der Sorge darum, daß die Götter das jeweilige Werk vollenden.

Aus dem Beginn des Gesprächs zwischen Kyros und Kambyses ergibt sich folgendes Bild: Kambyses belehrt den Sohn zunächst über den Wert der Mantik und das Verhältnis, das er als Feldherr zu ihr haben muß (§ 2), dann reflektiert Kyros auf das Problem, unter welchen Voraussetzungen ein Mensch von göttlicher Seite Hilfe erwarten darf (§ 3–6). Die verbindende Klammer zwischen beiden Abschnitten ist das Stichwort οἱ θεοὶ ἵλεωι, das jeweils zu Beginn steht.

Das Mittel, um zu erkennen, ob die Götter wohlwollend sind, ist für Kambyses die Mantik. Daß sie notwendig ist, setzt er als selbstverständlich voraus. Dies entspricht der in den Memorabilien (I 1,7) von Sokrates geäußerten Überzeugung, daß die, die Häuser und Städte gut lenken, der Mantik bedürfen. Das Besondere an der Kyrupädiestelle ist, daß Kambyses Kyros daran erinnert, wie er ihn seinerzeit in dieser Kunst unterrichtete, um ihn von den berufsmäßigen Sehern unabhängig zu machen und gegen Betrug zu wappnen. Xenophon schwebt hier eine Hierarchie der Technai vor, in der sich die Mantik der Strategik unterzuordnen hat. Platon spricht im Laches (199a1 ff.) von einem regelrechten Nomos, der vorsieht, daß der

---

[40] Hipp. 9,2 ὀρθῶς δὲ γιγνωσκόμενα οὐ φέρει καρπὸν οὔτ' ἐν γεωργίαι οὔτ' ἐν ναυκληρίαι οὔτ' ἐν ἀρχῆι, ἢν μή τις ἐπιμέληται ὡς ἂν ταῦτα σὺν τοῖς θεοῖς ἐκπεραίνηται. Vgl. auch 6,6.

Stratege über dem Seher steht.[41] Die Begründung, die der platonische Sokrates für diese Hierarchie gibt, ist freilich eine andere als bei Xenophon.
Sokrates begründet sie epistemologisch: Der Stratege weiß das, was zum
Krieg gehört, und zwar Gegenwärtiges und Zukünftiges, besser als die
Mantik (Lach. 198e2 ff.). An der Kyrupädiestelle hingegen klingt der Topos
der trügerischen Seher an.[42] Möglicherweise spielt in diesem Zusammenhang auch Xenophons persönliche Erfahrung eine Rolle, denn er berichtet
in der Anabasis (V 6,29), wie ihn der Seher Silanos bei der Opferschau zu
täuschen versucht, um seinen Plan, eine Stadt am Pontos Euxeinos zu gründen, zu verhindern.

Wie man sich die Götter gewogen machen kann und welcher Voraussetzungen es bedarf, ist Thema des zweiten Abschnitts (§ 3 ff.). Zwei Maximen,
die Kambyses den Sohn einst lehrte, stehen im Mittelpunkt: Der Mensch
hat sich am meisten dann um die Götter zu kümmern, wenn es ihm sehr
gut geht, und nicht erst, wenn er in Not ist (§ 3). Wenn die Menschen von
den Göttern Gutes erbitten, das in den Bereich der Technai gehört, müssen
sie bereits entsprechendes Wissen besitzen (§ 5 f.). Bei der ersten Forderung
handelt es sich um einen Lieblingsgedanken Xenophons, den er auch am
Ende des Hipparchikos (9,9)[43] formuliert. Er geht von der Prämisse aus,
daß nicht die bloße χρεία, sondern die freiwillige, autonome Entscheidung
den Wert der religiösen Haltung bestimmt; bedenklich erscheint dieser Gedanke hinsichtlich seiner Abzweckung, da der ἐπιμελούμενος sich eine Gegenleistung erhofft. Das Verhältnis zu den Göttern beschreibt Kyros als analog dem Verhältnis zu Menschen (§ 3). Den deutlichsten Ausdruck findet
der Gedanke der Analogie im Gespräch zwischen Sokrates und Aristodemos
in den Memorabilien (I 4,18).[44] Hier vergleicht Sokrates den Gottesdienst,
mit dem man die Bereitschaft der Götter, sich zu offenbaren, erkunden
will, mit dem Dienst an Menschen, durch den man erkennt, ob sie eine
Gegenleistung erbringen.[45]

---

[41] Lach. 199a1 ff. καὶ ὁ νόμος οὕτω τάττει, μὴ τὸν μάντιν τοῦ στρατηγοῦ ἄρχειν, ἀλλὰ
τὸν στρατηγὸν τοῦ μάντεως.

[42] Frühester Beleg: Il. 24,220 ff.; vgl. auch Od. 1,415 f.; Soph. OT 386 ff., Eur. Hel.
744 ff., IT 573 ff., IA 956 ff., Thuk. VIII 1,1, Plat. Leg. 908d3. Vgl. auch Schnyder, Die
Religiosität Xenophons. 155, Joel, Der echte und der xenophontische Sokrates I, 86 zu
Cyr. I 6,2. – Sokrates empfiehlt Mem. IV 7,10, die Mantik selbst zu erlernen. Möglicherweise gründet dies auf der gleichen Überlegung wie Cyr. I 6,2.

[43] Vgl. auch Ages. 11,2.

[44] Vgl. auch Mem. II 1,28 ... ἀλλ᾽ εἴτε τοὺς θεοὺς ἵλεως εἶναί σοι βούλει, θεραπευτέον
τοὺς θεούς, εἴτε ὑπὸ φίλων ἐθέλεις ἀγαπᾶσθαι, τοὺς φίλους εὐεργετητέον, εἴτε ὑπό τινος
πόλεως ἐπιθυμεῖς τιμᾶσθαι, τὴν πόλιν ὠφελητέον κτλ.

[45] Zu I 4,18 vgl. Gigon, Xenophons Memorabilien I, 143.

Die zweite Maxime, die Kambyses in Erinnerung bringt, bestimmt, wann
sich der Mensch der Mantik bedienen darf. Die Voraussetzung ist, daß er
sich bereits Wissen erworben hat (§ 5). Kyros illustriert diesen Gedanken am
Reiten, Bogenschießen und an der Steuerkunst, ferner am Ackerbau, wo
es ohne Säen keine Ernte gibt, und am Krieg, in dem ohne Verteidigung
keine Rettung möglich ist (§ 6). Die beiden letzten Beispiele fallen aus der
Reihe; in ihnen geht es nicht um das notwendige Wissen, sondern darum,
daß man zunächst der Techne gemäß handeln muß, bevor man um gutes
Gelingen bittet.[46]

In auffälliger Nähe zur Kyrupädiestelle steht Memorabilien I 1,9.[47] Auch
in den Memorabilien thematisiert Sokrates die Frage, unter welchen Bedingungen man sich der Mantik bedienen darf. Er zeigt zunächst positiv, daß
sie nötig ist, weil allein die Götter τὰ μέγιστα wissen und dem Menschen
unklar bleibt, ob das Telos seines Handelns nützen oder schaden wird (I
1,8).[48] Hier klingt die aus Platons Laches (195c7 ff.) bekannte Distinktion
in technisches Wissen und ein davon verschiedenes Wissen von dem Nutzen, den eine Techne bringt, an.[49]

Dann unterscheidet Sokrates zwischen zwei extremen Haltungen: Es gibt
Menschen, die meinen, alles ohne die Mantik leisten zu können, und solche, die die Mantik auch dort bemühen, wo sie selbst Erfolg haben können.
Letztere fragen die Götter, ob es überhaupt besser sei, sich eines sachkundi-
gen Wagenlenkers oder Steuermannes zu bedienen (§ 9), und begehen damit
einen Frevel. Die Fragestellung ist anders als an der Kyrupädiestelle; in den
Memorabilien fragen die genannten Menschen nach der Berechtigung technischen Wissens, während es in der Kyrupädie als Fehlverhalten erscheint,
sich der Mantik nur des Erfolges wegen zu bedienen, ohne sich entsprechende ἐπιστήμη erworben zu haben. Der in der Kyrupädie beschriebene

---

[46] Entfernt vergleichbar ist Demokrit VS 68 B 234 ὑγιείην εὐχῇσι παρὰ θεῶν αἰτέονται
ἄνθρωποι, τὴν δὲ ταύτης δύναμιν ἐν ἑαυτοῖς ἔχοντες οὐκ ἴσασιν. Vgl. Gigon, Xenophons
Memorabilien I, 12.

[47] Vgl. auch Gigon, Sokrates, 49, ders., Xenophons Memorabilien I, 11 f. und schon
Marschall, Untersuchungen zur Chronologie der Werke Xenophons, 19 ff., der allerdings
die Unterschiede zwischen beiden Stellen zu wenig berücksichtigt.

[48] I 1,8 τὰ δὲ μέγιστα τῶν ἐν τούτοις ἔφη τοὺς θεοὺς ἑαυτοῖς καταλείπεσθαι, ὧν οὐδὲν
δῆλον εἶναι τοῖς ἀνθρώποις. οὔτε γὰρ τῶι καλῶς ἀγρὸν φυτευσαμένωι δῆλον ὅστις καρπώ-
σεται, οὔτε τῶι καλῶς οἰκίαν οἰκοδομησαμένωι δῆλον ὅστις ἐνοικήσει, οὔτε τῶι στρατη-
γικῶι δῆλον εἰ συμφέρει στρατηγεῖν, οὔτε τῶι πολιτικῶι δῆλον εἰ συμφέρει τῆς πόλεως
προστατεῖν, οὔτε τῶι καλὴν γήμαντι, ἵν᾽ εὐφραίνηται, δῆλον εἰ διὰ ταύτην ἀνιάσεται, οὔτε
τῶι δυνατοὺς ἐν τῆι πόλει κηδεστὰς λαβόντι δῆλον εἰ διὰ τούτους στερήσεται τῆς πόλεως.

[49] Vgl. Gigon, Xenophons Memorabilien I, 10 zu I 1,7.

Fall liegt etwa in der Mitte zwischen dem in den Memorabilien genannten Verhalten derer, die gänzlich auf die Mantik verzichten zu können glauben, und jener, die sie dort bemühen, wo der Mensch alleine Wissen erwerben kann.

Die Theologie, die an beiden Stellen, besonders deutlich aber an der Kyrupädiestelle, zum Ausdruck kommt, geht von der Prämisse aus, daß die Götter den Menschen grundsätzlich wohlgesonnen sind. Um sich ihrer Hilfe zu versichern, bedarf es jedoch der fortwährenden ἐπιμέλεια, nicht der erst aus der Not geborenen Hinwendung.

Auf der anderen Seite vertritt auch Xenophon die traditionelle Vorstellung, daß das menschliche Wissen beschränkt ist. So ist zu erklären, daß er Kambyses genau in der Mitte des Dialoges (§ 23) die Notwendigkeit der Mantik epistemologisch begründen läßt: Was die Menschen nicht lernen oder vorausschauen können, müssen sie von den Göttern erfahren. Dies korrespondiert der zu Beginn formulierten Maxime, sich die nötige ἐπιστήμη zu erwerben, bevor man die Götter um einen guten Ausgang bittet.

Am deutlichsten aber läßt Xenophon Kambyses den Satz von der Beschränktheit menschlichen Wissens am Ende des Gesprächs (§ 44 ff.) formulieren, um so die Notwendigkeit der Mantik zu begründen. Dort heißt es, die Menschen wüßten nicht, durch welche πρᾶξις ihnen das Gute zuteil werde (§ 44), die ἀνθρωπίνη σοφία verstehe nicht besser das jeweils Beste zu wählen, als wenn jemand das Los werfe (§ 46). Diese Aussagen stehen nur scheinbar in Widerspruch zur in § 5–6 geäußerten Maxime, die Menschen dürften nicht in den Fällen von den Göttern das Gute erwarten, in denen sie nicht zunächst Wissen erworben haben. Am Schluß steht die Antithese zwischen dem Nichtwissen der Menschen hinsichtlich dessen, was sein wird, und dem göttlichen Allwissen im Mittelpunkt. Die vorgängige Forderung nach ἐπιστήμη im Bereich der Technai wird dadurch nicht außer Kraft gesetzt.[50]

---

[50] Daß Xenophon den Gedanken, die Götter spendeten Prodigien, wenn sie gnädig sind, von der Überlegung trennt, daß der Ausgang aller Dinge den Menschen unklar sei, ist nicht hart, wie Marschall, 22 behauptet. Eher wird man in der Disposition des Stoffes zu Beginn und am Ende des Kyros-Kambyses-Gesprächs eine xenophontische Eigenart sehen. Sie findet eine Parallele im Hipparchikos, der mit der Forderung beginnt, sich durch Opfer die Götter gnädig zu stimmen (1,1), und mit einem in deutlicher Analogie zu Cyr. I 6,44–46 stehenden Reflex auf das Allwissen der Götter und der Forderung endet, auch im Glück die Götter zu verehren.

An der Spitze der Pflichten, die ein guter Feldherr zu erfüllen hat, steht
die Versorgung der Untergebenen. Das Stichwort, das Kambyses gebraucht,
ist τα ἐπιτήδεια (§ 7). Er wiederholt es zu Beginn des aus den Memorabilien
(III 1) stammenden Einschubs (§ 12), dort unter dem Oberbegriff οἰκονομία.
Der gute Feldherr muß so handeln wie ein guter οἰκονόμος. Die Sorge um
das Wohl der Soldaten ist analog der Sorge um die οἰκέται. Kambyses zieht
diesen Vergleich ausdrücklich in § 12, doch liegt er schon in § 7 zugrunde.[51]
Nach Xenophons Vorstellung besteht zwischen beiden Formen dieser ποριστική kein gattungsmäßiger Unterschied. So erklärt sich, daß er zwischen
beiden Tätigkeiten in den Memorabilien (III 4) sogar einen inneren Zusammenhang herstellt. Am Beispiel des Antisthenes, der von den Athenern zum
Feldherrn gewählt wurde, entzündet sich zwischen Sokrates und Nikomachides, der bei der Wahl durchfiel, eine Diskussion über das Wesen des
guten Strategen. Sokrates belehrt Nikomachides, daß Antisthenes, obgleich
er keine praktische militärische Erfahrung besitzt, die Wahl gewann, da er
sich nicht nur als guter Leiter von Chören auszeichnete, sondern sich auch
als οἰκονόμος hervortat. Wer sich auf dem Gebiete der οἰκονομία bewährt,
wird auch ein guter Stratege sein. Diese paradoxe These stützt Sokrates,
indem er eine Liste der ἔργα gibt, die beiden Tätigkeiten gemeinsam sind
(III 4,7 ff.).

Daß Xenophon auf der anderen Seite an das Amt des Feldherrn und
allgemein an das Herrschen höhere Anforderungen stellt, zeigt der weitere
Verlauf des Gesprächs zwischen Kyros und Kambyses. Kyros bezeichnet in
seiner Antwort das καλῶς ἄρχειν als ein ὑπερμέγεθες ἔργον (§ 8), womit nicht
nur die reine Größe, sondern die besondere Schwierigkeit der Aufgabe gemeint ist. Die Begründung liefert Kyros in Form einer Antithese: Auf der
einen Seite steht die irrige Auffassung, der ἄρχων müsse sich von den ἀρχόμενοι durch größeren Aufwand im Essen, Mehrbesitz und einen bequemeren Lebenswandel unterscheiden. Ihr setzt Kyros seine Definition des ἄρχων
entgegen: ἐγὼ δὲ οἶμαι, ἔφη, τὸν ἄρχοντα οὐ τῶι ῥαιδιουργεῖν χρῆναι διαφέρειν τῶν ἀρχομένων, ἀλλὰ τῶι προνοεῖν καὶ φιλοπονεῖν (§ 8). Die Definition
bezieht sich in erster Linie auf den Feldherrn, doch ist sie derart allgemein
gehalten, daß sie den Herrscher sicherlich einschließt. Das Schlagwort φιλοπονεῖν deutet auf den Einfluß des Antisthenes.[52] Xenophon ergänzt damit
die intellektuelle Seite des Strategen- und Herrscheramtes um eine psychisch-physische Komponente. φιλοπονεῖν bezeichnet primär den auf freier
Entscheidung beruhenden Willen, Mühen auf sich zu nehmen; diese voluntas bewährt sich in der Praxis.

---

[51] Vgl. auch VIII 1,14 und besonders VIII 5,7.
[52] Vgl. auch oben S. 36.

Auf der anderen Seite steht das προνοεῖν, daß Xenophon in der Kyrupädie ebenfalls als Schlagwort zur Kennzeichnung des idealen Herrschers einsetzt.[53] Er benutzt es in einem doppelten Sinne: Zum einen bezeichnet es die wenn auch beschränkte Fähigkeit zur Voraussicht aufgrund von ἐπιστήμη, so im weiteren Verlauf des Gesprächs zwischen Kyros und Kambyses (§ 23). Zum zweiten eignet ihm geradezu die Bedeutung 'Fürsorge', so daß es als tertium comparationis zwischen dem Herrscher und dem Vater dienen kann (VIII 1,1).

Es fällt auf, daß die πρόνοια in den vergleichbaren Definitionen des guten Feldherrn und Herrschers in den Memorabilien (II 1,1–20, III 1,6, 2,1 ff., 6,18) fehlt. Sachlich am nächsten kommt noch der Vergleich zwischen dem Herrscher und dem Hirten in III 2, in dem Xenophon die Sorge um das Wohl der Untertanen als Aufgabe des βασιλεύς und des στρατηγός an Agamemnon illustriert. Einen festen Platz hat das προνοεῖν hingegen im Hipparchikos, der wie die Kyrupädie zu den späten Werken zu rechnen ist.[54] Dies deutet auf eine Verfestigung der Terminologie gegen Ende der Schaffensperiode. Ein entscheidender Impuls kommt möglicherweise von Isokrates (2,6); am Ende des Prooms der Rede An Nikokles sagt er prononziert mit Bezug auf das Herrschen: τῶν ἀνθρωπίνων πραγμάτων μέγιστόν ἐστι καὶ πλείστης προνοίας δεόμενον. Beides, der Hinweis auf die Größe der Aufgabe und die πρόνοια, findet sich im gleichen Zusammenhang an der Kyrupädiestelle.[55]

Auf isokrateischen Einfluß deutet noch ein zweiter Punkt: Isokrates spricht wenig später (2,10), bei der Bestimmung des ἔργον der Herrschenden, davon, daß sie sich nicht durch ῥαιθυμεῖν und ἀμελεῖν, sondern durch Phronesis vor den anderen, womit wohl die Untertanen gemeint sind, aus-

---

[53] Vgl. VIII 1,1, 2,2. Zum Begriff vgl. auch Due, 94, 95, 99. Due, 184 schränkt die Bedeutung von πρόνοια zu sehr ein, wenn sie meint "that quality has a more practical ring". Zur πρόνοια bei den hellenistischen Herrschern vgl. Farber, AJPh 100, 1979, 506.

[54] Vgl. Hipp. 4,1, 6,2 f., 7,5. – Den terminus post quem des Hipparchikos liefert die Schlacht bei Leuktra (371), die Xenophon wohl in 9,4 voraussetzt. Als terminus ante quem ist mit einiger Wahrscheinlichkeit die Schlacht von Mantineia (362) anzusetzen. In 7,2 f. spielt Xenophon auf einen möglichen Einfall der Thebaner in Attika an, was nach dem Jahr 362 nicht so recht paßte. Vgl. zur Datierung Marschall, 86. Eine genauere Eingrenzung dieses Intervalls scheint nicht möglich. Marschall versucht aufgrund von 1,19 und 4,6 wahrscheinlich zu machen, daß die Schrift den Frieden von 366 voraussetzt, doch bleibt dies höchst unsicher.

[55] Vgl. auch Mem. IV 2,2 (Sokrates) εὔηθες ἔφη εἶναι τὸ οἴεσθαι τὰς μὲν ὀλίγου ἀξίας τέχνας μὴ γίγνεσθαι σπουδαίους ἄνευ διδασκάλων ἱκανῶν, τὸ δὲ προεστάναι πόλεως, πάντων ἔργων μέγιστον ὄν, ἀπὸ ταὐτομάτου παραγίγνεσθαι τοῖς ἀνθρώποις.

zuzeichnen hätten.[56] Ähnlich lautet das negative Glied der Definition, die
Kyros gibt (§ 8 ἐγὼ δὲ οἶμαι, ἔφη, τὸν ἄρχοντα οὐ τῶι ῥαιδιουργεῖν χρῆναι
διαφέρειν τῶν ἀρχομένων κτλ.).[57]

Für den weiteren Verlauf des Gesprächs ist entscheidend, daß Kyros
scheinbar bereits im Besitz des nötigen Wissens ist, in Wirklichkeit jedoch
in einigen Punkten von Kambyses erst 'aufgeklärt' werden muß. Die Konstellation ist grundsätzlich vergleichbar mit der Ausgangssituation des elenk-
tischen Gesprächs zwischen Perikles und Alkibiades in den Memorabilien
(I 2,40 ff.). Alkibiades fragt Perikles nach der Definition des Nomos, worauf
dieser selbstsicher repliziert, es handle sich nicht um ein schwieriges Problem, und eine formale Definition gibt, deren Problematik Alkibiades durch
eine schrittweise Elenktik aufzeigt. Von ferne ist auch das Gespräch zwischen Sokrates und Euthydemos (Mem. IV 2) zu vergleichen, an dessen
Ausgangspunkt das Scheinwissen des Euthydemos steht, der meint, auf einen Lehrer zur Erlernung der πολιτική verzichten zu können. Kyros ist sich
über die grundlegende Bedeutung der Versorgung des Heeres zwar im Klaren, doch glaubt er, sich auf Kyaxares verlassen zu können (§ 9). Kambyses
kann zeigen, daß es sich um eine trügerische πίστις handelt, bevor er in
einem zweiten Schritt positiv erläutert, wie die Versorgung zu sichern ist
(§ 10). Das Mittel, das er nennt, zeichnet sich nicht durch einen besonderen
Einfallsreichtum aus, es beruht vielmehr auf der Erwartung, daß das per-
sisch-medische Heer das Nötige aufgrund seiner δύναμις von den umliegen-
den Völkerschaften erhalten werde. Xenophon scheint es nicht so sehr um
den konkreten Fall als vielmehr um die allgemeine Maxime zu gehen, sich
zu einen nicht zu sehr auf andere zu verlassen, zum anderen vorzusorgen,
bevor die χρεία dazu zwingt (§ 10). Es handelt sich im Grunde um eine auf
den speziellen Fall der Strategik übertragene Gnome.[58]

Interessant ist, wie Xenophon aus dieser Sorge um das Wohl eines Heeres
eine ganze Reihe von Vorteilen entspringen läßt, die sich gleichsam zwangsläufig ergeben. Sind die ἐπιτήδεια erst einmal gesichert, so wird ein Feldherr
nach dieser Theorie mit dem Gehorsam der Soldaten rechnen können; und
er wird sie mit größerer Wahrscheinlichkeit überreden können, falls er zeigen kann, daß er die Macht besitzt, Gutes und Schlechtes zu tun (§ 10).

---

[56] 2,10 καὶ μὴν ἐκεῖνό γε φανερόν, ὅτι δεῖ τοὺς ταῦτα δυνησομένους καὶ περὶ τηλι-
κούτων βουλευομένους μὴ ῥαιθυμεῖν μηδ' ἀμελεῖν, ἀλλὰ σκοπεῖν ὅπως φρονιμώτερον δι-
ακείσονται τῶν ἄλλων.

[57] Zu ῥαιδιουργεῖν vgl. auch Ages. 11,6 τῆι δὲ βασιλείαι προσήκειν ἐνόμιζεν οὐ
ῥαιδιουργίαν ἀλλὰ καλοκἀγαθίαν.

[58] Vgl. Hes. Erg. 400 ff.

Worauf sich dieses εὖ ποιεῖν καὶ κακῶς bezieht, erhellt aus dem Folgenden (§ 11): Kambyses spielt auf die traditionelle Maxime 'Den Freunden nützen, den Feinden schaden' an.[59]

Mit dieser Maxime kommt ein neuer Gedanke ins Spiel: Wer nach Kambyses die Möglichkeit besitzt, den Freunden zu nützen und den Feinden zu schaden, und sich dennoch nicht um das πορίζεσθαι kümmert, handelt ebenso schändlich wie jemand, der sein Land brach liegen läßt, obgleich er Arbeiter zu seiner Bestellung hat. Kambyses setzt nicht nur wie im folgenden (§ 27 ff.) die Gültigkeit und Rechtmäßigkeit dieser Maxime voraus, sondern er bezeichnet ein dementsprechendes Verhalten, falls man die nötige δύναμις besitzt, sogar als Pflicht. Das Xenophon die Forderung, den Freunden zu nützen und den Feinden zu schaden, gutheißt, erhellt am deutlichsten aus einer Reihe von Stellen im Agesilaos (1,34, 6,5, 9,7, 11,12), an denen er unmittelbar seine Überzeugung äußert.[60]

Der zweite Teil des Gesprächs zwischen Kyros und Kambyses (§ 12 ff.) beginnt mit einem Katalog der Pflichten des guten Feldherrn, der sein Vorbild in der Liste des entsprechenden Gesprächs in den Memorabilien (III 1,6) hat. In den Memorabilien fordert Sokrates vom Strategen neben der Taktik: καὶ γὰρ παρασκευαστικὸν τῶν εἰς τὸν πόλεμον τὸν στρατηγὸν εἶναι χρή, καὶ ποριστικὸν τῶν ἐπιτηδείων τοῖς στρατιώταις, καὶ μηχανικὸν καὶ ἐργαστικὸν καὶ ἐπιμελῆ καὶ καρτερικὸν καὶ ἀγχίνουν, καὶ φιλόφρονά τε καὶ ὠμόν, καὶ ἁπλοῦν τε καὶ ἐπίβουλον, καὶ φυλακτικόν τε καὶ κλέπτην, καὶ προετικὸν καὶ ἄρπαγα καὶ φιλόδωρον καὶ πλεονέκτην καὶ ἀσφαλῆ καὶ ἐπιθετικόν, καὶ ἄλλα πολλὰ καὶ φύσει καὶ ἐπιστήμηι δεῖ τὸν εὖ στρατηγήσοντα ἔχειν.

---

[59] Die Überlieferung in § 11 lautet: τὸ δ᾽ ἔχοντα δύναμιν ἧι ἔστι μὲν φίλους εὖ ποιοῦντα ἀντωφελεῖσθαι, ἔστι δὲ ἐχθροὺς {ἔχοντα} πειρᾶσθαι τείσασθαι (τι κτᾶσθαι RDF), ἔπειτ᾽ ἀμελεῖν τοῦ πορίζεσθαι, οἴει τι, ἔφη, ἧττόν τι τοῦτο εἶναι αἰσχρὸν ἢ εἴ τις ἔχων μὲν ἀγρούς, ἔχων δὲ ἐργάτας οἷς ἂν ἐργάζοιτο, ἔπειτ᾽ ἐώιη τὴν ἀργοῦσαν ἀνωφέλητον εἶναι; Problematisch ist ἐχθροὺς ἔχοντα. Daß das Partizip mit dem Objekt δύναμιν zu verbinden ist, wie Hertlein, [2]1859 annimmt, ist unwahrscheinlich, da dieser Bezug den Parallelismus der Aussage zerstörte. Entweder handelt es sich um eine Glosse, die zu athetieren ist – so J. N. Madvig, Adversaria critica I, 1871, 352, Hug 1883 (editio maior), Marchant und Gemoll-Peters – oder der Text enthält eine Korruptel. Da sich ein Grund für eine Glossierung nicht erkennen läßt, ist möglicherweise mit H. Richards, Notes on Xenophon and Others, London 1907, 200 ἐχθρῶς ἔχοντας zu lesen. Vgl. Symp. 4,3, Mem. III 5,2; Dem. 5,18.

[60] Daß Xenophon Sokrates in den Memorabilien (II 3,14, IV 2,15) die Maxime vertreten läßt, deutet darauf hin, daß er sich der Antinomie zwischen ihr und dem sokratischen Dogma, niemand tue freiwillig Unrecht, nicht bewußt ist. Er unterscheidet sich hierin deutlich von Platon, dessen Sokrates in der Politeia (335b2 ff.) und im Kriton (49a4 ff.) die Maxime ablehnt. Eine Überwindung der Verhaltensregel 'Den Freunden nützen, den Feinden schaden' deutet sich Mem. II 2,2 an. In der Kyrupädie empfiehlt Kyros seinen Söhnen vor dem Tod: καὶ τοῦτο ... μέμνησθέ μου τελευταῖον, τοὺς φίλους εὐεργετοῦντες καὶ τοὺς ἐχθροὺς δυνήσεσθε κολάζειν (VIII 7,28).

Der Katalog an der Kyrupädiestelle, den Kambyses aufstellt, lautet
(§ 12 f.): οἰκονομία, ὑγίεια / ῥώμη, τέχναι, στρατιᾶι προθυμίαν ἐμβαλεῖν, τὸ
πείθεσθαι τὴν στρατιάν. Der Begriff οἰκονομία korrespondiert παρασκευαστι-
κός und ποριστικὸς τῶν ἐπιτηδείων. Unter dem Stichwort τέχναι sind die
Kunstfertigkeiten zu verstehen, mit denen man den Feind übervorteilen
kann. Die Beschreibung der dazu nötigen Haltung findet sich in § 27: δεῖ
τὸν μέλλοντα τοῦτο ποιήσειν (sc. πλέον ἔχειν τῶν πολεμίων) καὶ ἐπίβουλον
εἶναι καὶ κρυψίνουν καὶ δολερὸν καὶ ἀπατεῶνα καὶ κλέπτην καὶ ἅρπαγα καὶ ἐν
παντὶ πλεονέκτην τῶν πολεμίων.

Die Anklänge an den zweiten Teil der Liste in den Memorabilien (καὶ
φιλόφρονά τε καὶ ὠμὸν κτλ.) sind evident. Es fällt auf, daß Xenophon an der
Memorabilienstelle Gegensatzpaare bildet. Der Bezugspunkt der positiven
Eigenschaften sind jeweils die φίλοι, der der negativen Prädikate entspre-
chend die Feinde. An der Kyrupädiestelle gibt Xenophon diese antithetische
Reihe auf, indem er nur die auf die Feinde anzuwendenden Verhaltenswei-
sen nennt, diese ausführlich rechtfertigt und in einem dritten Schritt die
Relativität des δίκαιον, in Entsprechung zum Euthydemosgespräch in den
Memorabilien (IV 2), thematisiert.

Daß Kambyses in § 27 ff. ein zweites Mal nach § 11 die Maxime 'Den
Freunden nützen, den Feinden schaden' zur Sprache bringt, ist im Grunde
ähnlich dublettenhaft wie das ἐπιτήδεια-Motiv (§ 7, 12); auch dies deutet
darauf hin, daß die Memorabilienstelle früher entstanden ist.

Neu ist in der Kyrupädie gegenüber der Memorabilienstelle die Forderung, daß sich der gute Feldherr um die Gesundheit und ῥώμη der Soldaten
zu kümmern hat. Der leitende Gesichtspunkt ist der der Vorsorge. Kambyses
vergleicht die Ärzte, mit deren Wahl Kyros glaubt, bereits das Nötige getan
zu haben (§ 15), mit Mantelflickern; auf der Gegenseite nennt er die Pro-
phylaxe, die in zwei Punkten besteht: Der ideale Feldherr hat ein gesundes
Feldlager zu wählen und die Soldaten wie sich selbst zu maßvollem Essen
und körperlicher Übung zu verpflichten (§ 16 f.).

Auffällig ist an dem Abschnitt zunächst die Spitze gegen die Medizin; ihr
stellt Xenophon eine besonders auf einer maßvollen Diät beruhende Vorsorge gegenüber. Die Ärzte betrachtet er nicht als überflüssig, wie auch VIII
2,24 f. zeigt, vielmehr betont er die Wichtigkeit einer vorgängigen ἐπιμέλεια, solange die Gesundheit vorhanden ist.

Das Eigenartige der diaitetischen Vorschrift besteht in einer Korrelation
zwischen dem Maß des Essens und dem Maß des πόνος: Wer zuviel ißt,
bedarf eines zu großen ἐκπονεῖν. So erklärt sich, daß Kyros als seine Maxime
verkündet: πειρῶμαι μηδέποτε ὑπερπίμπλασθαι (§ 17). Es handelt sich geradezu um einen xenophontischen Topos, der schon I 2,16 anklang und sich

auch im Oikonomikos (11,12)[61] und in den Memorabilien (I 2,4)[62] mit Bezug auf Sokrates findet.

Woher stammt das Dogma, daß die Gesundheit auf einem Gleichgewicht zwischen dem Essen und dem πόνος beruht? Xenophon dürfte es aus der medizinischen Literatur beziehen. Der Verfasser von Περὶ διαίτης entwickelt die gleiche Lehre und erhebt den Anspruch, ihr Urheber zu sein (De vict. III 69,2):[63] ἔστι δὲ προδιάγνωσις μὲν πρὸ τοῦ κάμνειν, διάγνωσις δὲ τῶν σωμάτων τί πέπονθε, πότερον τὸ σιτίον κρατεῖ τοὺς πόνους ἢ οἱ πόνοι τὰ σιτία ἢ μετρίως ἔχει πρὸς ἄλληλα. ἀπὸ μὲν γὰρ τοῦ κρατεῖσθαι ὁποτερονοῦν νοῦσοι ἐγγίνονται· ἀπὸ δὲ τοῦ ἰσάζειν πρὸς ἄλληλα ὑγιείη πρόσεστιν.[64]

Mit dem Einfluß von Περὶ διαίτης oder einem Traktat mit einer ähnlichen Theorie auf die Kyrupädiestelle ist zu rechnen. Die Kenntnis einer solchen Schrift verrät sich wohl auch in VI 2,26 ff.[65], wo Xenophon den allmählichen Übergang vom Wein zu Wasser thematisiert. Das Dogma lautet hier, daß der Wandel durch die allmähliche Abgewöhnung eines Lebensmittels erleichtert wird.[66] Die gleiche Lehre findet sich in Περὶ διαίτης III 68, wo der Verfasser einen langsamen Wechsel der Diät vom Winter zum Frühling empfiehlt.

In den Bereich der Psychologie, insbesondere der Menschenführung, gehören die Punkte στρατιᾶι προθυμίαν ἐμβαλεῖν und τὸ πείθεσθαι τὴν στρατιάν, die Kyros im Anschluß an das Problem der Gesundheit thematisiert (§ 19 ff.). Xenophon bedient sich des gleichen dialogtechnischen Verfahrens wie zuvor: Kyros nennt jeweils seine Vorstellung davon, wie sich die Bereitwilligkeit und der Gehorsam eines Heeres erreichen lassen, bevor Kambyses zeigt, was zu tun ist, um wahre προθυμία und πειθώ zu erzeugen (§ 19, 21).

---

[61] 11,12 (Ischomachos zu Sokrates) ἐπεὶ γὰρ ἐσθίειν τις τὰ ἱκανὰ ἔχει, ἐκπονοῦντι μὲν ὀρθῶς μᾶλλον δοκεῖ μοι ἡ ὑγίεια παραμένειν, ἐκπονοῦντι δὲ μᾶλλον ἡ ῥώμη προσγίγνεσθαι κτλ.

[62] Zur Stelle vgl. Gigon, Xenophons Memorabilien I, 31 f.

[63] Text nach Joly, CMG I 2,4. Vgl. auch De vict. I 2,2. Allerdings scheint der Autor eine für jeden individuellen Fall exakt festlegbare Proportion für unmöglich zu halten. – Joly, 28 vermutet wie schon C. de Vogel, Pythagoras and early Pythagoreanism. Assen 1966, 234, daß die Proportion zwischen Diät und πόνοι pythagoreischen Ursprungs ist.

[64] Die Symptome der πλησμονή beschreibt der Verfasser III 70, die Symptome im Falle von übermäßigen πόνοι III 83–84.

[65] Vgl. auch Breitenbach, Xenophon, 1725.

[66] Vgl. auch Mem. IV 3,9; die gleiche Lehre, hier mit dem Gedanken der göttlichen Providenz verbunden, Dio Chrys. 3,80 ἐπεὶ δὲ ἀσθενέστεροι φέρειν ἐσμὲν τὴν μεταβολὴν ἀθρόαν γιγνομένην, κατ' ὀλίγον ταῦτα μηχανᾶται (sc. ὁ θεός), καὶ τρόπον τινὰ λανθάνει συνεθίζων μὲν ἡμᾶς διὰ τοῦ ἦρος ὑπενεγκεῖν τὸ θέρος, προγυμνάζων δὲ διὰ τοῦ μετοπώρου χειμῶνα ἀνέχεσθαι κτλ.

Die verbindende Klammer zwischen beiden Abschnitten ist der Begriff des
Wissens. Wer es als Feldherr und Herrscher besitzt, wird nach Kambyses
Vertrauen nicht durch Täuschung und bloße Hoffnungen, wie Kyros zunächst vorschlägt, gewinnen. Kambyses illustriert diesen Gedanken durch
einen Tiervergleich: Jagdhunde lassen sich nur eine Zeit lang locken, wenn
keine Beute in Aussicht ist (§ 19).

Der Gedanke, daß der ideale Feldherr hingegen durch ἐπιστήμη zum Erfolg kommt, steht auch im Zentrum des zweiten Abschnitts (§ 20 ff.). Xenophon unterscheidet zwischen zwei Arten von πείθεσθαι: Auf der einen Seite
steht der auf bloßem Zwang beruhende Gehorsam; als seine Garanten nennt
Kyros die Nomoi, die in erster Linie zum Herrschen und Regiertwerden
erzögen (§ 20). Kyros verweist ferner auf seine eigene Erziehung, in der er
gelehrt wurde zu gehorchen. Hier liegt der Gedanke zugrunde, daß derjenige, der befehlen will, zunächst Gehorsam zu lernen hat. Der enge Zusammenhang zwischen ἄρχειν und ἄρχεσθαι deutet an, daß Xenophon Sparta
als Modell vorschwebt.[67]

Zum dritten nennt Kyros als Mittel zur Erziehung zum πείθεσθαι das
Lob und die Züchtigung für den, der willig bzw. ungehorsam ist (§ 20). Bei
dem Gedanken handelt es sich um einen Topos[68]; mit den beiden ersten
Gedanken verbindet ihn, daß der Gehorchende nicht aus eigener Einsicht
Folge leistet, sondern durch die τιμή verlockt und durch die drohende κόλα-
σις abgeschreckt wird. Es handelt sich, platonisch gesprochen (Plat. Gorg.
527b7 f.), bei diesem Prinzip nur um ein δεύτερον ἀγαθόν.

Daß Xenophon in diesem Punkt grundsätzlich mit Platon übereinstimmt,
zeigt sich in der Anabasis (II 6,9 ff.). Xenophon läßt in ihr Klearchos als
Vertreter des fragwürdigen Prinzips, die Soldaten im Falle des Ungehorsams
zu züchtigen, in Erscheinung treten; ihr Verhältnis vergleicht er mit dem
zwischen dem Lehrer und den Schülern. Viele seiner Soldaten hätten ihm
nur solange Gefolgschaft geleistet, als es gegen den Feind zu kämpfen galt,
ihn aber verlassen, sobald sie wählen konnten (§ 12). Als Vertreter der extremen Gegenposition fungiert Proxenos (Anab. II 6,16 ff.), der der irrigen
Annahme unterliegt, der zum Herrschen Begabte müsse lediglich den, der
richtig handelt, loben und den, der Unrecht begeht, nicht loben (§ 20).

Auf der anderen Seite steht der freiwillige Gehorsam, als dessen Prinzip
und Voraussetzung Kambyses das Wissen des ἄρχων nennt (§ 21 ὃν γὰρ ἂν
ἡγήσωνται περὶ τοῦ συμφέροντος ἑαυτοῖς φρονιμώτερον ἑαυτῶν εἶναι, τούτωι
οἱ ἄνθρωποι ὑπερηδέως πείθονται). Die Prämisse, unter der dies gilt, lautet:

---

[67] Vgl. auch oben S. 79.
[68] Vgl. Oec. 4,8, Hier. 9,10, Mem. III 4,8; vgl. auch Arist. Pol. V 11, 1315a4 ff.,
Isocr. 9,43. Zum Gedanken vgl. J. Endt, WS 24, 1902, 33 f., Wood, Xenophon's Theory
of Leadership, 52 f.

Niemand wird dann ungehorsam sein, wenn davon sein eigener Nutzen abhängt. Im Ansatz handelt es sich um einen Gedanken, der Verwandtschaft mit dem sokratischen Dogma zeigt, daß niemand freiwillig Unrecht begeht, da er sich dadurch selbst schadet.

Die Beispiele, mit denen Kambyses seine These illustriert, sind die Medizin und die Schiffahrt; der Kranke und der Schiffsreisende ordnen sich zum eigenen Wohl dem Arzt bzw. dem Steuermann unter (§ 21). Die gleichen Paradeigmata finden sich zur Illustration der gleichen These in den Memorabilien (III 3,8 f.). Sokrates bedient sich ihrer gegenüber jemandem, der zum Hipparchen gewählt wurde. Als drittes Beispiel dient an der Memorabilienstelle der Ackerbau; er fehlt an der Kyrupädiestelle, wird jedoch im folgenden von Kambyses namhaft gemacht (§ 22). Einmal mehr zeigt sich Xenophons Vorliebe für die Übertragung von Gedankenblöcken in einen neuen Zusammenhang.

Bei dem Motiv des freiwilligen Gehorsams der Untertanen, der auf dem Wissen des Herrschers beruht, handelt es sich um ein Leitmotiv der Kyrupädie. Es klang bereits im Proöm an, um die besondere Leistung des Reichsgründers zu würdigen, und nimmt einen wichtigen Platz zu Beginn des letzten Buches ein (VIII 1,2 ff.). Chrysantas vertritt dort die These, die Perser hätten in erster Linie aufgrund ihres Gehorsams gegenüber Kyros die Güter erlangt, derer sie sich nun erfreuten; und nur das πειθαρχεῖν werde diese ἀγαθά auch in Zukunft sichern. Xenophon selbst plaziert die Fähigkeit des ἐθελόντων ἄρχειν in der Hierarchie der Eigenschaften, die den idealen Herrscher kennzeichnen, sehr weit oben.[69] Am deutlichsten zeigt dies der Schluß des Oikonomikos (21,12), wo er Ischomachos diese Fähigkeit als ein göttliches Gut bezeichnen läßt.[70] Das Prädikat θεῖον zeigt an, daß es zu dieser Gabe neben der guten Physis und der richtigen Paideia, die Ischomachos zuvor nennt (21,11), noch einer göttlichen Fügung bedarf, die dem menschlichen Einfluß entzogen ist.[71]

An der Kyrupädiestelle überwiegen hingegen die ἐπιστήμη und die zu ihr nötige μάθησις: Auf Kyros' Frage, wie ein Herrscher den Anschein größerer Phronesis erwecken könne (§ 22), repliziert Kambyses, er müsse tatsächlich ein φρόνιμος werden (§ 22 οὐκ ἔστιν, ἔφη, ὦ παῖ, συντομωτέρα ὁδὸς ⟨ἐπὶ τὸ,⟩

---

[69] Vgl. auch Wood, Xenophon's Theory od Leadership, 52 und schon Luccioni, Les idées politiques et sociales de Xénophon, 46 f., 54 ff., 223 f.

[70] Vgl. auch Hier. 8,5.

[71] Xenophon unternimmt damit möglicherweise den Versuch, der ironischen Gleichsetzung der ἀρετή mit einer θεία μοῖρα in Platons Menon (99e6) zu begegnen, indem er die gute Physis, die richtige Erziehung und das göttliche Wirken als Bedingungen des idealen Herrschers fordert.

περὶ ὧν βούλει, δοκεῖν φρόνιμος εἶναι ἢ τὸ γενέσθαι περὶ τούτων φρόνιμον).[72]
Dies kann er nur durch entsprechendes Wissen, wo es dem Menschen gegeben ist, sich μάθησις zu erwerben (§ 23).

Auf der Gegenseite steht der ἀλαζών, der es auf den bloßen Schein anlegt (§ 22). Es fällt auf, daß auch diese Stelle eine enge Parallele in den Memorabilien (I 7,1 ff.). aufweist. Dort heißt es, Sokrates habe, um von der ἀλαζονεία abzuwenden, gelehrt, der schönste Weg zum Ruhm sei der, durch den man darin gut werde, worin man auch gut erscheinen wolle. Über die thematische Übereinstimmung hinaus finden sich wörtliche Anklänge zwischen beiden Stellen: Mem. I 7,1 ὅτι δ' ἀληθῆ ἔλεγεν, ὧδ' ἐδίδασκεν ∼ Cyr. I 6,22 καθ' ἓν ἕκαστον σκοπῶν γνώσῃ ὅτι ἐγὼ ἀληθῆ λέγω. Der Beglaubigungstopos erscheint jeweils am Anfang. An beiden Stellen dient als Paradeigma des ἀλαζών der schlechte Flötenspieler; er muß sich, heißt es an der Memorabilienstelle, um äußeren Aufwand, zahlreiche Gefolgschaft und Claqueure bemühen, um die guten Flötenspieler nachzuahmen (§ 2). Der Aufwand und die ἐπαινέται als Kennzeichen des ἀλαζών kehren an der Kyrupädiestelle wieder. Freilich ist hier weniger deutlich, daß es sich um Eigenschaften des Flötenspielers handelt; dies ergibt sich indirekt, da die genannten Kennzeichen zum Bauern, Reiter und Arzt, die Kambyses ferner nennt, nicht passen. Im Grunde wird der Bezug auf den αὐλητής erst vor dem Hintergrund der Memorabilienstelle klar.

Der Unterschied zwischen beiden Stellen besteht darin, daß Xenophon in den Memorabilien das Thema unter dem Stichwort ἀγαθός behandelt, während er in der Kyrupädie als Oberbegriff φρόνιμος wählt und erst in einem zweiten Schritt dafür ἀγαθός einsetzt. Zum zweiten endet die Memorabilienstelle mit einer Klimax (§ 5): Die schlimmste Täuschung begeht derjenige, der vorgibt, eine Stadt lenken zu können, ohne dazu befähigt zu sein.

Joel[73] versucht als Vorbild der beiden Abschnitte Antisthenes wahrscheinlich zu machen. Doch die Problematik des Gegensatzes zwischen Schein und Sein ist viel älter als die Sokratik[74]; und auch das Schlüsselwort φρόνι-

---

[72] Zum Bild des Weges vgl. Mem. II 6,39 ἀλλὰ συντομωτάτη τε καὶ ἀσφαλεστάτη καὶ καλλίστη ὁδός, ὦ Κριτόβουλε, ὅ τι ἂν βούλῃ δοκεῖν ἀγαθὸς εἶναι, τοῦτο καὶ γενέσθαι ἀγαθὸν πειρᾶσθαι. Zu diesem Bild vgl. auch Diog. Laert. VI 104 ὅθεν καὶ τὸν κυνισμὸν εἰρήκασι σύντομον ἐπ' ἀρετὴν ὁδόν, Diog. Laert. VII 121 (kynisch-stoischer Provenienz). Weitere Stellen bei Gigon, Xenophons Memorabilien II, 158 zu II 6,39.

[73] Joel, Der echte und der xenophontische Sokrates I, 518 ff.

[74] Vgl. Aisch. Sept. 592, Anon. Iambl. 2,1 ff. VS II, 400, 11 ff.; vgl. auch Plat. Gorg. 527b5 f., Resp. 361b7 ff.

μος, auf dem Joel insistiert, reicht allein nicht aus, um den Einfluß des Antisthenes wahrscheinlich zu machen, zumal Xenophon es nicht nur an dieser Stelle, sondern schon in § 15, 21 verwendet und es auch im folgenden gebraucht (§ 23). Daß die Phronesis bei Antisthenes eine wichtige Rolle spielt, zeigt eine Reihe von Fragmenten.[75] Doch bezeichnet der Begriff bei ihm als ethischer terminus eher die Vernunft und Besonnenheit, im Gespräch zwischen Kyros und Kambyses hingegen steht φρόνιμος eher für das technische Wissen und markiert eine dianoetische ἀρετή. Allerdings kennzeichnet den φρόνιμος nach Kambyses auch die Einsicht, daß es der Mantik bedarf, wo der Mensch kein Wissen erwerben kann, nämlich mit Bezug auf den künftigen Nutzen einer Handlung (§ 23). Der φρόνιμος erkennt demnach die Grenzen menschlichen Wissens.

In engem Zusammenhang mit dem Problem des freiwilligen Gehorsams der Untertanen steht die von Kyros thematisierte Frage, wie ein Herrscher erreicht, daß er von ihnen geliebt wird (§ 24). Auch hier liefert Kambyses die Antwort; er gibt zu bedenken, daß es schwierig sei, immer Wohltaten zu erweisen, und fordert statt dessen ein ständiges συμπαθεῖν des Herrschers mit den Untertanen. Die korrespondierende Stelle findet sich VIII 2,2; aus ihr geht hervor, daß Kyros als Monarch den Rat des Vaters befolgt: Solange ihm die Mittel für materielle Wohltaten fehlen, bemüht er sich um φιλία durch προνοεῖν und προπονεῖν sowie durch die Anteilnahme an Freud und Leid.

Erstaunlich ist, daß Kambyses in einem weiteren Schritt (§ 25) vom idealen ἄρχων fordert, daß er sich im Sommer im Ertragen von Hitze, im Winter im Aushalten von Kälte auszeichnen muß. Im Grunde handelt es sich bei diesem Punkt um eine Wiederholung dessen, was Kyros bereits in § 8 vom wahren ἄρχων erwartete. Eine Erklärung findet dieser Befund, wenn man auf die als Vorbild dienende Stelle in den Memorabilien (III 1) blickt, wo in der Reihe der Eigenschaften, die den idealen Feldherrn kennzeichnen, auch καρτερικός auftaucht. Xenophon erläutert dieses Stichwort an der Kyrupädiestelle, ohne sich um die auf diese Weise entstehende Doppelung nach § 8 zu kümmern.

Die Überlegung in § 25 kehrt ihrerseits zum Teil gleichlautend im Agesilaos (5,2 f.) wieder; auch dort spricht Xenophon mit Bezug auf Agesilaos von einem πλεονεκτεῖν τοῦ ἡλίου und einem πλεονεκτεῖν τοῦ ψύχους.[76] Ein-

---

[75] Vgl. Fg. 88, 89, 91 DC.
[76] Ages, 5,2 f. ἡγεῖτο γὰρ ἄρχοντι προσήκειν οὐ μαλακίαι ἀλλὰ καρτερίαι τῶν ἰδιωτῶν περιεῖναι. τάδε μέντοι πλεονεκτῶν οὐκ ἠισχύνετο, ἐν μὲν τῶι θέρει τοῦ ἡλίου, ἐν δὲ τῶι χειμῶνι τοῦ ψύχους ~ Cyr. I 6,25 καὶ ἐπὶ τῶν πράξεων δέ, ἢν μὲν ἐν θέρει ὦσι, τὸν ἄρχοντα δεῖ τοῦ ἡλίου πλεονεκτοῦντα φανερὸν εἶναι· ἢν δὲ ἐν χειμῶνι, τοῦ ψύχους.

mal mehr zeigt sich Xenophons Neigung zum wiederholten Gebrauch eines Gedankenblocks unter gleichzeitiger weitgehender Beibehaltung der sprachlichen Form.

Neu ist an der Kyrupädiestelle die Überlegung des Kambyses, daß die körperlichen Mühen für den ἄρχων und den Soldaten nicht die gleichen Auswirkungen haben, obschon es keinen Unterschied in der Physis gibt. Die Begründung: Die Ehre und das Wissen, daß die Taten nicht im Verborgenen bleiben, erleichtern die Mühen für den ἄρχων.[77] Der Gedanke hat Berühmtheit erlangt. Cicero übersetzt die Stelle in den Tuskulanen (II 62)[78] und bemerkt, daß Scipio Africanus die Kyrupädie als Lehrbuch für den Staatsmann immer zur Hand hatte und an ihr besonders die Sentenz in I 6,25 schätzte.[79]

Besonders breiten Raum nimmt im Fortgang des Gesprächs zwischen Kyros und Kambyses das Thema πλέον ἔχειν πολεμίων ein (§ 26 ff.). Auffällig ist dabei Folgendes: Während Xenophon an der entsprechenden Memorabilienstelle (III 1,6) die Eigenschaften, die der ideale Feldherr zur Täuschung der Feinde besitzen muß, einfach aufzählt, läßt er sich an der Kyrupädiestelle eine Diskussion über die Maxime 'Den Freunden nützen, den Feinden schaden' entzünden.

Sie entfaltet sich in zwei Schritten: Zu Beginn drückt Kyros sein Staunen darüber aus, daß der Vater ihm Täuschung, Verschlagenheit, List, Betrug, Diebstahl und Raub empfiehlt, um den Feind zu übervorteilen; Kambyses zeigt, daß die Übung mit Waffen und die Jagd in der persischen Erziehung als eine Propädeutik für den Krieg zu verstehen sind. Die Täuschung der Feinde bezeichnet er ausdrücklich als Kennzeichen des δικαιότατός τε καὶ νομιμώτατος ἀνήρ (§ 27).

In einem zweiten Schritt gibt er einen kurzen Rückblick über die frühere persische Erziehung. Es habe seinerzeit ein Lehrer den Kindern beigebracht, daß man den Freunden gegenüber sich nicht des Betrugs und der Lüge bedienen dürfe, wohl aber gegenüber den Feinden (§ 31). Ferner habe er sie gelehrt, es sei auch gegenüber den Freunden gerecht, sie zu ihrem Nutzen zu betrügen und zu bestehlen, worauf einige zum εὖ ἐξαπατᾶν und εὖ πλεονεκτεῖν begabte Kinder diese Fähigkeiten auch gegenüber den Freunden mißbraucht hätten (§ 31 f.).

---

[77] Eine Variante dieses Gedankens Ages. 5,6.

[78] Tusc. II 62 itaque semper Africanus Socraticum Xenophontem in manibus habebat, cuius in primis laudabat illud, quod diceret eosdem labores non esse aeque gravis imperatori et militi, quod ipse honos laborem leviorem faceret imperatorium.

[79] Zu Scipios Vorliebe für die Kyrupädie vgl. auch Cic. Ad Quint. fr. I 1,23. Münscher, Xenophon in der griechisch-römischen Literatur, 74, ist davon überzeugt, daß diese Vorliebe von Panaitios hervorgerufen wurde.

Ein persisches Gesetz habe daraufhin bestimmt, die Kinder 'einfach' (§ 33 ἁπλῶς) zu lehren, die Wahrheit zu sagen, nicht zu betrügen und nicht nach persönlichem Vorteil zu streben. Erst in fortgeschrittenem Alter sollten sie τὰ πρὸς τοὺς πολεμίους νόμιμα (§ 34) lernen.

Die Thematik ist aus dem Gespräch zwischen Euthydemos und Sokrates (Mem. IV 2,13 ff.), den Dissoi Logoi (3,1 ff.), Platons Politeia (331c1 ff.) und dem pseudoplatonischen Dialog Περὶ δικαίου (374b4 ff.) bekannt.[80] Recht und Unrecht scheinen sich einer absoluten, unveränderlichen Fixierung zu entziehen. Handlungen wie ἀπάτη und κλοπή sind nicht als solche ungerecht. Ihre Wertigkeit richtet sich nach der jeweiligen Situation, dem καιρός.

Warum fingiert Xenophon jedoch in der Kyrupädie, bei der Lehre von der δικαία ἀπάτη handle es sich um das Dogma eines Lehrers aus früherer Zeit, der damit teilweise das Gegenteil, nämlich den Betrug an Freunden zu ihrem Schaden, erreicht habe? Um auf die Schwierigkeit aufmerksam zu machen, die die Anwendung der Maxime, den Freunden zu nützen, den Feinden zu schaden, mit sich bringt, genügte im Grunde, wenn Xenophon auf das Wissen hinwiese, das zur Entscheidung, wann man gegenüber den Freunden sich des gerechten Betruges bedienen darf, nötig ist.

Das Motiv des die Gerechtigkeit und die δικαία ἀπάτη lehrenden διδάσκαλος läßt sich als Methaper für eine Quellengabe deuten. Als Vorlage der verwandten Memorabilienstelle IV 2,13 ff. macht C. W. Müller[81] eine Schrift des Antisthenes wahrscheinlich; es ist verlockend, mit Joel[82] Antisthenes auch als 'Quelle' der Passage der Kyrupädie anzusetzen.[83]

---

[80] Zum Zusammenhang der vier Stellen vgl. Müller, Die Kurzdialoge der Appendix Platonica, 134 ff.; zum weiteren Vorkommen der Maxime, den Freunden zu nützen, den Feinden zu schaden, ebd. 167 mit Anm. 2 und 4, Gigon, Xenophons Memorabilien II, 54 zu II 1,19, 87 zu II 2,2.

[81] Müller, a. a. O., 174–87.

[82] Joel, Der echte und der xenophontische Sokrates I, 396 f.

[83] Nestle, Xenophon und die Sophistik, Philologus 94, 1941, 38 ff. (Griechische Studien, 437 ff.) favorisiert als Vorlage Gorgias. Er verweist zum Vergleich mit der ἀπάτη im Ringkampf (§ 32) auf VS 82 B 8, wo Gorgias als Kennzeichen des ἀγώνισμα Wagemut und σοφία nennt. Es deutet jedoch nichts darauf hin, daß er am Ringkampf das Problem der δικαία ἀπάτη exemplifizierte. Weit hergeholt ist es, wenn Nestle den Hinweis, daß die persischen Kinder die absolute Gültigkeit des Verbotes zu betrügen lernen und erst als Erwachsene die relative Bedeutung dieser Norm kennenlernen (§ 28, 34), als Anspielung auf Gorgias' Differenzierung zwischen der ἀρετή des Knaben und der des erwachsenen Mannes (VS 82 B 19) interpretiert. – Heinimann, MH 18, 1961, 111, A. 30 versucht als Vorbild von Cyr. I 6,31, Dissoi Logoi 3,1 ff. sowie von Thuk. V 9,5 und Ar. Equ. 1238 f. Protagoras wahrscheinlich zu machen, ohne jedoch zu überzeugen.

An der Kyrupädiestelle fällt der Versuch auf, die Gerechtigkeit und den
Nomos zur Deckung zu bringen. Die Täuschung der Feinde ist nach der
Definition des Kambyses Kennzeichen des δικαιότατός τε καὶ νομιμώτατος
ἀνήρ (§ 27). Der persische Nomos, den Xenophon in Anspielung auf Sparta
als ῥήτρα bezeichnet (§ 33)[84], bestimmt, was gerecht ist, indem er verordnet,
die Kinder zunächst die unbedingte Gerechtigkeit zu lehren, bevor er erlaubt, sie mit dem Verhalten gegenüber Feinden vertraut zu machen. Dies
läuft wie im pseudoplatonischen Dialog Περὶ δικαίου (372a3, 375c6 f.) auf
die Gleichsetzung der Gerechtigkeit mit dem Nomos hinaus. Wie schon in
I 3,17 f.[85], erfährt der Nomos auf diese Weise eine Aufwertung.

Warum thematisiert jedoch Xenophon das Problem der δικαία ἀπάτη im
Rahmen einer regelrechten Erziehungstheorie? Die Antwort könnte Platons Politeia liefern. Im Zusammenhang der Dichterkritik im zweiten und
dritten Buch lehnt Platon die lügnerischen Logoi der Dichter als Mittel zur
Erziehung der Wächter ab. Er läßt die Lüge im Staat nur unter bestimmten
Bedingungen zu: gegenüber Feinden und sogenannten Freunden, falls sie
aus Wahnsinn oder Unwissenheit etwas Schlechtes bezwecken, erweist sie
sich als 'nützliches Heilmittel' (382c7 ff.). Ferner ist sie nützlich in den my-
thologischen Erzählungen, wenn sich aufgrund des zeitlichen Abstandes die
Wahrheit nicht mehr erkennen läßt, so daß die Lüge der Wahrheit angenä-
hert wird (382c10–d3). Platon schränkt diese Position im weiteren Verlauf
noch ein: Nur die Herrschenden dürfen sich der Lügen zum Nutzen der
Polis bedienen (389b7 ff.)[86], für alle anderen sollen sie verboten sein. Das
entscheidende Kriterium ist, ob jemand zu seinem Nutzen betrogen wird.[87]

An der Kyrupädiestelle setzt Xenophon dieser Position eine Konzeption
entgegen, die auf ihre Überwindung hinausläuft: Wer ein Alter erreicht hat,
in dem die Vernunft über die ἐπιθυμίαι zu herrschen beginnt, wird nach
dieser Vorstellung zu entscheiden wissen, wann er sich der ἀπάτη gegenüber
Freunden zu deren Nutzen bedienen darf.

Zum zweiten rechnet Xenophon offenbar mit der Macht der αἰδώς, die
sich dank des Zusammenlebens, in dem sich zwischen der Privatsphäre und
der Öffentlichkeit nicht strikt trennen läßt, entwickelt. Denn er läßt Kambyses die Überzeugung äußern, daß gegenseitige Scham junge Leute daran
hindere, ἄγριοι πολῖται zu werden (§ 34). Der Hinweis auf die Macht der
αἰδώς bildet gleichsam das Komplement zu einem Gedanken, den Xeno-

---

[84] Vgl. Tyrt. 4,6 W., Anab. VI 6,28, Plut. Lyc. 6,1–2, 6,7, 13,1 ff.
[85] Vgl. oben S. 93 f.
[86] Vgl. auch Resp. 414b8 ff., 459c8 ff., Leg. 663d.
[87] Vgl. Müller, a. a. O., 168 mit Anm. 2.

phon bereits im Überblick über die persische Erziehung formulierte: Die Schamlosigkeit ist 'die größte Führerin zum Schändlichen' (I 2,7).

Auf die Einlage über die Relativität des Gerechten und Ungerechten folgen einzelne μηχαναί, die der Feldherr gegen die Feinde beherrschen muß. Kambyses nennt das Überraschungsmoment (§ 35) und Täuschungsmanöver (§ 37); letztere illustriert er an der Vogel- und Hasenjagd (§ 39 f.), die gleichsam als Muster für Täuschungen der Feinde im Krieg fungieren. Wichtig ist das Dogma, daß ein guter Feldherr nicht nur anzuwenden hat, was er zuvor lernte. Kambyses ermahnt Kyros, vielmehr selbst zum Erfinder von Kriegslisten zu werden, und vergleicht die Tätigkeit des Strategen mit der des nicht nur nachahmenden, sondern schöpferischen Musikers (§ 38).[88] Die Strategik erfährt an dieser Stelle eine Aufwertung; etwas Ähnliches läßt sich im Gespräch zwischen Sokrates und dem Jüngling, der Unterricht beim Strategiklehrer Dionysodoros nimmt (Mem. III 1,7), beobachten; hier vergleicht Sokrates die Taktik mit der Tätigkeit des Architekten: Beide müssen wissen, wie sie aus einer ungeordneten Masse ein harmonisches Ganzes erzeugen.[89]

Wood[90] nimmt an, Xenophon richte sich an der Kyrupädie- und Memorabilienstelle gegen die von Platon im Euthydemos (290b1 ff.) vertretene Auffassung, die Strategik sei eine lediglich dem Erwerb dienende Techne, die sich der Politik, welche sich der vom Feldherrn erworbenen Güter zu bedienen wisse, unterordnen müsse.[91] Doch bei Platon handelt es sich um einen anderen Ansatz: Er entwirft eine Hierarchie der Technai, in der die Tätigkeit höherwertig ist, die sich ein ἔργον einer anderen Kunst zunutze zu machen versteht. Dahinter steht die Distinktion in κτᾶσθαι und χρῆσθαι. Die χρῆσις ist Sache der Politik, weil sie gegenüber der Strategik ein höheres Wissen besitzt. Es handelt sich um die gleiche Stufung, die Aristoteles in der Nikomachischen Ethik (I 1, 1094a26 ff.) entwickelt.[92] An der Spitze der

---

[88] Daß in der Musik das 'Neue und Frische' (τὰ νέα καὶ ἀνθηρά) Ansehen genießt, ist eine Reminiszenz an Od. 1,351 f. τὴν γὰρ ἀοιδὴν μᾶλλον ἐπικλείουσ᾽ ἄνθρωποι, / ἥ τις ἀκουόντεσσι νεωτάτη ἀμφιπέληται.

[89] Den selben Vergleich verwendet nach Polybios (X 24,7) Demetrios von Phaleron (Fg. 123 Wehrli) in den Strategika.

[90] Wood, Xenophon's Theory of Leadership, 45, 48 f.

[91] Im Sophistes (219a8 ff.) differenziert Platon zwischen zwei Klassen von Technai; auf der einen Seite stehen die ποιητικαί, auf der anderen die κτητικαί; zu letzteren rechnet er die Kriegskunst, die er als gewaltsame Jagd auf Menschen definiert (222b7 ff.). Auch hier scheint die Überlegung zugrunde zu liegen, daß sich der Stratege des von ihm Erworbenen nicht zu bedienen weiß. Vgl. auch Resp. 601c11 ff., d8 ff.

[92] Vgl. auch Pol. I 8, 1256b23 ff., wo Aristoteles wie Platon die Kriegskunst als eine Art Erwerbskunst bezeichnet.

auf das Wohl der Polis ausgerichteten Technai Strategik, Ökonomik und
Rhetorik steht die Politik als die μάλιστα ἀρχιτεκτονική, die sich dieser Kün-
ste zu bedienen versteht.

Eine vergleichbare Hierarchie fehlt bei Xenophon. An der Kyrupädiestelle schwebt ihm nicht eine Stufung verschiedener Technai nach ihren
Zielen oder die Distinktion in κτᾶσθαι und χρῆσθαι vor; vielmehr fordert
er vom idealen Feldherrn, selbst μηχανήματα, die noch nicht bekannt sind,
zu erfinden. Die Antithese ist die zwischen einer bloß anwendenden und
einer hervorbringenden Techne oder, auf den Techniten bezogen, zwischen
dem bloßen μαθητής und dem εὑρετής.[93]

Näher als die von Platon vertretene Hierarchie der Technai, in der sich
die Strategik als bloße Helferin der Politik erweist, steht Isokrates' Rede An
Nikokles (2,17); Isokrates rät dem kyprischen Fürsten, vor allem εὑρετής
τῶν βελτίστων zu werden. Falls ihm das nicht gelinge, solle er das, was an
Gutem bei den Anderen zu finden sei, nachahmen. Wie Xenophon, betont
Isokrates die Höherwertigkeit des Selbstfindens gegenüber dem bloßen
Nachahmen; an beiden Stellen handelt es sich um die Parainese eines Älteren im Zusammenhang des Problems, wie der gute Herrscher, der zugleich
Feldherr zu sein hat, beschaffen sein muß. Möglicherweise überträgt Xenophon die in der Rede An Nikokles allgemein gefaßte Parainese auf den
speziellen Fall der Kriegslisten.

An vorletzter Stelle des Gesprächs zwischen Kyros und Kambyses steht
die Taktik als Teil der Strategik (§ 43). Kambyses erwähnt sie nur in Form
einer praeteritio. Es fällt auf, daß er in zehn regelrechten Kapitelüberschrif-
ten[94] auflistet, wie ein Feldherr das Heer zur Schlacht zu ordnen und es
durch wechselhaftes Gelände zu führen hat und wie er in der Schlacht auf
Front- und Flankenangriffe reagieren muß. Die Annahme ist verlockend,
daß Xenophon eine Inhaltsangabe einer Spezialschrift über Taktik gibt. Am
ehesten kommt eine verlorene Schrift des Taktikers Aineas in Frage. Zwar
ist die erhaltene Abhandlung über die Poliorketik wohl jünger als die Kyrupädie[95], doch bezieht sich Aineas in ihr mehrmals auf andere, von ihm
stammende Schriften, die Xenophon kennen mag: Eine Παρασκευαστική

---

[93] Zum Begriffspaar vgl. Plat. Lach. 186e2 ff.
[94] Vgl. Breitenbach, Xenophon, 1722.
[95] Die Datierung schwankt zwischen 358 (Delebecque, Essai sur la vie de Xénophon,
444), 357 (W. A. Oldfather, Aeneas Tacticus, London 1923, 5 f. (Loeb Ausgabe)) und
356 (A.-M. Bon, Enée le tacticien, Poliorcétique, Paris 1967, IX (Budé-Ausgabe), die
allerdings 357 nicht ausschließt). Die größte Wahrscheinlichkeit besitzt 356, da in 4,1
und 11,3 Anspielungen auf Ereignisse des Jahres 357 vorzuliegen scheinen. Vgl. Bon. IX,
8, A. 1, 21, A. 2.

βίβλος zitiert er an vier Stellen[96], jeweils einmal bezieht er sich auf eine Ποριστικὴ βίβλος[97] und auf eine Στρατοπεδευτικὴ βίβλος.[98]

Der Schluß des Dialoges (§ 44–46) knüpft an den Beginn an. Kambyses thematisiert erneut das Problem der Mantik. Das Gespräch erhält damit eine ringförmige Struktur. Am Ende spricht allerdings nur noch der Vater. Er begründet die Notwendigkeit, den mantischen Zeichen nicht zuwiderzuhandeln, epistemologisch: Auf der einen Seite steht das bloße Vermuten der Menschen, die nicht wissen, durch welche Handlung ihnen das Gute zuteil wird (§ 44), auf der anderen die Allwissenheit der Götter (§ 46). Der gesamte Abschnitt wird von dieser Antithese bestimmt. Der Gedanke der göttlichen Allwissenheit und Allmacht ist traditionell.[99] Er drückt Xenophons eigene Überzeugung aus, wie am deutlichsten die Memorabilien (I 1,19, 4,17 ff.) zeigen.[100]

Kambyses begründet die Notwendigkeit, gemäß der Mantik zu handeln, damit, daß die Menschen nur zum εἰκάζειν imstande seien. Dies widerspricht nur scheinbar seiner Maxime zu Beginn des Gesprächs.[101] Dort hieß es, die Menschen dürften sich nur dann an die Götter wenden und sie um τἀγαθά bitten, wenn sie bereits Wissen besitzen (§ 5–6). Kambyses stellt dieses Dogma am Schluß nicht in Frage. Entscheidend ist hier die Überlegung, daß die Menschen die Zukunft nicht im voraus kennen können und über ein bloßes Vermuten nicht hinausgelangen.

Kambyses belegt dies an fünf Beispielen (§ 45): Viele scheinbar höchst weise Leute brachten Städte dazu, gegen andere Krieg zu führen, worauf die, die sich überreden ließen, vernichtet wurden. Viele erlitten Schlechtes von denen, denen sie Gutes erwiesen. Viele schädigten jene, die nützliche Freunde gewesen wären, und erlitten durch eben jene Strafe. Manchen reichte der zur Verfügung stehende Reichtum nicht, und sie verloren ihn in ihrem Streben nach allem. Manche erwarben sich Plutos und gingen durch ihn zugrunde.

---

[96] Vgl. 7,4, 8,5, 21,1, 40,8.

[97] Vgl. 14,2.

[98] Vgl. 21,2. Zu den Titeln vgl. Bon, a. a. O., XIII f. Bon, XVI rechnet auch mit Spezialschriften über Taktik und Strategik im Bereich der Sophistik. Vorsichtiger Zeller, Die Philosophie der Griechen I 2, Leipzig [6]1920, 1322 mit Anm. 3.

[99] Vgl. e. g. Hes. Erg. 267 f., Solon Fg. 13,17 W., Pind. Nem. 6,1 ff., Trag. Adesp. 43, 480, 491 TrGF II.

[100] Vgl. auch Cyr. VIII 7,22, Symp. 4,47–48, Anab. II 5,7, Hell. V 4,1; Joel, Der echte und der xenophontisches Sokrates I, 138, Schnyder, Die Religiosität Xenophons, 176, Walzer, Sulla religione di Senofonte, 25 f.

[101] Anders Rosenstiel, Über einige fremdartige Zusätze in Xenophons Schriften, 6 ff., der den gesamten Abschnitt athetiert.

Die drei ersten Exempla illustrieren die Kurzsichtigkeit der Menschen, die den Ausgang ihrer Handlungen nicht absehen. Die beiden letzten Beispiele sind von anderer Art. Sie sollen die Unersättlichkeit vieler Menschen und die Ambivalenz des Reichtums exemplifizieren. Der Plutos schlägt in sein Gegenteil um, falls der Mensch nicht erkennt, welches sein rechtes Maß ist. Es handelt sich um einen seit Solon[102] bekannten Gedanken; sprachlich fällt die Junktur πολύευκτον πλοῦτον auf (§ 45 πολλοὶ δὲ τὸν πολύευκτον πλοῦτον κατακτησάμενοι, διὰ τοῦτον ἀπώλοντο). Xenophon gebraucht sie ansonsten nicht. Möglicherweise spielt er an der Kyrupädiestelle auf die aischyleische Verbindung πολύευκτος ὄλβος (Eum. 537) an.

Kambyses zieht aus dem Befund, daß für die Menschen der Ausgang ihrer Handlungen nicht absehbar ist, folgende Konsequenz: Die menschliche σοφία vermag in nichts besser das Beste zu wählen, als wenn jemand das Los wirft (§ 46). Diese radikal skeptische Haltung[103] schließt, wie der Beginn des Gesprächs zeigt, nicht die Überzeugung aus, daß die Menschen sich Wissen erwerben können, und zwar ein technisches Wissen, daß auf die Beherrschung von Problemen abzielt, die für die betreffende Techne eigentümlich sind.

Kambyses bezweifelt hingegen die Erkennbarkeit eines in ferner Zukunft liegenden Telos. Er folgert daraus nicht, daß die Götter sich nicht um die Menschen kümmern. Im Gegenteil: Wem sie wohlgesonnen sind, dem geben sie Zeichen mit Bezug auf das, was zu tun ist und was nicht (§ 46). Der gleiche Gedanke findet sich in den Memorabilien (I 1,9).[104] Die Kyrupädiestelle komplementiert Mem. I 1,9, denn aus ihr geht hervor, daß die Götter nicht einer ἀνάγκη unterliegen, sondern frei bestimmen, wem sie Zeichen geben.[105]

Das Motiv der allwissenden Götter dient als Klammer. Am Schluß des Werkes (VIII 7,23) bedient sich Kyros des gleichen Gedankens, um seine Söhne zur εὐσέβεια zu ermahnen. Die Stelle komplementiert insofern den Schluß des ersten Buches, als Kyros aus dem Befund, daß die Götter alles

---

[102] Vgl. Fg. 13,71ff. W.; vgl. auch Eur. Phoen. 552ff.

[103] Zu ungenau Tatum, 87, der §46 als "fatalistic conclusion" bezeichnet.

[104] Mem. I 1,9 τοὺς θεοὺς γὰρ οἷς ἂν ὦσιν ἵλεωι σημαίνειν.

[105] Daß selbst die φρόνιμοι, die sich um richtiges Handeln bemühen, nicht zwangsläufig mit göttlicher Hilfe rechnen können, gibt Xenophon im Oikonomikos (11,8) zu erkennen: ἐπεὶ γὰρ καταμεμαθηκέναι δοκῶ ὅτι οἱ θεοὶ τοῖς ἀνθρώποις ἄνευ μὲν τοῦ γιγνώσκειν τε ἃ δεῖ ποιεῖν καὶ ἐπιμελεῖσθαι ὅπως ταῦτα περαίνηται οὐ θεμιτὸν ἐποίησαν εὖ πράττειν, φρονίμοις δ' οὖσι καὶ ἐπιμελέσι τοῖς μὲν διδόασιν εὐδαιμονεῖν, τοῖς δ' οὔ, οὕτω δὴ ἐγὼ ἄρχομαι μὲν τοὺς θεοὺς θεραπεύων κτλ. Zur Stelle vgl. Luccioni, Les idées politiques et sociales de Xénophon, 60 mit Anm. 51; vgl. auch Oec. 8,16.

sehen und vermögen, die Forderung nach richtigem Handeln auf der menschlichen Ebene ableitet; er begründet somit ethische Maximen theologisch-metaphysisch.[106] Es handelt sich an dieser Stelle um den Entwurf einer regelrechten theonomen Ethik.[107]

Angesichts der Stelle am Schluß des Werkes kann keine Rede davon sein, daß die Parainese des Kambyses, die mantischen Zeichen nicht zu mißachten, einen Appell darstellt, den Kyros nicht beherzigt.[108] Xenophon macht im Gegenteil durch die Wiederholung des Motivs in VIII 7,23 deutlich, daß Kyros bis an sein Lebensende in der väterlichen Tradition steht.[109]

Überschaut man den Dialog zwischen Kambyses und Kyros, so sind insbesondere zwei Punkte hervorzuheben: zum einen der Rahmen des Gesprächs, in dem Xenophon das Problem des Verhältnisses zu den Göttern behandelt und zeigt, daß er den guten Strategen und Herrscher nicht nur danach bemißt, ob er das nötige Wissen besitzt.

Der zweite Punkt betrifft Xenophons Arbeitsweise: Er rekurriert in I 6 in zwei Fällen auf die Memorabilien. Zum einen übernimmt er aus Mem. III 1 die Ausgangssituation[110], zum anderen stützt er sich bei der Frage, unter welchen Bedingungen der Mensch sich der Mantik bedienen darf, auf Mem. I 1,9.[111] Die beiden Memorabilienstellen fungieren nicht als bloße Versatzstücke. Die ihnen entnommenen Motive und Fragestellungen haben auch im neuen Kontext der Kyrupädie eine feste Funktion. Die Übertragung aus einer rein sokratischen Schrift in einen neuen Zusammenhang zeugt von Xenophons Absicht, seiner Kyrupädie an entscheidenden Stellen und Einschnitten innerhalb der Handlung eine sokratische Prägung zu verleihen.

---

[106] Vgl. auch Joel, Der echte und der xenophontische Sokrates, I, 70, Luccioni, a. a. O., 60, Schnyder, Die Religiosität Xenophons, 173.

[107] Mit einer Theodizee rechnet Xenophon Mem. IV 4,24. Vgl. auch Mem. III 9,13.

[108] So Newell, Xenophon's Education of Cyrus, 65 f.

[109] Das Kambyses im Bereich der Religion für Kyros eine Autorität darstellt, zeigt auch IV 5,17. Kyros trägt hier dem Boten auf, Kambyses in der Frage zu konsultieren, welchen Anteil der Beute er den Göttern zukommen lassen soll. Vgl. auch VIII 5,25 f. (Kambyses zu den persischen ὁμότιμοι).

[110] Vgl. oben S. 110 ff.

[111] Vgl. oben S. 114 f.

5. Kyros' Heeresreform und die Gleichheitsdebatte (II 1,1 ff.)

Der Anfang des zweiten Buches steht in engem thematischem Zusammenhang mit dem Schluß des ersten Buches, wie die einleitende anaphorische Aussage τοιαῦτα μὲν δὴ ἀφίκοντο διαλεγόμενοι μέχρι τῶν ὁρίων τῆς Περσίδος (II 1,1)[1] deutlich macht. Die überlieferte Bucheinteilung verschleiert zwar diesen Zusammenhang, doch besteht kein Grund zur Annahme, daß sie nicht von Xenophon selbst stammt. Eine Parallele liefern der Schluß des siebten und der Anfang des achten Buches.[2]

Xenophon beschreibt in II 1,1, wie Kyros und Kambyses als glückverheißendes Zeichen einen von rechts kommenden Adler erblicken[3], daraufhin zu den Göttern und Heroen Persiens beten[4] und nach dem Überschreiten der medischen Grenze auch an die medischen Götter Gebete richten, bevor sie sich voneinander verabschieden. Das Vogelzeichen korrespondiert dem glückverheißenden Donner in I 6,1, den Kyros und Kambyses vor ihrem Aufbruch und Gespräch vernahmen. Xenophon verknüpft auf diese Weise motivisch den Schluß mit dem Anfang der Szene.

Erzähltechnisch dient der Hinweis auf das Vogelzeichen in § 1 als Kontrastfolie für das Folgende. Der Leser erfährt aus Kyaxares' Bericht über die Stärke der Feinde (§ 5 ff.), daß die Perser und Meder bei weitem in der Unterzahl sind. Die etwas weitschweifige und steife Aufzählung der feindlichen Truppenzahlen hat eine ethopoietische Funktion. Sie ermöglicht Kyros, den entscheidenden Rat zu geben, der die militärische Ungleichheit

---

[1] Vgl. Hell. V 1,1 καὶ τὰ μὲν δὴ περὶ Ἑλλέσποντον Ἀθηναίοις τε καὶ Λακεδαιμονίοις τοιαῦτα ἦν, Hell. VI 1,1.

[2] Nur bedingt läßt sich der Übergang vom ersten zum zweiten Buch der Memorabilien vergleichen. Zwar sind auch hier Verbindungslinien zu erkennen, wie Gigon, Xenophons Memorabilien I, 169 zu I 7,5 zu Recht bemerkt, doch ist der Zusammenhang viel weniger eng als im Falle der beiden ersten Bücher der Kyrupädie. Gigon rechnet damit, daß die Bucheinteilung der Memorabilien nicht von Xenophon stammt. Eine spätere Bucheinteilung zeigt sich in den Hellenika. Harpokration bezeugt eine Gliederung in neun oder zehn Bücher (vgl. J. Simon, die Hellenika-Ausgabe des Harpokration, Xenophon-Studien II, Progr. des Gymn. Düren 1888, Hatzfeld, Xénophon, Hélleniques, Tome I, 24), während Eus. Praep. ev. X 3,9 wie die Handschriften die Einteilung in sieben Bücher dokumentiert.

[3] Zu diesem Vogelzeichen vgl. Il. 24,310 ff., Od. 15,524.

[4] προσευξάμενοι θεοῖς καὶ ἥρωσι τοῖς Περσίδα γῆν κατέχουσιν ἵλεως καὶ εὐμενεῖς πέμπειν σφᾶς (§ 1). κατέχειν ist das übliche Verbum zur Bezeichnung der Schutzgottheiten eines Landes; vgl. Ar. Nub. 603; Eur. Ion 223, SIG II 662,10, 704 E 29. Weitere Stellen bei Holden.

aufhebt. Kyaxares, der zunächst rät, nach Persien um Verstärkung zu schik-
ken, ist im Grunde nur die Kontrastfigur, durch den Xenophon Kyros'
Wohlberatenheit stärker hervorhebt.[5]

Kyros schlägt eine Heeresreform vor, die vorsieht, daß die persischen
Soldaten aus dem Volk die gleiche Bewaffnung wie die ὁμότιμοι, Brustpan-
zer, Schild und breites Krummschwert oder Wurfspieß[6], erhalten (§ 9–11).
Kyros beabsichtigt, sie im Falle des Sieges gleichberechtigt an der Beute
partizipieren zu lassen (§ 15).

Auf die Zustimmung des Kyaxares und der ὁμότιμοι hin (§ 10–11) begründet Kyros diese Maßnahme in einer Rede vor den persischen Soldaten
(§ 14–18). Der entscheidende Gedanke ist der, daß die aus dem Volk stammenden Perser nicht die nötige σχολή hatten, um als Krieger Gleichwertiges
leisten zu können, und aus materiellen Zwängen nicht die gleiche Erziehung wie die ὁμότιμοι genießen konnten (§ 15 f.). Kyros geht von der Prämisse aus, daß die Perser aus dem Volk aufgrund einer ähnlich guten Veran-
lagung wie die Vollbürger imstande sind, unter den gleichen Bedingungen
Gleiches zu leisten (§ 17).

In der Forschung hat man Kyros' Reformvorschlag als eine regelrechte
Demokratisierung und Revolution interpretiert, mit der der zukünftige
Herrscher die "conventional class structure" zugunsten einer "hierarchy of
true merit" auflöse.[7] Davon kann jedoch keine Rede sein.[8] Weder geht es
Kyros um eine Umformung der persischen Gesellschaft, wie sie Xenophon
im ersten Buch beschrieb, noch versucht er, dem persischen Volk Rechte
gegen die ὁμότιμοι zu verschaffen, die es nicht besaß. Xenophon ließ bei
der Beschreibung des persischen Staates im ersten Buch (I 2,15) keinen
Zweifel daran, daß alle Perser das Recht und den Anspruch auf die Erziehung der Vollbürger haben. Daß an ihr nicht alle partizipieren, gründet
nicht in einer Klassengesellschaft, sondern darin, daß manche Perser nicht
die nötige Muße für diese Erziehung aufbringen (I 2,15, II 1,15).

---

[5] Falsch Rinner, Untersuchungen zur Erzählstruktur in Xenophons Kyrupädie und
Thukydides, Buch VI und VII, 53, der Kyaxares zur "Hauptperson" der Handlung bis
zum fünften Buch macht. Vgl. dagegen Due, 60.

[6] Zur persischen σάγαρις (§ 9) vgl. Hdt. I 215,4 f., Anab. IV 4,16, V 4,13. Zur κοπίς
vgl. Anab. I 8,7, Arr. Anab. I 15,7, Quint. Curt. vit. Alex. VIII 14, Strab. Geogr. XV
3,19.

[7] So Newell, 68. Newell, 86 geht sogar so weit, von einer Zerstörung der alten Herrschaft zu sprechen.

[8] Vgl. auch Luccioni, Les idées politiques et sociales de Xénophon, 226: "L'égalité
dans l'armement devient donc, en quelque sorte, le prélude d'une quasi-égalité politique.
Remarquons que cette promotion est limitée par les besoins du moment, ce qui prouve
bien que la mesure n'est pas inspirée par le souci de réparer une justice sociale. Le mérite,
l'effort continu de certains se trouvent récompensés, mais en fin de compte c'est l'Etat
qui en bénéficiera."

Kyros schlägt vor, daß derjenige, der sich durch entsprechenden Mut auszeichnet, das Gleiche im Verhältnis zu seiner Leistung wie die ὁμότιμοι erhält.[9] Der Vorschlag impliziert nicht eine Aufhebung der persischen Nomoi
und eine Veränderung der politischen Rechte zugunsten des Volkes. Dies
zeigt sich deutlich im Zusammenhang der Rede, die Kambyses nach Kyros'
Rückkehr aus Babylon vor den persischen Adligen hält, in der er sie und
den künftigen Herrscher zur wechselseitigen Treue zum Zwecke der Erhaltung der überkommenen persischen Verfassung und Nomoi verpflichtet
(VIII 5,22–26). Von einer inzwischen eingetretenen Veränderung der im
ersten Buch beschriebenen Verfassung ist in diesem Zusammenhang keine
Rede.

Daß auf der anderen Seite Kyros' Reformvorschlag zu Beginn des zweiten Buches politischen Charakter hat, deutet Xenophon dadurch an, daß er
in II 2,18 ff. eine Gleichheitsdebatte folgen läßt. Das Besondere an ihr ist
der äußere Rahmen. Sie steht am Ende einer Reihe von Tischgesprächen
(2,1 ff.), deren Thematik, wie Xenophon abschließend sagt (3,1), γελοῖα
und σπουδαῖα sind. Die erzähltechnische Funktion dieser Gespräche ist eine
Auflockerung der Darstellung. Die dialektische Diskussion der Gleichheit
in § 18 ff. erhält einen gleichsam spielerischen Rahmen, der dem Charakter
des Schulgespräches entgegenwirkt. Vom Typus her stehen diese Logoi in
der Nähe der Symposienliteratur. Xenophon weist zu Beginn des Symposions (1,1) auf die Verbindung von Spiel und Ernst hin: Nicht nur die Taten
guter Männer, die μετὰ σπουδῆς, sondern auch jene, die ἐν ταῖς παιδιαῖς
ausgeführt würden, erschienen ihm der Erinnerung wert.[10]

---

[9] Etwas Ähnliches deutet Xenophon auch VIII 4,5 an. Die Sitzordnung an der Tafel
des Königs in Babylon ist nicht fest, sondern es besteht die Möglichkeit, durch gute Taten
zu einem ehrenvolleren Platz aufzurücken oder ihn durch schlechte ἔργα zu verlieren. –
Eine Ausnahme scheint die in VII 5,67 f. beschriebene Bildung der königlichen Wachen
in Babylon darzustellen. Kyros rekrutiert sie aus dem persischen Volk. Es handelt sich um
Bauern, die auf der eigenen Hände Arbeit angewiesen sind (§ 67 αὐτουργούς). Doch
geht es hier nicht um eine die Gesellschaft revolutionierende Maßnahme, vielmehr zeigt
sich hierin die grundsätzliche Möglichkeit des Aufstieges in eine höhere 'Klasse' bei
entsprechender Leistung und Physis, analog dem Modell Platons in der Politeia
(415b1 ff.).

[10] Symp. 1,1 'Ἀλλ' ἐμοὶ δοκεῖ τῶν καλῶν κἀγαθῶν ἀνδρῶν ἔργα οὐ μόνον τὰ μετὰ
σπουδῆς πραττόμενα ἀξιομνημόνευτα εἶναι, ἀλλὰ καὶ τὰ ἐν ταῖς παιδιαῖς. Vgl. auch 1,13
καὶ γὰρ οἱ παρόντες σπουδῆς μὲν, ὡς ὁρᾶς, μεστοί, γέλωτος δὲ ἴσως ἐνδεέστεροι, 3,2 οὐκ
αἰσχρὸν οὖν εἰ μηδ' ἐπιχειρήσομεν συνόντες ὠφελεῖν τι ἢ εὐφραίνειν ἀλλήλους, Cyr. VI
1,6, Mem. I 3,8, IV 1.1. Gigon, Xenophons Memorabilien I, 103 zu I 3,8 vermutet,
daß Xenophon und Platon (Symposion) in der Verbindung von σπουδή und παιδιά zur
Kennzeichnung des Sokrates einer gemeinsamen sokratischen Quelle verpflichtet seien.
Zum pädagogischen Wert beider Elemente vgl. Plat. Leg. 816d9 ff., bezogen auf das
Lächerliche in der Komödie und den Ernst in der Tragödie.

Die Tischgespräche der Kyrupädie, die der Gleichheitsdebatte präludieren, erfüllen bezogen auf die Hörer und letztlich auch auf den Leser, einen doppelten Zweck: Sie sollen εὐχαριστότατοι sein und zugleich eine protreptische Wirkung haben, indem sie zum Guten antreiben (2,1).

Im einzelnen handelt es sich um drei Erzählungen (§ 2 ff.). In ihnen führt Xenophon zwei verschiedene Charaktertypen, den des Dyskolos und des στρυφνός, sowie die grotesken Folgen eines falsch verstandenen Gehorsams gegenüber dem Taxiarchen vor. Die erste Erzählung stammt von Hystaspas, dem Vater Dareios' I. Sie ist eine Metapher über das Problem der arithmetischen Gleichheit. Ein Mann des Volkes, der mit den ὁμότιμοι an der gleichen Tafel sitzt, fühlt sich bei der Verteilung von Opferstücken benachteiligt: Da er sich in der Mitte befindet, glaubt er, die besten Stücke seien bereits verteilt, bevor er an die Reihe kommt. So wechselt er den Platz und setzt sich neben Hystaspas, doch genau in diesem Moment macht das Fleisch, nun in umgekehrter Reihenfolge, ein zweites Mal die Runde, und er fühlt sich ein zweites Mal benachteiligt. Bei der dritten Gelegenheit wirft er das bereits genommene Stück wählerisch zurück und geht nun völlig leer aus, da der Koch annimmt, er sei bereits satt (§ 2–4). Die Folge: Er macht die τύχη und nicht die eigene Unvernunft für den Ausgang verantwortlich (§ 5).

Die Geschichte ist vordergründig auf das Lachen der Hörer und derer, die sie erlebten, abgezweckt (§ 5). Im Kern soll sie jedoch zeigen, wie problematisch eine gleichmäßige Verteilung eines vorgegebenen Ganzen ist, wenn sie nicht nach dem Prinzip der Angemessenheit verfährt, sondern im Grunde mechanisch geregelt wird. Auf den ersten Blick scheint die Erzählung vom Dyskolos ein Argument gegen Kyros' Reform zu liefern.[11] Doch dieser Eindruck täuscht. Denn Kyros tritt gerade nicht für die arithmetische, sondern für die am Maßstab des Verdienstes gemessene proportionale, geometrische Gleichheit ein, wie sich deutlich in § 18 ff. zeigt.

Vor die Gleichheitsdebatte schaltet Xenophon zwei kurze Erzählungen ein, die wie ein Intermezzo wirken; zunächst die von einer Heeresabteilung, die sich geschlossen in Marsch setzt, um einen Brief zu holen, weil sie den Befehl eines Taxiarchen, ihrem Lochagen zu folgen, wörtlich nimmt (§ 6–11), dann die von einem Taxiarchen namens Aglaitadas, der den Typus des στρυφνός[12] repräsentiert (§ 11–14). Er deutet den scherzhaften Charakter

---

[11] In dieser Richtung Newell, 70.

[12] Zum στρυφνός vgl. Arist. EN VIII 6, 1157b13 ff. οὐ φαίνονται δ' οὔθ' οἱ πρεσβῦται οὔθ' οἱ στρυφνοὶ φιλικοὶ εἶναι· βραχὺ γὰρ ἐν αὐτοῖς τὸ τῆς ἡδονῆς, οὐδεὶς δὲ δύναται συνημερεύειν τῶι λυπηρῶι οὐδὲ τῶι μὴ ἡδεῖ· μάλιστα γὰρ ἡ φύσις φαίνεται τὸ λυπηρὸν φεύγειν, ἐφίεσθαι δὲ τοῦ ἡδέος.

der Tischgespräche als Prahlerei und greift das Lachen als ein den privaten
wie öffentlichen Bereich zersetzendes Phänomen an. Die Beschreibung dieses Charakters, der am Ende durch einen guten Witz des Taxiarchen, den
er wegen seiner Erzählung tadelte, wenigstens zum Lächeln gebracht wird
(§ 16), ist mehr als nur eine den Leser erheiternde Einlage. Xenophon macht
mittels der Geschichte auf ein ernstes Problem aufmerksam; der dem Lachen
abgeneigte Perser entfaltet zur Verteidigung seiner Position geradezu ein
Erziehungsmodell, um die Höherwertigkeit des Weinens gegenüber dem
Lachen zu begründen: Die Väter vermittelten durch κλαύματα ihren Söhnen die Besonnenheit, die Lehrer verführen ebenso gegenüber den Schülern, und auch die Gesetze trieben, indem sie zum Weinen brächten, zur
Gerechtigkeit an (§ 14 καὶ νόμοι γε πολίτας διὰ τοῦ κλαίοντας καθίζειν ἐς
δικαιοσύνην προτρέπονται). Daß dieser rigoristische Standpunkt nicht
Xenophons Meinung widerspiegelt, leuchtet unmittelbar ein; denn er ist
der Überzeugung, daß die vernünftige Einsicht dessen, der lernt und sich
bemüht, gerecht zu werden, höherwertig ist als die auf Zwang und Strafe
beruhende Erziehung.[13]

Den Höhepunkt der Tischgespräche stellt die Diskussion über die
Gleichheit dar (§ 18 ff.). Dies zeigt zum einen ihr Umfang, zum zweiten die
Tatsache, daß Xenophon Kyros als Redner präsentiert.

Thematisch gehört die Gleichheitsdebatte in die Reihe jener Diskussionen, in denen die Eigenarten der proportionalen, geometrischen und der
arithmetischen ἰσότης behandelt werden. Zu den wohl bekanntesten Beispielen in der philosophischen Literatur zählen Platons Politeia (558c), Gorgias (508a), Nomoi (757a–758a), Isokrates' Areopagitikos (7,21 ff.) und der
Nikokles (3,14 ff.).[14] Im Unterschied zur Mehrzahl dieser Stellen[15] geht es

---

[13] Die Gesetze, die zur Gerechtigkeit hinwenden, indem sie die Bürger 'zum Weinen
bringen', lassen sich mit jener Form der Gesetze vergleichen, die der Athener in Platons
Nomoi (719e7 ff.) ablehnt, weil sie nur verordnen, was zu tun und zu lassen ist, und
Strafe im Falle des Ungehorsams androhen; über ihnen stehen jene Nomoi, die mittels
der πειθώ und Proömien, die sich an die Vernunft der Bürger wenden, zum Ziel zu
gelangen versuchen.

[14] Vgl. auch oben S. 28 mit Anm. 13 und 14; ferner Thuk. II 37,1, Oec. 13,10–12;
Tragödie: Eur. Phoen. 531 ff., Suppl. 406 ff. – Die ausführlichste theoretische Analyse der
beiden Arten der Gleichheit bei Arist. EN V 7, 1131b9 ff. Zu den Gleichheitsdiskussio-
nen des fünften und vierten Jahrhunderts allgemein G. Vlastos, Ἰσονομία πολιτική', in:
J. Mau – E. G. Schmidt (Hrsg.), Isonomia, Berlin 1964, 1–35, hier: 25 ff., G. B. Kerferd,
The Concept of Equality in the Thought of the Sophistic Movement, in: I. Kajanto
(Hrsg.), Equality and Inequality of Man in ancient Thought, Helsinki 1984, 7–15.

[15] Eine Ausnahme bildet Gorg. 508a, wo Platon die Höherwertigkeit der geometrischen Gleichheit betont und dies, wie auch in den Nomoi, mit ihrer göttlichen Herkunft
begründet, ohne sie der Aristokratie oder, wie an der Nomoistelle, der Mischverfassung
zuzuordnen.

in der Kyrupädie nicht um die Frage, in welcher Staatsform die jeweilige Gleichheit realisiert wird. Die staatstheoretische Dimension fehlt.

Die Diskussion über die ἰσότης besteht aus zwei Teilen, die durch eine kurze scherzhafte Einlage (§ 28–31) voneinander getrennt sind. Der erste Teil konstituiert sich aus einem Dialog zwischen Chrysantas, einem der Adligen, und Kyros über die Problematik des ἰσομοιρεῖν (§ 18–20); ihm folgt eine Rede des Kyros über das Verhältnis zwischen πόνοι und dem Anspruch auf Mehrbesitz (§ 23–28). Im zweiten Teil beschreibt Xenophon die Heeresversammlung des folgenden Tages, die Kyros einberuft, um über die Frage abstimmen zu lassen, ob alle im Falle eines Gewinnes das Gleiche erhalten sollen oder jeder im Verhältnis zu seiner Leistung, also κατ' ἀξίαν, zu belohnen ist (§ 18). Der zweite Teil besteht aus drei Reden; die Sprecher sind, in Analogie zum ersten Teil, wiederum Kyros und Chrysantas (3,2–7), schließlich Pheraulas, ein Mann aus dem Volk, der als Repräsentant der Gegenseite zu Wort kommt (§ 8–15). Xenophon beschließt die Darstellung der Szene mit dem kurzen Hinweis, daß die Heeresversammlung sich für die Anwendung der proportionalen, geometrischen Gleichheit entscheidet (§ 16).

Der Dialog zwischen Kyros und Chrysantas im ersten Teil dreht sich nicht um die Frage, welche der beiden Formen der Gleichheit den Vorzug verdient; über die Höherwertigkeit der geometrischen ἰσότης besteht von vornherein Übereinstimmung. Strittig ist vielmehr, ob die Masse der Perser einer nach der Leistung bemessenen Verteilung zustimmen wird. Chrysantas dient als Folie, um Kyros' Überzeugung zu verdeutlichen, daß sich die Menge der Einsicht in den höheren Wert der Gleichheit κατ' ἀξίαν nicht verschließen wird. Eben darauf beruht sein Vorschlag, in der Heeresversammlung abstimmen zu lassen (2,18). Xenophon will Kyros nicht als στρατηγὸς αὐτοκράτωρ, sondern als Feldherr erscheinen lassen, der bereit ist, sich der Entscheidung der Mehrheit zu beugen.

Die entscheidenden Begriffe in Kyros' Argumentation sind τὸ κοινόν und πονεῖν (§ 20): Wer sich darum bemüht, dem Allgemeinwohl am meisten zu nützen, soll Anspruch auf höchstes Entgelt haben. Der Begriff des κοινόν dient dazu, der berechtigten Frage nach der Werthaftigkeit eines derartigen πλεονεκτεῖν zu begegnen. Nicht das individuelle Gewinnstreben, sondern die Mühe zum Wohle der anderen soll entlohnt werden.[16] So erklärt sich,

---

[16] Vgl. auch V 5,19, VII 5,56. – Wenn Kyros in VIII 2,20 ff. gegenüber Kroisos gesteht, auch er sei wie die anderen Menschen ἄπληστος χρημάτων, so widerspricht dies nicht seiner auf das Allgemeinwohl bezogenen Aussage in II 2,20. Denn gleich danach (VIII 2,22) stellt er fest, er verwende alles, was über das ihm Genügende hinausgehe, dazu, den Menschen Wohltaten zu erweisen; Ziel ist auch hier, nun aus der Herrscherperspektive, das Allgemeinwohl. Und als ethisches Kriterium des κτᾶσθαι πλεῖστα nennt er, durchaus in Übereinstimmung mit seiner Argumentation in II 2,20, das δίκαιον (VIII 2,23). Vgl. auch Anab. II 6,17–18 (Charakterisierung des Proxenos).

daß das Verbum πλεονεκτεῖν von Kyros in positiver Bedeutung verwandt
werden kann: οἶμαι δ᾽, ἔφη, καὶ τοῖς κακίστοις συμφέρον φανεῖσθαι τοὺς ἀγα-
θοὺς πλεονεκτεῖν (§ 20). Die Aussage ergänzt seine in der ersten Feldherrnrede (I 5,9) geäußerte Überzeugung, keine ἀρετή werde praktiziert, damit
die Guten weniger als die Schlechten hätten. Hier wie in I 5,9 versucht
Xenophon, die Pleonexie und die ἀρετή einander anzunähern und erstere
an die sittliche Trefflichkeit zu binden. Ist jemand ἀγαθός, so darf er Mehrbesitz haben.

Neu ist im zweiten Buch der Gedanke, auch die Schlechtesten erachteten
es als vorteilhaft, wenn die Guten mehr erhielten. Worauf sich diese Zuversicht gründet, sagt Kyros nicht. Der Gedanke setzt im Grunde die Überzeugung voraus, ein κακός könne aus eigenen Stücken zu der Einsicht gelangen, daß von der Belohnung der Guten letzten Endes auch sein eigenes
Wohl abhängt.

Daß sich Xenophon der Problematik dieser zuversichtlichen Einschätzung der menschlichen Natur bewußt ist, deutet er in Kyros' anschließender
Rede (§ 23–28) an. Sie wird veranlaßt durch die Bemerkung eines Taxiarchen, der von einem seiner Soldaten, einem Mann aus dem Volk, zu berichten weiß, daß er in allem versuche, mehr zu bekommen, wenn es allerdings
um Mühen gehe, weniger.

Kyros gibt in einem ersten Schritt (§ 23–26) eine soziologische Analyse
verschiedener Verhaltensformen in einem Heer, die sich zugleich jedoch als
Gesellschaftsanalyse verstehen läßt. Es zeigt sich, daß sein Glaube an die
Einsicht derer, die möglichst wenig Mühen auf sich nehmen, doch ein Ma-
ximum an persönlichem Gewinn erzielen wollen, seine Grenzen hat. Als
Mittel empfiehlt er, sie aus dem Heer zu entfernen (§ 23). Die gleiche Empfehlung kehrt gegen Ende des ersten Abschnittes (§ 25) wieder und verleiht
ihm so eine ringförmige Struktur.

Dahinter steht folgende Überlegung: Die sittlich Schlechten gewinnen
oft mehr Anhänger als die Guten. Die πονηρία lockt mit sofortigen Genüs-
sen, während die ἀρετή, die zu einem steilen Aufstieg führt, ganz und gar
nicht in der Lage ist, sofort Anhänger an sich zu ziehen (§ 24 ἡ δ᾽ ἀρετὴ
πρὸς ὄρθιον ἄγουσα οὐ πάνυ δεινή ἐστιν ἐν τῶι παραυτίκα εἰκῆι συνεπισπᾶσθαι
κτλ.). Die Gegenüberstellung der πονηρία und der ἀρετή erinnert deutlich
an die der Κακία und der Ἀρετή in der Herakles-Fabel in den Memorabilien
(II 1,21 ff.). Das Bild des mühevollen Weges, der zur sittlichen Trefflichkeit
führt, und der komplementäre Hinweis auf die leicht zu erwerbende
Schlechtigkeit stehen unter dem deutlichen Einfluß von Hesiods Erga
(287 ff.).[17] Und auch der Vergleich derer, die sich vor Mühen scheuen, mit

---

[17] Vgl. auch Mem. II 1,29.

Drohnen, die die Gemeinschaft schädigen (§ 25), stammt von Hesiod (Erg. 303 ff.).

Xenophon akzentuiert jedoch anders. Er läßt Kyros nicht in diesen sich durch Abneigung gegen πόνοι auszeichnenden Schlechten, sondern in denen, die in ihrem heftigen und schamlosen Streben nach Mehrbesitz ἡγεμονικοὶ πρὸς τὰ πονηρά (§ 25) sind, das eigentliche Übel sehen. Die Konsequenz: Kyros fordert die ὁμότιμοι auf, die eigenen Reihen nicht mit Persern, sondern mit Fremden zu füllen, falls sich diese als besser erweisen (§ 26).

Das Heer fungiert an dieser Stelle als Paradeigma. Die Verhältnisse, die in ihm herrschen, lassen sich nach Xenophon grundsätzlich auch im Staat feststellen, wie der folgende Vergleich zeigt. Kyros vergleicht das geordnete Ganze des Heeres mit einem Wagengespann und einem Haus (§ 26). Ein Gespann könne nicht geeignet sein[18], wenn die Pferde langsam seien oder nicht zueinander paßten. Ein Haus sei unbewohnbar, wenn es schlechte Diener habe. Der Vergleich drückt zwei Gedanken aus: Der Nutzen des κοινόν und nicht das individuelle Gewinnstreben besitzt den Primat.[19] Der Wert des Ganzen hängt von der Qualität seiner Teile ab.[20]

Der Schluß der Rede (§ 27) zeugt von Zuversicht. Durch die Ausgrenzung der Schlechten werde sich der Charakter auch derer bessern, die bereits von der κακία erfüllt seien. Die Guten wiederum hielten, abgeschreckt durch die Bestrafung der Schlechten, umso mehr an der ἀρετή fest (οἱ δὲ ἀγαθοὶ τοὺς κακοὺς ἰδόντες ἀτιμασθέντας πολὺ εὐθυμότερον τῆς ἀρετῆς ἀνθέξονται).[21]

---

[18] Der Ausdruck ἅρμα δίκαιον (οὔτε γὰρ ἅρμα δήπου ταχὺ γένοιτ᾽ ἂν βραδέων ἵππων ἐνόντων οὔτε δίκαιον ἀδίκων συνεζευγμένων) bezeichnet nicht die moralische Qualität des Gespannes. Das Adjektiv meint vielmehr das Geeignetsein der Teile im Ganzen, nach dem sich die Güte des Gespannes bemißt. Vgl. auch Holden zur Stelle, Mem. IV 4,5, Pind. Pyth. 1,86, Hipp. Art. 7.

[19] Vgl. schon I 2,9, Mem. I 2,9 und besonders Mem. I 2,59 ff. – In dem seit Valckenaer, Diatribe de Aristobulo Iudaeo, Leyden 1806, 114, A. 27 wohl zu Recht Xenophon abgesprochenen Kynegetikos (vgl. die Literatur bei Breitenbach, Xenophon, 1913 ff., ferner Nickel, Xenophon, 2) ist der Gedanke im Schlußkapitel (13,11), der Einsatz eines Menschen für das κοινόν sei geradezu der Maßstab für seinen Wert als Staatsbürger, durchaus xenophontisch.

[20] Der gleiche Gedanke auch III 3,6. Den umgekehrten Gedanken, daß ein Einzelner wie der Feldherr oder Herrscher in dem Maße aufgewertet wird, in dem er dem Ganzen 'Schönes und Gutes' zukommen läßt, vertritt Xenophon ebenfalls III 3,6. – Isokrates (3,48) stellt ebenfalls zwischen dem Wert der Einzelteile und des Ganzen eine Proportion her. Daß zwischen Xenophon und Isokrates ein Abhängigkeitsverhältnis besteht, ist allerdings kaum anzunehmen. Der Gedanke ist im Grunde so allgemein und auch naheliegend, daß ihn beide Autoren voneinander unabhängig formulieren können. Vgl. auch Oec. 7,28, Plut. Arat. 24,6.

[21] ἀντέχεσθαι 'festhalten an, sich um etwas bemühen' nur an dieser Stelle im Corpus Xenophonteum. Vgl. Hdt. I 134,2, Plat. Resp. 600d7, Soph. Fg. 354, 1 f. Radt.

Dahinter steht die schon in den Memorabilien (I 2,19 ff.) geäußerte Überzeugung, daß die Trefflichkeit als eine durch Lernen erwerbbare Fähigkeit zwar verloren gehen kann, ihr Träger jedoch dementsprechend auch imstande ist, sie erneut zu erwerben. Und wie an der Memorabilienstelle I 2,20[22], so zeigt sich Xenophon auch hier davon überzeugt, daß der Umgang mit den Guten eine ἄσκησις τῆς ἀρετῆς, der Verkehr mit den Schlechten gleichbedeutend mit dem Verlust der sittlichen Trefflichkeit ist. Das für uns früheste Zeugnis für dieses Dogma sind die Theognisverse 35–36[23], die Xenophon zur Stützung seiner These in den Memorabilien (I 2,20)[24] zitiert.

Bevor Xenophon die Heeresversammlung des folgenden Tages beschreibt, beschließt er die Darstellung der Tischgespräche mit dem Hinweis, daß sich so γελοῖα καὶ σπουδαῖα im Zelt abwechseln und den Abschluß die τρίται σπονδαί (3,1) bilden. Auch beim Trankopfer verhalten sich die Perser wie Griechen[25], im deutlichen Unterschied zur Beschreibung Herodots (I 132,1), der ausdrücklich vermerkt, daß die Perser die Trankspende nicht kennen.[26]

Den zweiten Teil (3,2 ff.) der Diskussion über die Gleichheit eröffnen Kyros' und Chrysantas' kurze Reden in der Heeresversammlung. Sie bringen keine grundsätzlich neuen Argumente für die geometrische Gleichheit. Ihre Funktion ist vielmehr, die Richtigkeit der Entscheidung, die Kyros zugunsten dieser Form der ἰσότης trifft, zu untermauern.

Kyros beginnt mit einer regelrechten Kampfparainese (3,2). In ihrem Zentrum steht der Gedanke, daß dem Sieger als 'Preis des Sieges' der Unterlegene samt seinem Besitz gehört.[27] Kyros formuliert ihn in Form einer

---

[22] Mem. I 2,20 δι' ὃ καὶ τοὺς υἱεῖς οἱ πατέρες, κἂν ὦσι σώφρονες, ὅμως ἀπὸ τῶν πονηρῶν ἀνθρώπων εἴργουσιν, ὡς τὴν μὲν τῶν χρηστῶν ὁμιλίαν ἄσκησιν οὖσαν τῆς ἀρετῆς, τὴν δὲ τῶν πονηρῶν κατάλυσιν. Vgl. auch Cyr. III 3,55.

[23] Theogn. 35–36 Ἐσθλῶν μὲν γὰρ ἄπ' ἐσθλὰ διδάξεαι· ἢν δὲ κακοῖσι / συμμίσγῃς, ἀπολεῖς καὶ τὸν ἐόντα νόον.

[24] Vgl. auch Symp. 2,4, Plat. Men. 95d6–e1, Arist. EN IX 9, 1170a12f., 12, 1172a13f. Weitere Stellen bei D. Young im Testimonienapparat zu Theogn. 35f. – Gigon, Xenophons Memorabilien I, 46 zu I 2,20 vermutet wohl zu Recht, daß diese Verse in der ἀρετή-Diskussion schon vor Platon und Xenophon eine wichtige Rolle spielten. – Als Diktum Solons zitiert Diog. Laert. I 60 die Warnung μὴ κακοῖσι ὁμίλει. Vgl. auch Demokrit VS 68 B 184, Eur. Or. 737, Fg. 609 N.², Soph. Fg. 14 Radt; zur Vorstellung, Umgang mit Schlechten mache schlecht, solcher mit Guten gut, Müller, Gleiches zu Gleichem, 160, A. 30.

[25] Vgl. auch VII 1,1.

[26] Vgl. auch Holden zu II 3,1.

[27] Vgl. auch Plat. Leg. 626b3f. πάντα δὲ τὰ τῶν νικωμένων ἀγαθὰ τῶν νικώντων γίγνεσθαι. Zitiert wird Cyr. II 23,2 καὶ οὕτω τὰ τῶν νικωμένων πάντα τοῖς νικῶσιν ἀεὶ ἆθλα πρόκειται bei Ps. Plut. De lib. educ. 8 D τὰ γὰρ τῶν ἡττωμένων ἐν ταῖς μάχαις ἀγαθὰ τοῖς νικῶσιν ἆθλα πρόκειται. – Xenophon legt III 3,44 einen ähnlichen Gedanken dem assyrischen Herrscher vor der Schlacht in den Mund.

Antithese, die allerdings nicht ganz parallel gebaut ist. Er beginnt mit der Annahme, daß die Perser siegen werden (τὰ δ' ἆθλα τῆς νίκης, ἣν μὲν ἡμεῖς νικῶμεν (τοῦτο γὰρ ἀεὶ λέγειν καὶ ποιεῖν δεῖ), δῆλον ὅτι οἵ τε πολέμιοι ἡμέτεροι καὶ τὰ τῶν πολεμίων ἀγαθὰ πάντα), fährt fort, indem er den gegenteiligen Fall formuliert und endet mit der Verallgemeinerung zu einem universal gültigen Gesetz (ἢν δὲ ἡμεῖς νικώμεθα-καὶ οὕτω τὰ τῶν νικωμένων πάντα τοῖς νικῶσιν ἀεὶ ἆθλα πρόκειται). Der gesamte Abschnitt erhält so eine ringförmige Struktur; Kyros beginnt mit dem Subjekt τὰ δ' ἆθλα τῆς νίκης, das im Fortgang der anakoluthischen Aussage durch ein neues Subjekt (οἵ πολέμιοι) abgelöst wird, bevor er den Gedankengang mit dem Prädikatsnomen ἆθλα πρόκειται, auf den Beginn zurückgreifend, abschließt.

In einem zweiten Schritt (§ 3) betont Kyros die Wichtigkeit der individuellen Bereitschaft, das Notwendige zu tun, um zum Erfolg zu gelangen. Auch diesen Gedanken formuliert er antithetisch, indem er auf der Gegenseite die schlimmen Folgen namhaft macht, die eintreten, wenn sich jeder darauf verläßt, daß der andere handelt. Bezogen ist dies auf den konkreten Fall des Krieges, doch scheint Xenophon auch an dieser Stelle verallgemeinern zu wollen, wie die einleitende Aussage von § 4 andeutet: καὶ ὁ θεὸς οὕτω πως ἐποίησε· τοῖς μὴ θέλουσιν ἑαυτοῖς προστάττειν ἐκπονεῖν τἀγαθὰ ἄλλους αὐτοῖς ἐπιτακτῆρας δίδωσι. Neu ist der theologisch-metaphysische Aspekt. Die nach dem Prinzip des Verdienstes geregelte Ordnung im menschlichen Bereich entspricht göttlichem Willen. Der zweite Satz impliziert, daß der Mensch in seiner Entscheidung für oder gegen das Gute autonom ist. Entscheidet er sich jedoch gegen das Bemühen um τἀγαθά, verstößt er gegen göttlichen Willen.

Kyros beendet seine Rede, indem er nochmals, wie schon Chrysantas zu Beginn der Diskussion (2,18), die zwei Möglichkeiten, über die es zu entscheiden gilt, zur Debatte stellt: Wird das Bemühen um die ἀρετή größer sein, wenn die τιμή sich proportional zum πονεῖν verhält oder wenn jeder das Gleiche erhält (§ 4)? Auf den ersten Blick könnte der Eindruck entstehen, als wenn das Bemühen um die sittliche Trefflichkeit im Grunde nur von ihrem Zweck, der größtmöglichen Anerkennung, der τιμή, bestimmt werde und somit äußerlich bliebe.

Aus einer Stelle des dritten Buches (III 3,53) erhellt, daß dieser Eindruck täuscht. Kyros definiert dort gegenüber Chrysantas die Herrschenden als Lehrer, die durch δεῖξις, διδαχή und ἐθισμός den Untertanen die Überzeugung gleichsam einpflanzen sollen, daß die Guten εὐδαιμονέστατοι, die Schlechten hingegen die Unglücklichsten von allen seien. Die Eudaimonie, die er meint, ist sicherlich mehr als die bloße gesellschaftliche Anerkennung und Aneignung materieller Güter. Sie ist ein Glück, das wie in Platons Gorgias (470e9ff.) dem sittlichen Gutsein korrespondiert und nur dem Guten zuteil wird, sich jedoch nicht in Ehre, Reichtum und andere äußere Güter umrechnen läßt.

Nach Kyros spricht Chrysantas (§ 5 ff.). Auch er plädiert für die geometrische, proportionale Gleichheit. Xenophon teilt dem Leser mit, daß es sich bei ihm um einen Mann handelt, der 'weder groß noch stark anzuschauen' sei, sich jedoch durch seine Phronesis auszeichne (§ 5). Chrysantas ist zwar ein Vertreter der ὁμότιμοι, aber er vertritt aufgrund seiner Physis nicht den traditionellen Standpunkt der Adelsethik, in der der ἀγαθός auch körperlich schön zu sein hat.

Chrysantas argumentiert für die geometrische Gleichheit, weil er nur dank ihrer die Möglichkeit besitze, seinen geistigen Leistungen entsprechend entlohnt zu werden (§ 6). Xenophon wählt bewußt Chrysantas als jemanden, der von der Herkunft her auf der Seite der Aristokratie steht, der aber von der Physis her nicht den gängigen Kriterien des Standes genügt; als ein aufgeklärter Vertreter der Phronesis vermag er dem Leser zu zeigen, daß die Gleichheit κατ' ἀξίαν weder an Standesgrenzen noch an körperliche Vorzüge gebunden ist, sondern alleine auf der individuellen Leistung beruht.

Als letzter Redner folgt Pheraulas (§ 8–15), wie Chrysantas eine fiktive Gestalt. Xenophon legt ihm eine umfangreiche Rede in den Mund, um zu zeigen, daß ein Mann aus dem Volk (§ 7 Πέρσης τῶν δημοτῶν)[28] sehr wohl für die geometrische, proportionale Gleichheit plädieren kann und nicht alleine aufgrund seiner Herkunft die radikal demokratische Position einnimmt, als deren Kennzeichen im allgemeinen die Forderung nach der Gleichheit für alle gilt.[29]

Pheraulas komplementiert Chrysantas; er ist ein Vertreter des Volkes, der zugleich aber, wie Xenophon bemerkt, mit Bezug auf den Körper und die Seele einem nicht unedlen Manne gleicht (§ 7), als aristokratische Züge aufweist.

---

[28] δημότης 'Angehöriger des Volkes' anstelle des attischen δημοτικός ist ein Ionismus; vgl. Zonaras I 494 δημότην οἱ Ἴωνες τὸν τῶν πολλῶν ἕνα. οὕτως καὶ Ἡρόδοτος. τῶν δὲ Ἀττικῶν μόνος Ξενοφῶν, οἱ δὲ ἄλλοι τοῦτον μὲν δημοτικόν, δημότην δὲ τὸν τοῦ αὐτοῦ δήμου, ὡς φυλέτην τὸν τῆς αὐτῆς φύλης. – δημότης bei Xenophon noch Cyr. VIII 3,5, Mem. I 2,58. Vgl. auch Ps. Xen. Resp. Ath. 1,4, Tyrt. 4,5 W., Hdt. II 172,2, V 11,2.

[29] Vgl. Plat. Resp. 558c3 ff., Isocr. 3,15, Arist. Pol. IV 4, 1291b30 ff. Der Gleichung arithmetische Gleichheit = radikale Demokratie korrespondiert, daß die geometrische Gleichheit als Kennzeichen der idealisierten athenischen Demokratie als einer Art Mischverfassung angesehen wird; vgl. Isocr. Areop. 21 ff. und dazu Aalders, Die Theorie der gemischten Verfassung im Altertum, Amsterdam 1968, 36 f.; vgl. auch Thuk. II 37,1. Als Charakteristikum der Monarchie bezeichnet sie Isokrates im Nikokles (3,15).

Pheraulas' Rede gliedert sich in drei Teile. Im ersten (§ 8–10) analysiert er die menschliche Physis, im zweiten (§ 11–14) folgt eine Gegenüberstellung der persischen ὁμότιμοι und Plebejer. Eine kurze Kampfparainese (§ 15), an letztere gerichtet, beschließt den Logos.

Als neues Argument führt Pheraulas den Begriff der Physis als der 'Lehrerin' der Menschen ein (§ 9 ff.). Die Menschen verstehen sich nach Pheraulas wie die Tiere von Natur aus auf den Kampf. Auch ihm sei von Kindheit an diese Fähigkeit durch die Natur gegeben (§ 10). Pheraulas sieht in dieser Gabe nicht nur eine δύναμις wie das Gehen und Laufen, sondern auch etwas Angenehmes (§ 10).

Seine Argumentation bis zu diesem Punkt soll zeigen, daß die Perser aus dem Volk a limine nicht im Nachteil gegenüber den Aristokraten sind. In einem zweiten Schritt steigert Pheraulas diese Feststellung noch, indem er zeigt, daß die δημόται über einen besseren Lehrmeister als die ὁμότιμοι, nämlich die ἀνάγκη, verfügen (§ 13).

Daß Pheraulas von einem 'Lernen von der Natur' (§ 10) spricht, ist im Grunde eine metaphorische Ausdrucksweise. Gemeint ist die natürliche Disposition, die sich dem menschlichen Einfluß entzieht.[30] Die Vorstellung von der Natur als Lehrmeisterin ist im vierten Jahrhundert gängig.[31] Das Besondere an der Kyrupädiestelle besteht darin, daß die Physis in dieser Rolle den Primat gegenüber der rationalen und logischen Belehrung erhält. Man darf die Stelle wohl nicht so verstehen, als richte sich Xenophon

---

[30] Dierauer, Tier und Mensch im Denken der Antike, 54 spricht von einer ersten Erkenntnis der Instinkthaftigkeit tierischen und teilweise auch menschlichen Verhaltens. Vgl. aber schon Demokrit VS 68 B 278. – Traditionell ist der in § 10 (ὑπὸ τῆς φύσεως πράττειν ἠναγκαζόμην) ausgedrückte Gedanke, daß die Natur einen Zwang ausübt; er ist seit dem letzten Viertel des 5. Jahrhunderts verbreitet. Vgl. Eur. Tro. 884 ff., Fg. 840, Fg. 757,5 ff., Fg. 920 N². (Antithese Nomos-Physis); Heinimann, Nomos und Physis, 125 ff. – In der Kosmologie könnten die Atomisten den Begriff ἀνάγκη zum terminus technicus gemacht haben; vgl. Demokrit VS 68 A 46a, A 50, A 83. Guthrie, A History of Greek Philosophy Vol. II, 415 ff.

[31] Vgl. Ar. Vesp. 1281 ff. ὅντινά ποτ' ὤμοσε μαθόντα παρὰ μηδενός, / ἀλλ' ἀπὸ σοφῆς φύσεος αὐτόματον ἐκμαθεῖν / γλωττοποιεῖν κτλ., Ps. Xen. Cyn. 13,4 οἶδα δὲ ὅτι κράτιστον μέν ἐστι παρὰ τῆς αὐτοῦ φύσεως τὸ ἀγαθὸν διδάσκεσθαι, δεύτερον δὲ παρὰ τῶν ἀληθῶς ἀγαθῶν τι ἐπισταμένων μᾶλλον ἢ ὑπὸ τῶν ἐξαπατᾶν τέχνην ἐχόντων, Moschion Fg. 6,22 TrGF I αὐτὴν παρασχὼν τὴν φύσιν διδάσκαλον. Vgl. auch Paul. Ep. ad Cor. I 11,14. D. Holwerda, Commentatio de vocis quae est ΦΥΣΙΣ vi atque usu, Groningen 1955, 45. – In den Umkreis der Vorstellung von der Natur als Lehrerin gehören auch folgende Epicharm zugeschriebene Verse (VS 23 B 4): Εὔμαιε, τὸ σοφόν ἐστιν οὐ καθ' ἓν μόνον, / ἀλλ' ὅσσα περ ζῇ, πάντα καὶ γνώμαν ἔχει. / καὶ γὰρ τὸ θῆλυ τᾶν ἀλεκτορίδων γένος, / αἰ λῇς καταμαθεῖν ἀτενές, οὐ τίκτει τέκνα / ζῶντ', ἀλλ' ἐπώιζει καὶ ποιεῖ ψυχὰν ἔχειν. / τὸ δὲ σοφὸν ἁ φύσις τόδ' οἶδεν ὡς ἔχει / μόνα· πεπαίδευται γὰρ αὐταύτας ὕπο. Vgl. Dierauer, a. a. O., 54, Heinimann, a. a. O., 102.

allgemein gegen den von der Sophistik vertretenen Anspruch, besondere Macht durch die Erziehung auszuüben.[32] Dazu ist das Argument des Pheraulas zu speziell. Xenophon leugnet nicht allgemein die Bedeutung der Paideia und Übung, sondern läßt Pheraulas eine bestimmte Fähigkeit als eine Naturgabe definieren, die nicht oder zumindest nicht primär menschlichem Einfluß unterliegt.

Im zweiten Teil der Rede (§ 11 ff.) entwickelt Pheraulas einen regelrechten Kalkül. Er kontrastiert das ehrenvolle Leben der ὁμότιμοι, das zugleich allein das angenehmste sei (§ 11), mit dem ehrlosen Bios der Angehörigen des Volkes und suggeriert, daß erstere im Nachteil sind, da sie mehr zu verlieren haben.

Zum zweiten begründet er die Inferiorität der ὁμότιμοι damit, daß sie durch die Erziehung lernten, Entbehrungen wie Hunger, Durst und Kälte zu ertragen, die δημόται hingegen durch die Not die gleiche Fähigkeit des καρτερεῖν gelehrt wurden. Er bringt diesen Befund auf die knappe Formel οὐ γὰρ ἔστι διδάσκαλος οὐδεὶς τούτων κρείττων τῆς ἀνάγκης (§ 13). Und auch mit Bezug auf das Tragen schwerer Waffen sieht Pheraulas im folgenden die Überlegenheit der Plebejer als erwiesen an, da sie an die Waffen und schweres Marschgepäck gewöhnt seien (§ 14). Bei dem Gedanken, daß der Zwang der beste Lehrer sei, handelt es sich im Grunde um eine Abwandlung des Topos, daß es nichts Stärkeres als die ἀνάγκη gebe.[33]

Die Gegenüberstellung der ὁμότιμοι und δημόται wirkt etwas künstlich, wenn man in Rechnung stellt, daß Xenophon im ersten Buch (I 2,2 ff.) bei der Darstellung der persischen Erziehung den Wert der ἄσκησις besonders betont. Der Gedanke, daß die ἀνάγκη als διδάσκαλος der Erziehung und Übung überlegen ist, taucht nur an dieser Stelle im Werk auf. Er dient wohl eher der Ethopoiie und ist weniger als Ausdruck von Xenophons eigener Überzeugung zu werten.

Daß Xenophon Pheraulas am Schluß seiner Rede als Befürworter der geometrischen, am Maßstab der Würdigkeit zu messenden Gleichheit sprechen läßt (§ 15), ist die eigentliche Pointe des Logos. Pheraulas repräsentiert als der συνετός (VIII 3,5) den Standpunkt des Vernünftigen, der trotz seiner niedrigen Herkunft die Höherwertigkeit der geometrischen ἰσότης anerkennt und nicht für die arithmetische Gleichheit plädiert.

Pheraulas tritt in der Kyrupädie nur noch einmal in Erscheinung. In VIII 3,5 ff. figuriert er in Babylon als eine Art Zeremonienmeister, dem Kyros

---

[32] So Dierauer, 53. Zum Erziehungsanspruch der Sophistik vgl. Müller, Die Kurzdialoge der Appendix Platonica, 224 ff.
[33] Vgl. Thales VS 11 A 1, 35, Aisch. Prom. 105, Eur. Alc. 965, Hel. 514. Vgl. Kannicht zur Stelle mit weiteren Parallelen. Vgl. auch Plat. Prot. 345d5 (Pittakos).

vor dem ersten Auszug seiner Truppen die Einkleidung der Truppenführer überträgt. Xenophon stellt in § 5 den Bezug zum Auftritt des Pheraulas im zweiten Buch her, indem er den Leser an sein Plädoyer für die geometrische Gleichheit erinnert. Er bedient sich dieser Gestalt also auch, um sein Werk zu strukturieren.

Im Anschluß an den Auszug und einen Reiteragon setzt er Pheraulas als Gastgeber in einem Dialog mit einem jungen Saker ein, der sich zuvor im Reiterwettkampf auszeichnete und Pheraulas sein siegreiches Pferd schenkte (VIII 3,31 ff.). In diesem Dialog über die wahre Eudaimonie (3,35–48) figuriert Pheraulas als derjenige, der aus armen Verhältnissen stammend zu Reichtum gelangte und diesen ganz und gar Kyros verdankt (§ 8). Xenophon macht ihn nun zum Sprachrohr einer festen philosophischen Position. Der Reichtum, so Pheraulas, enthebt ihn nicht aller Sorgen, sondern bereitet ihm im Gegenteil großen Kummer. Er ist gleichbedeutend mit dem Zwang, großen Aufwand gegenüber der Göttern, Freunden und Fremden zu treiben (§ 41–44).[34]

Das paradoxe Ergebnis: Pheraulas schenkt seinem Gastfreund seinen gesamten Besitz und beansprucht lediglich, wie ein Gastfreund vom Saker unterhalten zu werden (§ 46 f.) Im Hintergrund steht der philosophische Topos[35], daß sich der Reichtum nicht nach der Größe, sondern danach bemißt, wie man ihn zu gebrauchen weiß. Pheraulas vertritt im wesentlichen die gleiche Position wie Kyros gegenüber Kroisos (VIII 2,21 ff.), mit dem Unterschied, daß Kyros das Begriffspaar τὰ ἀρκοῦντα-περιττά verwendet und damit seine antimaterialistische Position auch terminologisch von dem Standpunkt derer abgrenzt, die den Wert des Reichtums nur nach der Menge bewerten.

Daß Pheraulas im achten Buch dem Reichtum eine generelle Absage erteilt, wirkt wie eine Korrektur seines Standpunktes in der Gleichheitsdebatte des zweiten Buches, wo er gerade für die nach der individuellen Leistung bemessene τιμή plädiert. Xenophon geht es nicht darum, an dieser fiktiven Person eine Entwicklung darzustellen. Entscheidend ist nicht die Ethopoiie, sondern die Absicht, eine bestimmte philosophische Haltung an eine Person zu binden, wobei auf letztere gar nicht so viel ankommt. Er setzt sie im achten Buch im wesentlichen nur als Verfechtung eines antimaterialistischen Standpunktes ein, um dem Eindruck entgegenzuwirken, der

---

[34] Der gleiche Gedanke findet sich in der Rede des Charmides (Symp. 4,30), der allerdings den Gegensatz zwischen reich und arm noch viel stärker zuspitzt als Pheraulas: Als Reicher sei er früher ein Sklave gewesen, als Armer gleiche er einem Alleinherrscher (4,32). Der Gedanke steht im Ansatz schon bei Demokrit VS 68 B 283; vgl. auch B 284, Woldinga zu Symp. 4,29.

[35] Vgl. oben S. 24 mit Anm. 85; vgl. auch Demokrit VS 68 B 282, Oec. 1, 12 ff.

Aufstieg eines Plebejers im Rahmen seines persischen Idealstaates habe den
Reichtum zum letzten Ziel.

Den Schluß des zweiten Buches (II 4) benutzt Xenophon dazu, den Kontrast zwischen Kyros und Kyaxares weiter zu entwickeln. Zu diesem Zweck
bedient er sich eines Motivs, das keine besondere erzähltechnische Funktion
hat. Eine Gesandtschaft der Inder[36], die erkunden soll, ob die Assyrer oder
die Perser im Recht sind (4,7), dient als Anlaß, um erneut Perser und Meder
zu kontrastieren. Kyros erscheint im Hauptquartier des Kyaxares im einfachen persischen und nicht im medischen prunkvollen Gewand (§ 5), das
Kyaxares ihm eigens zukommen läßt. Damit klingt wie bereits im ersten
Buch die Antithese zwischen der einfachen persischen und der aufwendigen
medischen Lebensweise an.

Wichtiger für den Fortgang der Handlung und die Charakterisierung des
Kyros ist die anschließende Beratung zwischen Kyaxares und Kyros (§ 12 ff.).
Sie wird ausgelöst durch die Weigerung des armenischen Herrschers, Truppen zu stellen und Tribut zu entrichten. Kyros erinnert sich daran, weil er
Mittel benötigt, um seinen Freunden Gutes zu tun (§ 10 ff.). Xenophon
bereitet so scheinbar beiläufig auf die Begegnung zwischen Kyros und Tigranes, dem Sohn des Armeniers, im dritten Buch vor, die mit ihrer dialektischen Argumentation von beiden Seiten einen Höhepunkt des gesamten
Werkes darstellt.

Wie man dem armenischen Vasallen militärisch beikommen kann und
ihn zur Botmäßigkeit zurückbringt, weiß Kyros; er zeigt sich auf dem Gebiete der Taktik, wie zu Beginn des zweiten Buches in der Heeresorganisa-
tion, dem Onkel überlegen. Xenophon vermerkt ausdrücklich, daß sich
Kyaxares in einer Aporie befindet (§ 12); das entscheidende Mechanema
kommt von Kyros (§ 16). Eine von ihm inszenierte Jagd an der Grenze
Armeniens soll den armenischen Herrscher in Sicherheit wiegen und seine
Überrumpelung ermöglichen. Xenophon exemplifiziert damit an einem
konkreten Fall, wie Kyros die Belehrung des Vaters, den Feind zu überraschen und Regeln, die für die Jagd gelten, analog im Krieg anzuwenden
(I 6,37 ff.), in die Tat umsetzt.[37]

---

[36] Die Inder gehören nach VI 2,1 ff. zu Kyros' Verbündeten im Krieg gegen Kroisos,
genießen aber, im Unterschied zu den Armeniern (III 2,28), nicht den Status von φίλοι.
Auch von einem förmlichen Treueschwur ist, anders als im Falle etwa der Ägypter, die
nach der Niederlage bei Thymbrara ein Bündnis mit Persien eingehen (VII 1,44), keine
Rede.

[37] Daß es sich bei dem Feldzug gegen Armenien um eine Art Jagd handelt, vermerkt
Kyros mehrmals in einer Rede (§ 22 ff.), die er unmittelbar vor dem Konflikt vor den
Soldaten hält. Chrysantas kommt dabei die Rolle des 'Fallenstellers' zu, der die Feinde,
falls sie in die Berge flüchten, abfangen soll (§ 24 ff.), während Kyros durch die Ebene
dem Armenier entgegenzuziehen gedenkt.

Das Besondere an der Armenienepisode ist freilich, daß Kyros im Armenier nicht einen Feind sieht. Im Gegenteil: Seine Absicht ist, aus ihm einen noch besseren Freund zu machen (§ 14). Diese Ankündigung soll im Leser Spannung erwecken. Er muß sich fragen, wie Kyros sein Vorhaben verwirklichen will, deutet doch alles auf eine gewaltsame Lösung des Problems. Daß der armenische Herrscher tatsächlich dank Kyros in höherem Maße ein Freund der Perser und Meder als zuvor sein wird, zeigt sich in III 1,42 nach der Begegnung zwischen Kyros und Tigranes, wo er das Doppelte des geforderten Tributes anbietet.

Xenophon läßt den Leser jedoch schon gegen Ende des zweiten Buches nicht über den erfolgreichen Ausgang des Unternehmens im Unklaren. In II 4,19 legt er ein omen ein, das vom Typus her homerisch ist:[38] Als Kyros an der Grenze Armeniens zu jagen beginnt, erscheint ihm ein glückverheißender Adler (ἀετὸς δ' ἐπιπτάμενος αἴσιος)[39], schlägt einen fliehenden Hasen und trägt ihn davon. Das zweite Buch erhält damit eine ringförmige Struktur, da Xenophon schon zu Beginn das Motiv des günstigen Adleromens einsetzte (II 1,1). Kyros scheint unter dem besonderen Schutz des Zeus zu stehen.[40] Dies ist nicht überraschend; es entspricht der Tatsache, daß die Achaimeniden als Περσεῖδαι ihr Geschlecht von Perseus, dem Zeussohn, herleiten (I 2,1).[41]

---

[38] Vgl. Il. 8,247ff., 24,315ff., Od. 2,146ff. (zur Stelle S. West, A Commentary on Homer's Odyssey, Vol. I, Oxford 1988), Od. 15,160ff., H. Stockinger, Die Vorzeichen im homerischen Epos, Diss. München 1959, 52ff., 124ff. (S. 128 Beispiele aus dem hellenistischen und römischen Epos). Vgl. auch Anab. VI 1,23, Plut. Pyrrh. 29,1. – Eine regelrechte Homerreminiszenz auch Anab. I 4,4 ὕπερθεν δ' ἦσαν πέτραι ἠλίβατοι; vgl. e. g. Il. 15,273 und Gautier, La langue de Xénophon, 100; Cyr. V 5,6 ἄχος αὐτὸν ἔλαβεν ∼ Il. 14,475 Τρῶας δ' ἄχος ἔλαβε θυμόν (zuerst bemerkt von Gautier, 101); vgl. auch Cyr. V 1,6 συνεβόησαν δὲ καὶ αἱ δμωαὶ und Od. 4,719 περὶ δὲ δμωαὶ μινύριζον; Gautier, 92. – Epische Wörter: Anab. I 8,18 ταῖς ἀσπίσι πρὸς τὰ δόρατα ἐδούπησαν, II 2,19 θόρυβος καὶ δοῦπος ἦν, Cyr. III 3,38 εἰκότως ἂν ἡμιτελῆ αὐτὸν νομίζοι, Mem. I 3,7 Ἑρμοῦ ὑποθημοσύνηι; vgl. ferner Gautier, 87ff.

[39] ἐπιπτάμενος sollte im 'epischen' Zusammenhang nicht mit Cobet (so auch Dindorf, Hug (editio maior), Marchant) in attisches ἐπιπτόμενος geändert werden. Die Aoristform ἐπιπτάμενος mit der Wurzel πτα- ist im homerischen Epos die gängige Form; vgl. Il. 2,71, 5,282, 13,821, 16,856, 22,362; Od. 11,222. In der attischen Tragödie findet sich dieser Aorist besonders in der Medialform wieder; drei Belege des Partizips des Simplex bei Euripides (Lyr.): Ion 460, Ba. 90, IA 796 (ci Scaliger); ἀμπτάμενος Hec. 1100, IT 844, Or. 1376, ἀμπτάμενα Andr. 1219. Im Dialog: προσέπτατο Soph. Ai. 282, Eur. Alc. 421, ἔπτατ' Hel. 18. Vgl. O. Lautensach, Die Aoriste bei den attischen Tragikern und Komikern, Göttingen 1911, 8ff.

[40] Vgl. auch I 6,1, III 3,21f. Geradezu als Kyros' Schutzgottheit erscheint Zeus in VII 1,1 μετὰ δὲ ταῦτα αἰτησάμενος Δία πατρῷον ἡγεμόνα εἶναι καὶ σύμμαχον κτλ. (vor der Schlacht bei Thymbrara). Das Zeichen des persischen Herrschers ist der goldene Adler; vgl. VII 1,4, Anab. I 10,12.

[41] Vgl. auch oben S. 64.

6. Die Begegnung zwischen Kyros und Tigranes und die Chaldäerepisode (III 1,1 ff.)

Xenophon beschreibt zu Beginn des dritten Buches nur kurz, wie Kyros im Grunde kampflos die Oberhand über den armenischen Herrscher behält. Der Armenier läßt zunächst seine Familie und seinen Besitz in die Berge in Sicherheit bringen (1,1–2) und flüchtet sich, als er von der Ergreifung seiner Angehörigen hört, auf einen Hügel. Dort ergibt er sich kampflos, als er die Auswegslosigkeit der Lage erkennt (§ 4–6).[1] Kyros übt die Rolle des Richters aus. Die Niederlage des Armeniers betrachtet er als gottgewollt (§ 6). Welche Gottheit gemeint ist, erhellt aus II 4,19, wo Xenophon beschreibt, wie Kyros das Adleromen empfängt. Das Tun des Adlers kommentiert Xenophon mit den Worten ἐχρῆτο τῆι ἄγραι ὅ τι ἤθελεν. Mit der gleichen Wendung repliziert Kyros auf die Frage des armenischen Herrschers, wer der Richter sei: Δῆλον ὅτι ὧι ὁ θεὸς ἔδωκε καὶ ἄνευ δίκης χρῆσθαί σοι ὅ τι βούλοιτο (§ 6). Die sprachliche Übereinstimmung betont den engen Zusammenhang zwischen beiden Stellen.

Auf dieses kurze Vorspiel folgt eine förmliche Gerichtsszene. Ihr Umfang zeigt, daß ihr Xenophons eigentliches Interesse gilt. Für den Leser ist überraschend, daß Tigranes, der ältere Sohn des armenischen Herrschers, in die Handlung einbezogen wird. Xenophon läßt ihn zufällig von einem Aufenthalt im Ausland zurückkehren (§ 7). Das Besondere an Tigranes ist, daß es sich um einen Jagdgefährten des Kyros handelt. In II 4,15 deutete Kyaxares eine derartige Beziehung zwischen Kyros und 'einigen Kindern' des Armeniers an, doch erst in III 1,7 wird deutlich, daß damit Tigranes gemeint ist. Diese Erzähltechnik der gleichsam verknappten Information erhöht die Spannung des Lesers und verklammert zugleich den Schluß des zweiten mit dem Beginn des dritten Buches.

Xenophon erzielt mit der Einführung des Tigranes eine Verschränkung: Tigranes ist im Grunde ein Freund des Kyros, doch steht er als Sohn des armenischen Herrschers, dem im folgenden die Rolle des Verteidigers zu-

---

[1] Anderson, Xenophon, 180 vermutet ansprechend, daß Xenophon die äußeren Umstände der Armenienepisode in Erinnerung an eine Begebenheit in der Anabasis (I 2,24 ff.) gestaltet. Dort beschreibt er, wie Kyros der Jüngere gegen Tarsos zieht und sich des Herrschers Syennesis bemächtigt. Zwei Übereinstimmungen lassen sich feststellen: An beiden Stellen liegt die Hauptstadt in der Ebene, die Bewohner flüchten in die Berge. Der Herrscher ergibt sich jeweils kampflos. In der Anabasis wird freilich Syennesis von seiner Frau überredet, sich zu ergeben (§ 26), während der Armenier aus der eigenen Erkenntnis, nicht entrinnen zu können, aufgibt.

kommt, auf der Gegenseite. Mit Tigranes' Einführung wird die Gesprächssituation kompliziert. Zunächst stehen sich Kyros und der armenische Herrscher gegenüber, in einem zweiten Schritt springt der Sohn für den Angeklagten ein. Der Schwerpunkt liegt eindeutig auf dem Dialog zwischen Kyros und Tigranes (§ 14 ff.), der den ersten Gesprächsgang an Umfang und Gesprächsverdichtung weit übertrifft. Für letzteres ist ausschlaggebend, daß Tigranes, wie der Leser erfährt, Schüler eines 'Sophisten' war (§ 14)[2] und seine dialektische Schulung unter Beweis zu stellen vermag.[3]

Xenophon läßt an der Gerichtsszene stumme Zuhörer teilnehmen, die dem Ganzen einen pathetischen Rahmen geben. Zugegen sind als Kriegsgefangene die Frau des armenischen Herrschers, seine Töchter, der jüngere Sohn und Tigranes' Frau (§ 7), ferner die persischen und medischen Truppenführer und armenische Adlige, schließlich Frauen von Rang auf vierrädrigen Wagen (§ 8).[4] Damit schafft Xenophon zum einen die Voraussetzung für eine Dramatisierung und Pathetisierung. Als der Armenier gegen sich das Todesurteil ausspricht, heulen die Frauen auf und zerkratzen sich in Klagegebärde die Wangen; der jüngere Sohn[5] des Herrschers reißt sich die Tiara vom Haupt und zerfetzt seine Kleider (§ 13).

Doch das Pathos ist nur die eine Seite.[6] Die Öffentlichkeit der Szene, der ja nicht nur die Angehörigen des armenischen Herrschers beiwohnen, soll zeigen, daß die Perser und Meder im Recht sind und nichts zu verbergen haben. Und ein dritter Punkt: Die Anwesenheit der Angehörigen soll auf den Armenier eine geradezu protreptische Wirkung ausüben. Da sie wissen, warum er vor Kyros als Angeklagter steht, soll ihre Gegenwart ihn zur Wahrheit anhalten (§ 9).

---

[2] Zur Identität des σοφιστής vgl. unten S. 160 f.

[3] Natürlich geht es, wie Rosenstiel, 26 feststellt, letztlich um die Erinnerung an den Weisheitslehrer des Tigranes in III 1,38 ff., doch liefert das Motiv zugleich die Beglaubigung für das dialektische Geschick des jungen Armeniers. Tigranes soll als ernsthafter Gegner des Kyros erscheinen. Er unterscheidet sich darin von Kroisos, über dessen Unterlegenheit im Gespräch mit Kyros (VII 2,9 ff.) kein Zweifel aufkommen kann, so stark sich auch beide Gesprächssituationen rein äußerlich ähneln. Tatum, 135 nähert Tigranes als "the first of two opponents who attempt to challenge Cyrus" an Kroisos an, läßt jedoch die Differenz zwischen beiden Personen völlig außer Acht.

[4] Zu den ἁρμάμαξαι, überdachten Reisewagen für Frauen, vgl. auch IV 3,1, VI 4,11, Anab. I 2,16, Hdt. VII 83,2, IX 76,1.

[5] Mit παῖς αὐτοῦ (§ 13) kann wohl nur der jüngere Sohn des Armeniers gemeint sein, der mit der Familie in die Berge flüchtete (§ 2). Tigranes kommt nicht in Frage, da er unmittelbar danach als beherrschter Verteidiger seines Vaters in Erscheinung tritt; vgl. auch Dindorf, 1857 und Holden zu § 13. Zum zweiten wird Tigranes zu Beginn von § 14 namhaft gemacht, was unverständlich wäre, wenn er auch in § 13 gemeint wäre.

[6] Zu einseitig Tatum, 138, der in der Szene nur "high theater" sieht.

Der Armenier versichert denn auch in einem ersten Schritt, nur die
Wahrheit zu sagen; der Leser erfährt nun, daß Astyages Armenien tribut-
pflichtig machte und den Herrscher zur Stellung von Truppen verpflichtete
(§ 10). Kyros gründet seine folgende Argumentation ausschließlich auf das
bestehende Kriegsrecht und seine Implikationen.[7] Die Niederlage machte
aus dem Armenier einen Vasallen, der sich gegen Astyages, den Sieger,
auflehnte. Kyros weist das Motiv des armenischen Herrschers, durch den
Abfall frei zu werden, nicht zurück. Im Gegenteil. Er bezeichnet den Kampf
für die Freiheit als einen Wert (§ 11). Der Schwachpunkt in der Argumentation des Unterlegenen besteht allerdings darin, daß er einen Vertrag mit den
Medern schloß und vertragsbrüchig wurde.

Das Verfahren, mit dem Kyros im folgenden den Armenier in die Aporie
treibt, ist einfach. Er versetzt ihn in seine eigene Lage und läßt ihn in vier
Schritten aussprechen, was er in Kyros' Situation mit jemandem machte,
der das Bündnis brach und den Sieger zu schädigen versuchte (§ 11–12). Der
Unterlegene muß schließlich einräumen, daß er einen solchen Abtrünnigen
tötete (§ 12). Hiermit ist der Punkt erreicht, da die Angehörigen in Klagen
ausbrechen und somit zeigen, daß sie die Zwangslage des armenischen
Herrschers erkannt haben (§ 13). Eine letzte Zuspitzung erfährt die Szene
dadurch, daß Kyros den Unterlegenen bittet, ihm zu raten, was er tun solle
(§ 13); das Dilemma für den Armenier lautet, entweder das Todesurteil über
sich auszusprechen oder zu lügen. Er vermag nur noch zu schweigen.

Warum dieses Spiel? Da Xenophon von Anfang an den Leser wissen läßt,
daß Kyros mit der Absicht handelt, den armenischen Vasallen zu einem
noch besseren Freund als zuvor zu machen, stellt sich die Frage zwangsläufig.[8] Will Xenophon die schließliche Milde, die Kyros walten läßt, dadurch
nur in einem helleren Licht erscheinen lassen? Dann wäre zu erwarten, daß
Kyros sie sofort nach dem Gespräch mit dem armenischen Herrscher unter
Beweis stellt. Die Antwort liegt vielmehr im folgenden Dialog zwischen
Kyros und Tigranes. Die Dramaturgie der Szene macht es notwendig, daß

---

[7] Abzulehnen ist die Behauptung von Tatum, 136, Kyros bediene sich eines Sophisma,
um sein Gegenüber in die Enge zu treiben. Zwar endet das Gespräch mit der Aporie des
armenischen Herrschers (§ 13), doch ist sie nicht die Folge einer sophistischen Argumentation des Kyros. Der Armenier akzeptiert lediglich die Prämisse, daß er sich durch den
Vertragsbruch ins Unrecht setzte.

[8] Völlig abwegig ist die These von Newell, 103–104, Kyros gebrauche in der Begegnung mit dem Armenier (und auch in anderen Fällen) eine Hobbessche Technik des
Terrors, um den Untergebenen in die Botmäßigkeit zurückzubringen. In diesem Falle
wäre unverständlich, wieso der armenische Herrscher aus freien Stücken mehr Tribut als
zuvor zahlen will (§ 42) und sich Tigranes ebenfalls freiwillig Kyros anschließt.

es zunächst zu einer Aporie des Armeniers kommt, damit Tigranes mit Erfolg für ihn eintreten kann. Es kann kein Zweifel daran bestehen, daß es Xenophon in erster Linie um die Gegenüberstellung des Tigranes und des Persers geht. Zur Steigerung bedarf es eines ersten Anlaufs, in dem der armenische Herrscher scheitert. Die vorgängige Aporie ist geradezu ein festes Element dieses Gesprächstypus. Für den Leser beruht die Wirkung der gesamten Szene auf einer Vorgabe an Wissen. Daß der Armenier nicht ernsthaft um sein Leben bangen muß, weiß er seit Kyros' Ankündigung gegen Ende des zweiten Buches (II 4,14). Die Spannung resultiert für ihn aus der Frage, wie sich Tigranes gegenüber Kyros in Szene setzt und seine Rolle als Verteidiger spielt.

Tigranes beginnt seine Argumentation wie ein Sokratiker mit Diairesen (§ 15): Wenn Kyros den Vater wegen seiner Pläne oder Taten bewundere, solle er ihn nachahmen, wenn er jedoch von seinen Verfehlungen überzeugt sei, dann nicht. Nur die zweite Möglichkeit bestimmt den weiteren Verlauf des Dialoges. Tigranes versucht nicht, das Unrecht des Vaters in Recht zu verkehren und die schwächere Sache zur stärkeren zu machen. Seine Argumentation ist nicht sophistisch, wie Tatum[9] meint. Vielmehr versucht er die Bedeutung der Strafe für denjenigen, der bestraft, und für den, der bestraft wird, zu präzisieren.[10] Dazu dient eine zweite Diairese: Kyros kann den Vater zum eigenen Vorteil oder Nachteil bestrafen. Nur letzteres wird der Fall sein, wenn er den Vasallen tötet, der für ihn von größtem Wert ist (§ 16).

Die Erläuterung dieser These, die bei Kyros Staunen hervorruft, ist einfach: Der armenische Herrscher, so Tigranes, ist infolge seines Unrechts zu einem σώφρων geworden. Er zahlt bereits Strafe aufgrund des selbstverschuldeten Unglücks, in dem er sich befindet (§ 22). Der Gedanke, daß aus einem ἄδικος durch eigene Einsicht ein Besonnener wurde, gibt dem Gespräch eine sokratische Wende. Es rückt damit in die Nähe der Thematik, die aus Platons Gorgias (477a ff., 525b ff.) bekannt ist: Die richtige Strafe ist nur die, die den zu Bestrafenden besser macht.

Die entscheidende Frage ist, ob es möglich ist, an einem einzigen Tag aus einem ἄφρων ein σώφρων zu werden. Kyros erkennt zunächst Tigranes' These (§ 16) von der Bedeutung der Besonnenheit als einer Art Grundtu-

---

[9] Tatum, 136. Tigranes repräsentiert auch nicht, wie Tatum, 139 behauptet, wie Euthydemus (Mem. IV 2,1 ff.) "a favorite type of Socratic literature, the bright young man armed with a little learning from study with a sophist".

[10] Tatum, 140 sieht darin eine Ausflucht und "an entirely conventional move in sophistic argument." Die Thematik ist vielmehr sokratisch.

gend im privaten und öffentlichen Bereich an.[11] Das entspricht I 2,8, wo Xenophon im Rahmen der Beschreibung des persischen Idealstaates der Besonnenheit besonderes Gewicht beimaß.

Kyros bestreitet aber indirekt, daß an einem Tag aus einem unbesonnenen Menschen ein besonnener werden könne. In diesem Falle hätte, wie Tigranes anzunehmen scheint, die Besonnenheit ein seelisches Pathos und nicht ein Wissen zu sein, das sich durch Lernen erwerben läßt (§ 17 πάθημα ἄρα τῆς ψυχῆς σὺ λέγεις εἶναι τὴν σωφροσύνην, ὥσπερ λύπην, οὐ μάθημα).[12] Das Argument reflektiert Xenophons Überzeugung. Die Besonnenheit wird gelehrt (I 2,8), und dazu ist Zeit nötig. Kyros drückt den Zusammenhang zwischen der σωφροσύνη und dem Verstandesakt folgendermaßen aus:[13] Der, der besonnen werden will, muß zunächst ein φρόνιμος werden.[14] Die Besonnenheit ist zum einen an die vernünftige Einsicht gebunden, sie ist

---

[11] Am nächsten kommt Mem. IV 3,1 τὸ μὲν οὖν λεκτικοὺς καὶ πρακτικοὺς καὶ μηχανικοὺς γίγνεσθαι τοὺς συνόντας οὐκ ἔσπευδεν, ἀλλὰ πρότερον τούτων ᾤετο χρῆναι σωφροσύνην αὐτοῖς ἐγγενέσθαι· τοὺς γὰρ ἄνευ τοῦ σωφρονεῖν ταῦτα δυναμένους ἀδικωτέρους τε καὶ δυνατωτέρους κακουργεῖν ἐνόμιζεν εἶναι. Vgl. auch Mem. I 2,26. Die Besonnenheit wird in den Rang eines ethischen Regulativs für andere ethische und technische ἀρεταί gehoben. Auch Platon hebt sie in der Politeia (431b4–432a9) von der Weisheit und der Tapferkeit ab. Sie ist eine Harmonie, die Herrschende und Untergebene verbindet, und eine Tugend, die das Ganze und jeden seiner Teile, also die drei Klassen, kennzeichnet; vgl. Adam, The Republic of Plato, Vol. I, 1938 zu 432a7. Eine ähnliche Definition der Besonnenheit kennt Xenophon nicht. Etwas Ähnliches scheint jedoch Isokrates (3,41) anzudeuten. Er vertritt freilich die Ansicht, jemand könne auch durch bloßen Zufall σώφρων sein (3,47), was Xenophon wie Platon ablehnen würde.

[12] Der Satz wird von Joel, Der echte und der xenophontische Sokrates I, 364 mißverstanden. Er sieht in ihm einen Protest Xenophons gegen die rationale σωφροσύνη. Genau das Gegenteil ist der Fall. Xenophon läßt Kyros die These ausdrücken, die Tigranes vertritt, die jedoch nicht mit seinem Standpunkt übereinstimmt. Für Xenophon steht außer Zweifel, daß es sich bei der Besonnenheit um eine auf der Vernunft und einem Akt des Verstandes beruhende Trefflichkeit handelt.

[13] Erleichtert wird dieser Zusammenhang von φρόνιμος und σώφρων durch die gleiche Etymologie; vgl. auch Plat. Crat. 411e4f. σωφροσύνη δὲ σωτηρία ... φρονήσεως.

[14] Der φρόνιμος hat bei Xenophon mehrere Seiten. An der vorliegenden Stelle bezeichnet der Begriff ethisches Wissen, das dem Handeln vorausgehen muß. Der φρόνιμος weiß, was zu tun ist, und er bemüht sich auch im Bereich einer Techne um richtiges Handeln; vgl. I 6,23; Apol. 20: Der φρόνιμος ist der Sachverständige, der wegen seines Wissens in der Volksversammlung den Vorzug erhält. Zur praktisch-politischen Seite dieser Phronesis vgl. Mem. I 2,35 und zur Stelle Gigon, Xenophons Memorabilien I, 61. Der φρόνιμος zeichnet sich nach xenophontischer Vorstellung aber auch dadurch aus, daß er die Grenzen des menschlichen Wissens kennt und daher die Mantik zu Rate zieht, um den göttlichen Willen zu erkunden; vgl. I 6,23. – Am Ende der Kyrupädie (VIII 7,20) bezeichnet φρόνιμος als Prädikat des Nus hingegen das reine Denken, das sich wie bei Platon erst vollziehen kann, wenn sich der Nus vom Körper getrennt hat.

zum anderen aber auch eine Tugend, die wie eine ethische ἀρετή der ständigen Übung bedarf.[15]

Berührungspunkte mit Platon sind an dieser Stelle unverkennbar. Auch Platon sieht in der Phronesis eine Grundbedingung der ἀρεταί. Ohne sie ist keine Tugend wirklich, sondern nur ein Schattenbild (Phaed. 69b3ff.).[16] Die Phronesis ist mit der Gerechtigkeit die Voraussetzung, um eine Stadt oder ein Haus gut zu lenken (Men. 73a7ff.). Freilich geht Platon über Xenophon insofern weit hinaus, als er die gesamte sittliche Trefflichkeit als Phronesis definiert.[17] Und auch in anderer Hinsicht unterscheiden sich beide: Xenophon betont besonders in den Memorabilien (I 2,23, II 6,39) viel stärker den Gedanken, daß es, um die σωφροσύνη und damit auch die Phronesis zu bewahren, der dauernden Übung bedarf. Das scheint auf Antisthenes' Einfluß hinzuweisen, für den ja die ἀρεταί besonders an die ἄσκησις gebunden sind[18], obschon er auf der anderen Seite besonderen Wert auf die sokratische Gleichsetzung der Tugend mit Wissen zu legen scheint[19] und das Dogma vertritt, daß die ἀρετή ein unverlierbarer Besitz ist.[20]

Tigranes versucht Kyros' Bedenken, daß ein Unbesonnener schnell besonnen werden könne, im folgenden mit Analogien zu begegnen (§ 18). Er verweist auf einzelne und ganze Städte, die schlagartig durch ihre Niederlage zur Einsicht gelangten. Der Schwachpunkt dieses Arguments besteht darin, daß der Armenier eben nicht eine damit vergleichbare Niederlage erlitt, worauf Kyros denn auch sofort hinweist (§ 19).

Tigranes bleibt nur der Versuch des Nachweises, daß der Vater durch die Erkenntnis, einem hoch überlegenen Gegner unterlegen zu sein und sich selbst als unfähiger Feldherr erwiesen zu haben, zur Besonnenheit gelangte. Dieser Versuch gipfelt in der These, daß die bloße Erkenntnis, es mit einem Besseren zu tun haben, besonnen macht (§ 20). Damit wird die vorangehende Argumentation, die ja gerade darauf abzweckte, daß der äußere Zwang zur besseren Einsicht führt, im Grunde auf den Kopf gestellt. Vom Ansatz her ähnelt Tigranes' These dem sokratischen Dogma, daß niemand wissentlich Unrecht begeht. Er vertritt dieses Dogma ausdrücklich in § 38 als Lehrsatz seines Lehrers.

---

[15] Vgl. Mem. I 2,23 πάντα μὲν οὖν ἔμοιγε δοκεῖ τὰ καλὰ καὶ τἀγαθὰ ἀσκητὰ εἶναι, οὐχ ἥκιστα δὲ σωφροσύνη; das gleiche Dogma auch Cyr. VII 5,75; vgl. auch Mem. II 6,39 ὅσαι δ' ἐν ἀνθρώποις ἀρεταὶ λέγονται, σκοπούμενος εὑρήσεις πάσας μαθήσει τε καὶ μελέτηι αὐξανομένας.

[16] Vgl. auch Plut. De fortuna 97 E.

[17] Vgl. e. g. Men. 88c5ff.

[18] Vgl. Fg. 64, 70 DC und Müller, Die Kurzdialoge der Appendix Platonica, 230.

[19] Vgl. oben S. 43.

[20] Vgl. Fg. 71 DC.

Kyros bezweifelt freilich die These, daß Erkenntnis allein zur Besonnenheit führt (§ 21). Er macht zunächst den ironischen Einwand, daß, wenn Tigranes recht hätte, der Vater nur aus Unkenntnis zum ὑβριστής geworden wäre und es sich bei jedem, der sich einer Verfehlung schuldig macht, ebenso verhalten müßte. Dann erschüttert er Tigranes' Standpunkt mit der Feststellung, daß der armenische Herrscher wider besseres Wissen vertragsbrüchig wurde (§ 21 οὐκ οἶσθα, ἔφη, ὅτι καὶ νῦν ὁ σὸς πατὴρ ἐψεύσατο[21] καὶ οὐκέτ᾽ ἐμπέδου τὰς πρὸς ἡμᾶς συνθήκας, εἰδὼς ὅτι ἡμεῖς οὐδ᾽ ὁτιοῦν ὧν Ἀστυάγης συνέθετο παραβαίνομεν). Auch hier ist die Basis, auf der Kyros argumentiert, die Rechtslage und der eindeutige Befund, daß der Armenier geltendes Recht verletzte. Tigranes relativiert folglich seine These: Nicht die Erkenntnis allein, sondern die gleichzeitige Bestrafung bringt die, die sich verfehlt haben, zur Besonnenheit (§ 22).

Den Fortgang des Gesprächs (§ 22–27) bestimmt die Frage, ob, wie Tigranes meint, der Vater bereits Strafe zahlt. Kyros bestreitet dies und liefert seinem Gegenüber dabei das entscheidende Stichwort φοβεῖται (§ 22). Der armenische Herrscher empfinde lediglich Furcht vor schlimmster Strafe. Tigranes stellt nun sein dialektisches Geschick unter Beweis. Die stärkste Macht, die Menschen unterwerfen könne, sei großer φόβος (§ 23). Auch diese These illustriert er an verschiedenen Beispielen. Er nennt Menschen, die Angst vor der Verbannung, Angst vor einer Niederlage in der Schlacht und vor der Sklaverei haben.[22] Die Furcht, so Tigranes, setzt bei ihnen sogar die natürlichen Triebe nach Schlafen und Essen außer Kraft, während das gleiche bereits erlittene Leid nicht mehr diese Macht ausübt. An letzter,

---

[21] Zu ψεύδεσθαι τὰς συνθήκας 'vertragsbrüchig werden' vgl. Ages. 1,12, Thuk. III 66,3, V 83,4. Vgl. auch Ages. 1,11, Aesch. 1,143, Il. 7,351 f. ὅρκια πιστὰ ψευσάμενοι, Eur. Ba. 31, 245 ... γάμους ἐψεύσατο.

[22] § 24 καὶ σύ γε, ἔφη, οἶσθα ὅτι ἀληθῆ λέγω· ἐπίστασαι γὰρ ὅτι οἱ μὲν φοβούμενοι μὴ φύγωσι πατρίδα καὶ οἱ μέλλοντες μάχεσθαι δεδιότες μὴ ἡττηθῶσιν {ἀθύμως διάγουσι, καὶ οἱ πλέοντες μὴ ναυαγήσωσι,} καὶ οἱ δουλείαν καὶ δεσμὸν φοβούμενοι, οὗτοι μὲν οὔτε σίτου οὔθ᾽ ὕπνου δύνανται λαγχάνειν διὰ τὸν φόβον· οἱ δὲ ἤδη μὲν φυγάδες, ἤδη δ᾽ ἡττημένοι, ἤδη δὲ δουλεύοντες, ἔστιν ὅτε δύνανται καὶ μᾶλλον τῶν εὐδαιμόνων ἐσθίειν τε καὶ καθεύδειν. Die klare, dreigliedrige Antithese wird durch das Beispiel der Seefahrenden in der ersten Aussage gestört. In der Antithese findet es keine Entsprechung. Madvig, Adversaria critica Vol. I, 354 athetiert den Passus ἀθύμως ... ναυαγήσωσι zu Recht. Ihm folgt Marchant. Gemoll, Xenophontis Institutio Cyri (vgl. auch ders., Zur Kritik und Erklärung von Xenophons Kyrupädie, 19) hält ἀθύμως διάγουσι für echt. Doch auch diese Aussage ist problematisch. Das Prädikat steht an der falschen Stelle. Man erwartete es nach ναυαγήσωσι, da es für alle genannten Personenkreise gilt. Bei ἀθύμως ... ναυαγήσωσι handelt es sich um eine Interpolation, die der Ausschmückung wegen verfaßt wurde.

pointierter Stelle nennt er den Fall, daß Menschen aus Furcht vor dem Tod Selbstmord begehen (§ 25).[23]

Bei dem Gedanken, daß der φόβος größere Macht als andere Kräfte auf die Menschen ausübt, handelt es sich geradezu um eine Topos. Schon Gorgias setzt ihn in der Helena (VS 82 B 11,17) ein, indem er den Spezialfall des φόβος, der durch visuelle Eindrücke wirkt, behandelt. Xenophon bedient sich des Gedankens auch im Hieron (6,6), um Hieron die These vom besonderen Unglück des Tyrannen untermauern zu lassen. Dion von Prusa (6,41) verwendet diesen Topos in einer eigentümlichen Variante, die den Schluß nahelegt, daß er die Kyrupädiestelle vor Augen hat.[24]

Wie begegnet nun Kyros der These, die Furcht beeinflusse stärker als andere Kräfte den Menschen? Er bestreitet sie nicht, sondern konzediert, daß auch der Armenier nun ganz von Angst um sich und seine Familie erfüllt ist (§ 26). Doch setzt er Tigranes seinen eigenen skeptischen Realismus entgegen; es scheint, so Kyros, Kennzeichen der gleichen Person zu sein, im Glück zu freveln und im Falle eines Mißerfolgs sich schnell zu ducken, dann wieder hochmütig zu werden und Schwierigkeiten zu bereiten (§ 26). ἐξυβρίσαι und μέγα φρονῆσαι sowie πτῆξαι[25] sind die Extreme, in die der beschriebene Typus je nach den Umständen verfällt.

Daß das Glück die Gefahr des Hochmuts in sich birgt, ist ein traditioneller, populärphilosophischer Gedanke.[26] Neu sind an dieser Stelle seine Verbindung mit dem konträren Gegenteil, dem sich Ducken, und der Bezug auf die gleiche Person. Und zweitens: Kyros insistiert in seinem Psycho-

---

[23] Das Motiv auch Epic. Fg. 497 Us., Lucr. III 79ff., Ps. Plut. Cons. ad Apoll. 110 A, Plut. Mul. virt. 263 B, Dio Chrys. 6,42 ὁ δὲ φόβος οὕτω χαλεπός ἐστιν ὥστε πολλοὶ ἤδη προέλαβον τὸ ἔργον· οἱ μὲν ⟨γὰρ⟩ ἐν νηὶ χειμαζόμενοι οὐ περιέμειναν καταδῦναι τὴν ναῦν, ἀλλὰ πρότερον αὐτοὺς ἀπέσφαξαν, οἱ δὲ πολεμίων περιειληφότων, σαφῶς εἰδότες ὅτι οὐδὲν πείσονται δεινότερον.

[24] Dio Chrys. 6,41 πάντα μὲν οὖν τὰ δεινὰ πέφυκε μᾶλλον ἐκπλήττειν τοὺς προσδεχομένους ἢ λυπεῖν τοὺς πειραθέντας, καὶ πενία καὶ φυγὴ καὶ δεσμοὶ καὶ ἀτιμία. Dion ist ein großer Xenophonverehrer, wie besonders die achtzehnte Rede zeigt, in der er dem Politiker vor allem Xenophon zur Lektüre empfiehlt (§ 14–17); vgl. Münscher, 115f., I. Wegehaupt, De Dione Chrysostomo Xenophontis sectatore, Diss. Göttingen 1896.

[25] πτήσσειν ist poetisch; vgl. Soph. Ai. 171, Eur. Ba. 1035, Andr. 165, Fg. 309 N.², Pind. Pyth. 4,57f. ἔπταξαν δ' ἀκίνητοι σιωπᾶι, Theogn. 1015. Im Corpus Xenophonteum nur noch Cyr. III 3,18. I 6,8 ὑποπτῆξαι.

[26] Vgl. e. g. Theogn. 153, 693f., 751, Solon 6,3–4 W., Pind. Pyth. 3, 105f.; vgl. auch Cyr. VIII 7,3, 7.

gramm auf dem Gedanken, daß es Kennzeichen eines solchen Menschen ist, wieder hochmütig zu werden, sobald er sich nicht mehr im Unglück befindet. Dahinter steht die Überlegung, daß das ἦθος unveränderlich ist[27], auch wenn die Verhaltensweisen zwischen Extremen gleichsam pendeln können. Kyros erteilt damit im Grunde der These, der Armenier sei durch eigene Erkenntnis ein σώφρων geworden, eine Absage.

Tigranes vermag diesen skeptischen Befund nicht zu entkräften. Der Dialog könnte an diesem Punkt in der Aporie enden, doch fügt Xenophon einen Block an (§ 27–30), in dem Tigranes seine Argumentation auf einer anderen Ebene fortsetzt und schließlich Erfolg hat. Er stellt einen Kalkül auf, um Kyros zu überzeugen, daß die Milde für ihn besser sei. Von der ethischen Funktion, die die Strafe für den hat, der bestraft werden soll, ist keine Rede mehr. Tigranes argumentiert nun pragmatisch, die ethische Problematik der σωφροσύνη tritt in den Hintergrund.

Eine Synkrisis, so Tigranes, des Status quo und des eventuellen Falles, daß Kyros die Herrschaft über Armenien anderen überträgt, zeigt, daß eine Änderung für Kyros aus praktisch-politischen Gründen von Nachteil ist. Tigranes argumentiert ausdrücklich auf der Basis der Tatsache, daß der Vater Unrecht begangen hat (§ 27, 29). Dies ist besonders wichtig in § 29, um Kyros zu suggerieren, daß kein anderer einen ähnlich triftigen Grund zur Dankbarkeit wie der armenische Herrscher hat. Daß die Argumentation an dieser Stelle alles andere als zwingend ist, liegt auf der Hand. Tigranes behauptet, niemand werde, wenn er kein Unrecht beging, Kyros ähnlichen Dank für sein Leben, seine Kinder und seine Frau wissen wie der Vater. Das ist nur scheinbar zwingend, da das Argument voraussetzt, daß ein Wert wie das Leben davon abhängt, ob sich jemand einer Verfehlung bewußt ist.

Im letzten Abschnitt (§ 30) beschränkt sich Tigranes darauf, Kyros die praktischen Vorteile, die die Beibehaltung des Status quo hat, plausibel zu machen. Am Ende steht die Warnung, sich durch die Bestrafung des Vasallen nicht selbst mehr zu schaden. Damit kehrt der Schluß in einer Art Ringkomposition zum Beginn (§ 16) zurück. Freilich hat sich die Perspektive verschoben. In § 16 begründete Tigranes seine These, Kyros könne sich mit der Bestrafung des Armeniers selbst schaden, damit, daß der Vater besonnen geworden sei. Am Schluß ist davon keine Rede mehr. Nun dominieren die praktisch-politische Seite und die 'Staatsraison', die die Schonung des Gegners vorteilhaft erscheinen lassen soll.

---

[27] Vgl. dazu schon Pind Ol. 11,19 f. τὸ γὰρ ἐμφυὲς οὔτ᾽ αἴθων ἀλώπηξ οὔτ᾽ ἐρίβρομοι λέοντες διαλλάξαιντο ἦθος.

Damit endet das Gespräch. Xenophon stellt ausdrücklich fest, daß sich Kyros über das praktische Argument, das Tigranes für die Schonung vorbringt, freut. Es hat den Anschein, als wolle Xenophon gegen Ende der Szene zeigen, daß politische Nützlichkeitserwägungen in einem Fall, wie er ihn beschreibt, den Ausschlag geben.[28] Das individualethische Problem, ob jemand, der Unrecht beging, durch die Strafe besser wird, spielt jedenfalls am Schluß des Dialogs keine Rolle mehr.

Xenophon läßt es freilich dabei nicht bewenden. Zunächst betont er die Milde und Großzügigkeit, die Kyros an den Tag legt. Zwar fordert er den doppelten Tribut für Kyaxares (§ 34) und die gleiche Summe für sich, doch verspricht er, letztere durch größere Wohltaten zu vergelten oder zurückzuzahlen. Der armenische Herrscher behält seine Stellung. Beiläufig erwähnt Kyros, daß Armenien sich im Konflikt mit den Chaldäern befindet (§ 34); Xenophon bereitet auf diese Weise auf ihre Befriedung in III 2 vor. Erzähltechnisch ähnelt diese Vorbereitung der ebenfalls beiläufigen Einführung der Armenienepisode in II 4,12.

Die Armenienepisode ist mit der Klärung der Tribut- und Truppenfrage noch nicht zu Ende. Zunächst schildert Xenophon, wie Kyros die Liebe des Armeniers zu seiner Frau und seinen Kindern auf die Probe stellt und ebenso mit Tigranes verfährt (§ 35 ff.). Das φιλία-Thema gibt der Szene schließlich wieder eine ethische Dimension. Die Verbindung mit dem Vorangehenden ist durchaus organisch, denn der Armenier nannte zu Beginn als Motiv für seinen Abfall das Bestreben, nicht nur für sich selbst, sondern auch für seine Kinder die Freiheit zu gewinnen (§ 10). Vater und Sohn bestehen die Probe, wobei Xenophon steigert: Der armenische Herrscher möchte seinen gesamten Besitz für Frau und Kinder weggeben (§ 35), Tigranes hingegen ist bereit, auf sein Leben zu verzichten, um seine Frau vor

---

[28] Richtig Tatum, 143: "the case for pardoning the Armenian king became persuasive the moment Tigranes was able to spell out the practical benefits of a stable Armenian kingdom. Tigranes' appeal to Cyrus' self-interest was the only argument he had." Tatum nennt diesen Appell sophistisch. Doch dies trifft nicht den Punkt. Xenophon will vielmehr zeigen, daß eine ethische Theorie ihre Grenzen hat, was ihre praktische Effizienz angeht, wenn es sich wie im vorliegenden Fall um ein konkretes politisches Problem, die Frage, ob ein abtrünniger Vasall für die Zukunft von Nutzen ist, handelt. Verfehlt erscheint mir auch die These von Newell, 92, bei Tigranes' Argumentation (§ 17–24) handle es sich um eine Lektion für Kyros, "which adds to his 'education' in political life beyond the boundaries and values of Persia."

der Sklaverei zu retten (§ 36).[29] Xenophon führt das Motiv der Liebe zwischen Eheleuten in § 41 nach der anderen Seite fort, um zu zeigen, daß Tigranes' Liebe eine würdige Entsprechung in der Liebe seiner Frau findet. In III 1,42 f. klingt das Thema ein drittes Mal an: Tigranes will Kyros, wenn es sein muß, als bloßer Lastenträger auf dem Feldzug begleiten. Auf Kyros' lachende Frage, ob er um irgendeinen Preis wolle, daß seine Frau davon Kunde erhalte, kündigt er an, sie mitnehmen zu wollen.[30] Die ausführlichste Behandlung wird das Motiv der Gattenliebe in der im fünften Buch (V 1,2 ff.) einsetzenden tragischen Geschichte von Abradatas und Pantheia erfahren.

Wie steht es nun mit dem Weisheitslehrer des Tigranes? Xenophon greift das Thema nach der Beschreibung, wie Kyros Vater und Sohn auf die Probe stellt, in § 38–40 auf. Der Rahmen ist ein Gastmahl. In III 1,14 hieß es, Kyros sei auf Tigranes' Worte gespannt, da er wisse, daß er einen Sophisten als Lehrer hatte. Nun fragt er Tigranes nach diesem Mann und erhält die Antwort, der Vater habe ihn töten lassen, der Lehrer habe ihn, Tigranes, unmittelbar vor seinem Tode gerufen und ihn darum gebeten, dem Vater zu verzeihen. Die Begründung: Er begehe Unrecht aus Unwissenheit und nicht in böser Absicht; was die Menschen unwissend täten, halte er für unfreiwillig (§ 38 ὁπόσα δὲ ἀγνοίαι ἄνθρωποι ἐξαμαρτάνουσι, πάντ᾽ ἀκούσια ταῦτ᾽ ἔγωγε νομίζω).

Es kann kein Zweifel bestehen, daß mit dem Lehrer Sokrates gemeint ist.[31] Das Schicksal des Mannes und seine Lehre, daß die Menschen unfrei-

---

[29] Joel, Der echte und der xenophontische Sokrates II 2, 980 ff. (vgl. auch Delebecque, Essai sur la vie de Xénophon, 390) weist zu Recht auf die Bedeutung hin, die die Familie und die Liebe zwischen Verwandten in der Kyrupädie haben; vgl. auch Mem. II 2 (Verhältnis zur Mutter), II 3 (Verhältnis zum Bruder). Dem entspricht, daß am Schluß der Kyrupädie Kyros besonders ausführlich den Söhnen den Wert der Bruderliebe darlegt (VIII 7,14 ff.). Die Klimax, derer er sich hier bedient, lautet: Politen der gleichen Stadt sind einander näher als Fremde. Die οἰκειότατοι sind jedoch die Blutsverwandten (§ 14).

[30] Plutarch paraphrasiert die Stelle in den Quaestiones convivales (634 B). Vgl. Persson, 66. Xenophon knüpft in VIII 4,24 an die Stelle im dritten Buch an. Kyros belohnt Tigranes' Frau, weil sie tapfer mitzog, mit einem Gewand. Auch in diesem Falle dient ein Nebenmotiv als Klammer innerhalb des Werkes. Vergleichbar ist Pheraulas' Auftritt in der Gleichheitsdebatte des zweiten Buches und in VIII 3,2 ff.

[31] So zuerst Brodaeus, In omnia Xenophontis opera tam graecae quam latinae annotationes, 6; vgl. auch Dindorf und Hertlein-Nitsche zur Stelle, ferner Rosenstiel, 25 ff., Schwartz, Fünf Vorträge über den griechischen Roman, 70, Breitenbach, Xenophon, 1732, Newell 113 f., Tatum, 144.

willig, weil aus Unwissenheit Unrecht begehen[32], sind eindeutig. Zum dritten kommt die Begründung hinzu, die der Armenier für seine Tat gibt (§ 39): Er habe den Weisheitslehrer töten lassen aus Angst, seinen Sohn zu verlieren. Das ist im Keim das gleiche Motiv wie die in den Memorabilien (I 2,51) zitierte Anklage gegen Sokrates, er entfremde die Jungen ihren Eltern und Verwandten.

Welche Funktion hat die Einlage? An ihr überrascht nicht nur die Ausführlichkeit, mit der Xenophon ein für die Handlung nebensächliches Ereignis thematisiert, sondern auch die Tatsache, daß Kyros so sehr an der Person dieses Weisheitslehrers interessiert ist. In der Kyrupädie bleibt dies völlig singulär.

Der Schlüssel liegt wohl in Kyros' Antwort; er erklärt und entschuldigt das Tun des Armeniers als menschliche Verfehlung (§ 40). Dahinter verbirgt sich wohl Xenophons Überzeugung. Er will zu einem Zeitpunkt, da die Verbannung schon aufgehoben ist[33], andeuten, daß er den athenischen Richtern, die Sokrates verurteilten, und damit den Athenern vergibt.[34]

Doch die Einlage hat noch eine andere Funktion. Sie beschreibt am konkreten Einzelfall des Armeniers und des Lehrers die Konstellation Herrscher-Philosoph. Es wäre falsch, den Hinweis auf das Menschliche der Tat, die dem Herrscher zugeschrieben wird, so zu verstehen, als ob Xenophon sich mit dieser Opposition zwischen politischer Macht und Philosophie abfände und sie als natürliche Gegebenheit akzeptierte. Im Gegenteil: Die verschlüsselte Erinnerung an den Fall des Sokrates hat zugleich den Zweck, auf eine andere Möglichkeit, die Überwindung des Gegensatzes zwischen der Politik und der Philosophie, vorbereitend hinzuweisen. Kyros verkörpert diese Möglichkeit, wie Xenophon schon im Proöm andeutete und wie er besonders im Bild vom weisen und gerechten Herrscher im achten Buch (VIII 1,21 ff.) zeigt. Daß Xenophon tatsächlich die Absicht hat, Kyros als philosophischen, gleichsam sokratischen Herrscher darzustellen, zeigt sich auch an einer Schlüsselstelle im fünften Buch (V 2,9 f.). Hier vertritt Kyros

---

[32] Die gleiche Lehre auch V 2,9 f. (Kyros zu Gobryas); vgl. auch VII 5, 71, Mem. III 9,5, IV 6,6: ἀρετή = Wissen, Plat. Apol. 25d–26a, Gorg. 488a, 509e, Leg. 860d1 ff.; Müller, Die Kurzdialoge der Appendix Platonica, 168 f. Vgl. auch Isocr. 3,47 οἱ δὲ πρὸς τῶι πεφυκέναι καὶ διεγνωκότες ὅτι μέγιστόν ἐστι τῶν ἀγαθῶν ἀρετή, δῆλον ὅτι πάντα τὸν βίον ἐν ταύτηι τῆι τάξει διαμενοῦσιν.

[33] Vgl. oben S. 49–50.

[34] Vgl. auch Rosenstiel, 27. Anders Breitenbach, Xenophon, 1732, der die Szene nur als "merkwürdige Reminiszenz an Sokrates" deutet; vgl. auch Delebecque, Essai sur la vie de Xénophon, 395. Abwegig Tatum, 145: "The anonymity of the Armenian sophist adds insult to the injury, making a bitter joke more bitter still."

gegenüber dem neu gewonnenen Verbündeten Gobryas als eigene Maxime
die Lehre von der Unfreiwilligkeit des Unrechttuns. Aus dem individual-
ethischen Dogma läßt Xenophon eine Herrschermaxime werden.

★

In engem Zusammenhang mit der Begegnung zwischen Kyros und Tigranes
steht die anschließende Chaldäerepisode (III 2,1 ff.). Es handelt sich um die
Chaldäer in Pontos, nicht um die Chaldäer aus dem Gebiet um Babylon.
Bei der Wahl dieser Volksgruppe mögen persönliche Erfahrungen Xenophons eine Rolle spielen. In der Anabasis (IV 3,4)[35] schildert er, wie die
Chaldäer mit den Armeniern und Mardern die Griechen daran zu hindern
versuchen, Armenien zu betreten. Die Chaldäer nennt er freie und wehr-
hafte Leute, die sich als Söldner verdingen und als Bewaffnung lange Schilde
und Wurfspeere tragen. Die im wesentlichen gleiche Beschreibung liefert er
in der Kyrupädie (III 2,7). Er projiziert also die eigene Erfahrung in das
sechste Jahrhundert zurück, gibt jedoch zugleich eine Beglaubigung, indem
er die ethnische Beschreibung mit einer Quellenangabe versieht (§ 7 καὶ
πολεμικώτατοι δὲ λέγονται οὗτοι τῶν περὶ ἐκείνην τὴν χώραν εἶναι).

Xenophon schildert in der Kyrupädie, wie Kyros zwischen Armeniern
und Chaldäern Frieden herstellt und aus letzteren Söldner rekrutiert. Die
Episode wirkt auf den Leser vom Gang der Haupthandlung her eher retar-
dierend. Zugleich kommt sie überraschend. Zwar deutete Kyros im Gespräch mit Tigranes an, daß die Chaldäer für die Armenier eine Bedrohung
darstellen (III 1,34), doch vermochte der Leser aus der Stelle nicht den
Fortgang der Handlung erschließen. Umso mehr stellt sich die Frage nach
der Funktion der Episode.

Zunächst fällt auf, daß Xenophon den Schwerpunkt nicht auf die milita-
rische Auseinandersetzung legt. Er beschreibt nur kurz, wie Kyros beabsichtigt, in den Bergen, die Armeniens Grenze zu den Chaldäern bilden, einen
Stützpunkt anzulegen, es zum Kampf kommt und Kyros schnell die Oberhand behält (§ 8 ff.). Xenophons Interesse gilt anderen Dingen. Zunächst
will er zeigen, daß Kyros ein Friedensbringer ist. Der Feldherr nennt dieses
Ziel ausdrücklich gegenüber den gefangenen Chaldäern (§ 12). Es handelt
sich um ein Motiv, das die ganze Episode wie ein Leitmotiv durchzieht,
indem es mehrfach (2,17 f., 23, 3,2,4) wiederkehrt.

Kyros gelingt es nicht nur, einen Konflikt beizulegen, sondern er schafft
die Voraussetzung dafür, daß sich die feindlichen Nachbarn durch Eheschließungen verbinden (§ 23). Doch damit noch nicht genug: Die Episode
zeigt, wie ein Feldherr den Frieden dazu nutzen kann, um veränderte öko-

---

[35] Vgl. auch Anab. V 5,17.

nomische Bedingungen zu schaffen. Kyros macht einen Teil der Chaldäer, die zuvor ständig Söldnerdienste leisteten, zu seßhaften Bauern, die unfruchtbares armenisches Land bewirtschaften und ihrerseits den ehemaligen Feinden Weideland zur Verfügung stellen (§ 18 ff.).

Bei dem Bild des Feldherrn und künftigen Herrschers, der sich durch die Sorge um den Ackerbau auszeichnet, handelt es sich mit großer Wahrscheinlichkeit um ein xenophontisches Motiv zu Kyros' Idealisierung. Besonders ausführlich gestaltet er es im Oikonomikos (4,4 ff.): Der Reichsgründer Kyros repräsentiert hier idealtypisch den Herrscher, der sich besonders um die γεωργία und die πολεμική τέχνη kümmerte.[36]

Die Kombination beider Technai ist nur scheinbar paradox und widerspricht auch nicht der Konzeption eines philosophischen Herrschers. Der Ackerbau ist für Xenophon eine Kunst, die für einen φιλόσοφος ἀνήρ angenehm zu lernen ist.[37] Sie hat eine politische Funktion, da sie imstande ist, dem κοινόν möglichst gute und wohlwollende Bürger zu verschaffen.[38] Der Ackerbau läßt sich nach Xenophon auf eine Stufe mit der Politik, Ökonomik und Kriegskunst stellen, da es in ihm auf die Fähigkeit des ἄρχειν ankommt.[39] Hierin scheint der Schlüssel für die enge Verbindung der πολεμική und γεωργική in Xenophons Herrscherideal zu liegen.

Die Chaldäerepisode fungiert aber auch als ein Paradeigma; Xenophon benutzt sie, um seine gleichsam geschichtsphilosophische Überzeugung auszudrücken. Als Sprachrohr dient der armenische Herrscher. Er sieht im schnellen Umschlag seines Schicksals vom Unglück ins Glück die Bestätigung eines allgemein gültigen Gesetzes. Die Menschen vermögen, wenn überhaupt, nur weniges vorauszusehen (2,15 ὦ Κῦρε, ὡς ὀλίγα δυνάμενοι προορᾶν ἄνθρωποι περὶ τοῦ μέλλοντος πολλὰ ἐπιχειροῦμεν πράττειν). Sie sind im bloßen Schein befangen. Die Einsicht, die sich hier ausdrückt, stimmt mit der Lehre überein, die Xenophon Kambyses I 6,44 ff. entwickeln ließ;

---

[36] Oec. 4,4 ἐκεῖνον γὰρ φασιν ἐν τοῖς καλλίστοις τε καὶ ἀναγκαιοτάτοις ἡγούμενον εἶναι ἐπιμελήμασι γεωργίαν τε καὶ τὴν πολεμικὴν τέχνην τούτων ἀμφοτέρων ἰσχυρῶς ἐπιμελεῖσθαι. Vgl. auch Bizos, Xénophon, Cyropédie I, XLIV. In der Kyrupädie kehrt das Motiv des um die Landwirtschaft besorgten Herrschers V 4,24 ff. wieder; vgl. auch VII 4,5.

[37] Vgl. Oec. 16,9; Müller, Die Kurzdialoge der Appendix Platonica, 206, A. 5, M. Erler, RhM 132, 1989, 289. – Aus unerfindlichen Gründen hält K. Meyer, Xenophons "Oikonomikos", Marburg 1975, 146 Oec. 16,9 φιλοσόφου γὰρ μάλιστά ἐστιν ἀνδρός für einen "späteren Einschub". – Das Dogma, daß sich der Ackerbau gut für den Philosophen eigne, kehrt in der kaiserzeitlichen Stoa wieder; vgl. Muson. Fg. 11 p. 60 Hense und Zeller, Die Philosophie der Griechen III 1, Leipzig ⁵1923, 760.

[38] Vgl. Oec. 6,10; Chantraine, Xénophon, Economique, 10.

[39] Vgl. Oec. 21,2; Müller, a. a. O., 207, A. 5; vgl. auch Delatte, Le troisième livre des Souvenirs socratiques, 50 f.

auch Kambyses erklärte, die Menschen besäßen kein Wissen über den Ausgang ihres Handelns, sondern könnten lediglich Vermutungen über die Zukunft anstellen.

Der Gedanke ist nicht originell. Im Grunde handelt es sich um eine
alte Gnome. Besonders Pindar (Nem. 6,1 ff.)[40] bedient sich ihrer, um die
Kurzsichtigkeit des menschlichen Denkens und seine permanente Gefährdung ins Bewußtsein zu heben. Xenophon gewinnt dieser Gnome in III
2,15 allerdings eine neue Seite ab. Das Schicksal des Armeniers exemplifiziert die Unmöglichkeit, die Zukunft vorauszusehen, durch den schnellen
Wechsel von einem Extrem ins andere.

An den Schluß der Episode setzt Xenophon ein förmliches Tableau. Kyros zieht, nachdem er den Stützpunkt in den Bergen errichtet und einen
Meder als Befehlshaber eingesetzt hat, mit dem um die Truppen der Armenier und Chaldäer vergrößerten Heer in die Ebene hinab; dort begrüßt ihn
die gesamte Bevölkerung als Friedensbringer (3,1 ff.). Xenophon läßt es nun
zu einer kurzen Begegnung zwischen der Frau des armenischen Herrschers
und Kyros kommen. Die kleine Szene dient gleichsam als Brennspiegel.
Kyros weist ein zweites Mal die ihm über den geforderten Tribut hinaus
angebotenen Gelder und andere Geschenke zurück. Es soll deutlich werden,
daß er als εὐεϱγέτης sein Handeln nicht am materiellen Gewinn ausrichtet.

Ein zweiter Aspekt kommt hinzu. Kyros empfiehlt der Frau des Herrschers, die Mittel sinnvoll zu gebrauchen und ihrem Mann nicht zu gestat-
ten, das Geld ein zweites Mal zu horten (§ 3). Damit klingt die geläufige
Antithese zwischen κτῆσις und χϱῆσις an[41]; der Reichtum bemißt sich nicht
nach seiner Größe, sondern danach, ob man ihn sinnvoll gebraucht. Das
Besondere an dieser Stelle ist, daß Kyros diese Antithese mit einer Gegenüberstellung zwischen dem Leben und dem Tod verbindet (§ 3 εἰς δὲ τὴν
γῆν, ἔφη, ἀϱϰείτω τὰ σώματα, ὅταν ἕϰαστος τελευτήσηι, ϰαταϰϱύπτειν). Die
Forderung, in der Erde nur den Körper zu bergen, erhebt Kyros auch am
Schluß des Werkes (VIII 7,25) in seiner an die Söhne gerichteten Rede. Sie
gründet auf dem Prinzip 'Gleiches zu Gleichem'.[42] Kyros repräsentiert mit
dieser Maxime einen Herrschertypus, der im Gegensatz zu einem den sinn-
lichen Genüßen hingegebenen Herrscher, wie ihn etwa Sardanapal verkörpert[43], steht. Die Chaldäerepisode endet so mit der latenten, gut griechischen Mahnung, die Endlichkeit des Lebens nicht aus den Augen zu verlieren, angesichts derer jeder Reichtum seine Bedeutung einbüßt.

---

[40] Vgl. auch Pyth. 8,92 ff., Ol. 12,10 ff.
[41] Vgl. dazu oben S. 24 mit Anm. 85.
[42] Vgl. auch Eur. Suppl. 531 ff., Fg. 839,8 ff. N.² Zu beiden Stellen Müller, Gleiches
zu Gleichem, 168 ff.
[43] Vgl. Ktesias FGrHist 688 F 1,23, Arist. Fg. 90 R.³ = Fg. 16 p. 52 Ross, Polyb. VIII
10,4, Dio Chrys. 4,135.

7. Die erste Auseinandersetzung mit Assyrien (III 3,6 ff.)

Im Anschluß an die Chaldäerepisode schildert Xenophon die Vorbereitungen zum Feldzug gegen den assyrischen Herrscher (III 3,6–56) und den Verlauf der ersten Schlacht (3,57–70). Der Schwerpunkt liegt eindeutig auf dem Vorspiel, während die Beschreibung der Schlacht selbst nur geringen Raum einnimmt. Im Grunde soll sie nur exemplifizieren, wie die Besonnenheit und der Gehorsam der persischen Truppen (3,59.70) über die Feinde siegen. Wo diese Schlacht stattfindet, erfährt der Leser nicht. Und auch die Information, daß der assyrische Herrscher fällt, läßt Xenophon eher beiläufig an späterer Stelle (IV 1,8) einfließen.

Für diese Gewichtung gibt es einen einfachen Grund. Xenophons Interesse gilt nicht so sehr den bloßen Fakten als vielmehr den am Geschehen beteiligten Personen, in erster Linie Kyros und Kyaxares, dann dem assyrischen Herrscher und seinem Verhalten vor der Schlacht.

Um den Kontrast zwischen Kyros und seinem Onkel zu verstärken, bedient er sich zunächst im wesentlichen des gleichen erzähltechnischen Mittels wie im Zusammenhang der Armenienepisode. Im Mittelpunkt des Geschehens steht als treibende Kraft Kyros; er unterbreitet den Vorschlag, den assyrischen König in dessen Land anzugreifen und nicht auf einen Einfall des Feindes in Medien zu warten (§ 13 ff.). Kyaxares kann lediglich zustimmen (§ 20). Kyros und nicht Kyaxares ist derjenige, der den Feldzug gewissenhaft mit Opfern für Zeus und andere Götter beginnt, um sie gnädig zu stimmen[1], und sich des Beistands der medischen und assyrischen Heroen beim Betreten des Feindeslandes zu versichern bemüht (§ 21 f.). Das ist für Xenophon auch ein erzähltechnisches Mittel, um den Geschehnisablauf zu gliedern, aber in erster Linie dient die ausführliche Beschreibung der Opferhandlungen in Medien und in Assyrien der Ethopoiie. Kyros soll wie schon zu Beginn des zweiten Buches als Paradeigma des frommen Feldherrn erscheinen, der sich in den entscheidenden Momenten des Willens der Götter vergewissern und sie gnädig stimmen will.

Die Argumente, die Kyros für seinen Plan vorbringt, gründen auf der Überlegung, daß der Angriff den Angreifern einen psychologischen Vorteil verschafft, während er auf der Gegenseite die Furcht vergrößert (§ 18). Ob sich dadurch, wie er behauptet (§ 19), die Gefahr für die, die die Initiative ergreifen, tatsächlich verringert, ist eine andere Frage. Xenophon scheint es

---

[1] Zum formelhaften Ausdruck ἵλεως καὶ εὐμενεῖς (§ 21) vgl. I 6,2, II 1,1, Plat. Phaidr. 257a7, Leg. 712b5.

auf die Stringenz dieses Arguments gar nicht so sehr anzukommen. Er will vielmehr auf den anschließenden Topos hinaus, daß Schlachten eher durch die psychische Einstellung als durch die Körperkraft entschieden werden (§ 19).[2]

Daß Kyros im Land der Feinde zunächst abwartet, widerspricht nur scheinbar seinem Vorschlag, in die Offensive zu gehen. Xenophon liegt auch hier am Kontrast zwischen Kyros und Kyaxares. Der Meder drängt dreimal zu einer schnellen Schlacht (§ 30, 46, 56), doch erst beim dritten Mal entscheidet sich Kyros zum Angriff, sobald genügend Feinde ihre feste Stellung verlassen haben (§ 57). Kyaxares soll als der Unüberlegte erscheinen, der nicht weiß, wann der richtige Zeitpunkt zum Handeln gekommen ist, und der im Unterschied zu Kyros das Moment der Überraschung nicht zu nutzen versteht.

Die Retardierung dient jedoch nicht nur der Ethopoiie. Xenophon schafft durch sie zugleich die Voraussetzung, um Kyros und dem assyrischen Herrscher vor der Schlacht kurze Feldherrnreden in den Mund zu legen (§ 34 ff., 44 ff.); ihnen folgt ein Dialog zwischen Kyros und Chrysantas über die Bedeutung der Parainese für die ἀρετή (§ 49 ff.).

Kyros spricht zunächst zu den persischen Adligen (§ 34–40), dann zu den Führern der Nachhut (§ 40–42), der assyrische Herrscher zum gesamten Heer (§ 44 ff.). Ihre Reden stehen in einem kontrastierenden Bezug. Bereits der Rahmen ist auf den Kontrast angelegt. Kyros bringt zunächst bekränzt den Göttern Opfer dar und veranlaßt die persischen Adligen zur Teilnahme; nach seiner Rede fordert er sie auf, Trankopfer zu spenden (§ 40). Der assyrische König unterläßt die Opferhandlungen.

Kyros richtet an die ὁμότιμοι eine Parainese, freilich eine Parainese besonderer Art. Er versucht nicht, sie zu besonderer Trefflichkeit zu bewegen, da er sie bei ihnen voraussetzt (§ 35). Ihm geht es um die δημόται, die aufgrund der Heeresform die gleiche Bewaffnung und grundsätzlich den gleichen Anspruch auf Ehre wie die ὁμότιμοι haben. Letztere sollen sie zu richtigem Verhalten ermahnen (§ 36 ff.). Die Überlegung, die dahinter steht, ist, daß derjenige, der das nötige Wissen besitzt und sich in der ἀρετή geübt hat, dieses Wissen weitergeben kann (§ 35). Xenophon benutzt diesen sokratischen Gedanken, um Kyros im folgenden eine Rangordnung aufstellen zu lassen: Diejenigen, die wie die Angehörigen des persischen Volkes ὀψιμαθεῖς sind, bedürfen in besonderem Maße der Belehrung und Ermahnung; über diesen stehen die, die andere besser machen können und sich dadurch ihrer eigenen 'vollendeten' Trefflichkeit vergewissern (§ 38). ἡμιτελής ist der, der seine Erinnerung für sich behält (§ 38).

---

[2] Zu diesem Topos vgl. auch V 2,35, Ages, 2,8, Oec. 21,7, Plut. Pelop. 17,13.

Die Rangordnung, die Kyros in seiner Rede entwickelt, ähnelt in auffälliger Weise einer Abstufung in Platons Nomoi (730e1 ff.); Platon differenziert zwischen dem, der Gutes besitzt, und demjenigen, der darüber hinaus imstande ist, anderen daran Anteil zu geben. Letzterer verdient als τέλειος die höchste Ehre, ersterer den zweiten Platz, am Ende steht der, der niemanden an seinen Vorzügen teilhaben läßt. Auch hier ist das Kriterium, nach dem Platon abstuft, die Fähigkeit, andere besser zu machen und ihnen das eigene Wissen zu vermitteln. Ob zwischen beiden Stellen ein Zusammenhang besteht, ist eine andere Frage. An sich ist die Vorstellung einer solchen Rangfolge nicht so außergewöhnlich, daß Xenophon und Platon sie nicht voneinander unabhängig entwickeln könnten.

Die Rede des assyrischen Herrschers ist eine traditionelle Kampfparainese. Sie besteht aus einer Reihe von Antithesen, in denen er die Konsequenzen des Sieges und der Niederlage expliziert. Der Grundgedanke ist der Topos[3], daß die Sieger ihren Besitz behalten und das Eigentum der Verlierer hinzugewinnen (§ 44, 45). Xenophon spart den ethischen Aspekt, daß im Kampf die ἀρετή der Kämpfer zum Vorschein kommen soll, mit Absicht aus. Statt dessen läßt er den assyrischen Herrscher einen reinen Gewinn- und Verlustkalkül entwickeln, um das Materialistische dieser Position von der Protreptik abzusetzen, die Kyros bezweckt. Für den Leser beruht die Wirkung dieser Kampfparainese auf einer Vorgabe an Wissen. Aus III 3,22 weiß er, daß Kyros vor dem Betreten Assyriens nach der Anrufung der medischen Heroen ein günstiges Vogelomen erhielt, und kennt bereits den Ausgang der Schlacht. So wirken der Glaube des assyrischen Herrschers an die Beeinflußbarkeit des Geschehens und seine Parainese wie ein zum Scheitern verurteilter Versuch, eine bereits feststehende Katastrophe noch zu verhindern.

Xenophon läßt es bei den Reden der beiden Feldherrn jedoch nicht bewenden. Auf die Rede des Feindes läßt er unmittelbar vor der Beschreibung der Schlacht einen Dialog zwischen Kyros und Chrysantas (§ 49 ff.) folgen. Chrysantas führt assyrische Überläufer herbei; von ihnen erfährt Kyros, daß der assyrische Herrscher die Truppen selbst aufstelle und fortwährend anfeuere. Daraufhin fragt Chrysantas Kyros, ob er nicht ebenfalls eine Parainese an die Soldaten richten wolle, um sie besser zu machen. Im folgenden Gespräch versucht Kyros nachzuweisen, daß derartige Parainesen nutzlos sind, da sie die, die schlecht sind, nicht auf Anhieb gut machen können. Die These wirkt auf den ersten Blick paradox, da doch Xenophon Kyros eine ganze Reihe von λόγοι παρακλητικοί an seine Soldaten in den

---

[3] Vgl. auch II 3,2 und oben S. 142 mit Anm. 27.

Mund legt.[4] In Wirklichkeit fügt sie sich konsequent in Xenophons Aretetheorie ein. Entscheidend sind die μελέτη und ἄσκησις (§ 50). Kyros leugnet
nicht den Wert einer Parainese für diejenigen, die zur sittlichen Trefflichkeit
erzogen sind, sondern für die, die sich zuvor gar nicht um sie bemühten.
Im Ansatz richtet sich diese Spitze gegen die sophistische Rhetorik.[5]

Daß die ἄσκησις allgemein die Bedingung zur Erlangung der ἀρεταί ist,
zeigt sich in § 51 ff. Kyros leugnet, daß ein einziger Logos die protreptische
Fähigkeit hat, die Menschen am gleichen Tag mit Scham zu erfüllen, vom
Schändlichen abzubringen und dazu zu bewegen, Mühen und Gefahren auf
sich zu nehmen. Zwei Wege gibt es, um eine solche Gesinnung dauerhaft
zu machen (§ 52 f.):[6] Zunächst sind gute Gesetze nötig, die den Guten einen
ehrenvollen, freien Bios sichern und den Schlechten analog ein ehrloses,
schmerzliches und nicht lebenswertes Leben auferlegen. Das ist ein Gedanke, den Xenophon als Maxime der Gesetzgebung des Lykurg in der
Respublica Lacedaemoniorum (9,3) formuliert. Die Gesetzgebung steht
nach dieser Vorstellung als ein sittliches Regulativ[7] über dem Tadel, den
der κακός in anderen Städten Griechenlands zwar erfährt, der jedoch seine
gesellschaftliche Stellung nicht beeinträchtigt.[8]

Zum zweiten bedarf es zur Gewöhnung an richtiges Handeln der Vorbildlichkeit der Herrschenden (§ 53).[9] Sie haben Lehrer in Ethicis zu sein,
die zeigen, belehren und an das Gute gewöhnen.

Xenophon läßt beide Möglichkeiten nebeneinander stehen, doch liegt
der Nachdruck wohl auf der Forderung nach den Herrschenden als διδά-
σκαλοι. Der ideale Herrscher steht, wie aus VIII 1,22 erhellt, als νόμος
βλέπων über den geschriebenen Gesetzen.[10] Diese sind, wie es in VIII 1,22
heißt, imstande, protreptische Wirkung zu entfalten und den Menschen zu

---

[4] Vgl. Breitenbach, Xenophon, 1728.

[5] Breitenbach, Xenophon, 1728 meint, Xenophon lehne die "Kunstrhetorik" ab. Xenophon trifft sich mit Platon, der im Gorgias (502d7 ff.) die Rhetorik als Schmeichelkunst
disqualifiziert und ihr eine sittliche Zielsetzung abspricht. Allerdings ist Xenophons
Standpunkt radikaler. Platon rechnet zumindest mit einem ῥήτωρ τεχνικός τε καὶ ἀγαθός
(Gorg. 504d5 ff.), der darauf schaut, daß die Bürger gerecht, besonnen und beherrscht
werden und die Schlechtigkeit beseitigt wird. Xenophon scheint der Parainese und Protreptik zumindest an der vorliegenden Stelle diese Fähigkeit nicht zuzubilligen.

[6] Xenophon gebraucht die Metapher vom Gedächtnis als Schreibtafel; vgl. dazu Pind.
Ol. 10,2 f., Soph. Phil. 1325, Aisch. Eum. 275, PV 789.

[7] Vgl. auch I 2,3; Plat. Krit. 50d5 ff., Prot. 326c7 ff.

[8] Vgl. Resp. Lac. 9,4.

[9] Der Herrscher als Paradeigma: Isocr. 2,29, 31; 3,37. Der Despot als negatives Beispiel: Plat. Gorg. 510e4 ff. In diesen Zusammenhang gehört der Topos, daß das Volk so
gut wie die Herrschenden ist: Cyr. VIII 8,5, Vect. 1,1, Isocr. 8,53, Eur. Or. 696 ff., 772 f.

[10] Vgl. auch oben S. 30.

verbessern.[11] Doch der gute Herrscher ist ihnen überlegen, da er auf den Einzelfall bezogene Anordnungen zu geben und zu strafen vermag.

Der Schluß der Rede (§ 54 f.) kehrt in einer Art Ring zum Beginn zurück. Der Übergang nach dem allgemeinen Mittelteil ist nur scheinbar abrupt. Auch am Schluß geht es Kyros um die Frage, wie sich eine ἀρετή, in diesem Falle die Tapferkeit, erwerben läßt. Zunächst richtet er in einer reductio ad absurdum eine Spitze gegen die, die glauben, kurz vor einer Schlacht durch eine Deklamation wie ein Rhapsode (§ 54 ἀπορραψῳδήσας)[12] Menschen kriegstüchtig machen zu können. Wäre dies möglich, so wäre es am leichtesten, die 'größte der Trefflichkeiten unter den Menschen' (§ 54) zu erlernen und zu lehren.

Die Frage ist, worauf sich der Ausdruck μεγίστη ἀρετή bezieht. Daß die Kriegskunst oder Tapferkeit gemeint ist, ist auszuschließen, da Kyros, wie sich besonders in VII 5,75 f. zeigt, die Besonnenheit und Beherrschtheit sehr hoch ansiedelt und er in VIII 1,25 f. den Primat der εὐσέβεια und der δικαιοσύνη einräumt. Es erscheint folglich besser, den Ausdruck τὴν μεγίστην τῶν ἐν ἀνθρώποις ἀρετήν nicht auf eine bestimmte Trefflichkeit zu beziehen.[13]

Die Kriegskunst und die Tapferkeit sind μαθήματα[14], die nach Xenophon wie jedes Wissen und jede Techne verloren gehen können (§ 54).[15] Um dem drohenden Verlust entgegenzuwirken, sind Übung und Belehrung nötig.[16] Dies ist der Hintergrund, vor dem Kyros in § 55 einen neuen Gedan-

---

[11] Vgl. auch Resp. Lac. 10,4 ff.

[12] Vgl. Breitenbach und Holden zur Stelle. Nicht richtig Liddell-Scott-Jones s. v. 'speak in fragments of epic poetry'. ἀπορραψῳδεῖν ist ein Hapax. Es hat die gleiche negative Bedeutung wie das Simplex Plat. Phaidr. 277e8, wo Platon Reden als ῥαψῳδούμενοι bezeichnet, die ohne genaue Prüfung und διδαχή nur der Überredung wegen vorgebracht werden; vgl. auch Dem. 14,12. – Zur Rhapsodenpolemik bei Xenophon vgl. Mem. IV 2, 10, Symp. 3,6 und zur Stelle Woldinga, Xenophons Symposium II, 273.

[13] Mem. IV 2,11 ist die καλλίστη ἀρετή und größte Techne die Herrschkunst.

[14] Vgl. Mem. II 1,28 zur πολεμική als einem Wissen, zur Tapferkeit und ihrer Erlernbarkeit besonders Mem. III 9,2.

[15] Vgl. Mem. I 2,19 ff. Verlust der Techne: Cyr. VII 5,75. Vgl. auch Arist. Met. VII 3,1046b36 ff. – Xenophon unterscheidet sich von Platon dadurch, daß er anscheinend jedes Wissen als vom Verlust bedroht ansieht. Für Platon (Men. 98a5 ff.) ist das wahre Wissen bleibend und unveränderlich. Auch die wahre δόξα der Wächter des Staates (Resp. 412e5 ff.) kann zu einem unverlierbaren Gut werden. Aristoteles folgt insofern Platon, als er dem Wissen ebenfalls Dauer zuschreibt; vgl. MM II 6, 1200b36, 1201b3 f. und F. Dirlmeier, Aristoteles, Magna Moralia, Berlin ³1964, 379.

[16] Vgl. auch Mem. II 1,28, wo Xenophon mit Bezug auf die πολεμικαὶ τέχναι das Begriffspaar μαθητέον-ἀσκητέον gebraucht und gleichzeitig das Paar κτῆσις-χρῆσις ins Spiel bringt: Die Übung ist nötig um des richtigen Gebrauchs willen, das Erlernen führt zur κτῆσις des Wissens; vgl. auch Gigon, Xenophons Memorabilien II, 74 zu II 1,28.

ken formuliert: Er hätte kein Vertrauen in die Standhaftigkeit der δημόται, wenn nicht die ὁμότιμοι als Vorbild fungierten und sie ermahnten. Die Antithese zwischen beiden Gruppen fand sich schon in § 37 f., doch erst hier wird deutlich, daß Kyros nicht jede beliebige ἄσκησις τῆς ἀρετῆς als hinreichende Bedingung dafür ansieht, daß die erworbene Tüchtigkeit auch bewahrt wird.

Am Schluß (§ 55) faßt Kyros zusammen: Eine schöne Rede ist als Instrument zur Erlangung der ἀρετή dann ungeeignet, wenn es sich bei den Adressaten um ἀπαίδευτοι handelt. Auch hier bestreitet er nicht generell den protreptischen Nutzen des Logos; der Gedanke ist vielmehr der, daß es vorgängiger Erziehung nach dem Modell von Vorbild und Nachahmung bedarf und die Belehrung und Parainese allein nicht ausreichen. Die ἀνδραγαθία steht als Ergebnis eines Lern- und Übungsprozesses auf einer Stufe mit den Technai; Kyros deutet dies durch den abschließenden Vergleich mit denen an, denen, wenn sie nicht erzogen worden sind, ein schöner Gesang nichts im Hinblick auf die Musik nützt.

An der anschließenden Beschreibung der Schlacht (§ 57 ff.) sind folgende Dinge bemerkenswert: Die Perser beginnen den Kampf wie Griechen. Kyros gibt ein Losungswort aus (§ 58 ἕως δ' ἔτι ἔξω βελῶν ἦσαν, παρηγγύα ὁ Κῦρος σύνθημα Ζεὺς σύμμαχος καὶ ἡγεμών). Dieser Brauch[17] ist den Persern fremd, wie Xenophon in der Anabasis (I 8,16) andeutet, wo Kyros der Jüngere sich über den Lärm wundert, der beim Ausgeben des Losungswortes im griechischen Heer vor der Schlacht bei Kunaxa entsteht. Auch das Losungswort Ζεὺς σύμμαχος καὶ ἡγεμών macht aus den Persern in der Kyrupädie gleichsam Griechen.[18] Und schließlich stimmen Kyros und die Soldaten wie Griechen vor der Schlacht[19] den Paian an, den sie auch nach dem Sieg singen (IV 1,6).[20]

Ein zweiter auffälliger Punkt betrifft die Feldherrnbeschreibung. Zunächst bedient sich Xenophon eines typologisch festen Elementes, indem er Kyros im entscheidenden Moment seine Soldaten anfeuern läßt (§ 61–62).[21] Be-

---

[17] Vgl. dazu auch VII 1,10, Eur. Suppl. 700, Ps. Eur. Rhes. 521, 572, Polyb. VII 18,4.
[18] Vgl. auch VII 1,10, Anab. I 8,16, VI 5,25: Ζεὺς σωτήρ.
[19] Vgl. auch VII 1,25, Anab. VI 5,27,29, Aisch. Pers. 393, Eur. Phoen. 1102.
[20] Nach Schol. Thuk. I 50,5 galt der Paian vor der Schlacht Ares, während derjenige nach der Schlacht für Apollon bestimmt war.
[21] Besonders ausführlich setzt er dieses Motiv in VII 1,10 ff., 18 ein.

kannt ist dieses Detail aus dem homerischen Epos[22], aus dem es in die Botenberichte der Tragödie gelangt.[23] Xenophon setzt dieses Element auch in der Anabasis (VI 5,24) ein.[24]

Zum zweiten zeichnet er von Kyros das Bild eines besonnenen Feldherrn, der im entscheidenden Augenblick den Sieg nicht aufs Spiel setzt (§ 69). Kyros hält die Perser davon ab, in die befestigte Stellung der Feinde einzudringen, nachdem sie unmittelbar vor der Befestigung siegten. Die Kampfbeschreibung erhält auf diese Weise paradigmatische Bedeutung. Xenophon illustriert durch sie den Gehorsam der ὁμότιμοι, die sich auf Kyros' Befehl zurückziehen (§ 70). Am Schluß des Buches bedient sich Xenophon eines Lieblingsvergleiches:[25] Die Ordnung des persischen Heeres übertrifft noch die disziplinierte Aufstellung eines Chores (§ 70).

---

[22] Vgl. II 6,105 ff., 12,269 ff., 15,425 ff.
[23] Vgl. e.g. Eur. Suppl. 711 f., Hcld. 839 f., Phoen. 1145 ff.
[24] Vgl. auch Thuk. VII 69,2 (die Stelle bei P. Masqueray, Xénophon, Anabase, Tome II, Paris 1931, 188 zu Anab. VI 5,24) und Breitenbach, Xenophon, 1728.
[25] Vgl. I 6,18, Mem. III 4,6, III 5,21, Oec. 8,3 f.

8. Die Folgen des persisch-medischen Sieges (IV 1,1 ff.)

Die Beschreibung der unmittelbaren und mittelbaren Folgen, die der für die Perser und Meder siegreiche Ausgang der ersten Schlacht hat, nimmt im Grunde das ganze vierte Buch ein. Es lassen sich zwei etwa gleichgroße Blöcke sondern. Im ersten (IV 1,1–2,47) zeigt Xenophon, wie Kyros den Sieg zu nutzen versteht und dem Feind erfolgreich nachsetzt. Als Rahmen dieses Blockes fungieren zwei paradigmatische Szenen. Zu Beginn demonstriert Xenophon am Beispiel des Chrysantas, wie Kyros das richtige Verhalten im Kampf belohnt (1,3–4)[1]; am Schluß (2,38–47) legt er eine kurze Rede des Feldherrn über die Beherrschtheit der Perser im Essen, Trinken und Schlafen ein. Die Eroberung des feindlichen Lagers (2,32) wird so ebenfalls zu einem Paradeigma, das über den konkreten Anlaß hinausweist.

Im zweiten Block (IV 3,3 ff.) schildert Xenophon, wie Kyros die Taxiarchen davon überzeugt, daß die Perser eine Reiterei benötigen, um für die Zukunft autark zu sein. Damit kehrt das Motiv des Feldherrn als Neuerers aus dem zweiten Buch wieder. In einem zweiten Abschnitt (4,5 ff.) erfährt der Leser, wie sich Kyros als siegreicher Feldherr gegenüber der Bevölkerung des feindlichen Landes verhält. Es handelt sich um ein indirektes Kurzenkomion, in dem Xenophon Kyros' diplomatisches Geschick und seine Milde in helles Licht rückt. In einem dritten Abschnitt (5,8 ff.) spitzt Xenophon den Kontrast zwischen Kyros und Kyaxares zum Konflikt zu. Am Schluß des Buches (6,1 ff.) steht die Gobryasepisode, in der Xenophon den Abfall des historischen Gobryas vom assyrischen Regenten und seinen Übertritt zu den Persern thematisiert.

I

Xenophon beginnt das vierte Buch mit einer kleinen Musterszene, um zu zeigen, wie Kyros richtiges Verhalten belohnt. Der Feldherr wendet sich in einer kurzen Rede an die Perser; an ihrem Anfang und Ende steht der Hinweis auf die Götter, denen der Sieg zu verdanken sei. Der Aufforderung zu Beginn (§ 2), ihnen Dankopfer zu bringen, korrespondiert der Appell am Schluß (§ 6), Trankspenden zu vollziehen und den Paian anzustimmen. Der jeweils an exponierter Stelle stehende Hinweis auf die Götter als erste Helfer bestätigt das Bild vom frommen Feldherrn; Kyros ist der göttlichen

---

[1] Vgl. Breitenbach, Xenophon, 1729.

Hilfe zu einem Zeitpunkt eingedenk, da er sich nicht in der Aporie befindet. Er folgt der Maxime des Vaters, nicht in der Not, sondern in einer besonders guten Lage sich an die Götter zu erinnern (I 6,3).

Der Binnenteil der Rede ist konzentrisch nach dem Schema a b a angeordnet. Zunächst spricht Kyros allen Persern ein Lob aus und verspricht, jeden seiner Leistung entsprechend zu belohnen, sobald er die Offiziere befragt hat (§ 2). Im Zentrum der Rede stehen der ἔπαινος des Chrysantas (§ 3–4)[2] und seine sofortige Belohnung, bevor Kyros in einem dritten Schritt wieder alle Perser apostrophiert und den moralischen Wert des Sieges analysiert.

Chrysantas wird für sein Verhalten mit einem höheren Kommando belohnt (§ 4). Er erhält es nicht für besondere Tapferkeit oder eine Aristie, sondern weil er im entscheidenden Moment auf Kyros' Befehl vom Angriff abließ und seine Einheit abzog.[3] Xenophon bedient sich des Chrysantas, um an ihm paradigmatisch den Wert des Gehorsams zu zeigen.

Die Reaktionen der Gegenseite auf die Niederlage beschreibt Xenophon nur kurz (§ 8). Er beschränkt sich darauf, den Tod das assyrischen Herrschers zu erwähnen und die Mutlosigkeit der Verlierer zu betonen, von der auch Kroisos und die anderen Verbündeten ergriffen werden. Die kurze Schilderung wird von dem Hinweis auf die Flucht aus dem Heerlager eingerahmt.

Xenophons eigentliches Interesse gilt der Frage, wie Kyros den Sieg zu nutzen versteht. Zu ihrer Beantwortung kontrastiert er ihn ein weiteres Mal mit Kyaxares. Kyros begibt sich mit den persischen Taxiarchen zu Kyaxares, um ihm den Entschluß zur Verfolgung mitzuteilen. Die Meder sind im Begriff, ausgelassen den Sieg zu feiern. Das Motiv der medischen Unbeherrschtheit kehrt in IV 5,8 f. wieder: Kyaxares berauscht sich in der Nacht nach Kyros' Weggang mit jenen wenigen Medern, die bei ihm im Heerlager zurückgeblieben sind.

Während Kyros zur Verfolgung der Feinde entschlossen ist, plädiert der Meder dafür, sich mit dem Erreichten zu begnügen. Beide Positionen stellt Xenophon dem Leser in einem Redenpaar vor Augen (1,13–18; 19–23).

---

[2] Zur Bedeutung des Lobes für die ἀρετή vgl. I 2,1, 5,12, 6,20, II 1,22–24, Mem. II 6,12 und zur Stelle Gigon, Xenophons Memorabilien II, 135; vgl. auch Hier. 1,14 f. (dazu Luccioni, Xénophon, Hiéron, 77), Oec. 14,10; vgl. auch Oec. 13,9. .

[3] Als ein Modell der Disziplin zitiert Plutarch (Pelop. et Marcell. 33,2 (comp. 3,2)) Chrysantas. Vgl. auch Plut. Aet. Rom. 273 F. Apophth. Lac. 236 E zeigt die Weiterentwicklung von Cyr. IV 1,3 zu einem Apophthegma. Vgl. auch Epict. II 6,15; Dindorf und Holden zu IV 1,3, Persson, Zur Textgeschichte Xenophons, 65, Münscher, Xenophon in der griechisch-römischen Literatur, 127.

Kyaxares ist, wie Xenophon ausdrücklich bemerkt, neidisch, da die Perser mit Kyros auf ein entschlossenes Handeln drängen und ihm so gleichsam seine eigene Untätigkeit bewußt machen (§ 13). Er plädiert im ersten Teil seiner Rede (§ 14–15) für einen gefahrlosen Genuß des Sieges. Seine Position läßt sich als die der ἀπραγμοσύνη umschreiben, die auch Kroisos gegenüber Kyros für wünschenswert hält.[4] Auf der Gegenseite steht der gefahrvolle Bios, von dem sich Kyaxares zu Beginn und am Ende seiner Rede distanziert.

Seine Argumentation sieht im wesentlichen folgendermaßen aus: Sie geht aus von einem Syllogismus: Beherrschtheit gegenüber den ἡδοναί ist ein Wert; um ihn bemühen sich am besten die Perser. Der höchste Wert besteht darin, beherrscht gegenüber der größten ἡδονή zu sein. Nun gibt es keine größere Lust als das gegenwärtige Glück, so daß es am werthaftesten ist, ihr gegenüber Beherrschtheit an den Tag zu legen (§ 14).

Auf den ersten Blick wirkt dieses Argument besonnen, und Kyaxares reklamiert auch im folgenden die Haltung des Besonnenen, der davor warnt, unersättlich nach weiterer εὐτυχία zu jagen (§ 15). Als Kontrastbeispiel dienen jene, die als Seefahrer im Glück kein Maß kennen und bei einer erneuten Fahrt zugrunde gehen. Kyaxares bedient sich des gleichen Paradeigma wie der euripideische Odysseus im Philoktet (Fg. 793 N.[2]), der im Prolog auf sein fortwährendes Streben nach Ehre reflektiert und sich fragt, um welche Vernunft es sich denn handle, wenn er dauernd für andere Gefahren auf sich nehme.[5] Das zweite Beispiel, das Kyaxares heranzieht, knüpft an die konkrete Situation an: Viele, die einen Sieg errangen, strebten nach einem weiteren Sieg und büßten so den ersten ein (§ 15). Das Exempel ist im Prinzip das gleiche wie in I 6,45.[6]

Der Appell, besonnen zu sein und sich nicht von maßlosem Streben nach Mehrbesitz leiten zu lassen, ist für sich betrachtet vernünftig und entspricht sicherlich auch Xenophons Überzeugung. Und auch Kyros vertritt die Maxime des richtigen καιρός und des besonnenen Maßhaltens im Glück.[7] Um

---

[4] Vgl. oben S. 22.

[5] Vgl. Fg. 787 N.[2]; Müller, Zur Datierung des sophokleischen Ödipus, 41 f. Die Seefahrer als Paradeigma der πλεονεκτοῦντες auch Men. Fg. 561 K.[2]

[6] Vgl. auch Hell. VI 3,16 Ἀλλὰ μὴν οὐδ' ἐκείνους ἔγωγε ἐπαινῶ οἵτινες ἀγωνισταὶ γενόμενοι καὶ νενικηκότες ἤδη πολλάκις καὶ δόξαν ἔχοντες οὕτω φιλονεικοῦσιν ὥστε οὐ πρότερον παύονται, πρὶν ἂν ἡττηθέντες τὴν ἄσκησιν καταλύσωσιν, οὐδέ γε τῶν κυβευτῶν οἵτινες αὖ ἐὰν ἕν τι ἐπιτύχωσι περὶ διπλασίων κυβεύουσιν· ὁρῶ γὰρ καὶ τῶν τοιούτων τοὺς πλείους ἀπόρους παντάπασι γιγνομένους (zur Stelle Breitenbach, Historiographische Anschauungsformen Xenophons, 136 f.), Hell. VI 4,22, Thuk. IV 17,4, Eur. Fg. inc. 1077 N.[2], Men. Fg. 499 K[2]. Vgl. auch schon Pind. Pyth. 3,21 ff., ferner Plut. Mar. 46, 3–4.

[7] Vgl. VIII 7,3,7.

jedoch die ἀρεταί zu bewahren und sich auch der ἐγκράτεια zu versichern, bedarf es der ständigen Übung (VII 5,75). Der von Kyaxares vertretene Standpunkt führt hingegen zur πονηρία, da er auf die für die ἀρεταί notwendigen πράξεις verzichten zu können glaubt. Und ein Zweites: Nach Xenophons Überzeugung, die sich auffällig mit dem Standpunkt des Antisthenes berührt[8], gehört es zum Bios eines Regenten, nach den schwierigeren Zielen zu streben und sich nicht mit dem ἡσυχίαν ἄγειν zufrieden zu geben (VIII 7,12). Die ἀπραγμοσύνη, die Kyaxares als letzte Konsequenz vorschwebt, hat in diesem Praxisideal keinen Platz.

Im zweiten Teil seiner Rede (§ 16 ff.) bringt Kyaxares das Argument ins Spiel, daß nur eine kleine Zahl der Feinde besiegt wurde und sich die, die nicht in den Kampf verwickelt waren, ruhig verhalten werden, da sie den Gegner und sich selbst noch nicht kennen (§ 16). Der Leser soll erkennen, daß dieser Kalkül auf einer irrigen Voraussetzung beruht, da von Anfang an feststeht, daß Assyrien einen Angriffskrieg führt, um einem angeblichen Imperialismus der Meder und Perser zu begegnen (I 5,3). Und auch das zweite Argument ist nicht unbedingt stichhaltig. Kyaxares argumentiert mit der psychologischen Überlegung, daß erst die in die Enge getriebenen Feinde gefährlich seien, da sie um ihre Familien kämpften (§ 17).[9] Damit erhebt er eine an einem Einzelfall gewonnene Beobachtung[10] in den Rang eines Gesetzes und verallgemeinert sie auf unzulässige Weise.

Kyros versucht erst gar nicht, Kyaxares zu widerlegen. Er nimmt ihm vielmehr dadurch den Wind aus den Segeln, daß er nur um Freiwillige bittet (§ 19). Die Begründung ist schlagend: Kyaxares ist aufgrund der Hilfe der Perser zur Gegenleistung verpflichtet (§ 20).

Xenophon läßt zunächst in der Schwebe, wieviele freiwillige Meder sich Kyros anschließen werden. Er retardiert diese Information geschickt bis IV 2,9, um zuvor in einer kurzen Einlage von einer Gesandtschaft der Hyrkanier zu berichten, die sich nach der Schlacht zum Abfall von Assyrien entschlossen haben (2,1 ff.). Das Motiv steht am Anfang einer Reihe ähnlicher Episoden, in denen Xenophon schildert, wie Gobryas (IV 6,1 ff.), Gadatas (V 2,29; 3,8 ff.) und Abradatas (VI 1,45 ff.) von Assyrien abfallen und sich Kyros anschließen.

---

[8] Vgl. oben S. 37.

[9] Zum Tiervergleich (§ 17) vgl. auch Ps. Xen. Cyn. 10,23.

[10] Der Gedanke, daß ein in die Enge getriebener oder bereits geschlagener Feind besonders gefährlich ist, ist alt; vgl. Hdt. VIII 109,2 (Themistokles zu den Athenern); vgl. auch Hell. VI 4,23 und Breitenbach, Historiographische Anschauungsformen Xenophons, 138.

Die Hyrkanier sind nach Xenophons Darstellung[11] nicht Bundesgenossen
Assyriens, sondern von ihren Nachbarn unterworfen worden (I 5,2). Sie
bilden die Nachhut (IV 2,1).[12] Xenophon vergleicht sie mit den Skiriten,
die den Spartanern im Kriegsfall eine eigene Einheit zur Verfügung stellen
mußten und sich besonderen Gefahren im Kampf ausgesetzt sahen.[13] Bei
den Skiriten handelt es sich jedoch um Leichtbewaffnete, während Xenophon die Hyrkanier als εὔιπποι bezeichnet. Für den Fortgang der Handlung
ist dies wichtig, da sich die Hyrkanier mit den Medern als Reiter bei der
Verfolgung der Feinde auszeichnen werden und so Kyros den Anstoß zur
Gründung der persischen Reiterei geben.

Erst nach der kurzen Einlage über die Hyrkanier informiert Xenophon
den Leser darüber, wer Kyros neben den Persern, Armeniern und Hyrkaniern Gefolgschaft leistet (§9ff.). Die Pointe: Alle Meder bis auf jene, die
bei Kyaxares tafeln und den Sieg feiern, schließen sich Kyros an (§11).
Damit ist der Keim für den in 5,8ff. beginnenden Zwist zwischen den
beiden Personen gelegt. Ein zweiter Punkt: Xenophon motiviert sorgfältig
den Entschluß der Meder und betont besonders, daß sie Kyros freiwillig
folgen (§11). Die Motive sind in erster Linie ethischer Natur; sie verteilen
sich auf die Vergangenheit, Gegenwart und Zukunft. Die Meder verbindet
mit Kyros die Freundschaft aus der Zeit, als er sich in Medien aufhielt. Zum
zweiten folgen sie ihm aus Dankbarkeit für den errungenen Sieg, der ihnen
die Furcht genommen hat. Eine dritte Gruppe hofft, daß er sich in Zukunft

[11] Xenophon nennt sie IV 2,1 Nachbarn der Assyrer; in Wirklichkeit sind sie als
Bewohner der Südostküste des Kaspischen Meeres von Assyrien durch Medien im Süden
von Hyrkanien getrennt. – Erste Erwähnung der Hyrkanier bei Hekataios FGrHist 1 F
291. Zur geographischen Beschreibung des Landes vgl. Arr. Anab. III 23,1.
[12] In §2 heißt es, die Hyrkanier führten ihre Angehörigen und Diener mit sich.
Xenophon bezeichnet diesen Brauch als bei den Asiaten üblich. Ähnlich Herodot (VII
39,1, VII 83,2) mit Bezug auf die Perser; vgl. auch VII 87,1. Dindorf zu Cyr. IV 2,2
weist auf Tac. Germ. 7f. und Max. Tyr. Diss. 30,7 hin. Die Pointe in der Kyrupädie ist,
daß die Perser diesen Brauch nicht kennen und sich wie Griechen verhalten. – In IV 3,2
stellt Xenophon fest, der Brauch, Ehefrauen und Hetären beim Feldzug mitzunehmen,
sei in Asien 'auch jetzt noch' gültig und stellt zwei Deutungen gegenüber: die der Asiaten,
die behaupten, auf diese Weise den Kampfeseifer zu steigern (ähnlich Tac. Germ. 7,2 mit
Bezug auf die Germanen), und seine eigene, die eine latente Spitze gegen diesen Brauch
enthält (Auf die Athetese von §2, die Lincke, De Xenophontis Cyropaediae interpolationibus, 30 ohne Begründung vertritt, ist nicht einzugehen).
[13] Vgl. Hell. V 4,52f. Die Skiriten als äußerster Wachposten im Feldlager: Resp. Lac.
12,3. Als Vorhut beim Marsch: Resp. Lac. 13,6. Vgl. auch Hatzfeld, Xénophon, Helleni-
ques II, 1965, 81, A. 1 zu V 2,24, Geyer, RE 3 A (1927) s. v. Skiritis, 536f., U. Kahrstedt,
Griechisches Staatsrecht I, Göttingen 1922, 4, 80, 304f.

als großer Herrscher erweisen werde. Und wieder andere schließen sich ihm aus Dankbarkeit für in Medien erwiesene Wohltaten an (§ 10).[14] Xenophon verschweigt am Ende von § 10 nicht, daß es auch viele gibt, die sich aus Hoffnung auf Güter anschließen, doch dominieren eindeutig die uneigennützigen Motive, die unmittelbar mit Kyros zusammenhängen.

Über den erfolgreichen Abschluß des Unternehmens läßt Xenophon den Leser von Beginn an nicht im Zweifel. Denn Kyros und dem Heer erscheint auf dem Marsch in der Nacht ein Licht, das allen Schauder[15] vor dem Göttlichen und zugleich Hoffnung einflößt (§ 15). Das beschriebene τέρας, das von Zeus stammt, ist aus der Ilias (4,76, 8,75 f.) bekannt. Für den Leser, der mit dieser Vorgabe an Wissen ausgestattet ist, stellt sich mithin primär die Frage, wie Kyros agiert. Sein Erfolg beruht auf der Schnelligkeit und dem Überraschungsmoment (§ 22 ff.). Die Konfusion und Reaktion der überrumpelten Feinde beschreibt Xenophon wirkungsvoll in einer langen Parataxe, die aus vierzehn Gliedern besteht (§ 28); ihr folgt die Feststellung, daß die meisten im Grunde kampflos zugrunde gehen.

Das rein Militärische schildert Xenophon wie schon am Ende des dritten Buches relativ knapp. Viel ausführlicher beschreibt er, wie Kyros nach der Einnahme des feindlichen Lagers dafür sorgt, daß die Versorgung des Heeres mittels der gefangenen Lebensmittelverwalter gesichert wird (§ 34–38). Xenophon demonstriert damit an einem konkreten Beispiel, wie Kyros dem Rat des Vaters folgt, sich besonders um die ἐπιτήδεια des Heeres zu kümmern.[16]

Paradigmatische Bedeutung erlangt die anschließende Szene.[17] Da sich die Reiterei der Meder und Hyrkanier noch auf der Verfolgung flüchtiger Feinde befindet, wäre es den Persern möglich, in der Zwischenzeit bereits den Hunger und Durst zu stillen. Dies ist die Ausgangssituation für die Rede, die Kyros an die persischen Taxiarchen richtet (§ 38 ff.). Es handelt sich um einen Protreptikos, mit dem Xenophon zeigt, wie sich die persische Erziehung bewährt.

Die Rede gliedert sich in zwei Teile. Im ersten (§ 38–41) ermahnt Kyros die Taxiarchen zur Beherrschung beim Essen und Trinken; der bereits be-

---

[14] Vgl. dazu I 4,13, wo Kyros Astyages darum bat, die medischen Altersgenossen an der Jagd teilnehmen zu lassen.

[15] ὥστε πᾶσι μὲν φρίκην ἐγγίγνεσθαι πρὸς τὸ θεῖον (§ 15). φρίκη ist terminus technicus für den religiösen Schauder; vgl. Hdt. VI 134,2; vgl. auch Soph. OT 1306, Eur. Hipp. 1202, Plut. Tib. Gr. 21,5 (falsch Holden zu IV 2,15, der φρίκη als "poetical word" bezeichnet).

[16] Vgl. I 6,7, 9, 14.

[17] Vgl. auch Breitenbach, Xenophon, 1730.

kannte Gedanke, daß die ἐγκράτεια dem sofortigen Genuß vorzuziehen sei[18], wird der konkreten Situation angepaßt: Kyros bezeichnet es als Gebot der αἰσχύνη, sich zunächst um die Versorgung der zurückkehrenden Verbündeten zu kümmern (§ 39). Xenophon greift das Motiv der ἐγκράτεια in IV 5,1 ff. auf und bringt es zum Abschluß: Die von der Verfolgung zurückgekehrten Meder und Armenier finden alles auf das beste zum Essen vorbereitet vor. Kyros fordert für sich und die Perser die Hälfte und verzichtet auf jegliche Zutat und den Wein. Hunger und Durst dienen statt dessen als 'Zutaten' (5,4).[19]

Im zweiten Teil der Rede (§ 42–45) thematisiert Kyros die Frage, wie man sich gegenüber dem neuen Reichtum zu verhalten hat. Die Pointe ist, daß er seine Verteilung den Medern, Hyrkaniern und Tigranes anheimstellen will (§ 43). Doch damit noch nicht genug: Er entwickelt den dialektischen Gedanken, daß für die Perser ein eventuell kleinerer Anteil in Wirklichkeit Gewinn bedeutet, da die Verbündeten bereitwilliger zur Verfügung stehen werden. Im Hintergrund steht auch hier der Gedanke, daß sich der Reichtum nicht nach seiner bloßen Größe, sondern danach bemißt, wie man sich seiner bedient.[20]

Besonders wichtig ist der Schluß der Rede (§ 45). Kyros erinnert an die persische Erziehung, die es nun ermögliche, sich richtig zu verhalten. Es zeigt sich, daß er ein ungebrochenes Verhältnis zu dieser Erziehung hat. Sie dient ihm als fester Bezugspunkt. Das Motiv bildet eine Konstante in der Kyrupädie. Es kehrt am Schluß des siebten Buches (VII 5,86) und an besonders exponierter Stelle am Ende des Werkes (VIII 7,10) wieder. Im achten Buch beruft sich Kyros gegenüber seinen Söhnen auf παλαιὰ καὶ εἰθισμένα καὶ ἔννομα, mithin auf die altehrwürdige persische Tradition, die er ihnen durch die Erziehung zu vermitteln versucht habe. An keiner der genannten Stellen figuriert er als ein revolutionärer Neuerer, der an die Stelle überkommener Nomoi neue Bräuche setzt.

II

Als einen Neuerer auf einem ganz anderen Gebiet läßt Xenophon Kyros im folgenden dritten Kapitel erscheinen. Das Thema ist die Gründung einer persischen Reiterei; Kyros unterbreitet, veranlaßt durch die Beobachtung,

---

[18] Vgl. I 2,8, 5,9.
[19] Vgl. schon I 5,12 und VII 5,80 οἱ γὰρ πόνοι ὄψον τοῖς ἀγαθοῖς; der Gedanke ist zunächst auf Sokrates bezogen: Mem. I 3,5. Vgl. auch Porphyr. De abst. III 26 und oben S. 106 f.
[20] Vgl. dazu auch oben S. 23 f. mit Anm. 85.

ohne Reiterei nicht die nötige Beweglichkeit zu besitzen, seinen Vorschlag den persischen Taxiarchen (3,4–14). Ihm entgegnet Chrysantas in einer Rede, die eine affirmative Funktion hat (§ 15–21).

Daß Xenophon Kyros als Begründer der persischen Reiterei darstellt, gehört zum Enkomion und zum Bild des idealen Feldherrn.[21] Das Motiv komplementiert die zu Beginn des zweiten Buches beschriebene Heeresreform. Zugleich ergibt sich das Motiv folgerichtig aus der Pferdeliebhaberei, die Xenophon an Kyros im ersten Buch (I 3,3) hervorhob.

Kyros plädiert für die Reiterei in einer zweiteiligen Rede. Im ersten Teil (§ 4–7) zeigt er die militärisch-strategischen Vorteile auf. Im zweiten (§ 8–14), der durch die Partikel εἶεν eingeleitet wird[22], geht es um die Frage, wessen es zur Begründung der Kavallerie bedarf und welche Voraussetzungen die Perser mitbringen.

Der zentrale Gedanke des ersten Teils ist der der Unabhängigkeit. Kyros formuliert ihn zu Beginn mittels des Stichworts αὐτάρκεις (§ 4). Ihm korrespondiert εἰ αὐτοὶ ... ἀρκοῖμεν ἡμῖν αὐτοῖς (§ 7) am Schluß des ersten Teils. Diese Unabhängigkeit zeigt sich nach Kyros auf militärischem Gebiet, wo sie es ermöglicht, sich nicht nur zu verteidigen, sondern den Feind auch zu verfolgen; und sie manifestiert sich als Selbständigkeit gegenüber den berittenen Bundesgenossen (§ 7). Mit dem zweiten Gedanken spielt Xenophon erneut auf die Problematik des Verhältnisses zu Verbündeten an; bereits in 2,43 ließ er anklingen, daß die Bündnistreue im allgemeinen davon abhängt, in welchem Maße die Verbündeten an der Beute partizipieren. In 3,7 tritt als Ergänzung der Gedanke hinzu, daß sie hochmütig werden können, wenn sie wie im vorliegenden Falle mit ihrer eigenen Reiterei entscheidend für den Erfolg eines Unternehmens verantwortlich sind.

Im zweiten Teil intendiert Kyros den Nachweis, daß es für die Perser leicht sei, die Technik des Reitens zu erlernen (§ 10 ff.). Es handelt sich um einen Topos der Protreptik.[23] Kyros bettet diesen Gedanken in eine regelrechte Lerntheorie ein: Wer erwachsen ist, erlernt deswegen nicht mühsamer als Kinder eine Fertigkeit. Im Gegenteil: Die Erwachsenen sind im Vorteil, da sie die größere Phronesis und Bereitschaft besitzen, Mühen zu ertragen (§ 11). Die Fähigkeit zu lernen wird hier an die Vernunft und die Erfahrung geknüpft. Sie erscheint zumindest an dieser Stelle nicht so sehr als eine natürliche δύναμις.

---

[21] Vgl. Hell. III 4,15 = Ages. 1,23 f., Hell. IV 3,9 = Ages. 2,5; vgl. auch Anab. III 3,16–19; Breitenbach, Xenophon, 1768, Delebecque, Xénophon, De l'art équestre, Lyon 1950, 7 ff.

[22] Zur Einleitungsfunktion von εἶεν vgl. III 1,13,35, Plat. Resp. 350d6, Eur. Med. 386, Suppl. 1094, Phoen. 1615, Soph. OC 1308.

[23] Vgl. Oec. 6,9, Hipparch. 8,5 f., Arist. Protr. Fg. 5 p. 33 f. Ross = Fg. 52 p. 62 R.³

Und ein Zweites: Kyros bringt den Begriff der Muße als einer notwendigen Bedingung für das Lernen ins Spiel (§ 12).[24] Die Perser hätten ein größeres Maß an σχολή für das Erlernen der Reitkunst als Kinder oder andere Menschen. Die Begründung ist doppelt: Sie besitzen bereits kriegstechnisches Wissen. Und sie werden nicht wie andere vom Ackerbau[25], von Technai oder anderen häuslichen Beschäftigungen in Anspruch genommen.

Besonders das zweite Argument verdient Aufmerksamkeit. Erstaunlich ist, daß Kyros nicht nur die Technai, sondern auch die γεωργία zu den Tätigkeiten rechnet, die die Perser nicht ausüben. In erster Linie sind wohl die ὁμότιμοι gemeint, die die Ausbildung zum Krieger durchlaufen, doch werden die Perser aus dem Volk nicht ausdrücklich ausgeschlossen. Zieht man den Oikonomikos (4,4 ff.) heran, wo Xenophon von Kyros sagt, er habe sich besonders um den Ackerbau gekümmert, so ist die Kyrupädiestelle erstaunlich. Man wird jedoch nicht von einem Widerspruch sprechen.[26] Beide Passagen lassen sich durchaus miteinander vereinbaren, wenn man das Enkomion im Oikonomikos auf einen späteren Zeitpunkt in Kyros' Herrschaft bezieht. Daß Kyros die Technai als Tätigkeiten qualifiziert, die keine Muße erlauben, gehört in den Rahmen der Kritik an den banausischen Handwerken, wie sie in der Sokratik verbreitet ist.[27]

Am Schluß der Rede (§ 13 f.) steht ein kleines Enkomion der Reitkunst. Sie ist nach Kyros nicht wie viele zum Krieg gehörenden Dinge zwar beschwerlich, jedoch nützlich, sondern immer angenehm und von Vorteil. Sie entzieht sich somit einer Relativierung, während andere Dinge je nach dem Zweck und den Umständen gut oder schlecht sind.[28]

Die Rede des Chrysantas (§ 15–21) dient der Bekräftigung des Standpunktes, den Kyros vertritt. Chrysantas stimmt der Gründung einer persischen Reiterei vorbehaltslos zu. Er geht von dem Gedanken aus, daß er

---

[24] Zum Zusammenhang von Muße und Lernen vgl. besonders Arist. Pol. VIII 3, 1338a1 ff., Met. I 1, 981b17 ff. Vgl. auch Plat. Polit. 272b8 ff.

[25] ἀλλ' οὐδὲ μὴν ὥσπερ τοῖς ἄλλοις ἀνδράσι τοῖς μὲν γεωργίαι ἀσχολίαν παρέχουσι κτλ. (§ 12). Der Plural ist nicht mit Hertlein – Nitsche damit zu erklären, daß "von mehreren, den Landbau Betreibenden die Rede ist." Er zeugt vielmehr von Xenophons Vorliebe für abstrakte Begriffe im Plural; vgl. I 3,12 und zur Stelle Holden; Oec. 1,21, Vect. 4,6.

[26] So Breitenbach, Xenophon, 1842, der allerdings einschränkend fortfährt, Xenophon habe in der Kyrupädie "Spartanisches als ein argumentum ad hoc eingefügt", und auf Resp. Lac. 7,1 verweist.

[27] Vgl. Symp. 3,4, Oec. 4,2 (Zur Stelle Chantraine, 45, A. 2), Plat. Resp. 495d f., 590c2 ff., Leg. 644a2 ff., 741e1 ff., Arist. Pol. III 5, 1278a20 f., VIII 2, 1337b8 ff. Vgl. Gigon, Sokrates, 139 f., Breitenbach, Xenophon, 1841 f.

[28] Zur Relativität von Prädikaten wie ἀγαθόν und κακόν vgl. Mem. III 8,7. Einen Sonderstatus erhält die Gerechtigkeit Symp. 3,4, die sich jeder Relativierung entzieht.

durch das Erlernen der Reitkunst zu einem 'beflügelten Menschen' werde (§ 15). Den Reiter vergleicht er im folgenden mit einem Kentauren (§ 17), um zu zeigen, welche Vorteile sich aus der Synthese menschlicher Intelligenz und tierischer Physis ergeben (§ 17–18). In einem zweiten Schritt führt er den Nachweis, daß der Mensch als Reiter gegenüber dem Kentauren im Vorteil ist (§ 19–21).

Der Vergleich des Reitens mit dem Fliegen findet sich bereits bei Platon (Resp. 467d12ff.).[29] Er spricht im Zusammenhang der Wächtererziehung von der Notwendigkeit, die Kinder früh an den Anblick von Kämpfen zu gewöhnen. Sie müssen 'mit Flügeln versehen werden', also frühzeitig die Kunst des Reitens erlernen, bevor man sie als bloße Zuschauer zum Kampf mitnimmt. Der Vergleich liegt an sich nahe, so daß nicht mit Abhängigkeit Xenophons von Platon zu rechnen ist.[30]

Der Witz der Kyrupädiestelle besteht im Vergleich zwischen Reiter und Kentaur. Er mag auf den ersten Blick abstrus wirken und befremden. Xenophon deutet freilich an keiner Stelle an, daß er ihn nicht in ernster Absicht verwendet. Die Gegenüberstellung des Menschen und des mythischen Mischwesens läuft auf den Gedanken hinaus, daß die menschliche Physis der bloßen Summe von menschlichen und tierischen Specifica überlegen ist.[31] Der Mensch ist durch die Techne des Reitens in der Lage, sich etwas verfügbar zu machen, das besser ist als die natürliche Verbindung zweier species zu einer Mischform.

Am Schluß der Szene (§ 22–23) steht ein Aition. Kyros schlägt vor, den Brauch zu begründen, daß alle Perser, die ein Pferd erhalten, einen langen oder kurzen Weg reitend zurücklegen. Dieser Brauch liefert nach Xenophon die Erklärung dafür, daß keiner der persischen καλοὶ κἀγαθοί der Gegenwart freiwillig zu Fuß gesehen werde.[32] Am Ende des Werkes (VIII 8,19) ist von diesem Nomos erneut die Rede. Er habe zwar auch nun noch Gültigkeit, diene jedoch nicht mehr dem ursprünglichen Zweck. Vielmehr werde er nur noch beibehalten, weil man es sich auf den Pferden bequemer

---

[29] Der Hinweis auf die Stelle zuerst bei Hutchinson, 1773.

[30] Vgl. auch Hipparch. 8,6 ὅπερ γὰρ εὔξαιτ' ἄν τις πτηνὸς γενέσθαι, οὐκ ἔστιν ὅ τι μᾶλλον τῶν ἀνθρωπίνων ἔργων ἔοικεν αὐτῷ.

[31] Das προβουλεύεσθαι steht in § 17 für die spezifische Tätigkeit des Menschen. Dies erinnert an Gorgias (VS 82 B 6); vgl. auch Plat. Resp. 353d5 ff. und Müller, Die Kurzdialoge der Appendix Platonica, 79. Daß Xenophon den Zusatz ἀνθρώπου φρονήσει zu προβουλεύεσθαι macht, deutet an, daß es für ihn auch ein Beraten ohne Phronesis gibt, das in die Irre geht; vgl. auch Plat. Leg. 897a1 ff.

[32] Zu diesem Brauch vgl. auch Athen. XII 514c über den Perserkönig (aus Herakleides von Kyme FGrHist 689 F 1): πεζὸς οὐδέποτε ἑωράθη ἔξω τῶν βασιλείων (die Stelle bei Dindorf).

als auf einem Lager mache. Zwischen beiden Stellen besteht kein Widerspruch.[33] Die Erwähnung der von Kyros begründeten Sitte im Schlußkapitel soll zeigen, daß sie pervertierte und nun zum Bestandteil eines vom Zerfall gekennzeichneten Staates wurde.

Das folgende vierte Kapitel (4,1 ff.) bringt thematisch etwas Neues. Xenophon benutzt es wie die Chaldäerepisode im dritten Buch zu einem indirekten Preis des künftigen Herrschers. Die medischen und hyrkanischen Reiter bringen assyrische Kriegsgefangene. Kyros erkundigt sich zunächst nach dem Befinden der Verbündeten und lobt sie als tüchtige Männer (§ 2–3). Danach fragt er nach der Beschaffenheit des Landes und erfährt von seiner ausnehmenden Fruchtbarkeit. Xenophon präsentiert im folgenden Kyros als den milden und weitsichtigen Feldherrn, der dafür Sorge trägt, daß das Land auch in Zukunft besiedelt bleibt, um Früchte zu tragen. Im Mittelpunkt steht der Gedanke, daß ein entvölkertes Gebiet seiner Güter beraubt wird (§ 5). Die logische Konsequenz: Die Kriegsgefangenen sollen als freie Männer in ihr Land zurückkehren (§ 6 f.).

Xenophon macht aus der Episode ein Paradeigma für eine Friedenspolitik, die zuversichtlich damit rechnet, daß auch die Gegenseite vernünftige Einsicht entwickelt und sich zugleich am wohlverstandenen Eigeninteresse orientiert. Im wesentlichen scheint es sich bei den erwähnten Kriegsgefangenen um Landbevölkerung und Bauern zu handeln, die nicht dem Kriegerstand angehören. Daß Kyros mit seiner diese Bevölkerungsgruppe betreffenden Friedenspolitik Erfolg hat, zeigt Xenophon in V 4,24 ff. Kyros erreicht vom neuen assyrischen Herrscher durch Vertrag, daß die Bauern aus den Stämmen, die von Assyrien abgefallen und ein Bündnis mit Persien eingegangen sind, in Frieden leben können und möglichst nicht vom Krieg tangiert werden.

Im folgenden fünften Kapitel (5,8 ff.) thematisiert Xenophon erneut den Antagonismus zwischen dem medischen Herrscher und Kyros und knüpft damit an IV 1,13 ff. an. Das Motiv erfährt nun eine dramatische Zuspitzung. Als Kyaxares feststellt, daß sich fast alle Meder Kyros angeschlossen haben, entschließt er sich, einen Boten zu Kyros zu schicken und die medischen Truppen zurückzufordern (§ 9 f.). Die Elemente, die Xenophon zur Cha-

---

[33] Die sprachlichen Einwände, die Lincke, De Xenophontis Cyropaediae interpolationibus, 16 gegen IV 3,23 ὥστ' ἔτι καὶ νῦν κτλ. vorbringt, sind nicht stichhaltig: Die Zeitangabe ἐξ ἐκείνου 'seit jener Zeit' findet eine strikte Parallele in I 2,8; zu χρῶνται οὕτω in der absoluten Bedeutung 'sich dieser Praxis bedienen' vgl. Plat. Resp. 452d3, 489b5.

rakterisierung des Kyaxares verwendet, entstammen dem festen Repertoire der Tyrannenbeschreibung. Kyaxares berauscht sich in der Nacht, bevor Kyros zur Verfolgung der Feinde aufbricht (§ 8). Damit ist er als ἀκόλαστος gekennzeichnet.[34] Er ist zum zweiten ὠμός und ἀγνώμων (§ 9).[35] Xenophon verbindet diese Prädikate mit einer förmlichen Quellenangabe, die der Beglaubigung dient (ὥσπερ λέγεται ὠμὸς εἶναι καὶ ἀγνώμων).[36] ὠμός bezeichnet die rohe, grausame Gesinnung. Xenophon verwendet das Adjektiv in der Anabasis (II 6,12) zur Charakterisierung des Klearchos, den er als furchterregenden Feldherrn beschreibt, dem die Soldaten keine freundschaftlichen Gefühle und kein Wohlwollen entgegenbringen. Das Attribut ἀγνώμων hat eine doppelte Bedeutung: Zum einen bezeichnet es den Mangel an Vernunft und Einsicht, zum zweiten denjenigen, der kein moralisches Empfinden besitzt und damit im Grunde nicht menschlich fühlt.[37]

Ein weiteres Element, das Kyaxares in die Nähe eines Tyrannen rückt: Er droht nicht nur den Medern, zu denen er den Boten schickt, sondern auch dem Boten selbst, falls er seinen Auftrag nicht erfüllt (§ 12). Dem entspricht die Reaktion des Boten: Er macht sich nicht gerade erfreut auf den Weg, betrübt darüber, daß er sich zuvor nicht Kyros anschloß (§ 13). Der Leser wird darauf vorbereitet, daß er nicht zu Kyaxares zurückkehren wird (§ 24 f.).

Xenophon kompliziert im folgenden die Darstellung, indem er ein neues Motiv einschaltet: Während der Bote darauf wartet, zu Kyros vorgelassen zu werden, unterbreitet Kyros den persischen ὁμότιμοι den Vorschlag, nach Persien um Verstärkung zu schicken (§ 15). Das Motiv hat mehr als nur marginale Bedeutung. Xenophon zeigt einen Kyros, der sich in zweifacher Hinsicht an die Nomoi hält: Er beabsichtigt, den Vater als den persischen Herrscher, der auch das Priesteramt innehat[38], zu fragen, welcher Anteil der gewonnenen Güter den Göttern zu schicken ist, und sich bei den Magistraten zu erkundigen, was er der Allgemeinheit zu entrichten hat (§ 17).

---

[34] Zur Unbeherrschtheit des Tyrannen vgl. Plat. Resp. 573a4 ff.; vgl. auch Xen. Symp. 4,37, Hier. 5,2 und schon Hdt. III 34 (Kambyses).

[35] Die gleiche Verbindung Dem. 21,97. – Due, 58 sieht in ὠμὸς καὶ ἀγνώμων (IV 5,9) "the traditional Greek conception of an oriental despot." Im Grunde paßt Xenophons Charakteristik jedoch zu jeder Tyrannenpolemik, wie sie in der griechischen Literatur bekannt ist.

[36] Möglicherweise überträgt Xenophon auf Kyaxares zum Teil die herodoteische Beschreibung des historischen Kyaxares, des Gegners des Alyattes von Lydien; vgl. I 73,4 ἦν γάρ, ὡς διέδεξε, ὀργὴν ἄκρος; Breitenbach, Xenophon, 1720.

[37] Vgl. Soph. Tra. 473 θνητὴν φρονοῦσαν θνητὰ κοὐκ ἀγνώμονα, Eur. Ba. 884 ff. (τὸ θεῖον σθένος) ἀπευθύνει δὲ βροτῶν τούς τ' ἀγνωμοσύναν τιμῶντας καὶ μὴ τὰ θεῶν αὔξοντας σὺν μαινομέναι δόξαι und zur Stelle E. R. Dodds, Euripides, Bacchae, Oxford ²1960.

[38] Vgl. I 6,2, VIII 5,26, Dindorf und Holden zu IV 5,17.

Da Kyros von den Magistraten zum Feldherrn gewählt wurde (I 5,5), unter-
steht er ihrer Amtsgewalt. Der Leser soll feststellen, daß Kyros sich an die
religiöse Autorität des Vaters und die besondere zivile Macht der Ältesten
gebunden fühlt.[39] Auch diese Stelle zeigt, daß Xenophon ihn nicht als revo-
lutionären Neuerer verstanden wissen will. Und zum zweiten macht sie
deutlich, daß Kyros, nachdem er die Meder an sich gebunden und Kyaxares
faktisch zur Bedeutungslosigkeit verurteilt hat, seine potentielle Macht nicht
mißbraucht.

Xenophon zeigt dies auch im folgenden Abschnitt (§ 26 ff.), in dem er
Kyros' Antwort auf Kyaxares' Drohung beschreibt. Der medische Bote kehrt
nicht zurück. An seine Stelle tritt der Perser, den Kyros zu Kambyses und
den persischen Magistraten zu schicken beabsichtigt. Er erhält die zusätz-
liche Aufgabe, Kyaxares einen Brief von Kyros zu übermitteln.

Xenophon zitiert den Inhalt dieses Briefes wörtlich. Diese Form der
Wiedergabe soll den Eindruck des Authentischen vermitteln.[40] Sie dient
zugleich dazu, die Darstellung zu verlebendigen, was ein bloßes Referat
nicht leisten könnte.

Der Brief enthält zunächst eine kurze Synkrisis des eigenen Verhaltens
und des Verhaltens des Meders (§ 27–30), dann einen neuen Vorschlag, der
auf die Versöhnung abzweckt. Im ersten Abschnitt argumentiert Kyros in
zwei Schritten: Er kann auf den ihm beschiedenen Erfolg des Unternehmens verweisen, der ihm Recht gibt. Kyaxares genießt jetzt größere Sicherheit als zuvor, da der Feind von Mediens Grenze vertrieben ist. Der zweite
Punkt bewirkt eine Steigerung: Kyros kontrastiert seine eigene Bereitwilligkeit, mit der er möglichst viele Perser nach Medien brachte, mit Kyaxares'
Verhalten, der die Meder nicht dazu bewog, sich Kyros anzuschließen (§ 29).

Die eigentliche Überraschung kommt im zweiten Abschnitt: Kyros bietet
Kyaxares an, über die angeforderten Perser nach Gutdünken zu verfügen
(§ 31). Der Vorschlag ist psychologisch geschickt. Er zweckt darauf ab, in

---

[39] Dies deutet auch ein weiteres Detail an; Kyros fügt der Botschaft die Aufforderung
hinzu, Augenzeugen zu schicken, die sein Verhalten im Felde begutachten sollen (5,17
πεμψάντων δὲ καὶ ὀπτῆρας ὧν πράττομεν καὶ φραστῆρας ὧν ἐρωτῶμεν). Xenophon
scheint einen Brauch der spartanischen Verfassung vor Augen zu haben; vgl. Resp. Lac.
13,5. In Sparta handelt es sich um zwei Ephoren, die den König auf dem Feldzug begleiten und 'bewachen'. – Unklar ist die Bedeutung der φραστῆρες. Hesych s. v. φραστῆρας
erklärt den Begriff mit μηνυτάς, was bedeutete, daß es sich um eine Art Spitzel handelte.
Dies ist eher unwahrscheinlich wegen des folgenden Relativsatzes ὧν ἐρωτῶμεν. Gemeint
sind eher Boten der persischen Magistrate, die Kyros auf eventuelle Anfragen Auskunft
geben sollen (V 4,40 bezeichnet der Begriff einen des Weges Kundigen).
[40] Zum Mittel des Briefzitates vgl. Hdt. I 124.

Kyaxares das Gefühl zu erwecken, unentbehrlich zu sein und nichts von seiner τιμή einzubüßen.[41]

Wenn man den Antagonismus zwischen Kyros und Kyaxares bis zu diesem Punkt überschaut, so läßt sich eine stetige Entwicklung und Steigerung feststellen.[42] Zu Beginn des zweiten Buches fungierte Kyaxares lediglich als Kontrastfigur, um Kyros' Überlegenheit deutlicher hervorzuheben. Gegen Ende des gleichen Buches (II 4,1 ff.) führte Xenophon in einer kleinen Episode paradigmatisch Kyros' Eigenständigkeit vor Augen. Im vierten Buch spitzt sich das Verhältnis allmählich zum Konflikt zu, da Kyaxares neidisch ist und sich in seiner Ehre getroffen fühlt. Die letzte Steigerung erfährt der Antagonismus im fünften Buch (V 5,5 ff.) Xenophon spaltet das Thema mit der gleichen Erzähltechnik in mehrere Blöcke auf wie die Geschichte von Pantheia und Abradatas, die ihren Ausgangspunkt in IV 6,11 hat; Xenophon thematisiert sie ebenfalls in mehreren Etappen, bevor er sie im siebten Buch (VII 3,2 ff.), nach der Begegnung zwischen Kyros und Kroisos, zum Abschluß bringt.

Am Schluß des vierten Buches stehen zwei Themen. Zunächst schildert Xenophon, wie Kyros die Verteilung der Beute an die Reiterobersten der Meder und Hyrkanier delegiert und damit seine in IV 2,43 ff. verkündete Absicht realisiert (5,37 ff.). Der gesamte erste Abschnitt (§ 37–51) soll den Satz illustrieren, daß die Dinge, die ungeordnet sind, Probleme bereiten (§ 37).[43] Und er soll zum zweiten zeigen, wie Kyros mit diplomatischem

---

[41] Daß dem Motiv der τιμή zentrale Bedeutung zukommt, zeigt sich in V 5,34 im Rahmen der Begegnung zwischen Kyros und Kyaxares; der gekränkte Meder wirft Kyros vor, ihn seiner Ehre beraubt zu haben. Von Due, 55 ff. wird dieses Motiv völlig ignoriert. Damit hängt zusammen, daß Due die Hauptfunktion des fiktiven Kyaxares darin sieht, eine Folie zu Kyros zu bilden (S. 61). Dies ist ein wichtiger Aspekt, der jedoch nicht alleine die Funktion des Antagonismus erklärt.

[42] Vgl. auch Due, 55: "In my opinion, Xenophon lays the foundation to the contrast in Book I and then gradually develops the conflict between the two characters." Falsch ist allerdings die Annahme von Due, 56, die Rivalität zwischen beiden Personen und Kyaxares' Neid beständen bereits im ersten Buch. Auf der Jagd (I 4,7 ff.) zeigen sich lediglich Kyros' Überlegenheit und seine Kühnheit; zwar wird er wegen letzterer vom Onkel getadelt (4,9), doch bezeichnet dieser ihn im folgenden ohne Anflug von Neid als 'König'. Damit präfiguriert die Szene Kyros' spätere Herrschaft über Medien (VIII 5,19 f.), die er durch die Hochzeit mit Kyaxares' Tochter erlangt.

[43] Dahinter steht Xenophons Überzeugung, daß es kaum etwas gibt, das für den Menschen in ähnlichem Maße nützlich und schön ist wie die Ordnung. Am ausführlichsten diskutiert er diese These im Oikonomikos (8,3 ff.). Ischomachos illustriert den Wert der Ordnung am Chor, am Heer, an der Besatzung einer Triere und insbesondere am Haus, für dessen Ordnung seine Frau zuständig ist (8,10 ff.).

Geschick dafür sorgt, daß die hinzugewonnenen Pferde den Persern an-
heimfallen (§ 46 ff.): Die Meder und Hyrkanier verzichten freiwillig auf sie,
weil ihnen die nötige Zahl an Reitern fehlt.

Den zweiten Abschnitt (§ 51–54) benützt Xenophon dazu, ein weiteres
Mal die verweichlichte und dekadente Lebensweise des Kyaxares aufs Korn
zu nehmen: Als Kyros dazu auffordert, für Kyaxares das auszuwählen, was
ihm am meisten Freude bereitet, schlagen die Meder und Hyrkanier lachend
vor, für ihn Frauen aus der Beute auszusondern (§ 52). Xenophon bedient
sich damit eines Topos der Tyrannenpolemik, in der der Tyrann des öfteren
als sexuell ausschweifend beschrieben wird.[44] Das Motiv bereitet e contrario
auf Kyros' ἐγκράτεια gegenüber Pantheia vor.

Im letzten Kapitel (IV 6) thematisiert Xenophon den Abfall des Gobryas.
Das vierte Buch erhält damit eine ringförmige Struktur. Die Gobryasepisode korrespondiert dem in IV 2,1–8 beschriebenen Entschluß der Hyrkanier, von Babylon abzufallen. Mit Gobryas wählt Xenophon eine historische
Person. Es handelt sich um den Statthalter der Landschaft Gutium im Norden der Stadt Opis, der Kyros beim Einzug in Babylon begleitet und Gou-
verneur der Stadt wird.[45] Bei Xenophon ist er ein Vasall des assyrischen
Herrschers Nabonidus; er kommt nach dessen Tod als Feind des neuen
Königs Belsazar und als Hilfesuchender zu Kyros.

Die Geschichte, die Xenophon Gobryas erzählen läßt, ist voller Pathos
und soll ihm die volle Gunst des Lesers sichern. Gobryas, der in einem
freundlichen Verhältnis zum früheren assyrischen König stand und ein
glücklicher Vater war, ist nun als alter Mann von tiefstem Leid getroffen.[46]
Der assyrische Kronprinz lud seinen Sohn, der die Tochter des assyrischen
Herrschers heiraten sollte, zur Jagd ein und tötete ihn aus Neid wegen seines
Jagdglücks (§ 3 f.). Doch damit noch nicht genug. Der Leser erfährt, daß der
Mörder keine Reue zeigte und sich als ἀνόσιος erwies, der dem Toten jegli-
che Ehre verweigerte (§ 5). Xenophon entwirft das Bild eines willkürlichen

---

[44] Vgl. Eur. Suppl. 452 ff., El. 945, Hdt. III 80,5.

[45] Vgl. die Chronik des Nabonidus, Col. III, in: Pritchard, Ancient Near Eastern
Texts, ³1969, 306 (Übersetzung von Oppenheim): "The 16th day, Gobryas (Ugbaru), the
governor of Gutium and the army of Cyrus entered Babylon without battle ... Gobryas,
his governor, installed (sub-)governors in Babylon." Vgl. Lehmann-Haupt, Klio 2, 1902,
341–45, hier: 342 ff., W. Schwenzner, Klio 18, 1923, 41–58; Breitenbach, Xenophon,
1712, Buchanan Gray, The Persian Empire, in: The Cambridge Ancient History Vol.
4,11 f.

[46] Ein tragisches Motiv; vgl. Eur. Suppl. 164 ff. (Adrast) ἄναξ Ἀθηνῶν, ἐν μὲν αἰσχύ-
ναις ἔχω / πίτνων πρὸς οὖδας γόνυ σὸν ἀμπίσχειν χερί, / πολιὸς ἀνὴρ τύραννος εὐδαίμων
πάρος.

Potentaten, von dem selbst der Vater in vorteilhafter Weise abstach (§5 ὅ γε μὴν πατὴρ αὐτοῦ καὶ συνώικτισέ με καὶ δῆλος ἦν συναχθόμενός μοι τῆι συμφορᾶι). Die Episode soll nicht nur zeigen, wie Kyros einen neuen Bundesgenossen gewinnt, der sich im weiteren Verlauf als wertvoll erweisen wird. Sie dient auch der Kontrastierung zwischen Kyros als dem frommen und besonnenen Feldherrn und Herrscher und dem Despoten auf der Gegenseite.

Doch die Episode leistet noch mehr. Gobryas bittet Kyros am Anfang und Ende seiner Erzählung (§2, 7), ihm Hilfe bei der Rache zu leisten. Kyros akzeptiert (§8) und geht damit eine moralische und religiöse Verpflichtung ein, die ihn bindet, gegenüber dem ἱκέτης sein Wort zu halten. Xenophon macht das Thema seiner Absicht nutzbar, Kyros' Kampf gegen Assyrien nicht als Eroberungsfeldzug um des materiellen Gewinns wegen erscheinen zu lassen. Die konkrete Hilfe, die Gobryas anbietet, besteht darin, daß er Kyros die Befestigung, über die er verfügt, als Stützpunkt in Aussicht stellt (§2). Und er bietet ferner an, die Tributleistungen, die er früher Babylon zukommen ließ, Kyros zu entrichten (§9). Die Pointe kommt jedoch erst am Ende der Szene: Gobryas stellt Kyros anheim, über seine Tochter, die für den neuen assyrischen Herrscher bestimmt war, zu Rate zu gehen (§9). Wie Kyros entscheidet, bleibt in der Schwebe. Xenophon suspendiert das Motiv bis V 2,8 und thematisiert es in einem dritten Schritt in VIII 4,13 ff., wo der Perser Hystaspas Gobryas' Tochter zur Frau erhält.

9. Der Dialog zwischen Kyros und Araspas über den Eros (V 1,2 ff.)

Zu Beginn des fünften Buches thematisiert Xenophon zum ersten Male in einem längeren Abschnitt die Geschichte von Pantheia und Abradatas.[1] Die überlieferte Bucheinteilung verwischt den thematischen Zusammenhang, der zwischen dem Schluß des vierten und dem Anfang des fünften Buches besteht.[2] Denn bereits in IV 6,11 erwähnte Xenophon, daß die Meder für Kyros als Beute 'die Frau aus Susa' nebst 'den beiden besten Musikerinnen' auswählten[3], und bereitete so auf den folgenden Dialog zwischen Kyros und dem Meder Araspas über die Liebe vor.

Der Leser erfährt zunächst nicht den Namen der Gefangenen. Xenophon retardiert diese Information der erzählerischen Wirksamkeit wegen bis VI 1,41.[4] Er stellt sie zunächst nur als jene Frau vor, die die schönste Asiens

---

[1] Zum folgenden vgl. auch Schwartz, Fünf Vorträge über den griechischen Roman, 72 ff., de Romilly, Le conquérant et la belle captive, Bull. de l'Assoc. Budé 1988, 1–15, Tatum, 164 ff., Due, 79 ff. – Zur Wirkungsmächtigkeit der Pantheiageschichte vgl. S. Trenkner, The Greek Novella in the Classical Period, Cambridge 1958, 26 f. und besonders Perry, The Ancient Romances, 168 ff.; de Romilly, 7 ff. zeigt, wie das Motiv Feldherr-Gefangene in der Alexandertradition (Diod. XVII 37 f., Quint. Curt. III 12, IV 10, V 3.7, Plut. Alex. 21,30, Arrian Anab. II 12,3 ff.) weiterwirkt. Bei Plutarch dient Alexanders Verhalten nach der Schlacht bei Issos wie in der Kyrupädie als Beispiel der Beherrschtheit, die ein Feldherr und Herrscher an den Tag legen soll; vgl. Alex. 21,7 ἀλλ' Ἀλέξανδρος ὡς ἔοικε τοῦ νικᾶν τοὺς πολεμίους τὸ κρατεῖν ἑαυτοῦ βασιλικώτερον ἡγούμενος, οὔτε τούτων ἔθιγεν, οὔτ' ἄλλην ἔγνω γυναῖκα πρὸ γάμου πλὴν Βαρσίνης; vgl. auch 30,10.

[2] Der Bodleianus D rechnet abweichend von den übrigen Handschriften V 1,1 zum vierten Buch; diese Einteilung hat den Vorteil, daß sie die mit der Beuteverteilung eng verknüpfte Bitte eines medischen φιλόμουσος, ihm eine der Musikerinnen zu schenken (V 1,1), nicht durch die Buchgrenze abtrennt.

[3] Mit den μουσουργοί spielt Xenophon auf den asiatischen Brauch an, beim Gelage Sängerinnen auftreten zu lassen; vgl. Ktesias FGrHist 688 F 6 (Babylon), Nikolaos v. Damaskus FGrHist 90 F 4, p. 333,12, Athen. 514 B (Herakleides von Kyme FGrHist 689 F 1, die Stelle bei Dindorf), Athen. 607 F (Dareios; die Stelle vergleicht Hutchinson); vgl. ferner Suda s. v. μουσουργοί.

[4] Die Retardierung ist sicherlich nicht primär mit der griechischen Sitte zu erklären, den Namen einer Frau nicht in der Öffentlichkeit zu nennen; in dieser Richtung Tatum, 165. Dieser Brauch ist im übrigen keineswegs derart streng gewesen, wie Tatum suggeriert. Vgl. die Beispiele bei D. Schaps, The Women least mentioned: Etiquette and Women's Names, CQ 27, 1977, 323–30.

genannt wird (IV 6,11). Der Hinweis auf die ausnehmende Schönheit ist ein Motiv aus dem Märchen, das auch im Roman seinen festen Platz hat.[5] Die Protagonistin zeichnet sich durch besondere Schönheit aus, die den äußeren Beweis für ihre ἀρετή liefert.

In der Kyrupädie handelt es sich jedoch nicht um ein stereotypes Motiv. Im Gegenteil: Bei Xenophon wird es zur dramaturgischen Voraussetzung, die erklärt, warum Pantheia im folgenden noch nicht auftritt. Ihre Schönheit und ἀρετή sind ein Thema des Dialoges zwischen Kyros und Araspas; Pantheia wird auf diese Weise wirkungsvoll indirekt vorgestellt.

Der Leser kennt Araspas aus dem ersten Buch (I 4,26), wo ihm Kyros beim Abschied von den Medern sein medisches Gewand schenkte. Xenophon erinnert den Leser zu Beginn des Dialoges an diese Begebenheit. Erst hier erfährt er jedoch den Namen des Meders. Araspas erhält von Kyros den Auftrag, Pantheia samt dem Zelt mit der Beute zu überwachen.

Von zentraler Bedeutung ist, daß Abradatas, der Mann der Pantheia und Fürst von Susa, sich als Gesandter des assyrischen Herrschers beim König der Baktrier aufhält, um über ein Bündnis zu verhandeln (§ 3). Seine Abwesenheit bildet die entscheidende Voraussetzung, unter der sich im weiteren Verlauf das Motiv der treuen Gattin entfalten kann.[6] Die Treue bestimmt nicht nur Pantheias Verhalten während der Abwesenheit ihres Mannes, sondern führt auch zu ihrem Entschluß, aus Trauer über den gefallenen Abradatas sich selbst den Tod zu geben (VII 3,14). Das Motiv der Gattentreue spielte bereits im Zusammenhang der Tigranesepisode (III 1,43) eine Rolle. Xenophon steigert es in der Geschichte der Pantheia und der Abradatas ins Tragische.

Das Gespräch zwischen Kyros und Araspas kommt zustande, weil letzterer Pantheia bereits gesehen hat und Kyros nun seine Eindrücke schildern will (§ 4). Durch seinen Bericht entsteht vor den Augen des Lesers das Bild einer Heroine. Die Elemente der Beschreibung erinnern an die Tragödie. Wie Hekabe im gleichnamigen Stück des Euripides (Hec. 487, 495) während Talthybios' Auftritt, so sitzt Pantheia, als Araspas in seiner Funktion als Bote

---

[5] Vgl. Charit. I 1f., Heliod. I 2,1 (vgl. auch I 2,5 den Hinweis auf die göttergleiche Größe der Charikleia), Xen. Eph. I 2,5 ff. Vgl. auch Ktesias FGrHist 688 F 7, 8a die Geschichte der Sakerherrscherin Zarinaia (Zarina Diod. II 34,3) und des Meders Stryangeios, ferner Charon von Mytilene FGrHist 125 F 5. Zum Motiv im Roman vgl. Müller, Der griechische Roman, 383.

[6] Vgl. dazu auch Delebecque, Essai sur la vie de Xénophon, 391 f., de Romilly, 5. Romilly bezeichnet das Thema der "amour conjugal" als eigentümlich xenophontisch, doch hat es eine signifikante Parallele in der Aspasia des Aischines von Sphettos.

erscheint, verhüllt zum Zeichen der Trauer auf dem Zeltboden und blickt zur Erde; sie ist wie eine Sklavin gekleidet und von ihren Dienerinnen umgeben (§ 4). Und auch an die Hekabe der euripideischen Troerinnen (Tro. 98 ff.) fühlt sich der Leser erinnert. Hekabe liegt während des Götterprologes im Zelt am Boden und hat den Kopf zur Erde gewandt, bevor sie ihre Monodie beginnt.

An der Kyrupädiestelle handelt es sich jedoch nicht um bloße Versatzstücke. Hier dient die Beschreibung als Folie, vor der sich Pantheias Besonderheit deutlicher abzeichnet. Ihr hoher Wuchs, ihre ἀρετή und Anmut verraten, wer sie ist. Sie demonstriert ihre Trefflichkeit, als sie, obschon ihre Dienerinnen durch einen Trick versuchen, ihre Identität zu verheimlichen[7], in Klagen ausbricht (§ 6).[8]

Vor dem Hintergrund dieser Beschreibung erscheint Kyros als ein Muster an Beherrschtheit und Besonnenheit. Denn die Pointe ist, daß er nicht gewillt ist, dieses Vorbild an sittlicher Trefflichkeit und Schönheit zu sehen, sondern im Gegenteil gerade wegen der Schönheit der Gefangenen davor zurückschreckt (§ 8). Damit ist der weitere Verlauf des Gesprächs vorgezeichnet. Kyros vertritt die These, daß er, sobald er erst einmal Pantheia gesehen habe, einem Zwang unterliegen werde, der ihn von seinen Pflichten

---

[7] ὡς δὲ ἀναστῆναι αὐτὴν ἐκελεύσαμεν, συνανέστησαν μὲν αὐτῆι ἅπασαι αἱ ἀμφ' αὐτήν, διήνεγκε δ' ἐνταῦθα πρῶτον μὲν τῶι μεγέθει, ἔπειτα δὲ καὶ τῆι ἀρετῆι καὶ τῆι εὐσχημοσύνηι, καίπερ ἐν ταπεινῶι σχήματι ἑστηκυῖα (§ 5). Möglicherweise handelt es sich um eine Reminiszenz an Od. 18, 251 f. Εὐρύμαχ', ἦ τοι ἐμὴν ἀρετὴν εἶδός τε δέμας τε / ὤλεσαν ἀθάνατοι; vgl. Hutchinson zur Stelle. ἀρετή bezeichnet an beiden Stellen die edle Art, die in der Gestalt sinnfällig wird. Philostrat Imag. II 9 stellt zu Recht fest, daß Xenophon Pantheia ἀπὸ τοῦ ἤθους und nicht so sehr durch die Beschreibung ihrer äußeren Erscheinung charakterisiert.

[8] Die Szene weist eine auffallende Ähnlichkeit mit Chariton VII 6,7 ff. auf; vgl. Perry, 169. Nach der Einnahme der Insel Arados bei Tyros durch die ägyptische Flotte unter Chaireas kommt es bei Chariton zu folgender Situation: Ein ägyptischer Soldat, zuständig für die Bewachung der gefangenen Frauen, erfährt, daß sich unter ihnen Kallirhoe befindet. Durch die geschlossene Tür versucht er, ihr Mut zu machen, indem er ihr ankündigt, der Admiral der Flotte sei ein φιλογύναιος und werde sie zur Frau nehmen. Darauf bricht Kallirhoe, die nicht weiß, um wen es sich handelt, in Klagen aus und zerreißt sich die Haare. Die Konstellation Feldherr-Kriegsgefangene ist die gleiche wie bei Xenophon. Der Ablauf der beiden Szenen ist analog: Zu Beginn steht jeweils die aufmunternde Anrede des Soldaten (Cyr. V 1,6 Θάρρει ὦ γύναι, Charit. VII 6,7 Θάρρει, δέσποινα), es folgt das Versprechen, daß die Gefangene einen neuen, edlen Herrn erhalten werde, und schließlich die Klage der Betroffenen. – Chariton zeigt auch an einer weiteren Stelle xenophontischen Einfluß: In II 3,10 zieht er den Vergleich zwischen dem Herrscher und der Bienenkönigin; vgl. Cyr. V 1,24. Platon (Resp. 520b5 f.) kennt diesen Vergleich ebenfalls, doch ist unwahrscheinlich, daß Chariton ihn als Quelle benutzt.

abzuhalten drohe (§ 8).[9] Auf der anderen Seite versucht Araspas diesem Argument mit der These zu begegnen, daß die Liebe freiwillig sei und sich nicht mit einer natürlichen ἀνάγκη vergleichen lasse (§ 9–11).

Die beiden konträren Positionen sind traditionell. Bereits Gorgias geht von ihnen in der Helena (VS 82 B 11) aus, um zu zeigen, daß Helena einem Zwang unterlag, als sie Paris folgte.[10] Daß das Schauen der Schönheit dem Menschen die Freiheit der Entscheidung nimmt, ist ebenfalls ein verbreiteter Gedanke. Die euripideische Hekabe bedient sich seiner in den Troerinnen (891 ff.)[11], um an Menelaos zu appellieren, den Anblick Helenas zu vermeiden.

Xenophons Leistung besteht darin, einem traditionellen Thema neue Aspekte abzugewinnen. Er läßt Araspas den voluntaristischen Standpunkt vertreten. Der Meder kontrastiert zur Stützung seiner These zunächst die Wirkung des Feuers, die konstant die gleiche für alle ist, mit der je nach dem Individuum verschiedenen Wirkung, die schöne Dinge ausüben (§ 10). Zwei Überlegungen soll der Vergleich deutlich machen: Natürliche Prozesse oder Elemente zeichnen sich durch die konstant gleiche Wirkung aufgrund ihrer Physis aus.[12] Das Schöne auf der anderen Seite unterliegt dem Empfinden des Betrachters; seine Wirkung ist nicht unabhängig vom subjektiven Urteil konstant die gleiche.[13]

Das zweite Argument beruht auf der Antithese zwischen der Konvention, dem Nomos, und der natürlichen ἀνάγκη (§ 10 f.). Araspas beruft sich wie ein Grieche auf das Verbot des Inzests und den φόβος. Beide reichten aus,

---

[9] Das Motiv wirkt weiter bei Polybios X 19,3, der es auf Scipio nach der Eroberung Neu-Karthagos bezieht; vgl. auch Romilly, 12. Polybios rezipiert das Motiv möglicherweise unmittelbar aus der Kyrupädie, da er auch ansonsten gute Kenntnis Xenophons beweist; vgl. X 20,7 und Hell. III 4,17; Münscher, Xenophon in der griechisch-römischen Literatur, 61 f.; vgl. auch Livius XXVI 50,5, der die Geschichte bei Polybios ausschmückt.

[10] Vgl. auch Eur. Tro. 932 ff., wo Helena Kypris für ihr Verhalten verantwortlich macht; vgl. ferner Ktesias FGrHist 688 F 8b.

[11] Tro. 891 ff. ὁρᾶν δὲ τήνδε φεῦγε, μή σ' ἕλῃ πόθωι. / αἱρεῖ γὰρ ἀνδρῶν ὄμματ', ἐξαιρεῖ πόλεις, / πίμπρησιν οἴκους· ὧδ' ἔχει κηλήματα. / ἐγώ νιν οἶδα καὶ σὺ χοί πεπονθότες. Dahinter steht der Gedanke, daß der Blick für die Macht des Eros entscheidend ist; vgl. Eur. Hec. 442 f., Hipp. 525 f.

[12] Das Dogma erlangt zentrale Bedeutung bei Aristoteles; vgl. e. g. Rhet. I 11, 1370a8, Phys. II 8, 198b35, De Cael. III 2, 301a7. Das Feuer ist Standardbeispiel für ein Element mit konstanter Wirkung: EN V 10, 1134b26.

[13] Es handelt sich im Grunde um einen sophistischen Gedanken (vgl. Eur. Phoen. 499 ff., Fg. 19 N.²), der aber an der Kyrupädiestelle nicht dazu dient, gegen einen objektivistischen Standpunkt zu polemisieren. Vgl. auch Plat. Phaidr. 263a6 ff., Euthyphr. 7c10 ff., Guthrie, A History of Greek Philosophy III, 165 f.

um den Eros unter Verwandten zu verhindern.[14] Auf der Gegenseite stehen die natürlichen Bedürfnisse Hunger und Durst sowie die Wärme- und Kälteempfindlichkeit als Empfindungen, die sich nicht willkürlich steuern lassen. Die Physis wird an dieser Stelle nicht gegen den Nomos ausgespielt. Araspas bemüht sich lediglich um den Nachweis natürlicher Kräfte, die vom subjektiven Wollen unabhängig sind, um das ἐρᾶν auf der Gegenseite als etwas Freiwilliges zu definieren.

Kyros erschüttert diesen Standpunkt mit einem ebenso einfachen wie wirkungsvollen Argument (§ 12): Wenn der Akt des sich Verliebens freiwillig ist, müßte auch das Aufhören freiwillig sein. Dagegen spricht nach Kyros der empirische Befund, daß Verliebte von den Geliebten nicht mehr loskommen, auch wenn sie, bevor sie in diese Lage gerieten, das ἐρᾶν als Knechtschaft ablehnten oder noch so sehr versuchen, vom Eros befreit zu werden.

Kyros beschreibt das Verliebtsein mit traditionellen Topoi. Dazu gehört der Vergleich der Liebe mit einer Knechtschaft und mit einer Krankheit. Xenophon verwendet ihn auch in den Memorabilien (I 3,11 ff.) und im Symposion (4,14).[15] Traditionell ist auch der Gedanke, daß die Verliebten Vieles aufwenden. Xenophon bedient sich seiner nicht nur an der genannten Memorabilienstelle[16], sondern auch im Oikonomikos (1,22). Und auch das Motiv, daß Verliebte auf eine irrationale Weise Diener der ἐρώμενοι sind (§ 12) παρέχουσι γοῦν ἑαυτοὺς τοῖς ἐρωμένοις πολλὰ καὶ εἰκῇ ὑπηρετοῦντας), ist ein Topos, wie die Memorabilien (I 3,11) andeuten.

Araspas versucht diesem empirischen Befund dadurch zu entgehen, daß er das von Kyros analysierte Verhalten der ἐρῶντες nicht bestreitet, sondern auf ihre moralische Schlechtigkeit zurückführt (§ 13). Vom Standpunkt dessen, der eine voluntaristische Ethik vertritt und mit der Freiwilligkeit des menschlichen Handelns rechnet, ist dies konsequent. Xenophon macht jedoch deutlich, daß Araspas eine überzogene Position verficht. Denn er läßt ihn behaupten, daß die gleichen μοχθηροί, die der Liebe erliegen, auch zu stehlen und zu rauben versuchen (§ 13). Der Vergleich hinkt und kommt

---

[14] Ähnlich nennt Platon (Leg. 783a6) Furcht, Gesetze und wahre Vernunft als die Kräfte, die den Eros, aber auch das Begehren nach Essen und Trinken zu steuern vermögen.

[15] Zur Gleichsetzung der Liebe mit einer Krankheit vgl. e. g. Soph. Tra. 445, Eur. Hipp. 766, Plat. Leg. 783a2; zur Liebe als δουλεία und Wahnsinn vgl. Plut. Fg. 136 Sandbach (οἱ ἐρῶντες) σωφρονίζουσι καὶ πειρῶσι, παιδεύουσι καὶ διαφθείρουσιν, ἄρχειν θέλουσι καὶ δουλεύειν ὑπομένουσι. τοῦτ' αἴτιον γέγονε μάλιστα τοῦ μανίαν ὑποληφθῆναι τὸ πάθος· 'ἤρων· τὸ μαίνεσθαι δ' ἄρ' ἦν ἔρως βροτοῖς' ἐρωτικὸς ἀνὴρ Εὐριπίδης φησίν.

[16] Vgl. auch Gigon, Xenophons Memorabilien I, 110 zu I 3,10–11.

im Grunde einem Zirkelschluß nahe, da er voraussetzt, daß sich die Verliebten ebenso wie die, die sich moralisch falsch verhalten, frei entscheiden können.

Araspas vertritt im folgenden die These, daß wie im Falle des Stehlens auch die καλοί keinen Zwang auf die Verliebten ausüben und niemanden zwingen, nach dem Schlechten zu streben (§14); neu ist der an Platon (Leg. 644b6f.) erinnernde Gedanke, daß nur die Schlechten (§14 τὰ μοχθηρὰ ἀνθρώπια)[17] gegenüber den Begierden unbeherrscht sind und, sobald sie sich verfehlt haben, die Liebe für ihr Verhalten verantwortlich machen. Das zweite Argument ist mutatis mutandis aus Euripides' Troerinnen (988ff.)[18] bekannt, wo Hekabe gegenüber Helena sich darüber entrüstet, daß die Menschen die eigene Unvernunft hinter dem Namen 'Aphrodite' verbergen und so tun, als ob sie frei von jeglicher Verantwortung für ihr Handeln seien. Araspas behauptet nicht, die καλοὶ κἀγαθοί empfänden überhaupt nicht den Wunsch nach materiellem Besitz. Im Gegenteil: Er räumt dies durchaus ein, sieht jedoch die differentia specifica der Guten darin, daß sie sich von allem enthalten können, um nicht gegen das δίκαιον zu verstoßen (§14).[19]

Der Witz der Kyrupädiestelle besteht in dem Kontrast zwischen der theoretischen Reflexion des Araspas über die Natur des ἐρᾶν, hinter der der Glaube an die menschliche Eigenverantwortung und an die Freiheit des Handelns steht, und seinem eigenen späteren Verhalten gegenüber Pantheia, das ihn selbst als unbeherrscht erweisen wird.

Der Selbstsicherheit, die Araspas an den Tag legt, begegnet Kyros im letzten Abschnitt des Gesprächs (§16f.) mit einer überlegenen Einschätzung der Natur des Eros. Er greift den Vergleich zwischen dem Feuer und der Liebe auf, um auf einer dialektisch höheren Stufe die Gemeinsamkeit und den Unterschied zwischen beiden Kräften zu illustrieren: Wie das Feuer, so wirkt auch die Liebe nicht sofort.[20] Im Unterschied zum Feuer entzündet der Anblick der καλοί, ohne daß es der Berührung bedürfte (§16).[21] Das

---

[17] Das Neutrum indiziert die Verachtung des Sprechers; vgl. I 4,13, 19, Mem. II 3,16, Ar. Pax 263 πόνηρ' ἀνθρώπια, Ach. 517 ἀνδράρια μοχθηρά, Dem. 18,242.

[18] Zur Stelle vgl. T. C. W. Stinton, Euripides and the Judgement of Paris, London 1965, 37, K. H. Lee, Euripides, Troades, London 1976.

[19] Die gleiche Definition der ἀγαθοί Plat. Leg. 644b6f.

[20] Der gleiche Gedanke Plut. Fg. 137 Sandbach Ὁ ἔρως οὔτε τὴν γένεσιν ἐξαίφνης λαμβάνει καὶ ἀθρόαν ὡς ὁ θυμός, οὔτε παρέρχεται ταχέως καίπερ εἶναι πτηνὸς λεγόμενος· ἀλλ' ἐξάπτεται μαλακῶς καὶ σχεδὸν οἶον ἐντήκων ἑαυτὸν κτλ.

[21] Freies Zitat der Stelle bei Stob. IV 21,25. IV 492 W.-H. (= Plut. Fg. 138 Sandbach).

Bild vom Eros als Feuer ist traditionell.[22] Neu ist die Zuspitzung dieser
Vorstellung zu dem Gedanken, daß der Eros in seiner Wirkweise das Element noch übertrifft.[23]

Araspas reagiert auf diese Analyse selbstsicher (§ 17 θάρρει, ἔφη, ὦ Κῦρε).
Seine Überzeugung, ihm könne der Eros nichts anhaben, da er sich völlig
in der Macht habe, bereitet erzähltechnisch auf den gegenteiligen Verlauf
der Geschichte vor. Im Grunde bestätigt Xenophons Kommentar (§ 18) nur
die Erwartung des Lesers. Xenophon konstatiert knapp, daß Araspas durch
den wiederholten Anblick der Pantheia, ihre edle Art und ihre χάρις dem
Eros erliegt.

Während dem Leser in diesem Punkt ein gewisses Maß an Spannung
genommen ist, muß ihn ein anderer knapper Hinweis mit Erwartung erfüllen: Kyros befiehlt Araspas, sich um Pantheia zu kümmern, denn sie könne
noch von Nutzen sein (§ 17). Was damit gemeint ist, muß dem Leser noch
verborgen bleiben. Der Hinweis bereitet auf Pantheias Rolle als politische
Vermittlerin (VI 1,45) vor.

---

[22] Vgl. Pind. Pyth. 4,219, Plat. Leg. 783a2 ff., Hermesianax 7,37, Charit. IV 6,2; vgl.
auch Plut. Fg. 137 Sandbach (ὁ ἔρως) ἐναπολείπει πυρίκαυτον ὕλην καὶ σημεῖα θερμά,
καθάπερ οἱ κεραυνοὶ τυφόμενοι.

[23] In den Memorabilien (I 3,13) betont Sokrates gegenüber Xenophon ebenfalls die
nicht an die Berührung gebundene Wirkweise, die die καλοί ausüben; sie wirken aus der
Entfernung und sind damit noch gefährlicher als eine Spinne mit ihrem Biß; zur Stelle
vgl. Gigon, Xenophons Memorabilien I, 111 f.

10. Kyros als der ideale Bündnispolitiker (V 1,19 ff.)

Xenophon läßt auf den ersten Block der Geschichte von Pantheia und Abradatas zwei Episoden folgen, die illustrieren sollen, wie sich Kyros gegenüber Gobryas und Gadatas, einem weiteren Bündnispartner, verhält.[1] Zuvor jedoch schildert er, wie sich Kyros der Gefolgschaft der Meder und der bereits gewonnenen Bundesgenossen versichert (1,19–30). Von der Sache her ist dieses Vorspiel notwendig, nachdem Kyaxares Kyros aufforderte, die Meder zu ihm zurückzuschicken (IV 5,18 ff.).

Ein zweites Motiv kommt jedoch hinzu. Xenophon will erneut verdeutlichen, daß sich die medischen Soldaten samt den Verbündeten in erster Linie nicht in der Hoffnung auf materiellen Gewinn, sondern aus Zuneigung Kyros anschlossen. Er läßt Kyros ausdrücklich darauf hinweisen (1,20). Kyros soll seinerseits als Feldherr erscheinen, der primär darum bemüht ist, den Soldaten ihre Unterstützung durch eine entsprechende Gegenleistung zu vergelten (§ 21). Er stellt den Medern die Entscheidung, ob sie zu Kyaxares zurückkehren wollen, anheim, kündigt jedoch an, den Hyrkaniern und Gobryas gegenüber die Bündnistreue zu wahren (§ 21 f.). Das Motiv der πίστις gegenüber den Verbündeten gehört zum festen Bestand des xenophontischen Feldherrnkomion. Es findet sich auch im Agesilaos (3,2 ff.), wo Xenophon es benutzt, um zu zeigen, wie sich der Spartaner auch gegenüber ehemaligen Feinden als πιστός erweist.

Xenophon bedient sich im fünften Buch des gleichen Meders wie in IV 1,22, um ihn stellvertretend für die anderen medischen Soldaten seine Anhänglichkeit artikulieren zu lassen (1,24 ff.). Auf diese Weise wird der Zusammenhang zwischen beiden Szenen deutlich.

Besonders wichtig ist in der kurzen Rede des Meders der Vergleich, den er zwischen Kyros und einer Bienenkönigin zieht (§ 24 βασιλεὺς γὰρ ἔμοιγε δοκεῖς σὺ φύσει πεφυκέναι οὐδὲν ἧττον ἢ ὁ ἐν τῶι σμήνει φυόμενος τῶν μελιττῶν ἡγεμών). Er soll zeigen, daß Kyros von Natur aus die Begabung zum

---

[1] Vgl. Scharr, Xenophons Staats- und Gesellschaftsideal, 215, Breitenbach, Xenophon, 1730. Breitenbach macht darauf aufmerksam, daß das Problem des Verhältnisses zu den Bundesgenossen im Dialog zwischen Kyros und Kambyses (I 6) keine Erwähnung findet. Ob, wie er vermutet, dieses Problem vor Xenophon nicht behandelt wurde, ist eine andere Frage. Ain. Tact. 12 schneidet das Thema unter dem Titel Περὶ συμμάχων ἃ δεῖ προνοεῖν immerhin an, und es läßt sich nicht ausschließen, daß es bereits in der früheren Fachliteratur über Poliorketik und Strategie behandelt wurde; vgl. auch Ages. 6,5, wo Xenophon das Problem der σύμμαχοι eigens erwähnt; vgl. auch Ages. 8,5, 11,15.

Herrschen besitzt und die Menschen sich ihm ebenso freiwillig unterordnen wie die Bienen ihrer Königin. Xenophon läßt damit das bereits im Prooöm (I 1,3 ff.) thematisierte Motiv, daß die Menschen Kyros freiwillig gehorchen, erneut anklingen.

Der Vergleich zwischen dem βασιλεύς und der Bienenkönigin findet sich mit Bezug auf die Philosophenherrscher auch in Platons Politeia (520b5 f.). An eine Abhängigkeit Xenophons von Platon ist nicht zu denken. Platon benutzt den Vergleich in einem anderen Sinne, um die Privilegien, die die Philosophen im Staat in bezug auf ihre Erziehung genießen, zu verdeutlichen und um anschließend daraus die Forderung abzuleiten, daß sie von Zeit zu Zeit zur Wohnstätte der anderen herabsteigen, um erneut die Dunkelheit zu erblicken. Der Bienenvergleich wirkt weiter bis zu Dion von Prusa (4,62) und Plutarch (Praecepta ger. rei publ. 813 C, 823 E–F).[2]

Xenophon begnügt sich nicht damit, den Meder zu Wort kommen zu lassen. Er läßt auch Tigranes und den Anführer der Hyrkanier kurz ihre Absicht bekunden, Kyros zu folgen (§ 27 f.). Wichtig ist an der Stellungnahme des Hyrkaniers, daß er Kyros als einen Feldherrn qualifiziert, der sich über Wohltaten mehr als über die eigene Bereicherung freue (§ 28). Das Motiv des Feldherrn und künftigen Herrschers als eines εὐεργέτης ist für das Herrscherbild der Kyrupädie von höchster Bedeutung; bereits im Gespräch zwischen Kambyses und Kyros (I 6,10 f.) hatte es einen festen Platz. Mit besonderer Ausführlichkeit kehrt es jedoch im achten Buch wieder. Dort behandelt Xenophon das Motiv zunächst unter dem Stichwort φιλανθρωπία (2,1 ff.)[3], dann im Zusammenhang mit dem Vergleich zwischen dem guten Herrscher und dem Hirten (2,14), dessen tertium comparationis ja die Wohltätigkeit dessen ist, der für andere zu sorgen hat. Kyros selbst nennt gegenüber Kroisos als Motiv für sein Streben nach Mehrbesitz die Absicht, den bedürftigen Freunden zu helfen und den Menschen Wohltaten zu erweisen (VIII 2,22).[4] Und auch in seiner Rede, die er vor seinem Tod an die Söhne richtet, nimmt das εὐεργεσία-Motiv einen zentralen Platz ein (VIII 7,13).[5]

---

[2] Plut. Praec. ger. rei publ. 813 C φύσει μὲν οὖν ἄρχων ἀεὶ πόλεως ὁ πολιτικὸς ὥσπερ ἡγεμὼν ἐν μελίτταις weist die größte Ähnlichkeit mit der Kyrupädiestelle auf. Vgl. auch Sen. De clem. I 19,2.

[3] Vgl. Due, 165 f.

[4] Vgl. auch VIII 4,32 ff.

[5] Vgl. auch VIII 7,25; Due, 167.

Im Grunde zeigt auch die Gobryasepisode (V 2,1 ff.) Kyros als Wohltäter. Xenophon bedient sich dazu einer typischen Szene: Sobald Kyros mit der persischen Reiterei bei Gobryas angelangt ist, bietet dieser ihm reiche Geschenke und die Tochter an (§ 7). Kyros akzeptiert die Geschenke jedoch nur, um sie ihr und ihrem künftigen Mann als Mitgift zu vermachen (§ 8).[6] Nur ein Geschenk will er mitnehmen; es sei ihm lieber als alles andere (§ 8). Die Spannung der Szene ergibt sich daraus, daß Gobryas den Sinn dieser Aussage mißversteht. Kyros erläutert im folgenden selbst, was er meint, indem er eine zunächst paradox anmutende Reflexion über den Zusammenhang zwischen moralisch richtigem Verhalten und materiellem Besitz anstellt. Viele Menschen, so Kyros, begehen nicht freiwillig Unrecht. Da ihnen aber niemand Reichtum oder Macht geschenkt hat, ereilt sie der Tod, bevor sie ihren Charakter offenbaren konnten (§ 9). Gobryas hingegen habe ihm durch den angebotenen Reichtum die Möglichkeit eröffnet, zu zeigen, daß er nicht des Geldes wegen gottlos gegenüber Gastfreunden oder ungerecht sein wolle.

Der Gedanke, daß viele Menschen nicht freiwillig Unrecht begehen, erinnert an das bekannte Dogma οὐδεὶς ἑκὼν ἁμαρτάνει des platonischen Sokrates[7], das seinerseits auf der Prämisse beruht, daß sich niemand freiwillig schadet. Xenophon wandelt an der Kyrupädiestelle diese These ab, indem er das richtige Verhalten vieler Menschen davon beeinflußt sieht, ob sie die äußeren Güter, die sie anstreben, erlangen. Im Grunde kommt dies einer 'materialistischen' Umdeutung des sokratischen Dogmas gleich.

In einem zweiten Abschnitt läßt Xenophon Gobryas zu Wort kommen, um ein weiteres Mal die Vorbildlichkeit der persischen Lebensweise hervorzuheben (2,14 ff.). Sie zeigt sich in doppelter Hinsicht: Die Perser nutzen, wie Gobryas beim gemeinsamen Mahl im Lager der Perser feststellt, die natürlichen Gegebenheiten, indem sie, wenn es nötig ist, auf der Erde und unter bloßem Himmel schlafen. Im Hintergrund steht der Gedanke, daß die Autarkie in dem Maße wächst, in dem jemand nicht auf künstliche Bequemlichkeiten angewiesen ist.[8]

---

[6] Xenophon greift das Motiv in VIII 4,13 ff. auf und führt es dort zu Ende, indem er schildert, wie Kyros Gobryas' Tochter dem Perser Hystaspas zur Frau gibt.

[7] Vgl. Prot. 345d8 ff., Resp. 589c6 ff., Men. 78a6 ff., Leg. 731c2 ff.; Guthrie, A History of Greek Philosophy III, 459 ff., Müller, Die Kurzdialoge der Appendix Platonica, 168 f.

[8] Vgl. auch Ages. 9,3, Symp. 4,38.

Der zweite Punkt betrifft das Verhalten der Perser beim Essen und Trinken (§ 17).[9] Xenophon betont nicht nur ihr Maßhalten; er will vielmehr
auf den Gedanken hinaus, daß sich die Perser von den natürlichen Bedürfnissen nicht beherrschen lassen, sondern sich beim Essen und Trinken nicht
anders verhalten, als wenn sie andere Tätigkeiten verrichten. Auf der Gegenseite steht eine Haltung, die tierisch ist (§ 17 τὸ δὲ κεκινῆσθαι ὑπὸ τῶν
βρωμάτων καὶ τῆς πόσεως πάνυ αὐτοῖς ὑικὸν καὶ θηριῶδες δοκεῖ εἶναι).

Dem Maßhalten und der Besonnenheit beim Mahl korrespondiert, daß
die Perser sich darum bemühen, jede Hybris und das αἰσχρόν von den
scherzhaften Gesprächen bei Tisch fernzuhalten (§ 18). Die Beschreibung,
die Xenophon dem Leser gibt, erinnert an die spartanischen συσσίτια; an
ihnen hebt Xenophon in der Respublica Lacedaemoniorum (5,6) hervor,
daß sie sich durch ein Minimum an Hybris, Trunkenheit, schändlichem Tun
und schändlichen Reden auszeichnen.[10] Er überträgt offenbar ein Element
der spartanischen Erziehung auf seinen persischen Idealstaat.

Auf die Gobryasepisode folgt die Schilderung, wie Kyros weitere Bundesgenossen zu gewinnen trachtet (2,25 ff.). Xenophon nennt zunächst die Kadusier und Saken (§ 25), bevor er Gadatas ins Spiel bringt (§ 28 f.). Die Kadusier, die die südwestliche Küste des Kaspisches Meeres bewohnen und
somit die nördlichen Nachbarn der Meder sind[11], sind bei Xenophon durch
Assyrien von Medien getrennt (§ 26). Das Gleiche gilt für die Saken, einen
wohl skythischen Nomadenstamm zwischen dem Aralsee im Westen und
Baktrien im Osten, und für Gadatas. Xenophon schafft durch diese Fiktion
die Voraussetzung, um zu zeigen, wie Kyros, um Gadatas zu helfen, das
Problem, sein Heer an Babylon vorbeiführen zu müssen, meistert (3,5 f.).

---

[9] Die § 17 einleitende Aussage ἐπεὶ δὲ κατενόησε τὴν μετριότητα τῶν συσσίτων findet
nicht die erwartete Fortsetzung in Form eines Hauptsatzes. Es liegt ein Anakoluth vor.
Erst in § 20 fährt Xenophon mit der Schilderung des Verhaltens des Gobryas fort. Dazwi-
schen steht gleichsam in Form einer Parenthese Xenophons Beschreibung und Erklärung
der persischen Eßbräuche. Ein vergleichbares Anakoluth gibt es in der Kyrupädie nicht.
Hutchinson verweist auf IV 5,10 καὶ νῦν, ἂν μὲν Κῦρος βούληται, εἰ δὲ μή, ὑμεῖς γε τὴν
ταχίστην πάρεστε und auf V 1,24 ἀλλ᾽ ἐγὼ μέν, ὦ βασιλεῦ· βασιλεὺς γὰρ ἔμοιγε δοκεῖς
σὺ φύσει πεφυκέναι κτλ. Doch an der ersten Stelle handelt es sich um eine idiomatische
Ellipse der Apodosis nach dem Konditionalsatz (vgl. auch VII 5,54, VIII 7,24, Anab. VII
7,15, Mem. III 1,9; Kühner-Gerth II 2,484 f.), an der zweiten findet ἀλλ᾽ ἐγὼ μέν seine
Fortsetzung in § 26 ἐγὼ δέ. Vgl. Dindorf und Holden zu V 1,24.
[10] Vgl. auch Plut. Lyc. 12,6 αὐτοί τε παίζειν εἰθίζοντο καὶ σκώπτειν ἄνευ βωμολοχίας
καὶ σκωπτόμενοι μὴ δυσχεραίνειν.
[11] Strabon XI 508 rechnet die Kadusier zu Medien. Plutarch (Artox. 24,2) nennt sie
ähnlich wie Xen. V 2,25 ἀνθρώπους πολεμικοὺς καὶ θυμοειδεῖς und hebt die Kargheit
ihres Landes hervor.

Bei Gadatas handelt es sich im Unterschied zu Gobryas um eine fiktive Gestalt. Seinen Namen erfährt der Leser erst in V 3,10, wo ihn Gobryas zum ersten Male nennt. Xenophon bedient sich der gleichen Technik der Retardierung wie mit Bezug auf Pantheia. Gadatas wird von Gobryas ins Spiel gebracht. Als Kyros sich bei Gobryas erkundigt, ob er der einzige sei, dem durch Belsazar, den assyrischen Prinzen, Unrecht widerfuhr (§ 27), erzählt dieser die Leidensgeschichte des Gadatas (§ 28).

Bei Gadatas handelt es sich um einen Prinzen, der wie Gobryas' Sohn ein Opfer der Willkür des assyrischen Prinzen wurde. Dieser ließ ihn, obschon es sich um einen Gefährten handelte, aus Neid entmannen, als er hörte, wie seine Konkubine Gadatas wegen seiner Schönheit pries (§ 28). Gadatas begeht ebensowenig wie Gobryas einen Treuebruch, indem er sich Kyros anschließt, sondern er handelt, wie der Leser erkennen soll, nur so, weil ihm Unrecht widerfuhr.[12] Dem entspricht, daß sie beide nach Babylons Eroberung den 'gottlosen Herrscher' aus Rache töten (VII 5,30ff.). Xenophon demonstriert an Belsazar seine Überzeugung, daß Freveltaten mit Notwendigkeit die Strafe nach sich ziehen.

Die Gadatasepisode gestaltet Xenophon ausführlich, um zu zeigen, wie sich Gadatas als Wohltäter erweist und Kyros seinerseits zur Hilfeleistung verpflichtet ist. Gadatas ermöglicht Kyros, der sich einer List bedient, die Einnahme einer assyrischen Festung, die als Bollwerk gegen die Hyrkanier und Saken diente (3,9–17). Erst danach kommt es zur Begegnung zwischen Kyros und Gadatas (§ 18 ff.). Xenophon erhöht auf diese Weise die Spannung des Lesers, und er variiert gegenüber der Gobryasepisode, in der Gobryas als Hilfesuchender zu Kyros kam.

Das Gespräch zwischen Kyros und Gadatas ist knapp gehalten. Im Grunde dient es nur dazu, einen Gedanken zu illustrieren: Gadatas hat sich, wie Kyros bemerkt, durch seine Unterstützung bei der Einnahme der Festung die Perser zu Freunden gemacht; diese werden ihm, falls sie es können, ihrerseits nicht weniger helfen, als wenn er eigene Kinder hätte (§ 19). Dieses Motiv des εὐεργετεῖν und ἀντευεργετεῖν verlangt geradezu nach einer Fortsetzung, die Kyros als Wohltäter und Freund zeigt. So ist zu erklären, daß Xenophon anschließend schildert, wie Gadatas in sein Land, das vom Assyrer militärisch bedroht wird, zurückeilt, Kyros die Verbündeten zur Hilfe überredet und Gadatas rettet (3,26–4,14).[13]

---

[12] Vgl. Due, 87.
[13] Ein Punkt verdient in diesem Zusammenhang besondere Bedeutung: Xenophon nutzt die Beschreibung der Marschvorbereitungen, die Kyros trifft, um Gadatas nachzufolgen (3,34–45), zu einem kleinen Lehrstück (§ 46–50). Er begründet, warum der Feldherr die Offiziere bei der Aufgabenverteilung mit Namen anredet. Den Kern dieser

Nach dem glücklichen Ausgang des Unternehmens kommt es erneut zu
einer Begegnung zwischen Kyros und Gadatas (4,29 ff.). Die Szene ist im
wesentlichen darauf angelegt, im Leser Mitgefühl für das Schicksal des Gadatas zu erzeugen. Er soll feststellen, daß Gadatas völlig zu Unrecht Leid
widerfuhr (§ 31). In der nachträglichen kurzen Begründung, die dieser für
seinen Abfall gibt (§ 35 f.), erscheint der Assyrer erneut in den schwärzesten
Farben als eine Kontrastfigur zu Kyros. Gadatas beschreibt ihn als einen den
Göttern und Menschen verhaßten Mann, der jeden verfolgt, der ihm besser
als er selbst erscheint. Bei letzterem handelt es sich um einen Topos der
Tyrannenpolemik.[14] Er hat die Funktion, den Leser auf das gewaltsame
Ende des Belsazar im siebten Buch vorzubereiten.

An den Schluß der Gadatasepisode (4,41 ff.) setzt Xenophon ein kurzes
Lehrstück aus dem Bereich der Strategie, indem er zeigt, wie Kyros auf dem
Rückzug vorbildlich sein Heer an Babylon vorbeiführt, ohne sich dem Risiko eines feindlichen Ausfalls auszusetzen.[15] Xenophon liegt offensichtlich
daran, dem Leser ein scheinbares Paradox zu bieten: Kyros läßt sein Heer
in einem größeren Abstand an der Stadt vorbeiziehen als auf dem Hinweg,
als er es, obschon es kleiner war, an die Mauern heranführte. Die Verwunderung des Gobryas (§ 42) entspricht dem Empfinden des 'Durchschnittsle-
sers'. Xenophon läßt Kyros im folgenden explizieren, worin die Gefahren
des παράγειν im Unterschied zum προσάγειν liegen (§ 43 ff.), und bietet auf
diese Weise eine mit der fiktiven Handlung verknüpfte Abhandlung über
ein Spezialproblem der Strategie.

---

[13] (Fortsetzung)
Einlage bildet ein Vergleich zwischen den Handwerkern und dem Arzt sowie dem Strategen: Wenn die Handwerker die Namen ihrer Werkzeuge wissen und der Arzt genauso
die Bezeichnungen seiner Instrumente und Heilmittel kennt, so ist es verwunderlich,
wenn nicht auch dem Feldherrn die Namen seiner Offiziere bekannt sind (§ 47). Xenophon legt den Vergleich zwar Kyros in den Mund, doch steht nichts der Annahme entgegen, daß er seiner eigenen Überzeugung entspricht. Das Amt des Strategen steht in
diesem Vergleich sehr weit oben, was gut zu seiner Aufwertung in I 6,38 paßt, wo
Kambyses vom guten Feldherrn eigene Erfindungsgabe forderte. Die namentliche Nennung der Offiziere erfüllt einen psychologischen Zweck: Sie soll sie stärker nach dem
καλόν streben lassen und von schändlichem Tun abhalten (§ 48). Der Feldherr bildet in
dieser Konzeption aufgrund seines Wissens eine moralische Instanz, die auf das Verhalten
der Offiziere maßgeblichen Einfluß hat; dies zeigt sich auch am Ende des Lehrstückes
(§ 49–50), wo Xenophon eine Polemik gegen jene Art der Aufgabenverteilung einflicht,
in der der Befehlsempfänger anonym bleibt und im Falle des Versagens die Schuld auf
einen anderen schieben kann.
[14] Vgl. Hier. 5,1 f., Plat. Resp. 567b12–c7.
[15] Breitenbach, Xenophon, 1735 nennt das Stück zu Recht "eine wichtige kleine
militärwissenschaftliche Abhandlung".

11. Die Begegnung zwischen Kyros und Kyaxares (V 5,1 ff.)

Xenophon setzt an das Ende des fünften Buches die Begegnung zwischen Kyros und Kyaxares und läßt damit den Antagonismus zwischen den beiden Personen seinen Höhepunkt und Abschluß erreichen. Das Treffen lokalisiert er an der Grenze zwischen Syrien und Medien, wo Kyros drei Stützpunkte Babylons eroberte (4,51). Kyros schickt zu Kyaxares, um ihn an einem Kriegsrat teilnehmen zu lassen, der über die künftige Politik zu Rate gehen soll (5,1). Dies ist wichtig, zeigt es doch, daß Kyros sich auch nach Kyaxares' Drohungen ihm gegenüber loyal verhält und ihn als den medischen Herrscher in seine Planungen einbezieht. Und auch Kyros' Angebot, selbst zu Kyaxares zu kommen, falls dieser es befiehlt (§ 1), deutet in die gleiche Richtung.

Xenophon läßt sich die Begegnung so entwickeln, wie der Leser es aufgrund der bekannten Voraussetzungen erwartet. Kyros empfängt Kyaxares mit den Medern, der persischen Reiterei und den meisten Verbündeten (§ 5), der Meder sieht darin, daß er nur mit wenigen ihm verbleibenden Reitern kommen kann, eine Entehrung (§ 6).

Der Verlauf des folgenden Gesprächs und Kyaxares' Position sind damit vorgeprägt. Wie es Kyros gelingt, den Orakel zu versöhnen, zeigt Xenophon in drei Schritten: Zunächst klammert Kyros die Frage aus, ob Kyaxares den Medern zu Recht oder zu Unrecht zürnt (§ 11), und lehnt es zugleich ab, als Verteidiger für die Meder zu plädieren.

Strittig ist nur die Frage, ob Kyaxares durch Kyros Unrecht widerfuhr. Um die Anschuldigung zu widerlegen, zeigt Kyros in einem zweiten Schritt, daß er von Anfang an, als er den Medern zur Hilfe eilte, bis zur Einnahme des feindlichen Heerlagers Kyaxares nur Wohltaten erwies (§ 13–25). Das Verfahren, dessen er sich bedient, ist einfach: Er nennt in chronologischer Reihenfolge die Fakten, und Kyaxares ist gezwungen, schrittweise zuzugeben, daß ihm kein Unrecht widerfuhr.[1]

Der dritte Abschnitt des Gesprächs (§ 25–34) zeigt, daß Kyaxares gar nicht gewillt ist, Kyros' Wohltaten zu bestreiten. Im Gegenteil: Xenophon zeichnet das Bild eines Mannes, der sich in dem Maße gekränkt fühlt, in dem

---

[1] Falsch ist die Behauptung von Tatum, 130, Kyros gehe es nicht um die Wahrheit, sondern darum, "to reduce Cyaxares to frustrated silence as quickly as possible." Kyros beschränkt sich vielmehr auf die Fakten, die gleichsam durch sich sprechen sollen. Sein Vorgehen läßt sich mit dem des Polyneikes in Euripides' Phönissen (469 ff.) vergleichen, der nur die 'einfache Rede der Wahrheit' wählt.

ihm Gutes widerfuhr (§ 25 εὖ γε μέντοι, ἔφη, ἴσθι ὅτι ταῦτα τἀγαθὰ τοιαῦτά ἐστιν οἷα ὅσωι πλείονα φαίνεται, τοσούτωι μᾶλλον ἐμὲ βαρύνει). Um seine Position zu verdeutlichen, bedient sich Kyaxares mehrerer Vergleiche (§ 28 ff.), die eine Klimax bilden. Er vergleicht sich mit demjenigen, dem man seine Hunde, seine Diener und schließlich die eigene Frau entfremdete. Daß die Analogien hinken, soll der Leser erkennen.[2] Kyaxares konstruiert Fälle, die mit seiner Situation nicht zu vergleichen sind, da Kyros ihm zum einen die Möglichkeit der freien Entscheidung beließ und zum anderen nicht eine Entfremdung der medischen Untertanen intendierte.

Kyaxares bestreitet denn auch am Ende seiner Argumentation (§ 33–34) gar nicht, daß er selbst die Meder mit Kyros ziehen ließ. Entscheidend ist für ihn, daß er sich nicht als Urheber all der Vorteile, die er nun genießt, fühlen kann und sich seiner Achtung und Ehre beraubt fühlt (§ 34 εὖ ἴσθ' ὅτι εἴ τι ἐμοῦ ἐκήδου, οὐδενὸς ἂν οὕτω με ἀποστερεῖν ἐφυλάττου ὡς ἀξιώματος καὶ τιμῆς).

Gegen diese Haltung läßt sich im Grunde nicht mit vernünftigen Einwänden argumentieren. Daß der Dialog versöhnlich endet, gründet denn auch nicht so sehr in Kyros' Überzeugungskunst. Kyaxares lenkt vielmehr ein, als Kyros ihn vor die Wahl stellt, seine Taten gutzuheißen oder ihn zu tadeln (§ 35–36), und ändert seine feindliche Haltung, als die Meder, die Mehrzahl von ihnen freilich auf Kyros' Befehl, ihm Geschenke überbringen, um ihren guten Willen unter Beweis zu stellen (§ 39–40).

Die Frage stellt sich, was Kyros mit der Szene bezweckt. Zum einen scheint ihm daran gelegen zu sein, an Kyaxares ein Fehlverhalten zu illustrieren.[3] Der medische Herrscher repräsentiert den Typus des Neiders und Ehrgeizigen, der selbst den Schaden seiner Untertanen in Kauf nähme, um nicht an Ansehen einzubüßen (§ 27).

Zum zweiten hat die Begegnung zwischen Kyros und Kyaxares eine wichtige Aufgabe im Rahmen des gesamten Werkes. Xenophon gibt ihr eine Schlüsselfunktion, indem er sie zu einem Zeitpunkt erfolgen läßt, da sich für Kyros und die Perser die Frage stellt, ob der Feldzug fortzusetzen ist oder nicht (§ 43). Kyaxares' Zustimmung ist nach Xenophons Darstellung von essentieller Bedeutung.

---

[2] Anders Tatum, 131, der meint, die Analogien träfen den Punkt. Ähnlich auch Bizos, Xénophon, Cyropédie II, 130, A. 1 zu V 5,32.

[3] Anders Tatum, 133: "The story of Cyaxares is instructive to those princes who would like to know how to manipulate recalcitrant relatives to their advantage, rather than exterminate them."

Dem widerspricht nicht, daß Kyaxares im weiteren Verlauf im Grunde keine Rolle mehr spielt.[4] Als Kontrastfigur zu Kyros hat er gleichsam ausgedient. Xenophon läßt ihn nur noch zweimal in Erscheinung treten. Zu Beginn des sechsten Buches (VI 1,6) präsidiert Kyaxares dem Rat, der über die Frage zu entscheiden hat, ob der Krieg gegen Babylon fortzusetzen ist. Seine Aufgabe beschränkt sich darauf, Kyros zuzustimmen (§ 19). Im achten Buch (VIII 5,19) gibt er Kyros seine Tochter zur Frau und vermacht ihm Medien als Mitgift. Er schafft auf diese Weise die Voraussetzung zur Vereinigung des persischen und medischen Reiches.[5]

---

[4] Vgl. auch Due, 60: "His role from now on is reduced to accepting and agreeing, where he once commanded ond took the decisions himself."

[5] Vgl. Due, 61.

12. Kyros, Pantheia und Abradatas (VI 1,31 ff.)

Xenophon thematisiert im sechsten Buch erneut die Geschichte von Pantheia und Abradatas und knüpft so an das Ende des Gesprächs zwischen Kyros und Araspas (V 1,18) an. Er versteht es im sechsten Buch, die Pantheiageschichte geschickt mit der Haupthandlung zu verbinden. Kyros, der erfahren hat, daß der assyrische Herrscher auf dem Wege zu Kroisos ist, um Lydien für eine weitere Unterstützung gegen Persien zu gewinnen (§ 25), beabsichtigt, einen Spion nach Lydien zu senden. Seine Wahl fällt auf Araspas, den Bewacher der Pantheia (§ 31).

Den Grund für diese Wahl nennt Xenophon im folgenden. Der Leser erfährt nun, daß sich Araspas, wie in V 1,18 angekündigt, in Pantheia verliebte. Da seine Gefühle nicht erwidert wurden, drohte er der Gefangenen Gewalt an (§ 31).[1] Xenophon beschreibt Pantheia als ein Muster der Treue; aus Angst vor den Drohungen schickte sie zu Kyros und teilte ihm alles mit (§ 33).

Bis zu diesem Punkt verläuft die Geschichte im wesentlichen so, wie es der Leser aufgrund des ersten Aktes im fünften Buch erwartet. Das Besondere ist nun Kyros' Reaktion, die Xenophon ausführlich schildert (§ 36 ff.). Kyros läßt den Meder zu sich kommen, und es entwickelt sich ein Dialog über die Macht der Liebe, der das Gespräch im fünften Buch fortsetzt und ergänzt.

Kyros erweist sich gegenüber Araspas als der Nachsichtige; er verzeiht ihm mit dem Hinweis darauf, daß selbst die Götter der Liebe erliegen (§ 36). Es handelt sich um einen Gedanken, der sich schon bei Gorgias (VS 82 B 11,19)[2] findet. Mit einer Abhängigkeit Xenophons von Gorgias[3] ist nicht zu rechnen, da der Gedanke weit verbreitet ist. Auch Sophokles (Ant. 787) und Euripides (Tro. 949 ff.) bedienen sich seiner.[4]

---

[1] M. Braun, Griechischer Roman und hellenistische Geschichtsschreibung, Frankfurt 1934, 40 zeigt unter Hinweis auf Xen. Eph. III 12,4 und Apollod. II 3,1, daß es sich bei dem Ausdruck προσενεγκεῖν λόγους αὐτῆι περὶ συνουσίας (§ 31) geradezu um einen "terminus technicus der erotischen Erzählung" handelt.

[2] B 11,19 ὃς εἰ μὲν θεὸς <ὢν ἔχει> θεῶν θείαν δύναμιν, πῶς ἂν ὁ ἥσσων εἴη τοῦτον ἀπώσασθαι καὶ ἀμύνασθαι δυνατός;

[3] So Nestle, Xenophon und die Sophistik, Philologus 94, 1941, 42 f. (Griechische Studien, 441–442).

[4] Vgl. auch Soph. Fg. 684 Radt ἔρως γὰρ ἄνδρας οὐ μόνους ἐπέρχεται / οὐδ' αὖ γυναῖκας, ἀλλὰ καὶ θεῶν ἄνω / ψυχὰς ταράσσει κἀπὶ πόντον ἔρχεται· / καὶ τόνδ' ἀπείργειν οὐδ' ὁ παγκρατὴς σθένει / Ζεύς, ἀλλ' ὑπείκει καὶ θέλων ἐγκλίνεται, Eur. Hipp 453 ff., Fg. 431 N.², Plat. Symp. 196c8–d2 καὶ μὴν εἴς γε ἀνδρείαν Ἔρωτι οὐδ' Ἄρης ἀνθίσταται. οὐ γὰρ ἔχει Ἔρωτα Ἄρης, ἀλλ' Ἔρως Ἄρη.

Araspas hebt in seiner Antwort die Milde des Kyros hervor (§ 37). Es handelt sich um ein regelrechtes kleines Enkomion, das dem Leser deutlich machen soll, daß der persische Feldherr sich von den übrigen Menschen unterscheidet.

Eine Überraschung ist für den Leser Kyros' folgendes Mechanema: Er will, daß Araspas sich als Überläufer tarnt und als Spion nach Lydien geht (§ 39–40). Araspas, der sich schuldig fühlt, stimmt zu und erweist sich im folgenden als ein Mann, der sein Verliebtsein durch eine rationale Reflexion über seine eigene Lage überwindet (§ 41). Auf Kyros' Frage, ob er denn Pantheia werde verlassen können, gibt er eine Analyse seines Seelenzustandes. Es gebe zwei Seelenteile, einen guten und einen schlechten, die miteinander stritten; siege ersterer, so tue der Mensch Gutes, andernfalls Schändliches. Der gute Teil habe in ihm die Oberhand gewonnen.

Zwei Dinge sind an dieser Stelle bemerkenswert: zum einen die Dichotomie der Seele in einen rationalen, zum Guten befähigten und in einen irrationalen, für die Begierden verantwortlichen Teil, zum anderen, daß der Sprecher feststellt, er habe dies von dem 'ungerechten Sophisten Eros' gelernt (§ 41 νῦν τοῦτο πεφιλοσόφηκα μετὰ τοῦ ἀδίκου σοφιστοῦ τοῦ Ἔρωτος). Die Dichotomie ist bekannt aus Platons Politeia (439c5 ff.)[5], wo er zwischen dem λογιστικόν und dem ἀλόγιστον τε καὶ ἐπιθυμητικόν differenziert, bevor er als dritten Teil das θυμοειδές einführt (439e1 ff.). Die gleiche Zweiteilung legt Xenophon in den Memorabilien (I 2,23) zugrunde, wo er die Lustgefühle als verantwortlich bezeichnet, wenn die Seele nicht besonnen ist, sondern dem Körper gehorcht. Eine Abhängigkeit Xenophons von Platon ist wohl nicht in Betracht zu ziehen.[6] Es handelt sich vielmehr um ein gängiges sokratisches Dogma, das beide voneinander unabhängig wiedergeben.

Auffällig ist zum zweiten die Vorstellung von Eros als einem σοφιστής.[7] Eine bemerkenswerte Parallele findet sich wiederum bei Platon (Symp. 203d7 f.), bei dem Diotima von Eros sagt, er sei φιλοσοφῶν διὰ παντὸς τοῦ βίου, δεινὸς γόης καὶ φαρμακεὺς καὶ σοφιστής. Delebecque[8] rechnet damit, daß Xenophon sich auf diese Stelle bezieht. Doch bei Platon hat der Begriff σοφιστής eine andere Funktion. Er dient dazu, auf die im folgenden explizierte Mittelstellung, die Eros zwischen der σοφία und der ἀμαθία einnimmt

---

[5] Vgl. auch Leg. 896d5–e6, Phaedr. 237d6 ff., Arist. Pol. VII 15, 1334b17 ff.

[6] Vgl. auch Dindorf zu § 41 δύο ἐστὸν ψυχά.

[7] Zur Junktur μετὰ τοῦ ἀδίκου σοφιστοῦ τοῦ Ἔρωτος vgl. auch Achill. Tat. I 10 αὐτοδίδακτος γάρ ἐστιν ὁ θεὸς σοφιστής (sc. Eros; die Stelle bei Holden).

[8] Delebecque, Xénophon, Cyropédie III, 11, A. 3.

(203e5), vorzubereiten. Und auch das an der Kyrupädiestelle verwendete Attribut ἄδικος fehlt an der Symposionstelle, wenngleich Platons Diotima Eros als ἐπίβουλος τοῖς καλοῖς καὶ τοῖς ἀγαθοῖς (203d4–5) qualifiziert.

Kyros' Kalkül, Araspas getarnt nach Lydien zu schicken, bildet die Voraussetzung für den Fortgang der Pantheiageschichte. Da Pantheia Kyros' Plan nicht durchschaut und glaubt, der Meder sei tatsächlich übergelaufen, bietet sie Kyros an, eine Botschaft zu ihrem Mann zu schicken und ihn zu einem treueren Freund als Araspas zu machen (§ 45). Pantheia erhält auf diese Weise die Rolle einer politischen Vermittlerin und greift, anders als im fünften Buch, aktiv in das Geschehen ein. Der Leser vermag jetzt zu erkennen, was mit Kyros' Hinweis (V 1,17) gemeint war, daß Pantheia vielleicht von Nutzen sein könne.

Was Abradatas angeht, so bedient sich Xenophon eines bereits bekannten Motivs. Der Fürst von Susa nimmt freudig die Gelegenheit wahr, von Belsazar abzufallen, da er ihn für einen Frevler hält (§ 45). Das Wiedersehen zwischen Pantheia und Abradatas (§ 47) wird zu einem vorläufigen Höhepunkt der Pantheiageschichte. Es dient einem Preis des Kyros, denn Pantheia hebt die fromme Gesinnung und Besonnenheit hervor, die er ihr gegenüber an den Tag legte (§ 47).

Xenophon läßt im weiteren Verlauf Pantheia und Abradatas noch mehrere Male in Erscheinung treten. Da dies an entscheidenden Punkten der Handlung geschieht, ist man berechtigt, in den beiden Personen neben Kyros die Hauptfiguren des sechsten und des Beginns des siebten Buches zu sehen. Abradatas kommt die Rolle des treuen Verbündeten zu. Er beobachtet, wie Kyros die traditionellen Streitwagen in Sichelwagen mit einem turmähnlichen, gepanzerten Aufbau umrüsten läßt (§ 50)[9], und entschließt sich, ihm ähnliche Wagen zu liefern.

Ein weiteres Mal rückt Xenophon den Fürsten von Susa unmittelbar vor der entscheidenden Schlacht bei Thymbrara[10] ins Zentrum. Abradatas bittet Kyros, als Wagenkämpfer Stellung gegenüber der Phalanx der Ägypter beziehen zu dürfen (3,35). Da sich die persischen Wagenkämpfer weigern,

---

[9] Zu dieser Reform vgl. auch VI 1,27–30. Xenophon präsentiert Kyros ein weiteres Mal als einen εὑρετής auf militärischem Gebiet. Es hat den Anschein, als ob er die Erfindung der persischen Sichelwagen, die er in der Anabasis (I 8,10) genauso wie in der Kyrupädie (VI 1,30) beschreibt, auf Kyros zurückprojiziert. Arr. Tact. 19,4 τῶν δ' Ἀσιανῶν πάλαι μὲν Πέρσαι ἐπήσκησαν τὴν τῶν δρεπανηφόρων τε ἁρμάτων καὶ καταφράκτων ἵππων διφρείαν, ἀπὸ Κύρου ἀρξάμενοι ist wohl von Xenophon abhängig.

[10] Vgl. dazu oben S. 14f., ferner J. K. Anderson, Military Theory and Practice in the Age of Xenophon, Berkeley–Los Angeles 1970, 170 ff.

entscheidet das Los, und Abradatas gewinnt (§ 36). Er gehört damit zu den Vorkämpfern in der Schlacht (VII 1,15). Xenophon bereitet den Leser auf die Aristie des Fürsten (VII 1,30 ff.) vor.

Zu den eindrucksvollsten Szenen der Kyrupädie gehört wohl Abradatas' Abschied von Pantheia unmittelbar vor der Schlacht (VI 4,2 ff.). Pantheia bringt ihrem Mann eine eigens angefertigte, goldene Rüstung, deren erlesene Bestandteile Xenophon ausführlich beschreibt. Auf den ersten Blick handelt es sich nur um eine gleichsam epische Ekphrasis.[11] Doch Xenophon geht es um mehr: Er will Pantheia als liebevolle Frau zeigen, die in gewisser Weise eine tragische Rolle spielt, da sie dafür sorgte, daß Abradatas sich Kyros anschloß, und so nichtsahnend die Voraussetzung dafür schafft, daß er in der Schlacht gegen Kroisos und seine Verbündeten fällt.

Daß der Fürst von Susa den Tod findet, erfährt der Leser erst in VII 1,32. Doch im Grunde wird er schon durch die ausführliche Beschreibung der Abschiedsszene im sechsten Buch darauf vorbereitet. Xenophon gestaltet sie als ein Zeugnis der Gattenliebe und Treue. Das Vorbild der Szene im weitesten Sinne scheint Hektors Abschied von Andromache (Il. 6,390 ff.) zu sein.[12] Wie in der Ilias zunächst Andromache spricht, so eröffnet Pantheia in der Kyrupädie das Abschiedsgespräch. Und wie sich Andromache wünscht, im Falle von Hektors Tod zu sterben (6,410 ff.), so will auch die Fürstin von Susa lieber mit ihrem Mann im Tode vereint sein als sich schämend mit einem schändlichen Mann weiterzuleben (VI 4,6).

Auf der anderen Seite sind die Unterschiede nicht zu übersehen. Andromache versucht Hektor dazu zu bewegen, nicht an der Feldschlacht teilzunehmen (431 ff.), während Pantheia nichts unternimmt, um ihren Mann zurückzuhalten. Xenophon steigert das Pathos der Szene, indem er in einem weiteren Schritt schildert, wie Pantheia zunächst den Wagen ihres Mannes umarmt und ihm nachfolgt, so daß er sie schließlich wegschicken muß (§ 10). In der Ilias hingegen begibt sich Andromache auf Hektors Befehl ins Haus, wobei sie sich immer wieder umwendet und Tränen vergießt (495 ff.). Und schließlich gibt es einen wesentlichen Unterschied zwischen Hektor und Abradatas. Hektor muß sich in den Kampf begeben, da er sich vor den

---

[11] Breitenbach, Xenophon, 1718 bezeichnet es als einen märchenhaften Zug inmitten der realistischen Kriegsszenen, daß Pantheia Abradatas eine goldene Rüstung bringt.

[12] Vgl. auch Due, 81 und Zimmermann, Roman und Enkomion – Xenophons 'Erziehung des Kyros', 102, die allerdings auf die Ähnlichkeiten und Unterschiede zwischen beiden Szenen nicht eingehen. – Verfehlt ist die These von Rinner, 151 ff., Xenophon gestalte Pantheia als eine Kontrastfigur zu Andromache.

Troern schämt und seiner Gesinnung und Herkunft treu bleiben will
(441 ff.). Von einem ähnlichen Motiv ist in der Kyrupädie keine Rede. Abradatas zieht nicht in die Schlacht, weil er sich den Normen der Adelsethik
verpflichtet fühlt. Er will vielmehr zeigen, daß er Pantheias würdig ist und
Kyros' Freundschaft verdient (§ 9).

Xenophon schildert denn auch, wie sich Abradatas in der Schlacht auszeichnet. Seine Aristie besteht darin, daß er mit seinen Gefährten[13] in die
ägyptische Phalanx eindringt, bevor er schließlich fällt (VII 1,30 ff.). Xenophon qualifiziert ihn und seine Begleiter wie in einem Epitaphios als ἄνδρες
ἀγαθοὶ γενόμενοι (§ 32). Daß Abradatas im Kampf gegen die Ägypter den
Tod findet, gereicht ihm ebenfalls zum Ruhm, hebt doch Xenophon am
Ende der Schlachtschilderung (VII 1,46) eigens hervor, daß sich nur die
Ägypter unter den Feinden besonders auszeichneten.

Den letzten Akt der Geschichte von Pantheia und Abradatas läßt Xenophon auf die Begegnung zwischen Kyros und Kroisos in Sardes folgen (VII
3,2 ff.). Kyros erfährt, daß Abradatas in der Schlacht fiel und Pantheia ihn
zur Waschung zum Paktolos brachte, um ihn anschließend mit Hilfe ihrer
Diener und Eunuchen auf einem Hügel zu bestatten (§ 3–5). Die Waschung
des Toten entspricht griechischer Sitte.[14] Und auch im weiteren Verlauf der
Handlung zeigt sich, daß Xenophon die am Geschehen beteiligten Personen
wie Griechen agieren läßt. So schmückt Pantheia den Toten[15], und Kyros
schlägt sich, als er die Nachricht vom Tode des Abradatas erfahren hat, zum
Zeichen des Schmerzes auf die Schenkel (§ 5–6).[16]

Xenophon präsentiert im folgenden Pantheia als eine tragische Gestalt.
Kyros, der auf die Nachricht zum Ort der Bestattung eilt, findet sie in
Trauer am Boden sitzend (§ 8). Als er den Toten berührt, löst sich dessen
im Kampf abgetrennte Hand. Der makabre Zwischenfall wirkt auf den er-

---

[13] Xenophon verwendet das Begriffspaar ἑταῖροι καὶ ὁμοτράπεζοι (VII 1,30). Möglicherweise spielt er mit dem Begriff 'Tischgenossen' auf die spartanischen Syssitien (Resp.
Laced. 5,2) an; vgl. Delebecque, Xénophon, Cyropédie III, 48, A. 1. Es ist jedoch nicht
auszuschließen, daß Xenophon zugleich an die Tischgenossen des persischen Herrschers
denkt; vgl. Anab. I 9,31.

[14] Vgl. e. g. Il. 18,349 f., Luc. De luctu 11; zum persischen Brauch vgl. Hdt. I 138,2.

[15] Vgl. Luc. De luctu 11.

[16] Zu dieser Geste vgl. Il. 12,162, 15,113, Od. 13,198 (zur Stelle A. Hoekstra, A
Commentary on Homer's Odyssey Vol. II, Oxford 1989); vgl. auch Holden zu § 6 ἐπαί-
σατο ἄρα τὸν μηρόν.

sten Blick wie ein eher störender Fremdkörper[17], doch hat er eine feste
Funktion: Er erhöht Kyros' und Pantheias Schmerz (§ 9). Es entspannt sich
zwischen beiden ein Dialog (§ 10 ff.), der bestätigt, daß Pantheia eine tragische Rolle zukommt. Sie erkennt im Leid, daß vor allem sie für den Tod
des Abradatas verantwortlich ist, wobei sie Kyros nicht ausnimmt. Sich selbst
bezeichnet sie als töricht, da sie ihren Mann dazu bewog, Kyros' Freund zu
werden (§ 10). Ihre Worte sind nicht als Anklage gegen Kyros zu interpretieren. Pantheia bringt vielmehr zum Ausdruck, daß sie mit der besten Absicht
handelte und gerade dadurch die Voraussetzung für den Tod ihres Mannes
schuf. Mit der abschließenden Antithese αὐτὸς μὲν ἀμέμπτως τετελεύτηκεν,
ἐγὼ δ' ἡ παρακελευομένη ζῶσα παρακάθημαι (§ 10) beschreibt sie das paradoxe Ergebnis ihrer Bemühungen und erhebt zugleich Anklage gegen sich
selbst.

Kyros' Reaktion besteht zunächst in stillem Weinen (§ 11). Dann stimmt
er einen regelrechten Preis des Toten an und verspricht, ihn mit allen Ehren
zu bestatten, Pantheia aber ihrer ἀρετή wegen zu ehren und sie dorthin
geleiten zu lassen, wohin sie es wünscht (§ 11–12). Der Dialog ist damit an
einem Punkt angelangt, an dem sich die Nähe zur Tragödie offenbart. Pantheia verheimlicht wie eine dramatis persona, die entschlossen ist zu sterben[18], ihre wahre Absicht, indem sie Kyros mit einer zweideutigen Antwort
in Sicherheit wiegt und dazu bringt zu gehen (§ 13 Ἀλλὰ θάρρει, ἔφη, ὦ
Κῦρε, οὐ μή σε κρύψω πρὸς ὅντινα βούλομαι ἀφικέσθαι).

---

[17] Keller, 257 spricht von einem "incongruous element forced into the narrative".
Ähnlich Due, 82, A. 133 (völlig abwegig ist die These von Keller, 257 und Riemann,
25, bei VII 3,8 handle es sich um eine Reminiszenz an die Geschichte vom Meisterdieb
bei Herodot (II 121)). Breitenbach, Xenophon, 1718 bezeichnet ohne nähere Begründung die Szene mit der abgehauenen Hand als die Stelle, die darauf hindeute, daß Xenophon die ganze Novelle übernommen habe. Christensen, Les gestes des rois dans les
traditions de l'Iran antique, 125 rechnet mit persischem Ursprung der Geschichte, E.
Rohde, Der griechische Roman, Leipzig ³1914, 139, A. 1 meint hingegen, die Pantheiageschichte sei "eine freie Erfindung des Xenophon". Breitenbach scheint, wenn ich richtig verstehe, anzunehmen, daß es sich bei der abgeschlagenen Hand um ein Motiv handelt, daß bei Xenophon gleichsam stehen geblieben sei, ohne eine besondere Aufgabe zu
erfüllen. Nun wird man zwar zugestehen können, daß sich der Hinweis auf die Hand
herauslösen ließe, ohne daß der Kontext allzu großen Schaden nähme, doch reicht diese
Beobachtung noch nicht aus, um die These zu stützen, Xenophon übernehme eine
vorgegebene Geschichte. – Gegen die Annahme persischen Ursprungs spricht der griechische Name 'Pantheia', ferner die zum Teil tragische Rolle, die Pantheia zukommt und
die eher an die griechische Tragödie erinnert.
[18] Vgl. Eur. Phoen. 985 ff. (Menoikeus).

Xenophon schildert im folgenden, wie Pantheia ihrer Amme ihren Plan zu sterben offenbart, sich tötet und wie ihr die drei anwesenden Eunuchen in den Tod nachfolgen (§ 14–15).[19] Die Anwesenheit der Amme erinnert ebenfalls an die Tragödie.[20] Das Motiv hat in der Handlung keine Aufgabe. Xenophon bedient sich seiner wie eines Versatzstückes.[21]

Für den Leser kommt der Ausgang der Geschichte nicht überraschend, da er Pantheias Schwur kennt, lieber mit ihrem Mann im Tode vereint zu sein als einem anderen zu folgen.[22] Er erfährt zum Schluß, daß Kyros sich erneut an den Ort des traurigen Geschehens begibt und anschließend dafür sorgt, daß Pantheia und Abradatas ein μνῆμα ὑπερμέγεθες erhalten (§ 16).

Xenophon versieht den Hinweis auf das Grab mit der Beglaubigungsformel ὥς φασιν. Er beschließt damit seine Darstellung, wie er sie in IV 6,11 begann. Dort bemerkte er, man sage, die Fürstin von Susa sei die schönste Frau Asiens, die es je gegeben habe. In beiden Fällen beansprucht Xenophon für seine Geschichte Authentizität, indem er sie gleichsam objektiviert und beglaubigt.

Zum Schluß sei die Frage gestellt, welche Absicht Xenophon mit der Geschichte von Pantheia und Abradatas verfolgt. Breitenbach[23] rechnet sie zu den Erzählungen, die einen "mehr ergötzlichen Charakter" haben. Dieses Urteil wird ihr nicht gerecht, zumal wenn man auf den Schluß blickt, der alles andere als ergötzlich ist. Die These von Due[24], daß die Geschichte der Kyrupädie "liveliness, romance, and suspense" verleihe, ist zwar nicht falsch, aber zu einseitig.[25]

---

[19] Mit Sicherheit handelt es sich bei den zwei folgenden Sätzen (§ 15 καὶ νῦν τὸ μνῆμα μέχρι τοῦ νῦν τῶν εὐνούχων κεχῶσθαι λέγεται κτλ.) um einen späteren Zusatz, der mit Dindorf zu athetieren ist; vgl. auch Hertlein-Nitsche, Breitenbach, ³1878 und Holden zur Stelle; für die Athetese auch Gemoll-Peters und Breitenbach, Xenophon, 1718. Der Abschnitt ist zunächst aus sprachlichen Gründen anstößig: καὶ νῦν (καὶ μήν Hutchinson) neben μέχρι τοῦ νῦν ist Xenophon ebensowenig zuzumuten wie der dreimalige Gebrauch der verba dicendi λέγεται, φασί und λέγουσι auf engstem Raum. Hinzukommt die seltsame Vorstellung, daß das Grab nach untergeordneten Personen benannt sein soll; vgl. Hertlein-Nitsche. Zum dritten schließt die folgende Aussage überhaupt nicht an, während sie fugenlos zu dem der Interpolation vorangehenden Satz paßt.

[20] Vgl. auch Breitenbach, Xenophon, 1718.

[21] Die Anwesenheit der Amme ist ebenfalls ein Indiz dafür, daß Xenophon die Geschichte nicht in Persien rezipiert; das Motiv deutet auf griechischen Ursprung.

[22] Vgl. VI 4,6.

[23] Breitenbach, Xenophon, 1717.

[24] Due, 83.

[25] Dies gilt auch für die Erklärung von Zimmermann, 101: "Die sentimentale Liebes- oder Dreiecksgeschichte von Pantheia, Abradatas und Araspes dient dazu, Kyros in seinen gefühlsmäßigen Reaktionen darzustellen".

Xenophon geht es in erster Linie um ein Paradeigma. Zum einen zeigt er an Pantheia, wie die Liebe und Treue einer Frau allen Widrigkeiten trotzen und sich bewähren. Das Besondere an der Geschichte ist, daß sie gleichsam eine doppelte Peripetie aufweist. Pantheia und Abradatas bewähren sich während der Trennung. Pantheia widersteht der Versuchung durch Araspas und wird mit ihrem Mann vereint. Bis zu diesem Punkt läßt sich die Geschichte mit dem Handlungsablauf im Roman vergleichen. Doch Xenophon läßt es dabei nicht bewenden. Die Erzählung endet tragisch, und auch Pantheias Rolle ist insofern tragisch, als sie ahnungslos die Voraussetzung dafür schafft, daß ihr Mann in der Schlacht den Tod findet. Das unterscheidet die Geschichte vom Roman, als dessen Archetypus sie immer wieder bezeichnet wird.[26]

Zum zweiten bildet Xenophons Erzählung einen Baustein im Enkomion des Kyros. Xenophon zeigt mittels der Konstellation Feldherr-Gefangene, wie sich die ἐγκράτεια des Siegers bewährt.[27] Araspas dient in diesem Zusammenhang als eine Kontrastfigur, durch die Kyros' Überlegenheit deutlicher wird. Doch Araspas hat noch eine zweite Funktion: Dadurch, daß er seiner Gefühle zunächst nicht Herr wird, ermöglicht er Kyros, seine Milde unter Beweis zu stellen. Die πραότης ist die zweite Eigenschaft, die Xenophons idealen Herrscher in der Pantheiageschichte auszeichnet. Die Erzählung von Pantheia und Abradatas exemplifiziert diese Eigenschaft wie schon die Armenienepisode im dritten Buch (III 1,36–37).[28]

---

[26] So auch Zimmermann, 101; vgl. auch oben S. 2 mit Anm. 5.
[27] Vgl. auch Due, 173. Zu vergleichen ist der Agesilaos (5,4), wo Xenophon an einem konkreten Beispiel zeigt, wie Agesilaos seine Beherrschtheit gegenüber dem schönen persischen Knaben Megabates unter Beweis stellt.
[28] Vgl. auch de Romilly, 5.

13. Die Eroberung Kleinasiens und Babylons (VII 4,1 ff.)

Im Anschluß an die Pantheiageschichte schildert Xenophon, wie Kyros
nach der Einnahme von Sardes das übrige Kleinasien und schließlich Babylon erobert. Eine ausführliche Behandlung erfährt die Eroberung Kariens
(4,1–7). Es folgt die Beschreibung, wie Kyros sich Phrygien am Hellespont
gefügig macht (4,8 ff.). Nur in einer summarischen Notiz (4,16) erfährt der
Leser von der Unterwerfung von Großphrygien, Kappadokien und Arabien.

Die Abweichungen von Herodot, der sich in diesem Zusammenhang
vergleichen läßt, sind auffällig. Bei Herodot (I 161 ff.) ist es zunächst Mazares, der Priene und Magnesia erobert (I 161), dann nach dessen Tod der
Meder und Vasall des Astyages, Harpagos, der auf Kyros' Befehl die Ioner,
dann die Karer, Kaunier und Lykier unterwirft.[1] An die Stelle des Mazares
und Harpagos läßt Xenophon eine fiktive Gestalt, den Perser Adusios, treten. die Unterwerfung Ioniens ersetzt er durch eine unhistorische Schilderung (4,9): Bei ihm akzeptieren die griechischen Städte Ioniens freiwillig
die persische Oberhoheit und bieten Kyros die Zahlung von Tribut und die
Bereitstellung von Truppen an. Die Änderung gründet in Xenophons Absicht, Kyros nicht als Feind der Griechen erscheinen zu lassen.[2] Sie ist auf
den griechischen Leser abgestellt.

Eine weitere Abweichung betrifft die Eroberung Kariens (4,1 ff.).[3] Bei
Herodot (I 174,1) heißt es, die Karer hätten sich durch keine glänzende Tat
ausgezeichnet und seien von Harpagos unterworfen worden. Ganz anders
bei Xenophon: Er fingiert einen Zwist zwischen zwei Parteien der Karer,
die durch eine List des Adusios dazu gebracht werden, miteinander Frieden
zu schließen und sich Kyros zu unterwerfen. Xenophon geht es offenbar in
erster Linie um dieses Mechanema und darum, die Eroberung als pacificatio
erscheinen zu lassen.[4] Dazu dient der zweimal gebrauchte Begriff εἰρήνη
(§ 5–6), der an der zweiten Stelle zum Abschluß der Schilderung besonderes
Gewicht erhält. Ferner verwendet Adusios in seiner an die beiden Parteien
gerichteten Rede den Ausdruck ἐπ' ἀγαθῶι (§ 5). Kyros soll wie bereits
in der Armenienepisode (III 2,12 ff.) als Friedensbringer erscheinen. Daß
Xenophon bei seiner Schilderung einer anderen Quelle als Herodot folgt,
ist kaum anzunehmen. Die Abweichungen lassen sich auf die Absicht zurückführen, einen weiteren Baustein in das Enkomion des Kyros einzufügen.

---

[1] Vgl. auch Aisch. Pers. 771 (Kyros) Ἰωνίαν τε πᾶσαν ἤλασεν βίαι.
[2] Vgl. auch oben S. 13.
[3] Vgl. auch Breitenbach, Xenophon, 1711, der zu Recht die Möglichkeit ausschließt,
daß Xenophon einer anderen Quelle als Herodot folgt.
[4] Vgl. auch Breitenbach, Xenophon, 1711.

Die Eroberung von Babylon gestaltet Xenophon als Höhepunkt der militärischen Erfolge, die Kyros erzielt (VII 5,1–36). Auch hier ist ein Blick auf Herodot (I 189 ff.) aufschlußreich. Herodot schildert, wie Kyros auf dem Zug nach Babylon den Fluß Gyndes zu überschreiten versucht und dabei eines seiner heiligen weißen Pferde umkommt. Aus Zorn läßt er das Wasser des Flusses in dreihundertsechzig Kanäle ableiten; mit deren Bau verbringt sein Heer ein Jahr. Eine ähnliche Technik wendet Kyros an, um Babylon zu erobern. Er bedient sich eines oberhalb der Stadt von der Königin Nitokris früher angelegten Stausees (I 185,4), den er durch einen Graben mit dem Euphrat verbindet. Das Flußbett des Euphrat wird durch die Ableitung begehbar. Die Perser dringen durch den Fluß in die Stadt ein.

Auch bei Xenophon leitet Kyros das Wasser des Euphrat oberhalb von Babylon ab und schafft somit die entscheidende Voraussetzung, um in die uneinnehmbar erscheinende Stadt gelangen zu können.[5] Während jedoch Herodot (I 191,1) vorsichtig in der Schwebe läßt, ob Kyros, der bei der Belagerung nicht vorankommt, den Einfall jemandem verdankt oder selbst auf diese Idee kommt, schreibt Xenophon (5,9) Kyros dieses Mechanema zu. Der Feldherr erscheint bei ihm als ein ingeniöser Erfinder, der die Babylonier gleichzeitig dadurch in Sicherheit wiegt, daß er durch die Errichtung von Türmen eine lange dauernde Belagerung vortäuscht (§ 11–12).[6] Von einem bereits angelegten Stausee, dessen sich der herodoteische Kyros bedienen kann, ist bei Xenophon keine Rede. Bei ihm verbringen die Perser das ganze Jahr damit, den Graben zur Ableitung des Euphrat anzulegen (§ 13). Die Kanalisierung des Gyndes, die bei Herodot ein Jahr lang dauert, klammert er hingegen aus. Xenophon überträgt also die Jahresangabe, die

---

[5] Das Mechanema, dessen sich Kyros bedient, erlangt in der späteren Fachliteratur über Strategie einen festen Platz; vgl. Frontin. III 7,4, Polyain. VII 6,5; vgl. auch Dio Chrys. 4,53, wo Diogenes Kyros mit einer Wasserschlange vergleicht.

[6] Auf die List weist Xenophon im Zusammenhang der Beschreibung, wie Kyros mittels Palmenstämmen für eine gute Statik der Türme sorgt, zu Beginn von § 12 hin: τούτους δ' (sc. τοὺς φοίνικας) ὑπετίθει τούτου ἕνεκα ὅπως ὅτι μάλιστα ἐοίκοι πολιορκήσειν παρασκευαζομένοι, ὡς εἰ καὶ διαφύγοι ὁ ποταμὸς εἰς τὴν τάφρον, μὴ ἀνέλοι τοὺς πύργους. Breitenbach, [2]1869 athetiert ὅπως … παρασκευαζομένοι als eine vermeintliche Glosse. Ihm folgen Marchant und Gemoll. Gegen die Athetese spricht, daß dann unklar bliebe, was Kyros mit den Türmen entlang des Euphrat bezweckt. Zu Beginn von § 13 erfährt der Leser, daß die Babylonier über die vermeintliche Belagerung lachen, da sie große Vorräte besitzen und sich völlig sicher fühlen. Das Stichwort πολιορκία (§ 13) käme abrupt, wenn nicht eine entsprechende Bemerkung im vorangehenden Text stände. Problematisch ist allerdings die Verbindung des ὅπως-Satzes mit dem folgenden ὡς-Satz. Eine Parallele zu einer solchen Parataxe zweier Finalsätze gibt es nicht. Attraktiv ist der Vorschlag von Weckherlin, [2]1822. Er stellt ὅπως … παρασκευαζομένοι hinter ᾠκοδόμει, wo man den Finalsatz auch erwartet.

Herodot im Zusammenhang der Ableitung des Gyndes macht, auf die Kanalisierung des Euphrat.[7]

Die Eroberung selbst findet bei Herodot und Xenophon unter den gleichen Umständen statt. Die Perser dringen in die Stadt ein, als die Babylonier
ein Fest begehen und daher abgelenkt werden. Herodot (I 191,6) macht
deutlich, daß es sich um eine zufällige Koinzidenz der Ereignisse handelt,
die den Persern zum Vorteil gereicht. Bei Xenophon hingegen wird das
Fest vor dem Eindringen in die Planungen einbezogen (§ 25). Es erleichtert
den Persern den Zugang zum Königspalast. Gobryas und seine Gefolgsleute
geben sich als κωμασταί aus (§ 26).

Herodot schildert nur knapp, wie Babylon erobert wird. Nach dem Hinweis auf das Fest erfolgt bereits die abschließende Bemerkung, so sei Babylon zum ersten Male eingenommen worden (191,6). Viel ausführlicher widmet sich Herodot hingegen der Topographie der Stadt und ihren Tempeln
zu Beginn der Darstellung (I 178 ff.).

Bei Xenophon ist das Verhältnis umgekehrt.[8] Die Topographie wird nur
indirekt thematisiert, als sich Kyros mit Chrysantas und Gobryas vor der
Kanalisierung des Euphrat berät (§ 7 ff.). Die Eroberung selbst schildert Xenophon in geradezu epischer Breite, indem er die Ereignisse in drei Phasen
gliedert: Zunächst erobern die Perser den Königspalast (§ 27), dann nehmen
Gadatas und Gobryas am assyrischen Herrscher Rache (§ 29–30), und
schließlich ergibt sich am nächsten Tag die übrige Stadt (§ 33). Anders als
bei Herodot liegt bei Xenophon der Schwerpunkt eindeutig auf der Inge-
nieursleistung vor der Eroberung und auf der Einnahme selbst.

Daß Xenophons wie auch Herodots Darstellung nicht den Anspruch auf
Historizität erheben kann[9], lehrt die Chronik des Nabonidus[10], aus der her-

---

[7] Vgl. auch Breitenbach, Xenophon, 1711 f.

[8] Vgl. auch Due, 130.

[9] Vgl. How-Wells, A Commentary on Herodotus Vol. I, 390: "The story of the
diversion of the Euphrates (I. 191) is probably the most successful fraud in history. It may
contain some elements of truth …, but it conceals the essential fact that Babylon fell by
the treachery of the priests, whose privileges Nabonidus had curtailed …, and that Cyrus
took the impregnable fortress without a struggle." Anders Lehmann-Haupt, Klio 2, 1902,
344.

[10] Übersetzung von A. L. Oppenheim, in: Pritchard, Ancient Near Eastern Texts,
³1969, 306: "In the month of Arahshamnu, the 3rd day, Cyrus entered Babylon, green
twigs were spread in front of him — the state of "Peace" (sulmu) was imposed upon the
city. Cyrus sent greetings to all Babylon. Gobryas, his governor, installed (sub-) governors
in Babylon." Beros(s)os FGrHist 680 F 9b, III p. 394 spricht ebensowenig wie die Chronik
von einer Ableitung des Euphrat. – Die Chronik des Nabonidus gilt zwar in der moder-
nen Forschung als eine Art Propagandaschrift, die Kyros in ein günstiges Licht rückt (vgl.
Wiesehöfer, Kyros und die unterworfenen Völker, 115 mit der neueren Literatur), doch
an dem Faktum des friedlichen Einzugs in Babylon scheint nicht gezweifelt zu werden;
vgl. auch Buchanan Gray, The Cambridge Ancient History Vol. 4, 12.

vorgeht, daß Kyros in Babylon ohne eine kriegerische Auseinandersetzung einzieht; die Bevölkerung breitet ihm zum Empfang grüne Zweige aus, und Kyros läßt den Frieden verkünden. Xenophons Darstellung kongruiert jedoch in gewisser Weise mit dieser Chronik. Denn er schildert, wie Kyros gegenüber der Stadt Milde walten läßt und den Babyloniern Ackerland zuweist (§ 36). Die Belohnung derer, die bei der Eroberung mitwirken[11], erfolgt nach dem Prinzip der proportionalen Gleichheit (§ 35 οὕτω δὲ διένειμεν, ὥσπερ ἐδέδοκτο, τὰ κράτιστα τοῖς ἀρίστοις).[12] Mit der Aussage ὥσπερ ἐδέδοκτο verweist Xenophon auf den Schluß der Gleichheitsdebatte (II 3,16) zurück, wo die Heeresversammlung beschloß, daß jeder gemäß seinem Verdienst geehrt wird. Dem Leser wird durch den Rückverweis auf II 3,16 deutlich, daß die Darstellung der militärischen Eroberungen in VII 5,36 endet und Kyros sich an den Beschluß hält, den die Versammlung vor dem Beginn des Feldzuges faßte.

---

[11] Xenophon bedient sich zweimal des Begriffs κοινῶνες (§ 35–36) statt des üblicheren κοινωνός; vgl. auch VIII 1,16, 36 ,40. Nach Pollux VIII 134 handelt es sich um ein xenophontisches Idiom. Der Begriff ist poetisch; vgl. Pind. Pyth. 3,28.

[12] Die Belohnung besteht aus Häusern und ἀρχεῖα (§ 35). Mit letzterem sind wohl offizielle Gebäude in der Nähe des Palastes gemeint, die in erster Linie für die ὁμότιμοι bestimmt sind; zum Begriff ἀρχεῖα vgl. auch I 2,3 und Dindorf zu VII 5,36.

14. Die Sicherung und Organisation des persischen Weltreiches (VII 5,37 ff.)

Xenophon läßt mit VII 5,37 den dritten Teil der Kyrupädie beginnen.[1] In ihm thematisiert er die Sicherung und Organisation eines Flächenstaates. Der dritte Teil erstreckt sich bis VIII 6,23 und besteht im wesentlichen aus zwei Blöcken. Der erste reicht bis zum Ende von VIII 4. Ort der Handlung ist Babylon. Der Schauplatz des zweiten Komplexes (VIII 5–6)[2] ist zunächst Medien, dann Persien und schließlich ein zweites Mal Babylon. Xenophon beschließt den dritten Teil mit der summarischen Aufzählung der Eroberungen, durch die Kyros das persische Reich vergrößert, bevor er gegen Ende seines Lebens nach Persien zurückkehrt (VIII 6,19 ff.).

I

Xenophon beginnt seine Darstellung, indem er schildert, wie Kyros die persische Herrschaft in Babylon etabliert. Kyros begehrt, sich einzurichten, wie er es für einen König für geziemend hält, und beschließt, dies mit dem Einverständnis der Freunde zu tun (§ 37). Mit dem Stichwort βασιλεύς[3] deutet Xenophon an, daß er im folgenden die Einrichtung einer Monarchie beschreiben wird. Für den Leser bedeutet dies keine Überraschung. Sein Interesse gilt der Frage, wie diese Monarchie beschaffen sein wird.

Xenophon schildert zunächst, welche Maßnahme Kyros ergreift, um selten und erhaben in Erscheinung zu treten, ohne Neid zu erregen (§ 37)[4],

---

[1] Falsch Rinner, 144, der den Einschnitt bei VII 5,58 setzt.

[2] Breitenbach, Xenophon, 1738, 1741 läßt merkwürdigerweise den zweiten Block mit VIII 6 beginnen, obschon doch der Ortswechsel einen deutlichen Einschnitt markiert.

[3] Carlier, 149 behauptet zu Unrecht, daß Xenophon in VII 5,37 Kyros zum ersten Male den Titel 'König' gibt. Schon in VI 1,24 ließ der Meder Artabazos Kyros als βασιλεύς apostrophieren. Auch Kroisos (VII 2,24) charakterisierte Kyros als einen ihm bei weitem durch die Herkunft überlegenen Herrscher, obschon Kyros zu diesem Zeitpunkt nur der persische Feldherr war.

[4] Auffällig ist das Begriffspaar σπάνιός τε καὶ σεμνός. Xenophon wertet die σεμνότης als ein Mittel, das dazu dient, das Amt des Herrschers vor Verachtung zu bewahren; vgl. VIII 3,1. Auch Isokrates sieht in der Erhabenheit ein Kennzeichen des Monarchen; vgl. 2,34 Ἀστεῖος εἶναι πειρῶ καὶ σεμνός· τὸ μὲν γὰρ τῆι τυραννίδι πρέπει, τὸ δὲ πρὸς τὰς συνουσίας ἁρμόττει. An eine Abhängigkeit Xenophons von Isokrates ist jedoch nicht zu

und um für die Freunde und Verbündeten mehr Zeit und Muße zu haben. Das entscheidende Stichwort ist σχολή (§ 42). Durch ein Mechanema überzeugt Kyros die Freunde davon, daß Audienzen für jedermann dem Herrscher jegliche Muße unmöglich machen. Er erreicht, daß die φίλοι darüber entscheiden, wer Zugang zu ihm erhält (§ 45 f.). Chrysantas plädiert mit Erfolg dafür, daß Kyros sich nicht mehr ständig in der Öffentlichkeit präsentiert und den Palast in Babylon bezieht (§ 55 ff.).

Xenophon geht es nicht so sehr darum, die Ausformung einer hierarchischen Verwaltung zu beschreiben.[5] Davon wird erst in VIII 1,9 ff. die Rede sein. In VII 5,37 ff. will er vielmehr zeigen, daß die Tätigkeit eines Herrschers sich in gewisser Weise von der des Strategen unterscheidet. Kyros selbst bringt dies zum Ausdruck, indem er zwischen den Anforderungen, die der Krieg an ihn stellte, und dem Zustand des Friedens differenziert: Der gute Feldherr hat allgegenwärtig zu sein, während dies nicht unbedingt für den Herrscher gilt (§ 46 f.). Für den Leser mag diese Überlegung auf den ersten Blick überraschend sein, zeichnet sich doch Xenophons Herrscherideal ähnlich wie das antisthenische dadurch aus, daß ein Herrscher ständig Mühen auf sich nimmt, um die Eudaimonie zu erlangen.[6] Doch es liegt kein Widerspruch vor; Kyros verzichtet nicht darauf, auch in Zukunft Mühen zu ertragen, wie sich besonders deutlich in seiner grundsätzlichen Rede in VII 5,72 ff. zeigen wird.

Wichtig ist die Information, daß Kyros' erste Handlung nach dem Betreten des Palastes darin besteht, Hestia, Zeus und derjenigen Gottheit zu opfern, für die die Mager es vorschreiben (§ 57). Hier wie schon in I 6,1 verhält sich Kyros wie ein Grieche, indem er sich zunächst an Hestia, die Schutzgottheit des Hauses, wendet.[7] Der Anklang an die Stelle im ersten Buch hat eine feste Funktion: Xenophon macht deutlich, daß Kyros sich auch nach den Eroberungen an die überkommene religiöse Tradition gebunden fühlt. Seine Rede unmittelbar vor seinem Tod (VIII 7,3 ff.) wird diesen Eindruck bestätigen.

Xenophon schildert im folgenden, wie Kyros in Babylon aus Eunuchen und persischen Bauern eine königliche Wache konstituiert (§ 58–70) und in einer grundsätzlichen Rede vor den persischen ὁμότιμοι und den wichtig-

---

[4] (Fortsetzung)
denken. – Auf den ersten Blick mag das Attribut σπάνιος mit Bezug auf Kyros überraschen, denn Xenophon äußert sich im Agesilaos (9,1) gerade über diese Eigenschaft des persischen Herrschers negativ, während er an dem spartanischen König lobt, daß er immer sichtbar sein wollte. Doch in Wirklichkeit ist die Parallele nur scheinbar. Kyros macht es nicht zum Prinzip, selten erreichbar zu sein, und rühmt sich dessen nicht.

[5] So Carlier, 150.
[6] Vgl. oben S. 71 f.
[7] Vgl. oben S. 108.

sten Offizieren über die ἀρετή und die Schwierigkeit, das Erreichte zu sichern, reflektiert (§ 72–86). Daß Kyros auf Eunuchen zurückgreift, begründet Xenophon ähnlich wie Herodot (VIII 105,2)[8] damit, daß sie ihrem Herrn treuer als andere Menschen ergeben seien (§ 64). Beim Leser erweckt das Motiv den Eindruck des Fremdartigen.[9] Daß dadurch das Bild eines Tyrannen entstehen soll[10], ist ausgeschlossen. Entscheidend ist, daß Kyros die königliche Wache in erster Linie aus Persern rekrutiert (§ 67 ff.), die in der Heimat als Bauern tätig sind und in eher ärmlichen Verhältnissen leben, während es als traditionelles Kennzeichen des Tyrannen gilt, daß er sich mit fremden Söldnern umgibt.[11]

Von besonderer Bedeutung ist die Rede, die Kyros im Anschluß an die Gründung der Wache in Babylon hält (§ 72 ff.). Sie soll dem Leser zeigen, auf welchen ethischen Grundlagen Kyros das persische Reich aufbaut. Xenophon nennt ausdrücklich das Motiv, daß Kyros zu seiner Rede bewegt: Er will dann ἀγαθοί nicht befehlen, sondern sie sollen sich aus eigener Einsicht um die ἀρετή bemühen (§ 71). Vom Ansatz her erinnert diese Überlegung an die sokratische Lehre, daß Tugend Wissen sei.[12] Xenophon läßt Kyros im dritten Teil des Werkes als einen gleichsam sokratischen, philosophischen Herrscher in Erscheinung treten, der zugleich ein Lehrer in Ethicis ist.

Warum das Bemühen um die ἀρετή auch für die Tüchtigen notwendig ist und welche Anforderungen das Erreichte stellt, zeigt Kyros im ersten Teil seiner Rede (§ 72–77). Im zweiten Teil (§ 77–84) expliziert er, inwiefern sich diejenigen, die herrschen, vor den Untertanen auszeichnen müssen und in welchem Zusammenhang πόνοι und ἡδονή stehen. Im dritten Teil (§ 85–86) folgen konkrete Hinweise, wie die ἀρετή zu üben ist und welche Erziehung die Kinder zu genießen haben, um den guten Paradeigmata der Eltern zu folgen.

---

[8] VIII 105,2 παρὰ γὰρ τοῖσι βαρβάροισι τιμιώτεροί εἰσι οἱ εὐνοῦχοι πίστιος εἵνεκα τῆς πάσης τῶν ἐνορχέων. Vgl. auch Luccioni, Les idées politiques et sociales de Xénophon, 238, A. 230.

[9] Vgl. auch Luccioni, a. a. O., 238.

[10] So Carlier, 156, dessen zentrale These lautet, Xenophon wolle den Leser an bestimmten Stellen des siebten und achten Buches, beispielsweise durch den Hinweis auf die Eunuchen oder auf die 'Augen und Ohren des Königs' (VIII 2,10–12), ironisch auf die Gefahren eines totalitären Regimes aufmerksam machen. Vgl. dagegen auch Due, 213, 218.

[11] Vgl. Hier. 5,3, Plat. Resp. 567d5 ff.

[12] Vgl. Mem. III 9,5.

Vom Typus her handelt es sich bei der Rede um eine ethische Parainese. Kyros beginnt sie mit einem Hinweis auf die Götter. Ihnen sei das Erreichte zu verdanken (§72). Die Reflexion bestätigt das Bild des frommen Feldherrn und Herrschers. Zugleich bereitet sie als Folie auf das Folgende vor, da Kyros zeigt, was auf der menschlichen Ebene zu tun ist, um das Erreichte zu sichern.

Kyros expliziert seinen Begriff der ἀρετή, indem er ihn von konkurrierenden Vorstellungen abgrenzt. Zunächst nennt er auf der Gegenseite ῥαιδιουργία und τῶν κακῶν ἀνθρώπων ἡδυπάθεια, also die hedonistische Position, um der Vorstellung zu begegnen, das Ertragen von Mühen sei beschwerlich, die Eudaimonie bestehe in einem Leben ohne Anstrengungen (§74). Der zentrale Gedanke lautet: Es reicht nicht, gut zu werden, um auch gut zu bleiben, falls man sich nicht fortwährend darum bemüht (§75). Dieses Dogma entspricht Xenophons Überzeugung. Ihm liegt die Überlegung zugrunde, daß die ἀρετή nicht ein permanenter Besitz, sondern ein Gut ist, das verloren gehen kann, sobald man es an der nötigen Übung fehlen läßt. Xenophon formuliert diese Überzeugung deutlich in den Memorabilien (I 2,19–23, II 6,39)[13], wobei er im ersten Buch jegliches Gute und Schöne als der Übung bedürftig bezeichnet.[14]

Um seine These zu untermauern, bedient sich Kyros einer Analogie zwischen den Technai und der Gesundheit des Körpers auf der einen und der Besonnenheit, Beherrschtheit und der körperlichen Kraft auf der anderen Seite (§75). Der Vergleich zwischen dem Körper und der sittlichen Trefflichkeit findet sich im gleichen Zusammenhang auch an der genannten Memorabilienstelle I 2,19. Daß Kyros darüber hinaus die Technai als Tätigkeiten nennt, die einer ständigen Übung bedürfen, um nicht verloren zu gehen, liegt an sich nahe. Im Hintergrund steht die ursprüngliche Vorstellung von der ἀρετή, die allgemein die besondere Güte einer Sache oder Handlung bezeichnet und nicht auf den Bereich der Ethik beschränkt ist.[15]

Das Besondere ist nun, daß Kyros im folgenden, um seine Forderung nach einer ständigen ἄσκησις der ἀρετή zu untermauern, den Lehrsatz aufstellt, daß es zwar schwierig sei, eine Herrschaft zu erlangen, noch viel

---

[13] Vgl. dazu auch oben S. 154 f.

[14] Xenophon unterscheidet sich in diesem Punkt von Antisthenes, der die sittliche Trefflichkeit als ein 'unverlierbares Instrument' qualifiziert; vgl. Fg. 23, 71 DC; vgl. auch FG. 69 DC.

[15] Vgl. Il. 20,411, 23,276, Pind. Pyth. 10,23, Plat. Resp. 353b6 ff., Schwartz, Ethik der Griechen, 19 f.

schwieriger jedoch, diese auch zu bewahren (§ 76). Der Gedanke ist derart
allgemein gehalten, daß ihn der Leser als einen Grundsatz der Politik verstehen kann.[16] Die Begründung, die Kyros gibt, stellt einen Topos dar:[17] Derjenige, der sehr viel besitzt, sieht sich dem größten Neid und den größten
Anfeindungen ausgesetzt (§ 77).

Wie sich die Herrschenden auszeichnen müssen, zeigt Kyros im zweiten
Teil seiner Rede. Er beginnt wie im ersten Teil mit einer Reflexion über
die Götter (§ 77). Kyros verleiht seiner Überzeugung Ausdruck, daß sie den
Persern auch in Zukunft beistehen werden, da sie nicht durch Unrecht in
den Besitz der neuen Güter gelangten. Xenophon erinnert den Leser an
die Ausgangssituation im ersten Buch (I 5,2 f.), wo er die Assyrer als Aggressoren charakterisierte.

Der göttliche Beistand ist jedoch nur die eine Seite. Zum zweiten fordert
Kyros, daß die, die herrschen, besser als die Untertanen sein müssen (§ 78).
Auch bei diesem Gedanken handelt es sich um einen Topos.[18] Isokrates
verwendet ihn mehrmals in seiner an Nikokles gerichteten Rede (2, 10, 24,
29, 31), um zu zeigen, daß Nikokles ein Vorbild für seine Untertanen zu
sein habe. Mit einer Abhängigkeit Xenophons von Isokrates ist jedoch nicht
zu rechnen, da der Gedanke weit verbreitet ist.

In welcher Hinsicht müssen die ἄρχοντες besser als die ἀρχόμενοι sein?
Kyros geht von einer prinzipiellen Zweiteilung der Gesellschaft in Freie und
Sklaven aus. Letzteren soll die Kriegskunst verwehrt bleiben (§ 79). Auf den
ersten Blick erinnert diese Dichotomie an Sparta[19], doch ist die Ähnlichkeit
nur oberflächlich. Kyros versteht unter den δοῦλοι nur eine bestimmte
Gruppe innerhalb der unterlegenen Völker; diese Unfreien sind ἐργάται
(§ 79). Es handelt sich mithin um die arbeitende Landbevölkerung.[20] Sie
sollen vom Waffendienst ausgeschlossen bleiben.

Neben diesem äußeren Unterscheidungsmerkmal nennt Kyros das, was
die ἀγαθοί in ethischer Hinsicht auszuzeichnen hat (§ 80–82). Die Lehre,
die er entwickelt, lautet: Die Güter werden umso mehr erfreuen, je mehr

---

[16] Im Hintergrund steht Xenophons Überzeugung, daß es sich bei der Kunst des
Herrschens um die μεγίστη τέχνη handelt, die die höchsten Anforderungen stellt; vgl.
Mem. IV 2,11 Νὴ Δί, ἔφη ὁ Σωκράτης, τῆς καλλίστης ἀρετῆς καὶ μεγίστης ἐφίεσαι τέχνης·
ἔστι γὰρ τῶν βασιλέων αὕτη καὶ καλεῖται βασιλική. Vgl. auch Isocr. 2,6, Plat. Polit.
292d2 ff.

[17] Vgl. Soph. Ai. 157, Thuk. I 75,1; vgl. auch Trag. Fg. adesp. 167 K.-Sn.

[18] Vgl. Arist. Pol. III 4,1277a14 ff., 1277b25 ff.; vgl. auch Ages. 10,2, Antisthenes Fg.
100 DC.

[19] Vgl. Resp. Lac. 12,4.

[20] Zu ἐργάται 'Landarbeiter' vgl. I 6,11, V 4,24; vgl. auch Delebecque, Xénophon,
Cyropédie III, 84, A. 3.

jemand zuvor Mühen auf sich nimmt. Die πόνοι sind eine 'Zutat' für die Guten (§ 80). Es handelt sich um das gleiche Dogma wie in Kyros' erster Feldherrnrede (I 5,12), in der er die Mühen als Führer zum angenehmen Leben definierte.[21] Und wie in I 5,12, so erhebt Kyros im siebten Buch die natürlichen Bedürfnisse zum Maßstab des ἡδύ (§ 80–81). Hinter dieser diaitetischen Lehre steht Xenophons Überzeugung, wie aus den Memorabilien (I 3,5)[22] erhellt. Was er dort als sokratische Lehre deklariert[23], überträgt er auf den idealen Herrscher in der Kyrupädie.

Kyros fordert nicht dazu auf, die Mühen und natürlichen Bedürfnisse zum Selbstzweck zu machen. Im Gegenteil: Er sieht in dieser Lebensform die Voraussetzung, um die Güter *richtig* zu genießen (§ 82).[24] Der Abschnitt endet mit einem Appell, sich der ἀνδραγαθία zu befleißigen, und mit einer Sentenz:[25] Es sei weniger schlimm, Güter nicht zu erwerben, als sie wieder zu verlieren (§ 82). In diesem Gedanken manifestiert sich nicht eine materialistische Haltung; vielmehr zeugt er von der Einsicht, daß der Reichtum und die Macht an denjenigen, der sich ihrer erfreut, besondere moralische Anforderungen stellen.

Der Aspekt der moralischen Verpflichtung, die die Herrschenden haben, bestimmt auch den Schluß des zweiten Teils (§ 83–84). Kyros zeigt in einer Reihe rhetorischer Fragen, daß das Herrschen und der äußere Wohlstand nicht von der Aufgabe entbinden, besser als zuvor zu sein. Im Mittelpunkt der Argumentation steht eine Gegenüberstellung der äußeren, durch δορύφοροι erhofften Sicherheit und der inneren Sicherheit, die sich der Gute durch seine Trefflichkeit erwirbt (§ 84). Die καλοκαγαθία erweist sich als die beste Wehr. Der Vergleich erinnert in auffälliger Weise an Antisthenes, der die Phronesis als sicherste Mauer qualifiziert[26] und im gleichen Bild die

---

[21] Vgl. dazu oben S. 106 f., ferner S. 81 f.

[22] Zur Stelle vgl. auch oben S. 92.

[23] Vgl. auch Mem. I 6,5 οὐκ οἶσθ' ὅτι ὁ μὲν ἥδιστα ἐσθίων ἥκιστα ὄψου δεῖται, ὁ δὲ ἥδιστα πίνων ἥκιστα τοῦ μὴ παρόντος ἐπιθυμεῖ ποτοῦ; zur ἐγκράτεια als Voraussetzung des richtigen ἥδεσθαι vgl. Mem. IV 5,9.

[24] Abwegig Newell, 226: "Nevertheless, all of Cyrus' specific justifications for this discipline are hedonistic." Vgl. auch Mem. IV 5,10, wo Sokrates die größten Freuden an die Beherrschtheit knüpft und im weiteren Verlauf (§ 11) klar macht, daß es sich bei diesen Freuden um sittlich Wertvolles und nicht um sinnliche ἡδοναί handelt.

[25] Vgl. Thuk. II 44,2 (Perikles) καὶ λύπη οὐχ ὧν ἄν τις μὴ πειρασάμενος ἀγαθῶν στερίσκηται, ἀλλ' οὗ ἂν ἐθὰς γενόμενος ἀφαιρεθῆι, Ael. VH XIV 1.

[26] Vgl. Fg. 88 DC τεῖχος ἀσφαλέστατον φρόνησις. μήτε γὰρ καταρρεῖν μήτε προδίδοσθαι.

Seele über die Mauern einer Stadt stellt.[27] Möglicherweise steht Xenophon in diesem Punkt unter dem Einfluß des älteren Sokratikers.[28]

Im dritten Teil seiner Rede (§ 85–86) thematisiert Kyros die Frage, was zu tun und wie die ἀρετή zu üben ist. Er schlägt keine Neuerung vor. Der Schlüssel liegt nach Kyros in der Bewahrung der persischen Tradition. Die persischen ὁμότιμοι sollen als Vorbild für die herrschende Klasse in Babylon fungieren (§ 85). Dieser Gedanke ist wichtig. Xenophon will zeigen, daß Kyros die ethischen Normen der persischen Erziehung zur Grundlage der Organisation des persischen Weltreiches machen will. Und zweitens: Kyros spricht ausdrücklich von einer Kontrolle des Herrschers in Babylon durch die ὁμότιμοι, die ihrerseits unter der Aufsicht des Königs stehen sollen (§ 85). Auch dies deutet nicht auf eine von der persischen Tradition losgelöste absolute Monarchie, sondern auf ein konstitutionelles Königtum, wie es Kambyses mit Bezug auf Persien in VIII 5,22 ff. beschreiben wird.

Kyros beschließt seine Rede mit einer kurzen Reflexion über die Erziehung der künftigen Kinder (§ 86). Die beste Erziehung, so lautet seine These, wird in einem dialektischen Wechselverhältnis sowohl die Erzieher als auch die, die erzogen werden, besser machen. Zwar nennt Kyros nicht ausdrücklich die persische Paideia als Maßstab, doch das Modell von Vorbild und Nachahmung, das er vertritt[29], entspricht eindeutig der Beschreibung, die Xenophon im ersten Buch (I 2,8) gab, wo er das Verhalten des πρεσβύτεροι als paradigmatisch für die Kinder qualifizierte.

Kyros' zuversichtliche Einschätzung der Macht der Paideia in VII 5,86 hat die Funktion einer Kontrastfolie. Sie bereitet auf den Schluß des Werkes (VIII 8,1) vor, wo der Leser erfährt, daß sich Kyros' Kinder nach seinem Tod sofort zu streiten beginnen und sich alles zum Schlechteren wendet. Im Hinblick auf die Frage, ob das Schlußkapitel von Xenophon stammt, kommt der Reflexion über die künftige Erziehung der Perser, mit der Kyros seine Rede im siebten Buch beendet, erhebliche Bedeutung zu. Sie verlangt geradezu nach einer Fortsetzung.

★

Chrysantas erwidert auf Kyros' Rede zu Beginn des achten Buches (VIII 1,1–5). Der enge thematische Zusammenhang wird durch die Bucheinteilung verwischt. Eine Parallele zu dieser Zäsur liefern das Ende des ersten

---

[27] Vgl. Fg. 90 DC τὰ δὲ τείχη τῶν πόλεων εἶναι σφαλερὰ πρὸς τὸν ἔσω προδότην, ἀσάλευτα δὲ τὰ τῆς ψυχῆς τείχη καὶ ἀρραγῆ. Vgl. auch Fg. 91 DC.

[28] Dagegen spricht nicht, daß Xenophon auch in den Memorabilien (II 1,32) die Ἀρετή als eine πιστὴ φύλαξ für ihre Herren bezeichnet. Vgl. auch Isocr. 2,21 φυλακὴν ἀσφαλεστάτην ἡγοῦ τοῦ σώματος εἶναι τήν τε τῶν φίλων ἀρετὴν καὶ τὴν τῶν πολιτῶν εὔνοιαν καὶ τὴν σαυτοῦ φρόνησιν.

[29] Vgl. auch Plat. Leg. 729b5 ff.

und der Beginn des zweiten Buches und wenigstens zum Teil der Schluß des ersten und der Anfang des zweiten Buches der Memorabilien.[30]

Chrysantas ist dem Leser aus II 3,5 als ὁμότιμος bekannt, der sich durch besondere Phronesis auszeichnet. Xenophon wählt damit einen Redner, dessen Urteil Autorität beanspruchen kann. Chrysantas vertritt wie schon in der Diskussion über die Gleichheit im zweiten Buch die Position des Vernünftigen.

Er beginnt seine Rede mit einem Vergleich zwischen einem guten Herrscher und einem guten Vater[31], um in einem zweiten Schritt Kyros als Repräsentanten dieses ἄρχων ἀγαθός namhaft zu machen. Das tertium comparationis ist das προνοεῖν, das der Vater für seine Kinder, der Herrscher für seine Untertanen an den Tag legt (§1). Der Vergleich ist traditionell. Er zweckt auf das patriarchalische Element einer βασιλεία ab, wie Aristoteles in der Nikomachischen Ethik (VIII 12, 1160b24 ff.) betont, indem er auf die homerische Formel von Zeus als dem Vater der Götter und Menschen verweist.[32] Schon in der Odyssee (2,47, 5,12) dient der Vergleich zur Charakterisierung des Odysseus. Xenophon verwendet die Analogie auch im Agesilaos (1,38, 7,3). Ihre Wirkungsmacht dokumentiert sich darin, daß sie sich noch bei Cicero (De re p. II 14, V 4), Dionys von Halikarnaß (Ant. Rom. IV 36,2) und bei Plutarch (Pelop. 33,1) findet.

Im Anschluß an diesen Vergleich läßt Chrysantas ein förmliches Enkomion des Gehorsams folgen (§2 ff.). Seine zentrale These lautet: Der Gehorsam ist im privaten wie im öffentlichen Bereich die wichtigste Voraussetzung, um ein Funktionieren des menschlichen Lebens in der Gemeinschaft zu ermöglichen. Chrysantas illustriert dies an der Polis, der Freundschaft, dem Krieg, dem Haus und der Seefahrt, bevor er die Gültigkeit des Dogmas schließlich dadurch untermauert, daß er auf die persischen Erfolge unter Kyros verweist (§3). Den Höhepunkt dieses Gedankengangs bildet die These, daß der Gehorsam ein μέγιστον ἀγαθόν ist, um das Gute zu erreichen und es zu bewahren (§3). Diese Überhöhung des Gehorchens erinnert an Aischylos' Sieben (224 f.), wo Eteokles die πειθαρχία als 'Mutter des guten Gelingens' bezeichnet.

Daß der Gehorsam geradezu in jedem Bereich des Lebens eine besondere Bedeutung hat, entspricht Xenophons Überzeugung.[33] Besonders in Sparta sieht er sein Ideal des gehorsamen Bürgers verwirklicht, wie aus den Memo-

---

[30] Vgl. oben S. 134 mit Anm. 1 und 2.
[31] Vgl. dazu auch Luccioni, Les idées politiques et sociales de Xénophon, 235 f.
[32] Vgl. auch Pol. I 12, 1259b12 ff.
[33] Vgl. Mem. III 3,8 ff. Luccioni, Les idées politiques et sociales de Xénophon, 234.

rabilien (III 5,15 f., IV 4,15) erhellt. Doch an keiner anderen Stelle im Corpus Xenophonteum findet sich die These, daß es sich beim πειθαρχεῖν um ein sehr großes Gut handelt.

In einem zweiten Schritt fordert Chrysantas freiwilligen Gehorsam und macht ihn geradezu zur differentia specifica zwischen Freien und Sklaven (§ 4). Die These, daß die freiwillige Unterordnung wertvoller als Zwang ist, fand sich schon im ersten Buch (I 6,21) im Munde des Kambyses gegenüber Kyros.[34] Neu ist an der Stelle im achten Buch die Überlegung, daß sich der Freie von dem Unfreien dadurch unterscheidet, daß letzterer sich nicht freiwillig fügt. Dahinter scheint wie schon in I 6,21 der Gedanke zu stehen, daß der Freie aus Einsicht in die Überlegenheit dessen, dem es zu gehorchen gilt, handelt.

Chrysantas beschränkt seine These ausdrücklich nicht auf die Monarchie, sondern behauptet ihre Gültigkeit auch für andere Verfassungen (§ 4).[35]

Xenophon schildert im folgenden, wie sich die persischen Aristokraten zusammen mit den Verbündeten zum Palast begeben, um sich für die Aufgaben zur Verfügung zu halten, die Kyros für sie vorsieht (§ 6). Der Leser erfährt, daß diese Sitte auch jetzt noch in Persien existiert.[36]

Von besonderer Wichtigkeit sind die Überlegungen, die Xenophon im Anschluß an diese Bemerkung in Form einer Digression folgen läßt (§ 7): Die Herrscher nach Kyros hielten an seinen Maßnahmen zur Erhaltung des persischen Reiches fest. Zwischen der Qualität eines Regenten und den Bräuchen besteht jedoch nach Xenophon eine direkte Relation, die er auf

---

[34] Vgl. auch Cic. De re p. V 6 ★★★ <civi>tatibus, in quibus expetunt laudem optumi et decus, ignominiam fugiunt ac dedecus. Nec vero tam metu poenaque terrentur, quae est constituta legibus, quam verecundia, quam natura homini dedit quasi quendam vituperationis non iniustae timorem. Hanc ille rector rerum publicarum auxit opinionibus, perfecitque institutis et disciplinis, ut pudor civis non minus a delictis arceret quam metus. J. Gruber, Xenophon und das hellenistisch-römische Herrscherideal, 40 f., Cicero und das hellenistische Herrscherideal, WS 101, 1988, 243–58, hier: 257 rechnet damit, daß Cicero von Cyr. VIII 1,4 beeinflußt ist. Dies ist möglich, doch fällt auf, daß Cicero in Antithese zu poena den Begriff verecundia verwendet, der an der Kyrupädiestelle keine Entsprechung findet.

[35] Dindorf (vgl. auch Breitenbach, 1869 und Holden zur Stelle; Luccioni, Les idées politiques et sociales de Xénophon, 235, A. 213, Due, 99) versucht, den Hinweis auf eine Polis ohne Monarchie als Anspielung auf Athen zu deuten, doch ist der Gedanke derart allgemein gehalten und fügt sich auch so gut in den Kontext, daß sich eine derartige Annahme nicht empfiehlt.

[36] Lincke, De Xenophontis Cyropaediae interpolationibus, 21 f. athetiert den Hinweis auf die Gegenwart samt der folgenden Bemerkung über die Herrscher nach Kyros (§ 6–8 ὡς δὲ τότε ἔδοξεν ... φαυλότερον). Der Vorschlag widerlegt sich selbst.

folgende Formel bringt: Falls ein Herrscher besser ist, werden auch die Bräuche genauer befolgt werden, ist er schlechter, so gilt dies auch für die Sitten (§ 8). Es handelt sich um eine Sicht, nach der nicht die Institutionen über die Güte eines Staates entscheiden, sondern der Person, die an der Spitze steht, die größte Bedeutung zukommt.[37]

Der Gedanke stellt im Grunde eine Variante des Topos dar, daß die Untertanen so beschaffen sind wie ihr Herrscher.[38] Dieser Topos findet sich im letzten Kapitel der Kyrupädie, um zu erklären, warum die Perser der Gegenwart nicht mehr fromm und gerecht sind. Der Hinweis auf den Zusammenhang, der zwischen der Güte eines Herrschers und der der Sitten besteht, ist als Vorbereitung auf den Schluß des Werkes wichtig.[39] Das Dogma bildet die theoretische Grundlage für Xenophons Verfallstheorie.

Wie Kyros das persische Reich mit Bezug auf die Verwaltung zu ordnen und zu organisieren beginnt und als Erzieher wirkt, zeigt Xenophon in VIII 1,9–48. Die Beschreibung wird von der Vorstellung geprägt, daß ein wohlgeordnetes Ganzes einer Hierarchisierung bedarf. Xenophon geht zunächst von einer prinzipiellen Zweiteilung aus. Er schildert, wie Kyros Spezialisten in der Administration einsetzt, die für Einkünfte und Aufwendungen zuständig sind, Arbeiten überwachen, als Schatzmeister fungieren und für die Lebensmittel des Palastes sorgen (§ 9).

Auf der anderen Seite wählt Kyros Personen aus, die als Taxiarchen, Strategen, Gouverneure und Gesandte fungieren sollen (§ 10–11).[40] Der Leser erfährt, daß Kyros die Ausbildung dieser Klasse selbst übernehmen will (§ 10). Xenophon läßt sich von der Vorstellung leiten, daß zwischen dem Amt des Feldherrn und dem des Herrschers kein Wesensunterschied besteht. Der im Gespräch zwischen Kyros und Kambyses (I 6) entwickelte Gedanke, daß der ideale Stratege als Vorbild auf seine Soldaten wirken soll,

---

[37] Vgl. auch Luccioni, Les idées politiques et sociales de Xénophon, 236, W. Weathers, Xenophon's Political Idealism, The Classical Journal 49, 1953–54, 317 ff., hier: 317. Weathers, 318 hebt zu Recht den Unterschied dieser Sichtweise zu der Platons in der Politeia hervor.

[38] Vgl. Vect. 1,1 Ἐγὼ μὲν τοῦτο ἀεί ποτε νομίζω, ὁποῖοί τινες ἂν οἱ προστάται ὦσι, τοιαύτας καὶ τὰς πολιτείας γίγνεσθαι, Isocr. 2, 31 Μὴ τοὺς μὲν ἄλλους ἀξίου κοσμίως ζῆν, τοὺς δὲ βασιλέας ἀτάκτως, ἀλλὰ τὴν σαυτοῦ σωφροσύνην παράδειγμα τοῖς ἄλλοις καθίστη, γιγνώσκων ὅτι τὸ τῆς πόλεως ὅλης ἦθος ὁμοιοῦται τοῖς ἄρχουσιν, 3,37. – Der Topos noch bei Machiavelli Discorsi III 29.

[39] Vgl. auch Due, 38.

[40] Vgl. auch Breebaart, From Victory to Peace, 122, der allerdings fälschlich meint, diese zweite Gruppe habe keine festen Aufgaben.

trägt im achten Buch mit Bezug auf den idealen Herrscher weiter. Kyros hält es für unmöglich, andere zu schönen und guten Taten anzuspornen, ohne selbst gut zu sein (§ 12).[41]

Das Besondere an dieser Konzeption ist die Vorstellung, daß der gute Herrscher als Lehrer zu wirken hat.[42] Der springende Punkt ist die dazu nötige Muße. Xenophon löst dieses Problem, indem er ein Analogiemodell entwickelt: Um die ökonomische Verwaltung des Staates zu sichern und die nötige σχολή zu erhalten, läßt sich Kyros von der hierarchischen Organisationsform des Heeres leiten (§ 14).[43] Sie ermöglicht eine Zentralisierung der Verwaltung (§ 15) und erlaubt es Kyros, wie Xenophon besonders betont, mehr Muße als derjenige zu haben, der sich um ein einziges Haus oder Schiff zu kümmern hat (§ 15). Der Vergleich soll als Paradoxon auf den Leser wirken.

Wie Kyros die gewonnene Muße nutzt, um als Erzieher zu wirken, zeigt Xenophon im folgenden in zwei Schritten. Zunächst schildert er, wie Kyros die Aristokraten, die nicht regelmäßig am Hof erscheinen, zur Disziplin anhält (§ 16–20). Xenophon zeigt einen Monarchen, der nicht durch Sanktionen straft, sondern der durch den Entzug von Privilegien bei den Betroffenen die Einsicht erzeugen will, daß sie sich selbst schädigen.

Denjenigen, die seine ständige Nähe suchen, versucht Kyros ein Vorbild an ἀρετή zu sein (§ 21–33). Xenophon entwickelt in diesem Abschnitt eine knappe Systematik der Eigenschaften, die den guten Herrscher auszeichnen und die er zu vermitteln versucht. Wichtig ist zunächst die einleitende Reflexion über den erzieherischen Wert der geschriebenen Gesetze im Vergleich zum Monarchen. Erstere sind zwar in der Lage, die Menschen besser zu machen, doch hat der Herrscher den Vorteil, als ein νόμος βλέπων jeden zu sehen und gegebenenfalls zu strafen (§ 22).[44] Die Nomoi werden in dieser Konzeption des Königs als eines lebendigen Gesetzes nicht außer Kraft gesetzt.[45] Xenophon bestreitet nicht ihre erzieherische Wirkung, doch stellt er über sie den idealen Herrscher, der zugleich das ideale Gesetz verkörpert.

---

[41] Vgl. auch Isocr. 3,38.

[42] Vgl. auch Luccioni, Les idées politiques et sociales de Xénophon, 240.

[43] Vgl. Luccioni, a. a. O., 239, Wood, 56, Breebaart, 122.

[44] Zur νόμος βλέπων-Vorstellung vgl. auch oben S. 30 f. Cic. Leg. III 1,2 ut enim magistratibus leges, ita populo praesunt magistratus, vereque dici potest, magistratum esse legem loquentem, legem autem mutum magistratum. Ob Cicero die Formel vom Magistraten als einem sprechenden Gesetz Xenophon verdankt, ist eine andere Frage. Möglicherweise steht er unter dem Einfluß peripatetischer Tradition, die letztlich auf Aristoteles' Politik (III 13, 1284a13 f.) zurückführt.

[45] Vgl. auch Luccioni, Les idées politiques et sociales de Xénophon, 236. Anders Carlier, 156; vgl. auch Farber, Xenophon's Theory of Kingship, 153 f.

Der Katalog der Eigenschaften, die Kyros auszeichnen und durch die er als Vorbild wirkt, enthält im wesentlichen alle Elemente, die der Leser durch die Beschreibung der persischen Erziehung und die Darstellung von Kyros' Taten bereits kennt. An der Spitze steht wie im vergleichbaren Katalog im Agesilaos (3,2) die εὐσέβεια (§ 23).[46] Kyros kümmert sich, wie Xenophon ausdrücklich vermerkt, im Zustand des größeren Glückes noch mehr als zuvor um die Götter. Er befolgt damit einen Grundsatz seines Vaters Kambyses.[47] Dahinter verbirgt sich Xenophons Überzeugung, daß der Mensch sich nicht erst in der Not an die Götter zu wenden hat, um sich ihre Unterstützung zu sichern.[48]

Xenophon sieht in der εὐσέβεια jedoch auch eine ἀρετή, die sich für den Herrscher im Verhältnis zu den Untertanen günstig auswirkt, da sie ihm größere Sicherheit gewährt (§ 25).[49] Kyros will lieber fromme Bürger wie auch die, die eine Schiffsreise planen, lieber mit εὐσεβεῖς fahren wollen. Hinter dem Vergleich steht die alte Vorstellung, daß der Unfromme oder mit irgendeiner Schuld Befleckte der Gemeinschaft auf der Fahrt Unglück bringen kann.[50]

Auf die εὐσέβεια läßt Xenophon an zweiter Stelle die Gerechtigkeit folgen (§ 26). Auch dies findet seine Entsprechung im Katalog der ἀρεταὶ βασιλικαί im Agesilaos (4,1). In der engen Verbindung der beiden Kardinaltugenden εὐσέβεια und δικαιοσύνη kommt die Überzeugung zum Ausdruck, daß der Fromme auch gerecht sein wird und umgekehrt das Gleiche gilt.[51] Kyros selbst wird in seiner Rede vor dem Tode an die Söhne appellieren, sich nicht nur der εὐσέβεια, sondern auch der Gerechtigkeit gegenüber den Menschen zu befleißigen.

Ein Konnex besteht auch zwischen der an dritter Stelle genannten αἰδώς (§ 27) und der σωφροσύνη (§ 30)[52], zwischen denen Xenophon ein weiteres

---

[46] Vgl. auch VIII 8,2–3. Walzer, Sulla religione di Senofonte, 23 spricht von einer Vorherrschaft der εὐσέβεια in der xenophontischen Wertehierarchie. Vgl. auch Gruber, Xenophon und das hellenistisch-römische Herrscherideal, 29 f.

[47] Vgl. I 6,3.

[48] Vgl. oben S. 113.

[49] Einseitig Farber, Xenophon's Theory of Kingship, 151, der nur diesen Aspekt hervorhebt.

[50] Vgl. Eur. El. 1354 f. οὕτως ἀδικεῖν μηδεὶς θελέτω / μηδ' ἐπίορκων μέτα συμπλείτω, Antiph. 5,82. Hutchinson verweist auf Aesch. Sept. 602 ff., Hor. Od. III 2,26 ff. Vgl. auch R. Heinze, Q. Horatius Flaccus, Oden und Epoden, Dublin-Zürich [13]1968 zu III 2,27–29.

[51] Vgl. auch Isocr. 2,20. Schwartz, Ethik der Griechen, 56, Gruber, Xenophon und das hellenistisch-römische Herrscherideal, 31.

[52] Vgl. oben S. 77 f.

Mal den Gehorsam als ein Gut hervorhebt (§ 29). Etwas Ähnliches fand sich
schon in der Darstellung der persischen Erziehung (I 2,7–8). wo Xenophon
die ἀναισχυντία als Gegenteil der αἰδώς nannte und als nächstes die σωφροσύνη namhaft machte. Er unterstreicht durch die Wiederholung dieser
Anordnung die Kontinuität, die Kyros nach den Eroberungen in Babylon
anstrebt. Bemerkenswert ist die Differenzierung, die Xenophon zwischen
diesen beiden ἀρεταί in VIII 1,31 vornimmt:[53] Die, die Scham besitzen,
meiden das Schändliche, das offenbar ist, die Besonnenen hingegen auch
das, was verborgen bleibt. Im Hintergrund steht der Gedanke, daß der
wahre Gute nicht der Öffentlichkeit bedarf, um von der Schlechtigkeit abgehalten zu werden, da er sich von der eigenen Einsicht leiten läßt.[54]

Die Schlußstellung im Katalog der königlichen ἀρεταί nimmt die ἐγκράτεια ein (§ 32). Sie erhält dadurch besonderes Gewicht. Hier wie schon im
ersten Buch (I 5,12) und am Schluß des siebten Buches (VII 5,80 f.) wird
deutlich, daß die Beherrschtheit, zu der Kyros erziehen will, kein Selbstzweck ist und auch keine Askese sein soll.[55] Die vorgängigen Mühen sollen
vielmehr ein richtiges Genießen ermöglichen und dazu beitragen, die ἀρετή
zu erlangen.[56]

Der Hinweis auf die ἐγκράτεια schafft den Übergang zu einem xenophontischen Topos. Der Leser erfährt, daß Kyros diejenigen, die ihn am Hofe
regelmäßig aufsuchen sollen, auch durch die Jagd übt (§ 34–38). Die Vorstellung, daß es sich bei der Jagd um die beste Übung für den Krieg und
zugleich um die ideale Betätigung handelt, um sich zu beherrschen und
Mühen, Kälte, Hitze, Hunger und Durst zu ertragen (§ 34–36), reflektiert
Xenophons Überzeugung. Das gleiche Dogma entwickelte er bereits in der
Darstellung der persischen Erziehung (I 2,10–11).[57] Xenophon fügt in VIII
1,36 die Bemerkung hinzu, daß auch jetzt der persische König und sein
Hof sich in der Jagd üben. Diesem Hinweis widerspricht nur scheinbar VIII
8,12[58], wo es heißt, Artaxerxes und seine Begleiter gingen nicht mehr wie

---

[53] Es besteht kein Grund, die Stelle mit Nitsche und Marchant als Interpolation zu
athetieren. Im Gegenteil: Daß die σωφροσύνη in § 31 von der Scham abgegrenzt wird,
ist nach der vorhergehenden Aussage zu erwarten.

[54] Vgl. auch Demokrit (?) VS 68 B 264 und oben S. 78, A. 54.

[55] Vgl. auch Hoistad, 79, Gruber, Xenophon und das hellenistisch-römische Herrscherideal, 35.

[56] Vgl. Due, 179 ff., bes. 181: "It is obvious then that ἐγκράτεια aims at ἀρετή. It is
one of the ways, and an important way, in which one can train for ἀνδραγαθία, where
moral virtue and physical fitness belong together. It is also evident that ἀρετή is not an
abstract idea in the Cyropaedia, but rises from a solid foundation of practical training."

[57] Vgl. oben S. 81.

[58] Vgl. auch Luccioni, Les idées politiques et sociales de Xénophon, 247, A. 281.

früher auf die Jagd, sondern zeigten sich eifersüchtig auf die, die sich regelmäßig an die unter Kyros praktizierten Jagdbräuche halten. Im Schlußkapitel
wird nicht behauptet, unter Artaxerxes sei der frühere Brauch aufgegeben
worden. Die Spitze richtet sich hier vielmehr gegen einen dekadenten
Herrscher, der aus Trunksucht nicht mehr in der Lage ist, sich ständig in
der Jagd zu üben.

Xenophon läßt auf den Abschnitt über die Jagd ein Aition folgen. Kyros
entschließt sich, selbst die medische Kleidung anzulegen, und fordert die
künftigen Magistrate ebenfalls dazu auf (§ 40). Der Leser erfährt, daß letztere
auch höhere Schuhe tragen und sich schminken sollen (§ 41). Schließlich
sorgt Kyros dafür, daß sie in der Öffentlichkeit das πρέπον wahren, indem
sie nicht ausspucken, sich nicht schneuzen und sich nach nichts umdrehen
(§ 42). Mit letzterem sollen sie den Anschein erwecken, sich über nichts zu
wundern. Von ferne erinnert dies an das stoische Dogma, daß der Weise
keine Verwunderung über anscheinend unerwartete Dinge zeigt.[59]

Alle diese Maßnahmen führt Xenophon auf Kyros' Absicht zurück, den
Herrschenden größeren Respekt bei den Untertanen zu verschaffen (§ 42).
Neu und überraschend ist für den Leser die Information, daß die für hohe
Ämter vorgesehenen Personen nicht nur durch die medische Kleidung, son-
dern durch entsprechende Schuhe und Schminke ihre Autorität vergrößern
sollen. Dies steht nicht in Widerspruch zu der Bemerkung in I 3,2, daß die
Kleidung und Lebensweise der Perser auch jetzt noch viel einfacher als die
der Meder seien. Xenophon bezieht die Aussage im ersten Buch auf die
Perser des Stammlandes, während es in VIII 1,40 um künftige Taxiarchen,
Strategen, Satrapen und Gesandte im gesamten Reich geht.

Was die Übernahme der medischen Kleidung betrifft, so stimmt Xenophon mit Herodot (I 135) überein. Während Herodot jedoch darin den
Beweis für die Fähigkeit der Perser sieht, sich zu assimilieren und fremde
Sitten zu übernehmen, deutet Xenophon diese Maßnahme als ein Mittel,
das die Herrschenden auch äußerlich von den Untertanen unterscheiden
soll, um ihnen größeren Respekt zu verschaffen.

Auf der Gegenseite schildert Xenophon kurz, wie sich Kyros gegenüber
den Unfreien verhält, die den Herrschenden dienen (§ 43–44). Der Leser
soll den Eindruck gewinnen, daß Kyros sich auch um sie kümmert. Was sie
von den Freien unterscheidet, ist, daß sie nicht an deren Mühen partizipieren (§ 43), womit die Jagd und die Übung mit Waffen gemeint sind. Wichtig

---

[59] Vgl. SVF III 642 ἔτι γε τὸν σοφὸν οὐδὲν θαυμάζειν τῶν δοκούντων παραδόξων
κτλ. (die Stelle bei Holden), Plut. De aud. 44 B wird die Maxime μηδὲν θαυμάζειν
Pythagoras zugeschrieben.

ist der Hinweis, daß die Unfreien wie die ἄριστοι Kyros als Vater bezeichnen
(§ 44). Xenophon entwirft das Bild eines Herrschers, dessen Sorge im
Grunde jedem gilt.

Der Schluß des ersten Kapitels (§ 45–48) gilt der Frage, wie Kyros für
die eigene Sicherheit sorgt. Auf der einen Seite bedarf es gegenüber den
unterworfenen Völkern keiner besonderen Maßnahme, da sie militärisch
nicht organisiert sind (§ 45). Auf der anderen Seite stehen die bewaffneten
Verbündeten, die eine potentielle Gefahr bilden (§ 46).[60] Die Pointe, auf die
es Xenophon ankommt, besteht darin, daß Kyros letzteren ihre Waffen läßt
und sie zu seinen besten Freunden machen will (§ 48).

Im zweiten Kapitel zeigt Xenophon, wie sich Kyros als εὐεργέτης der
Freundschaft der κράτιστοι versichert.[61] Es handelt sich um einen klar ge-
gliederten Block, dessen Thema in 1,48 angekündigt und am Schluß des
zweiten Kapitels durch einen korrespondierenden Satz rekapituliert wird.[62]

Xenophon differenziert zunächst zwischen der Vergangenheit und der
Gegenwart: Während Kyros früher, als ihm die Mittel fehlten, durch προνοεῖν, προπονεῖν und die Sympathie in Freud und Leid versuchte, 'die
Freundschaft zu jagen' (§ 2)[63], bemüht er sich nun, durch χρήματα Wohltaten zu erweisen (§ 2 ff.). Gemeint sind damit zwei Dinge: zum einen der
Anteil an Speise und Trank (§ 2 ff.)[64], zum anderen Kyros' Freigebigkeit
(§ 7 ff.). Xenophon gibt eine aitiologische Erklärung, indem er Kyros zum
Begründer dieser Bräuche macht und jeweils bemerkt, daß sie auch jetzt
noch Bestand haben (§ 4, 7).

---

[60] Luccioni, Les idées politiques et sociales de Xénophon, 241 und Delebecque, Xénophon, Cyropédie III, 98, A. 3 beziehen οὓς δὲ κρατίστους τε ἡγεῖτο καὶ ὡπλισμένους
καὶ ἀθρόους ὄντας ἑώρα (§ 46) ebenfalls auf die Unterlegenen. Dies kann, wie Carlier,
152, A. 50 feststellt, nicht richtig sein. Militärische Funktionen haben nur die Sieger;
vgl. VII 5,68, VIII 1,10 f.

[61] E. Skard, Zwei religiös-politische Begriffe, Euergetes-Concordia, Oslo 1932, 50 f.
und Hoistad, 79 sehen im εὐεργετεῖν des Kyros keine Verwandtschaft mit der politischen
Vorstellung des εὐεργέτης gegenüber der Polis. Kyros' Wohltaten seien immer auf die
Freunde bezogen. Das ist so nicht richtig, wie VII 2,6 f. zeigt. Die politische Vorstellung
vom εὐεργέτης erhellt deutlich aus III 3,4, wo die Bevölkerung Armeniens Kyros als
εὐεργέτης begrüßt.

[62] Vergleichbar ist Mem. I 2,13 und I 2,38. Vgl. auch Apol. 1,34.

[63] Das hier nur angedeutete Bild von der Jagd nach der Freundschaft führt Xenophon
besonders Mem. II 6,8 ff. aus. Vgl. auch C. J. Classen, Untersuchungen zu Platons Jagd-
bildern, Berlin 1960, 24.

[64] Vgl. dazu auch Plut. Artox. 22,2 und den Testimonienapparat K. Zieglers zur Stelle.

Was die Gepflogenheit des Herrschers betrifft, Freunden an den Speisen und Getränken Anteil zu geben, so stützt sich Xenophon auf seine eigene Erfahrung, wie aus der Anabasis (I 9,25 ff.) erhellt.[65] Dort schildert er, wie Kyros der Jüngere Freunden Wein, Fleisch und Brot zukommen läßt. Das Besondere an der Anabasisstelle ist Xenophons Hinweis, daß es sich um Wein und Speisen handelt, die der König bereits kostete. Dadurch wird sinnfällig, daß seine Geste Freundschaft und Verbundenheit symbolisiert.

In der Kyrupädie begründet Xenophon in einem interessanten Exkurs, warum die königlichen Speisen derart vorzüglich sind (§ 5–6).[66] Er sieht darin die Bestätigung eines ökonomischen Gesetzes, das für alle Technai Gültigkeit besitzt: Der Wert der technischen Arbeit und der durch sie erzeugten Gegenstände hängt von der Arbeitsteilung ab. Xenophon kontrastiert kleine Städte, in denen diese Spezialisierung kaum ausgeprägt ist, mit den Verhältnissen der Großstadt und erklärt die Ausbildung der Arbeitsteilung mit der Vielzahl der Bedürfnisse (§ 5). Der höchste Grad der Spezialisierung muß, wie er zuversichtlich behauptet, zur Optimierung der Arbeit führen (§ 5).

Hinter dieser Theorie steht die Überzeugung, daß der Einzelne mehrere Tätigkeiten nicht gut ausüben kann. Sie erinnert an Platon, der in der Politeia (369b5 ff.)[67] beschreibt, wie die Polis aus einem wachsenden Bedürfnis nach spezifischen Tätigkeiten entsteht, die nicht von einem Menschen auszuüben sind.[68] Xenophon und Platon sehen in der χρεία den Ausgangspunkt für eine zunehmende Spezialisierung der Arbeit, wobei Platon noch eine weitere Ursache, die Verschiedenheit der natürlichen Anlagen, nennt (370a7 ff.).

Zwischen beiden Autoren gibt es auf der anderen Seite Unterschiede: Xenophon spricht von einer noch weitergehenden Arbeitsteilung innerhalb einer Techne, wie das Beispiel des Schuhmacherhandwerks und der Kochkunst zeigt. Er differenziert zugleich empirisch zwischen den kleinen und großen Städten und bezieht seine Theorie der Spezialisierung nur auf letz-

---

[65] Die gleiche Sitte schreibt er den spartanischen Königen zu; vgl. Ages. 5,1, Resp. Lac. 15,4 (Hinweis auf die Stelle bei Holden).

[66] Zur Stelle vgl. auch Luccioni, Les idées politiques et sociales de Xénophon, 242, A. 256, Wood, 57, A. 113. M. J. Finley, Aristotle and Economic Analysis, in: Studies in ancient Society, London 1974, 26–52, hier: 27 f., Die antike Wirtschaft, München 1977, 161.

[67] Vgl. zur Stelle Adam, The Republic of Plato, Vol. I, 1938. Vgl. auch Resp. 394e2 ff., 434a9 ff.

[68] Vgl. auch Leg. 846d1 ff., Arist. Pol. II 11, 1273b9 f.

tere. Platon hingegen geht es um den Genese der idealen Polis. Seine Analyse berücksichtigt nicht die von der Größe einer Stadt abhängigen Bedingungen der Arbeit.

Nach dem Exkurs über die Arbeitsteilung schildert Xenophon, wie sich
Kyros durch besondere Großzügigkeit auszeichnet (§ 7–9). Seine Darstel-
lung bildet eine Mischung aus Fiktion und eigener Erfahrung, die er auf
Kyros zurückprojiziert. In der Anabasis (I 2,27)[69] schildet er, wie Kyros der
Jüngere Syennesis, den König Kilikiens, mit kostbaren Geschenken bedenkt.
Drei dieser Geschenke erwähnt er auch in der Kyrupädie (§ 8). Die Kyrupä-
diestelle hat den Charakter eines kurzen Enkomion. Es dient dem Nach-
weis, daß es sich bei Kyros um einen einzigartigen Herrscher handelt. Am
Ende (§ 9) macht Xenophon erneut auf den Titel πατήρ aufmerksam, den
Kyros als einziger persischer König erhält.

In einem auf den ersten Blick nur losen Zusammenhang mit dem Thema
εὐεργετεῖν stehen die folgenden Bemerkungen über die 'Augen und Ohren'
des Königs (§ 10–12). Auch hierbei handelt es sich um einen eher assoziativ
angeschlossenen Exkurs, den Xenophon etwas gezwungen unter das Thema
'Wohltaten' zwängt (§ 12).

Xenophon polemisiert in diesem Exkurs gegen die Auffassung, daß es
sich bei den 'Augen und Ohren' des Königs nur um eine Person und gleichsam um ein festes Amt handelt, und bemüht sich im Grunde, das Spitzelwesen zu rechtfertigen.[70] Carlier[71] interpretiert die 'Augen und Ohren' des
Herrschers als Mittel, das zu den traditionellen Methoden der Tyrannen
gehöre. Xenophon wolle auf den ambivalenten Charakter der Herrschaft,
die er beschreibt, hinweisen. Die erste Behauptung hat für sich betrachtet
eine gewisse Berechtigung. Das Spitzelwesen rechnet Aristoteles (Pol. V 11,
1313b1 ff.) zu den Charakteristika des zeitgenössischen Persien. Doch der
Sinn des Exkurses ist nicht darin zu sehen, daß Xenophon den Leser auf
die Problematik der persischen Monarchie aufmerksam machen will. Er
richtet sich in erster Linie gegen die traditionelle Vorstellung, bei dem 'Auge' des Königs handle es sich um eine einzige Person. Zum zweiten wäre

---

[69] Die Parallele bereits bei Dindorf zu § 8.

[70] Vgl. Breitenbach, Xenophon, 1739, der vermutet, Xenophon polemisiere gegen
eine historische Quelle. Eher ist die Stelle mit Breebaart, 126 als Spitze gegen die bei
den Griechen verbreitete Auffassung zu verstehen, daß eine Person das 'Auge' des Königs
bilde; vgl. Hdt. I 114, Aesch. Pers. 978 f. Weitere Stellen bei P. Groeneboom, Aischylos'
Perser II, Göttingen 1960 zu 977–81.

[71] Carlier, 156 f.

der den Abschnitt beschließende Satz, mit dem Xenophon deutlich macht, daß er Kyros als εὐεργέτης verstanden wissen will, bei Carliers Interpretation völlig unverständlich.

Xenophon macht im Anschluß an diesen Exkurs deutlich, daß Kyros sich nicht nur durch Geschenke für Freunde auszeichnet, sondern sich vor allem um letztere kümmert (§ 13). Die Gegenüberstellung der δῶρα und der ἐπιμέλεια τῶν φίων findet sich in einem ähnlichen Wortlaut mit Bezug auf Kyros den Jüngeren in der Anabasis (I 9,24 καὶ τὸ μὲν τὰ μεγάλα νικᾶν τοὺς φίλους εὖ ποιοῦντα οὐδὲν θαυμαστόν, ἐπειδή γε καὶ δυνατώτερος ἦν· τὸ δὲ τῆι ἐπιμελείαι περιεῖναι τῶν φίλων καὶ τῶι προθυμεῖσθαι χαρίζεσθαι, ταῦτα ἔμοιγε μᾶλλον δοκεῖ ἀγαστὰ εἶναι).[72] Xenophon übernimmt das θεραπεία-Motiv aus der Anabasis und überträgt es auf den Reichsgründer.

Neu ist an der Kyrupädiestelle der Vergleich zwischen einem guten Hirten und einem guten Herrscher (§ 14). Xenophon zitiert ihn als einen Ausspruch des Kyros, um auf diese Weise den Anspruch auf Authentizität zu untermauern. Der Vergleich klang bereits im Proöm (I 1,1–2) an. Seine Begründung erfährt er jedoch erst im achten Buch.

Das tertium comparationis zwischen dem Hirten und dem Herrscher ist die Eudaimonie derer, die ihrer Obhut bedürfen, auf der einen Seite der Herde, zum anderen der Städte und Menschen (§ 14). Xenophon sieht zwischen beiden Tätigkeiten keinen Wesensunterschied. Er steht damit in auffälliger Nähe zu Antisthenes. Zwar ist der Vergleich für Antisthenes nicht ausdrücklich bezeugt, doch ist es wahrscheinlich, daß er ihn benutzte.[73] Denn er sieht im εὖ πράττειν ein wesentliches Kennzeichen des Herrschers[74], und eben hierin sind der Hirte und der König vergleichbar. Und er thematisiert die Frage, wie man richtig herrschen kann, mit Bezug auf Agamemnon, den ποιμὴν λαῶν, wie sich Xenophon (Symp. 4,6) entnehmen läßt.

Im Anschluß an den Vergleich zwischen dem Hirten und dem Herrscher erzählt Xenophon von einer Begegnung zwischen Kyros und Kroisos (2,15 ff.). Es handelt sich um eine Anekdote, die einen deutlich protreptischen und lehrhaften Charakter hat. Kroisos kommt die Rolle des Ratgebers zu, der eines Besseren belehrt wird. Kyros figuriert als der Weise, der, hierin dem herodoteischen Solon vergleichbar, gegen Ende des Gesprächs zeigt, worin die Eudaimonie besteht.

---

[72] Der Hinweis auf die Parallele schon bei Weckherlin, 1822.
[73] Vgl. oben S. 42f.
[74] Vgl. Fg. 20 DC (Kyros).

Kroisos tadelt Kyros, weil er viele Geschenke macht, statt seine Schätze im Hause zu horten (§ 15). Damit ist die Ausgangssituation für den Nachweis geschaffen, daß die Freunde und nicht materieller Besitz wahren Reichtum darstellen.[75] Kyros fragt Kroisos, wieviel Reichtum er wohl besäße, wenn er Kroisos' Rat seit Beginn seiner Herrschaft befolgt hätte, worauf dieser eine große Zahl nennt (§ 16). Kyros entsendet Hystaspas und einen Vertrauten des Kroisos zu allen Freunden mit der Bitte, ihm mitzuteilen, wieviel Geld sie ihm schicken können, da er es benötige (§ 16–17). Die Summe ergibt ein Vielfaches der von Kroisos genannten Zahl (§ 18).

Die Geschichte ist damit noch nicht zu Ende. Kyros läßt in einem zweiten Schritt eine Reflexion über die materiellen Güter folgen (§ 20 ff.). Er bezeichnet das Streben nach Besitz als eine den Menschen von den Göttern verliehene Eigenschaft und nimmt sich ausdrücklich nicht aus (§ 20). Worin er sich von den meisten Menschen unterscheidet, zeigt er im folgenden.

Im Mittelpunkt stehen die bekannte Antithese zwischen κτῆσις und χρῆσις und der Begriff τὰ ἀρκοῦντα.[76] Der Wert des Reichtums bemißt sich danach, wie man ihn gebraucht, nicht nach seiner Größe. Die meisten Menschen, so Kyros, horten ihren Besitz und schaffen sich dadurch selbst Probleme. Ganz analog bezeichnet der xenophontische Antisthenes im Symposion (4,37) das unersättliche Streben nach Besitz als eine schlimme Krankheit.

Auf der Gegenseite steht eine Haltung, die sich durch den richtigen Gebrauch der Güter auszeichnet. Kyros nimmt sie für sich in Anspruch, da er alles, was er nicht benötigt, dazu benutzt, den Freunden und überhaupt den Menschen Gutes zu erweisen (§ 22). Der daraus resultierende Gewinn besteht nach Kyros aus Sicherheit und Ruhm (§ 22). Der Abschnitt endet mit einem Paradox: Der Ruhm erleichtert die, die ihn davontragen, in dem Maße, in dem er wächst (§ 22). Bei dem Gedanken handelt es sich um eine Abwandlung der von Kambyses in I 6,25 aufgestellten These, daß die Ehre die Mühen, die ein Herrscher auf sich nimmt, erträglicher macht.

Kyros beschließt seine Ausführungen mit einer Reflexion über die Eudaimonie. Er bezeichnet nicht den, der am meisten besitzt, sondern denjenigen, der diesen Besitz auf gerechte Weise erwirbt und ihn richtig gebraucht, als εὐδαιμονέστατος (§ 23).[77] Die Definition ist auf das Thema der Ge-

---

[75] Vgl. zu diesem Topos auch oben S. 23; ferner H. Kloft, Zur Vita Constantini I, 14, Historia 19, 1970, 509 ff.

[76] Vgl. auch oben S. 24 mit Anm. 85.

[77] Zum Gedanken vgl. auch Anab. II 6,18.

schichte zugeschnitten. Sie erhebt nicht den Anspruch, erschöpfend die Frage nach der Eudaimonie zu beantworten. Daß zum menschlichen Glück mehr als der gerechte Erwerb und der richtige Gebrauch materieller Güter gehört, wird Kyros in seiner Rede vor seinem Tod (VIII 7,6–9) deutlich machen.

Die Geschichte, die Xenophon einlegt, dient im wesentlichen einem doppelten Zweck: Zum einen lockert sie die Darstellung auf. Eine theoretische Erörterung über den Wert der Freunde könnte dies nicht leisten. Zum zweiten zeigt sie Kyros als den Philosophenherrscher und Weisen.

Zum Bild des besorgten Herrschers, das Xenophon zeichnet, gehört der Hinweis, daß Kyros sich besonders um fähige Ärzte für die Bevölkerung bemüht (§ 24–25). Er läßt die besten Mediziner zu sich kommen, und nachdem sie ihm mitgeteilt haben, welche Instrumente oder Heilmittel ihnen am besten erscheinen, sorgt er für deren Beschaffung und übernimmt die Kosten. Xenophon macht Kyros geradezu zum Begründer eines gleichsam staatlichen Gesundheitswesens.[78] Eine Parallele zum Motiv des um die Gesundheit der Bevölkerung besorgten Herrschers gibt es in der Literatur des fünften und vierten Jahrhunderts zum Thema περὶ βασιλείας nicht. Im Grunde liegt der Gedanke jedoch nahe, wenn man wie Xenophon von der Analogie zwischen dem Herrscher und dem Hirten überzeugt ist, die sich beide um das Wohl derer kümmern sollen, die von ihnen regiert werden.

Im Rahmen des gesamten Werkes hat die Kyrupädiestelle eine feste Funktion. Sie steht in Verbindung mit I 6,15 f., wo im Gespräch zwischen Kyros und Kambyses auf die Aufgabe des Feldherrn, sich prophylaktisch um die Gesundheit des Heeres zu kümmern, hingewiesen wurde. Xenophon macht dadurch, daß er das Thema im achten Buch aufgreift, deutlich, daß das Amt des Strategen und das des Herrschers sich in diesem Punkt nicht unterscheiden.

Am Schluß des zweiten Kapitels (2,26–28) zeigt Xenophon, wie Kyros dafür sorgt, daß die Aristokraten (§ 28 κράτιστοι) größere Zuneigung zu ihm als zu einem Angehörigen ihres Standes empfinden. Kyros begründet Agone, die den Ehrgeiz fördern, und macht es zur Sitte, daß die Aristokraten im Falle eines Zivilprozesses oder eines Wettstreits die Richter selbst wählen. Er vermeidet auf diese Weise, daß diejenigen, die sich einem ungerechten Urteil unterworfen glauben, ihm Vorwürfe machen (§ 27).

Der gesamte Abschnitt ist darauf abgestellt, exemplarisch zu zeigen, wie sich ein Herrscher am besten gegenüber den κράτιστοι verhält, indem er unter ihnen Neid erzeugt und ihre Zuneigung auf sich lenkt. Xenophon

---

[78] Vgl. auch Delebecque, Xénophon, Cyropédie III, 107, A. 1.

redet nicht der Zwietracht im Staat das Wort. Im Gegenteil: Er parallelisiert und kontrastiert zugleich die Verhältnisse in demokratischen Städten mit seiner Schilderung (§ 28). Der Neid zwischen den Optimaten läßt sich nach seiner Darstellung in ein Mittel umformen, das die Anerkennung des guten Monarchen zu erhöhen vermag.[79]

Im dritten Kapitel schildert Xenophon zunächst, wie Kyros den Brauch des königlichen Auszugs aus Babylon begründet, der seinen feierlichen Höhepunkt in Opferhandlungen in heiligen Bezirken außerhalb der Stadt und in Reiteragonen findet (3,1–34). In einem zweiten Abschnitt erzählt er von einem Gespräch über die Eudaimonie zwischen dem Perser Pheraulas und einem im Reiterwettkampf siegreichen jungen Saker (§ 35–48). Eine kurze Charakteristik des Pheraulas bildet den Abschluß (§ 49–50).

Xenophon will mit der Darstellung der königlichen Prozession das Aition für einen Brauch liefern, dessen Bestehen bis in die Gegenwart er am Ende der Schilderung ausdrücklich vermerkt (§ 34). Die epische Breite, mit der er die ἐξέλασις beschreibt, hat im wesentlichen zwei Gründe: Zum einen sieht er in der Prozession eine Techne, die dazu dient, die Herrschaft vor Verachtung zu bewahren (§ 1). Er illustriert mit ihr seine bereits in VII 5,37 formulierte Überzeugung, daß es für einen Monarchen wichtig ist, sich durch σεμνότης auszuzeichnen. Zum zweiten soll die eingehende Beschreibung der Pracht und des Exotischen den Leser ergötzen.

Xenophon erzielt diese Wirkung durch eine Mischung von Realität und Fiktion. Daß er bei der Prozession einen sakralen und weltlichen Teil unterscheidet, scheint persischen Brauch widerzuspiegeln.[80] Etwas Ähnliches deutet Herodot (VII 40) mit Bezug auf den Auszug des Xerxes aus Sardes an. Hier bilden die Lastenträger und Zugtiere die Spitze, es folgen tausend ausgewählte Reiter der Perser, danach Lanzenträger und die zehn heiligen Nisäischen Pferde, dahinter das heilige, von acht Pferden gezogene Gespann des Zeus (Ahuramazda). Erst danach erscheint Xerxes und mit ihm die Masse des Heeres.

---

[79] Vgl. auch Breebaart, 126. Breebaart spricht in diesem Zusammenhang von einem "Machiavellistic μηχάνημα", doch Machiavelli gibt weder in den Discorsi noch im Principe eine ähnliche Empfehlung mit Bezug auf das Verhältnis zwischen dem Herrscher und der Aristokratie. Im Gegenteil: Im neunten Kapitel des Principe empfiehlt er, daß ein Herrscher die ihm ergebenen Mächtigen in Ehren halten und jene, die ihm nicht geneigt sind, in seine Dienste nehmen oder sich vor ihnen wie vor Feinden vorsehen soll.

[80] Vgl. auch Sancisi-Weerdenburg, Yauna en Persai, 187–88.

Bei Xenophon ist die Abgrenzung des sakralen Teils noch deutlicher. Die Spitze des Zuges bilden vier Stiere, die für Zeus bestimmt sind. Ihnen folgen Pferde als Opfer für Helios (Mithra)[81], danach kommt eine Reihe von Wagen, die von weißen Pferden gezogen werden: wie bei Herodot einer mit goldenem Joch für Zeus, einer des Helios, der wie der erste bekränzt ist, schließlich ein dritter Wagen, dem Männer mit Feuer auf einem großen Altar folgen (§ 11–12). Erst danach wird Kyros auf einem Wagen sichtbar (§ 13). Die Reihenfolge Wagen des Zeus – Wagen des Sonnengottes findet sich bestätigt durch Quintus Curtius (III 3,11), der bei der Beschreibung der Marschordnung des persischen Heeres feststellt, daß der Wagen des Jupiter, der von weißen Pferden gezogen wird, vor dem Pferd des Sonnengottes fährt. In dieser Reihenfolge scheint sich eine persische Sitte fassen zu lassen, die Xenophon korrekt wiedergibt.[82] Allerdings wird bei Curtius das Feuer vorangetragen, während es bei Xenophon auf die drei Wagen folgt.

Bei der Beschreibung der Opfer (§ 24) orientiert sich Xenophon an griechischen Bräuchen. Er spricht von Brandopfern in τεμένη für Zeus und Helios, ferner von Schlachtopfern für Ge und die Heroen Assyriens. Die persische Religion kennt das Brandopfer nicht.[83] Was das Opfer für Ge betrifft[84], so mag Xenophon der griechischen Vorstellung von Ge als Allmutter verhaftet sein, möglicherweise übersetzt er jedoch die persische Verehrung des Elementes Erde[85] ins Griechische.

Die Reiteragone, die Xenophon im Anschluß an die Opfer beschreibt (§ 25), haben die Aufgabe, eine kleine Episode vorzubereiten.[86] Ein beim Wettkampf siegreicher junger Saker wird von Kyros vor die Wahl gestellt, sein Pferd gegen ein Königreich einzutauschen (§ 26). Er entscheidet sich für ersteres und wählt sich durch einen 'blinden Wurf' Pheraulas als Patron, dem er sein Pferd schenkt (§ 27–32).

Xenophon erzählt im folgenden von einem Gespräch zwischen Pheraulas und dem Saker, das zustande kommt, als Pheraulas den jungen Mann einlädt und bewirtet (§ 35 ff.). Das Thema ist die Frage, worin die Eudaimonie

---

[81] Vgl. zu diesem Brauch auch Anab. IV 5,35. Dio Chrys. 36,42, Ov. Fast. I 385 und zur Stelle F. Bömer, P. Ovidius Naso, Die Fasten II, Heidelberg 1958, Iustin I 10,5, Paus. III 20,4. Widengren, Die Religionen Irans, 128. Zum Pferdeopfer für Helios bei den Griechen vgl. M. P. Nilsson, Griechische Feste, Darmstadt 1957, 428.

[82] Vgl. Widengren, Die Religionen Irans, 129 f.

[83] Vgl. Hdt. I 132; Widengren, 125.

[84] Vgl. auch III 3,22.

[85] Vgl. Hdt. I 131,2, Strab. XV 3,13; Widengren, 124.

[86] Vgl. dazu auch oben S. 147 f.

besteht. Die Episode komplementiert das Gespräch zwischen Kyros und
Kroisos (VIII 2,15 ff.) über die richtige Nutzung des Reichtums.

Pheraulas, der als Plebejer dank seiner Leistungen zu Reichtum und Ansehen gelangte, wird von seinem Gegenüber aufgrund seines Besitzes für
einen glücklichen Menschen gehalten (§ 39). Die Konstellation ist typisch
für den didaktischen Charakter des folgenden Dialoges: Der Saker formuliert im Grunde die Meinung der Masse, er ist dem Schein verhaftet. Pheraulas belehrt ihn eines Besseren.[87] Dies geschieht in drei Schritten: Zunächst zeigt er, daß ihm seine Güter in dem Maße, in dem sie wachsen,
größere Sorgen bereiten, da er sich um das Wohl derer, die ihm unterstehen,
zu kümmern hat (§ 40–41). Es folgt der Nachweis, daß das Besitzen nicht
so angenehm ist wie der Verlust der χρήματα schmerzlich (§ 42). Schließlich
hebt Pheraulas hervor, daß der Reiche großen Aufwand für die Götter, die
Freunde und die ξένοι zu treiben hat (§ 44). Hierbei handelt es sich offenbar
um einen Lieblingsgedanken Xenophons. Das gleiche Argument kehrt im
Preis der Armut wieder, den er Charmides im Symposion (4,30) in den
Mund legt. Und auch Sokrates stellt im Oikonomikos (2,5–6) seine Armut
über den Reichtum des Kritobulos, indem er ihn darauf hinweist, daß er
gezwungen ist, viel für die Götter, die Gäste und die Polis aufzuwenden.
Im Hintergrund dieser Argumentation steht der Gedanke, daß der Reichtum nicht freier macht, sondern belastet.

Pheraulas' Gesprächspartner läßt sich nicht überzeugen, und so endet das
Gespräch mit einem ebenso paradoxen wie folgerichtigen Ergebnis: Pheraulas schenkt dem Saker seine Güter und verlangt nichts weiter, als von ihm
wie ein ξένος bewirtet zu werden. Der Saker wird sein ἐπίτροπος, der ihm
die nötige Muße verschafft zu tun, was ihm gefällt (§ 48). Wozu Pheraulas
diese Muße nutzt, teilt Xenophon im folgenden mit: Er kümmert sich als
φιλέταιρος um seine Freunde und erfreut sich der Zuneigung des Sakers,
weil er ihm auch das, was er in Zukunft erhält, schenkt (§ 50). Der 'Tausch'
hat zum Ergebnis, daß der Reiche dadurch gewinnt, daß er auf seinen Besitz
verzichtet. Diese implizite Lehre der Geschichte ist im wesentlichen die in
Dialog umgesetzte und ins Extrem gesteigerte Auffassung des Demokrit (VS
68 B 286), daß derjenige glücklich ist, der bei mäßigem Vermögen wohlge-
mut ist, und unglücklich der, der mißmutig ist bei großem Besitz.

---

[87] Vergleichbar ist der Beginn des Hieron (1,8 ff.): Simonides erliegt der falschen Annahme, das Leben des Tyrannen unterscheide sich vom Leben des Privatmannes durch
größere Freuden und weniger Leiden. Er schafft somit die Ausgangsbasis für Hieron, der
nachweist, daß das Gegenteil der Fall ist.

Die Episode hat im weiteren Kontext der Kyrupädie keine Funktion. Xenophon benutzt sie nur dazu, zwei gegensätzliche Standpunkte zum Problem der Eudaimonie zu verdeutlichen, wobei es auf die Personen, die sie vertreten, gar nicht ankommt. Sie spielen im weiteren Verlauf keine Rolle. Erzähltechnisch erfüllt das Gespräch über die Eudaimonie jedoch sehr wohl eine Aufgabe: Es dient der Variation und der Auflockerung.

Das vierte Kapitel bringt einen Themawechsel. In einem ersten Abschnitt (4,1–27) erzählt Xenophon von Tischgesprächen während eines Symposions, das Kyros, um seinen eigenen Sieg im Reiteragon zu feiern, für einige ausgewählte Freunde veranstaltet.

In der Einleitung (§ 3–5) erfährt der Leser zunächst Genaueres über die Sitzordnung. Es handelt sich um eine Rangfolge. Xenophon macht Kyros zum Begründer dieses Brauches und stellt ausdrücklich fest, daß er bis in die Gegenwart Gültigkeit besitzt (§ 5). Eine Bestätigung für letzteres liefert Plutarch (Quaest. conv. 619 B), der in einer Synkrisis der persischen, griechischen und römischen Sitzordnung festhält, daß bei den Persern der Mittelplatz der Ehrenplatz ist, der dem König gebührt.

Xenophon bemerkt zum zweiten, daß diese Sitzordnung bei Kyros nicht für alle Zeiten fest ist. Derjenige, der sich besonders auszeichnet, hat die Möglichkeit, bei einer anderen Gelegenheit einen ehrenvolleren Platz einzunehmen, und dem, der sich als leichtsinnig erwies, droht eine Zurückstufung (§ 5). Es handelt sich um eine Fiktion, durch die das Symposion gleichsam zu einem Spiegel der gesellschaftlichen Verhältnisse wird, die Xenophon im achten Buch beschreibt.[88]

Die Tischgespräche sind nicht philosophischen Inhalts. Sie sollen den Leser in erster Linie unterhalten und ergötzen. Xenophon erzielt diese Wirkung durch eine bunte Mischung scherzhafter Gespräche, in denen allerdings das gnomische Element nicht fehlt (§ 14). Auf ihren scherzhaften Charakter weist er zweimal hin (§ 12, 23). Doch es kommt noch etwas hinzu. Die Unterhaltung beginnt nach dem Essen mit einem Kompliment des Gobryas für Kyros, indem er seine besondere Philanthropie hervorhebt (§ 7). Kyros bezeichnet die Tätigkeiten dieser Philanthropie als angenehmer als jene des Feldherrnamtes (§ 8). Das ist wichtig, zeigt die Stelle doch, daß Xenophon Kyros als Friedensherrscher und nicht in erster Linie als den kriegerischen Eroberer verstanden wissen will.

---

[88] Vgl. auch Breebaart, 128 f.

Auf dieses Vorspiel folgt das eigentliche Symposion (§ 9).[89] Zunächst zeigt sich Hystaspas, der Vater von Dareios I., neidisch, weil Chrysantas einen ehrenvolleren Platz erhielt (§ 9–10). Kyros klärt ihn auf, daß Chrysantas sich vor allen durch seinen Gehorsam auszeichnete (§ 11). Das Gespräch nimmt nicht den Charakter einer moralischen Belehrung an. Es endet vielmehr mit einer witzigen Pointe (§ 12).

In einem zweiten Abschnitt erfährt der Leser, wie Kyros für die Tochter des Gobryas einen Mann findet und damit sein Versprechen einlöst (§ 13 ff.).[90] Die Verklammerung mit dem ersten Abschnitt erfolgt dadurch, daß Hystaspas der Bräutigam sein wird. Das Gespräch entwickelt sich in zwei Schritten: Zunächst bekundet Gobryas, seine Tochter jetzt bereitwilliger als früher einem der Perser zur Frau zu geben. Die Begründung geht über den konkreten Anlaß hinaus und verleiht dem Gespräch einen gnomischen Charakter. Xenophon benutzt Gobryas als Sprachrohr, um eine alte Gnome über den Wert der Besonnenheit im Glück zu formulieren. Den Persern gelang es, im Glück besonnen zu bleiben; dies ist schwieriger als die σωφροσύνη im Unglück. Denn es gilt: Ersteres verführt die Masse zur Hybris[91], letzteres lehrt alle, besonnen zu sein (§ 14). Der Gedanke, daß gutes Gelingen zu Hochmut verleitet, findet sich schon bei Thukydides (III 39,4) in der zugespitzten Form, daß besonders die unerwartete εὐπραγία Städte dazu verführt, hochmütig zu werden.

Der weitere Verlauf des Gesprächs wird von einem scherzhaften Ton bestimmt. Zunächst kommentiert Kyros seine Tätigkeit. Er bezeichnet sich humorvoll als δεινὸς ταύτην τὴν τέχνην (§ 18), da er allgemein erkennen könne, welche Heirat für wen gut sei. Auch hier steuert das Gespräch auf eine witzige Pointe zu: Als Chrysantas Kyros fragt, welche Frau denn am besten zu ihm passe, erhält er eine unerwartete Antwort (§ 20–21). Ihr Witz beruht darauf, daß Kyros seine Empfehlung nur mit Rücksicht auf die physischen Eigenheiten des Chrysantas, seine geringe Körpergröße und die Form seiner Nase, gibt und sich dabei an zwei Prinzipien hält, die sich im Grunde ausschließen: zum einen an das Prinzip 'Gleiches zu Gleichem', zum zweiten an das Prinzip der sich ergänzenden Gegensätze.

---

[89] Delebeque, Xénophon, Cyropédie III, 122 übersetzt ἐπεὶ ὑπέπινον (§ 9) fälschlich mit "comme ils vidaient une dernière coupe". Das Kompositum bezeichnet das Trinken nach dem Mahl oder das mäßige Trinken bei einer Tätigkeit; vgl. Anacr. 365b5. Die Reihenfolge Essen-Trinken ist traditionell. Vgl. Xenophanes VS 21 B 22 und dazu E. Heitsch, Xenophanes, Die Fragmente, München–Zürich 1983, 141.

[90] Vgl. V 2,12.

[91] Vgl. auch III 1,26 und die Stellen oben S. 157, A. 26.

Das Gespräch droht mit einer Verstimmung zu enden, da Chrysantas den Witz über seine Nasenform als Beleidigung auffaßt und seinerseits an Kyros die Frage richtet, welche Frau am besten zu einem βασιλεὺς ψυχρός passe (§ 22). Das Lachen des Herrschers und der anderen Anwesenden wirkt befreiend. Xenophon charakterisiert Kyros als einen Monarchen, der auch eine persönliche Spitze nicht übelnimmt. Das Gespräch endet mit einer scherzhaften Bemerkung des Hystaspas über Kyros' Fähigkeit, Lachen zu erzeugen, und einer ebenso scherzhaften Replik des Herrschers (§ 23).

Wenn man Xenophons Darstellung des Gastmahls überschaut, so fallen zwei Dinge besonders auf: zum einen das Motiv des Herrschers als eines προμνηστικός, zum zweiten die Rolle des scherzenden, mit urbanem Witz ausgestatteten Gastgebers. Zu ersterem gibt es in der Literatur über die Monarchie keine Parallele. In der Kyrupädie tauchte der Gedanke schon im dritten Buch (III 2,23) auf, wo Xenophon schilderte, wie Kyros für Eheschließungen zwischen den zuvor verfeindeten Armeniern und Chaldäern sorgte. Thematisch gehört das Motiv zur Charakteristik des Kyros als eines Friedensherrschers.

Was das Motiv des Königs als scherzenden Gastgebers beim Symposion betrifft, so findet sich Vergleichbares in bezug auf den makedonischen Herrscher Archelaos in der Apophthegmataliteratur.[92] Es gibt jedoch zwei Unterschiede: Die Gäste des Archelaos sind Euripides, Agathon und Timotheos[93], also Dichter. Der Herrscher erweist sich mit seinen witzig-pointierten Bemerkungen als ein ihrer würdiger Gastgeber. Zum zweiten ist das Thema bei diesem Symposion in erster Linie die Liebe, während Xenophon diese Thematik ausklammert.

Im Anschluß an das Symposion schildert Xenophon, wie Kyros die Verbündeten, die heimkehren wollen, entläßt und denen, die bleiben wollen, Land und Häuser zur Verfügung stellt (§ 28). Die erste Gruppe wird nach dem Prinzip der Angemessenheit entlohnt (§ 29). Alle erhalten, wie Xenophon vermerkt, τὸ δίκαιον μέρος (§ 30). Der kleine Abschnitt gehört thematisch zur Beschreibung, die Xenophon von Kyros' Verhalten nach der Eroberung von Babylon (VII 5,35–36) gab. Wichtig ist der wiederholte Hinweis, daß Kyros das Prinzip der proportionalen Gerechtigkeit zugrunde legt, zeigt er doch, daß sich der Herrscher an den Beschluß der Heeresversammlung (II 3,16) hält.

---

[92] Vgl. Plut. Reg. et imp. apophth. 177 A–B, Ael. VH XIII 4. – Das Symposion kann umgekehrt den Rahmen abgeben, in dem die negativen Eigenschaften eines Herrschers besonders zum Ausdruck kommen; vgl. Ael. VH IX 4 über Polykrates von Samos und Anakreon.

[93] Zu Agathon als Gast des Archelaos vgl. auch Ael. VH II 21.

Das vierte Kapitel und damit zugleich der erste, der Organisation des
Reiches gewidmete Teil endet mit einer Rede des Kyros (4,32–36). Die
Adressaten sind die φίλοι und die wichtigsten Offiziere. Der thematische
Zusammenhang mit dem vorangehenden Abschnitt ist folgender: Kyros
nimmt das Lob der Bundesgenossen, daß er sich mehr darüber freue, wenn
er schenke, als wenn er etwas erwerbe (§ 31), zum Anlaß, erneut über den
richtigen Umgang mit dem Besitz und das richtige Verhältnis zu den Freunden zu sprechen. Es handelt sich um einen kleinen Protreptikos, mit dem
sich der ideale Herrscher ein weiteres Mal als Lehrer erweist.

Die Argumentationsstruktur wird dadurch bestimmt, daß Kyros zunächst
in zwei Schritten auf das Fehlverhalten anderer Menschen hinweist, um vor
dieser Folie in einem dritten Schritt zu definieren, wie man sich richtig zu
verhalten hat. Die gleiche antithetische Struktur wies der protreptische
Schluß des Gesprächs zwischen Kambyses und Kyros (I 6,44–46) auf, wo
Kambyses ebenfalls zunächst verschiedene Formen menschlichen Fehlver-
haltens nannte, bevor er zeigte, wie wenig die menschliche σοφία in Wirklichkeit im Unterschied zur göttlichen Allwissenheit vermag.[94] Bei dieser
Abfolge scheint es sich um ein festes Strukturelement des λόγος προτρεπτι-
κός zu handeln.[95]

Die beiden Gruppen oder Typen, die Kyros zunächst als Repräsentanten
eines falschen Verhaltens gegenüber den Freunden nennt, haben eine Gemeinsamkeit: Sie verstellen sich. Ihnen geht es um die Erzeugung eines
Scheins. Die Vertreter der ersten Gruppe versuchen den Anschein zu erwek-
ken, mehr zu besitzen, als sie in Wirklichkeit haben (§ 32). Auf der anderen
Seite stehen die, die verbergen wollen, was sie besitzen (§ 33). Sie schaden
den Freunden, da diese ahnungslos, wenn sie bedürftig sind, sich nicht an
sie wenden und statt dessen sich von der Not überwältigen lassen (§ 33).[96]
Kyros gibt den beiden Typen keinen Namen. Das erste Fehlverhalten bezeichnet er jedoch als ἀνελευθερία, womit eine dem vornehmen, freien
Mann nicht geziemende Gesinnung gemeint ist.[97]

---

[94] Vgl. auch Eur. Phoen. 549–54.

[95] Noch Boethius bedient sich dieser Reihenfolge; vgl. Cons. Phil. III pr 1–pr 9.

[96] § 33 διὰ γὰρ τὸ μὴ εἰδέναι τὰ ὄντα πολλάκις δεόμενοι οὐκ ἐπαγγέλλουσιν οἱ φίλοι
τοῖς ἑταίροις, ἀλλὰ ἡττῶνται CAEGH ἀλλ’ ἀπατῶνται DF ἀλλὰ τητῶνται Dindorf ἀλλ’
ἀπάντων καὶ ἡττῶνται Delebecque. Es gibt keinen Grund, von der Überlieferung ἀλλὰ
ἡττῶνται zugunsten der Konjektur von Dindorf abzuweichen. Xenophon gebraucht
τητᾶσθαι ansonsten nicht. Der absolute Gebrauch des Verbums ist nur für Hes. Erg. 408
und Soph. El. 265 belegt.

[97] Die ἀνελευθερία äußert sich in einem Mangel an Großzügigkeit. Sie ist, aristotelisch
gesprochen (vgl. EN IV 1, 1119b27–28), eine ἔλλειψις mit Bezug auf die richtige Mitte.

Das richtige Verhalten definiert Kyros folgendermaßen (§ 34): Der ἁπλούστατος macht seine Mittel sichtbar und tritt in einen Wettstreit um die καλοκἀγαθία. Das Adjektiv ἁπλοῦς bezeichnet die einfache Art dessen, dem nicht an Verstellung gelegen ist.[98] Kyros rechnet sich selbst zu diesem Typus und macht im folgenden seinen Besitz nicht nur sichtbar, sondern stellt ihn den Freunden zur Nutzung anheim (§ 35–36). Der Gedanke, daß diese κτήματα in nichts mehr ihm als den Freunden gehören (§ 36), entspricht im Grunde dem Sprichwort κοινὰ τὰ τῶν φίλων.[99]

Daß der gute Herrscher seinen Besitz nicht verbirgt, sondern ihn zeigt, um den φίλοι und Bürgern zu nützen, ist ein alter Gedanke. In Form einer Maxime gehört er zum Fürstenspiegel. Er findet sich besonders ausgeprägt schon bei Pindar mit Bezug auf Hieron.[100] Xenophon schöpft aus dieser Tradition, wobei das Neue lediglich darin besteht, daß es bei ihm der ideale Herrscher ist, der diese Forderung in die Tat umsetzt.

II

Der zweite, der Sicherung und Organisation des Reiches gewidmete Komplex (VIII 5–6) beginnt mit einem im Grunde nicht zum Thema gehörenden Exkurs.[101] Xenophon kündigt an zu schildern, wie Kyros während der Rückkehr nach Persien für die Ordnung des Heerlagers und einen ebenso geordneten Aufbruch der Truppen zum weiteren Marsch sorgt (5,2). Das Thema ist verknüpft mit dem ersten Buch (I 6,43), wo Kambyses in einer Aufzählung der Aufgaben, die ein Feldherr zu bewältigen hat, das Anlegen eines Heerlagers nannte. Der Exkurs in VIII 5 zeigt, wie Kyros dieser Anforderung gerecht wird.

Im wesentlichen geht es Xenophon bei seiner Darstellung um zwei Dinge: zum einen um die perfekte Ordnung des Lagers, in dem jeder seinen Platz kennt und seine Aufgabe hat, so daß das Heer im Moment des Aufbruchs in kürzester Zeit marschbereit ist (5,3–7). Zum zweiten will er zeigen, wie Kyros für sich und die Truppen im Lager für die größte Sicherheit sorgt (§ 8–14).

---

[98] Vgl. Mem. IV 2,16.
[99] Vgl. Arist. EN IX 8, 1168b7–8, Dio Chrys. 3,110, Zenob. IV 79 CPG I 106.
[100] Vgl. Pyth. 1,90; vgl. auch Nem. 1,31–32, Fg. 42,3–5 Sn.-M. Vgl. ferner Hier. 11,13 ἀλλὰ θαρρῶν, ὦ Ἱέρων, πλούτιζε μὲν τοὺς φίλους· σαυτὸν γὰρ πλουτιεῖς· αὖξε δὲ τὴν πόλιν. Vgl. auch Euseb. Vita Constantini I 43,1.
[101] Zum Abschnitt vgl. auch Wood, 55 f.

Im ersten Abschnitt dokumentiert sich Xenophons Überzeugung vom hohen Wert der Ordnung. Das Thema klang bereits in III 3,70 an. Neben Oec. 8,3 ff., wo Ischomachos die Ordnung über alles stellt, ist Cyr. VIII 5,2–7 das wichtigste Zeugnis für Xenophons Hochschätzung der τάξις.

Ein zweiter Punkt kommt hinzu: Xenophon parallelisiert in VIII 5,7 wie im Oikonomikos (8,4–7) die Ordnung im Heer mit der im Haus, indem er Kyros einen Vergleich zwischen beiden Bereichen in den Mund legt. Das Neue an der Kyrupädiestelle besteht darin, daß Kyros die Ordnung im Heer in ihrer Wichtigkeit noch über den οἶκος stellt. Die Notwendigkeit einer geregelten Organisationsform gilt nach Xenophon für beide Domänen, sie ist jedoch größer im militärischen Bereich, da sich der Feldherr viel schneller auf den jeweiligen καιρός einzustellen hat und das Risiko einer späten Reaktion entsprechend höher ist (§ 7). Dahinter verbirgt sich eine καιρός-Theorie, nach der der gute Stratege nicht zuletzt danach bewertet wird, ob er im richtigen Moment das Richtige tut und wie er auf den schnellen Wechsel der Situation vorbereitet ist.

Sprachlich fällt an dem Vergleich zwischen dem οἶκος und dem Heer der dreimalige Gebrauch des Begriffs εὐθημοσύνη auf. Xenophon gebraucht ihn nur in VIII 5,7. Dies und die Häufung des Substantivs deuten auf eine literarische Anspielung, und zwar auf Hesiod (Erg. 471–72 ... εὐθημοσύνη γὰρ ἀρίστη / θνητοῖς ἀνθρώποις, κακοθημοσύνη δὲ κακίστη).[102]

Ein Bezug auf eine literarische Quelle mag auch am Ende des Abschnitts (5,15) vorliegen. Hier grenzt sich Xenophon offenbar von einer konkurrierenden, eher traditionellen Vorstellung[103] von Taktik ab. Nach ihr erschöpft sich die Taktik darin, daß ein Feldherr die Truppenbewegungen wie die Ausdehnung oder Vertiefung der Phalanx oder den Wechsel von der Marschordnung in Schlachtstellung oder das Schwenken des Heeres (§ 15 ὀρθῶς ἐξελίξαι)[104] beim feindlichen Angriff von der Seite oder von hinten beherrscht. Xenophon erweitert diesen Kreis der Aufgaben um drei weitere Punkte: um die Separierung eines Truppenteils, die Aufstellung jeder Division am nützlichsten Platz und den Eilmarsch, um dem Feind zuvorzukommen.

---

[102] Der Hinweis auf die Hesiodstelle zuerst bei Hutchinson.

[103] Vgl. Ailian. Tact. 3, der auf Aineas' Definition der Taktik als einer ἐπιστήμη πολεμικῶν κινήσεων hinweist; vgl. auch Breitenbach, Xenophon, 1736.

[104] Vgl. dazu Resp. Lac. 11,8 ἤν γε μὴν οὕτως ἐχόντων ἐκ τοῦ ὄπισθεν οἱ πολέμιοι ἐπιφανῶσιν, ἐξελίττεται ἕκαστος ὁ στίχος, ἵνα οἱ κράτιστοι ἐναντίοι ἀεὶ τοῖς πολεμίοις ὦσιν, Ailian. Tact. 27.

Im Anschluß an den Exkurs schildert Xenophon, wie Kyros auf dem Weg nach Persien Station in Medien macht und Kyaxares trifft (5,17–20). Vom Antagonismus zwischen beiden Personen ist keine Rede mehr. Im Gegenteil: Kyros ehrt den Meder mit dem Angebot einer Residenz in Babylon und einer Vielzahl von Geschenken. Kyaxares seinerseits empfängt Kyros wie einen Sieger, indem er ihn von seiner Tochter bekränzen läßt. Die Bekränzung entspricht griechischer Sitte.

Der gesamte Abschnitt hat im Kontext eher episodischen Charakter, während er im Hinblick auf Xenophons Kyrosbild von großer Bedeutung ist. Kyaxares bietet Kyros seine Tochter als Frau an und vermacht ihm als Mitgift Medien (§ 19). Aus der historischen Befreiung der Perser vom medischen Joch wird bei Xenophon eine friedliche, durch Heiratspolitik erzielte Vereinigung Persiens und Mediens.

Auch der dritte und letzte Abschnitt von VIII 5 ist mit Bezug auf Xenophons Kyrosbild von großer Wichtigkeit. Der Ort des Geschehens ist Persien. Xenophon läßt ein zweites Mal nach I 6 Kambyses, den Vater des Kyros und persischen Herrscher, in Erscheinung treten. Er schlägt dadurch die Brücke zum ersten Buch und zur Ausgangssituation vor dem Beginn des Feldzugs.

Kambyses versammelt, sobald Kyros zurückgekehrt ist, die Ältesten und die Magistrate und richtet an sie und Kyros eine Rede (5,22–26). Ihr Zweck ist ein Appell. Beide Seiten sollen zur Loyalität verpflichtet und der hohe Wert des Staatswohls zum Ausdruck gebracht werden.

Kambyses bedient sich zu diesem Zweck zunächst eines Rückblickes auf die Leistungen, die Kyros zum Wohle der Perser vollbrachte (§ 23). Zwei Taten ragen heraus: Kyros verschaffte den Persern 'unter allen Menschen' Ansehen, und er begründete die persische Reiterei, die die Herrschaft über die Ebenen ermöglichte (§ 23).[105] Die Erinnerung an seine Taten dient als Folie, vor der Kambyses den Blick auf die Zukunft lenkt und beide Seiten zu einem Eid auffordert: Kyros soll sich verpflichten, den persischen Staat und die Gesetze zu verteidigen, die Ältesten und Magistrate sollen im Falle der Gefahr für den Erhalt seiner Herrschaft eintreten (§ 24–25).

Mit dem Motiv des Schwurs spielt Xenophon offenbar auf die Verfassung Spartas an, in der der König und die Ephoren jeden Monat einen Eid leisten, wobei ersterer schwört, seine Herrschaft gemäß den Gesetzen der Polis

---

[105] Zum Gedanken, daß es einer Reiterei bedarf, um ein weites Gebiet zu beherrschen, vgl. auch Hell. III 4,15 mit Bezug auf Agesilaos.

auszuüben, und letztere im Namen der Stadt sich verpflichten, das Königtum unerschüttert zu bewahren.[106]

In der Kyrupädie hat dieses Motiv eine feste Funktion: Es unterstreicht die Kontinuität der persischen Verfassung. Als ihre Kennzeichen nannte Xenophon im ersten Buch (I 3,18) neben dem ἴσον den Gehorsam des Herrschers gegenüber den Anordnungen der Polis und das Gesetz als den Maßstab seines Handels. Die Vorstellung von der Priorität des Staats und der Herrschaft der Nomoi liegt auch dem Appell des Kambyses in VIII 5,24–25 zugrunde.

Mit VIII 6 beginnt der letzte Abschnitt der Organisation des Reiches. Der Schauplatz ist ein zweites Mal Babylon, wohin Kyros nach der Hochzeit in Medien zurückkehrt. Xenophon schreibt Kyros drei Maßnahmen zu: die Begründung der Satrapien (6,1–14), die Errichtung eines regelmäßigen Inspektionssystems (6,16) und die Einrichtung eines Postwesens (6,17–18).

Was die Satrapen[107] betrifft, so fallen drei Dinge besonders auf: Xenophon geht von einer Trennung der zivilen Verwaltung und militärischen Macht in den Satrapien aus. Die Satrapen sind für die Zivilverwaltung, die Steuern und die Besoldung der Wächter zuständig (6,3). Der Grund für diese Gewaltenteilung: Kyros will die Autonomie der Satrapen verhindern und ihre Macht durch die Präsenz von Garnisonskommandanten und Chiliarchen begrenzen (§ 1). Die militärischen Befehlshaber unterstehen seinem Befehl, sie sind also vom Satrapen unabhängig. Eine ähnliche Trennung der Kompetenzen deutet Xenophon im Oikonomikos (4,6 ff.) an, wo er ebenfalls mit Bezug auf die Herrschaft des Reichsgründers Kyros zwischen Satrapen, Phrurarchen und Chiliarchen differenziert. In der Kyrupädie betont

---

[106] Vgl. Resp. Lac. 15,7 καὶ ὅρκους δὲ ἀλλήλοις κατὰ μῆνα ποιοῦνται, ἔφοροι μὲν ὑπὲρ τῆς πόλεως, βασιλεὺς δὲ ὑπὲρ ἑαυτοῦ. ὁ δὲ ὅρκος ἐστὶ τῶι μὲν βασιλεῖ κατὰ τοὺς τῆς πόλεως κειμένους νόμους βασιλεύσειν, τῆι δὲ πόλει ἐμπεδορκοῦντος ἐκείνου ἀστυφέλικτον τὴν βασιλείαν παρέξειν, Plat. Leg. 684a2 ff.

[107] Xenophon gebraucht das Substantiv als erster. Bei Herodot (III 120,1–2) taucht der Begriff 'Satrap' im Zusammenhang mit Kyros nicht auf. Herodot bezeichnet die von Kyros in Sardes und Daskylion eingesetzten Statthalter als ὕπαρχος bzw. ἄρχων. Der Begriff σατραπηίη erscheint erst in bezug auf Dareios' Satrapienordnung; vgl. III 89,1. Lehmann-Haupt, RE 2 A 1 (1923) 86 s. v. Satrap, How-Wells zu Hdt. III 89,1. How-Wells betonen zu Recht, daß das Amt schon vor Dareios bestand. Dareios führt die regelmäßige Steuerabgabe im ganzen Reich ein; vgl. Hdt. III 89,3 ἐπὶ γὰρ Κύρου ἄρχοντος καὶ αὖτις Καμβύσεω ἦν κατεστηκὸς οὐδὲν φόρου πέρι, ἀλλὰ δῶρα ἀγίνεον. – Für völlig unhistorisch scheint Walser, Hellas und Iran, 113 Xenophons Darstellung der Satrapien zu halten.

er, daß die militärischen Kommandanten auch jetzt noch dem direkten Befehl des Königs unterstehen (§ 9). Diese Notiz scheint mit den historischen Tatsachen übereinzustimmen.[108]

Das Zweite betrifft die Zahl der Satrapien. Xenophon nennt sechs Provinzen (§ 7): Arabien, Kappadokien, Großphrygien, Lydien und Ionien, Karien sowie Phrygien am Hellespont mit der Aiolis. Im wesentlichen handelt es sich um den Westen des Reiches. Kilikien, Kypros und Paphlagonien nimmt Xenophon ausdrücklich aus (§ 8). Sie erhalten, weil sie freiwillig gegen Babylon zogen, keine Satrapen, müssen jedoch Abgaben leisten. Die Satrapienliste, die Xenophon gibt, mag bis auf die Erwähnung von Arabien ein historisches Substrat enthalten. Sie zeugt zumindest nicht von dem Versuch, die späteren Verhältnisse unter Dareios, der das Reich in zwanzig Satrapien teilt, auf Kyros zurückzuprojizieren.

Das Dritte betrifft das Verhältnis zwischen Kyros und den Satrapen. Kyros fordert sie auf, ihn in allen Bereichen, von der Ausbildung einer Reiterei über die Hofhaltung bis zur Erziehung der Kinder, nachzuahmen (§ 10–13). Auch die persische Lebensweise mit ihrer Hochschätzung des πόνος soll mustergültig sein (§ 12). Ein Analogon fehlt in dem den Satrapien gewidmeten Abschnitt des Oikonomikos (4,5 ff.), und auch ansonsten findet sich keine Parallele. In der Kyrupädie (6,14) bemerkt Xenophon zwar, daß dieses Verhältnis zwischen dem König und den Satrapen noch jetzt bestehe, doch wirkt die Konzeption eher xenophontisch, denn sie gründet auf der ausführlich in VIII 1,21–33 entwickelten Vorstellung vom Herrscher als einem Paradeigma.

Die Beziehung zwischen Kyros und den Satrapen ist jedoch nur die eine Seite. Letztere sollen ihrerseits als ein Muster für die von ihnen abhängigen Magistrate fungieren, so daß sich gleichsam eine proportionale Gliederung ergibt (6,13 ὥσπερ δ' ἐγὼ ὑμᾶς κελεύω ἐμὲ μιμεῖσθαι, οὕτω καὶ ὑμεῖς τοὺς ὑφ' ὑμῶν ἀρχὰς ἔχοντας μιμεῖσθαι ὑμᾶς διδάσκετε). Der Sinn und Zweck dieser Mimesiskonzeption sind offensichtlich: Xenophon will zeigen, wie ein Herrscher in einem großen Flächenstaat durch eine gleichförmige Organisation dafür sorgt, daß er in kleinen Machtzentren durch seine Magistrate gleichsam präsent ist.[109] Daß alle Satrapien eine analoge Struktur im Großen wie im Kleinen aufweisen, macht Xenophon im abschließenden, zusam-

---

[108] Vgl. How-Wells, Vol. I, 403 mit Beispielen von Kyros d. Gr. bis Dareios.
[109] Vgl. auch Breebaart, 131.

menfassenden Abschnitt 6,14 deutlich[110], in dem er auch auf einen zweiten Vorteil dieser Organisationsform, die Möglichkeit einer Zentralisierung der Politik, hinweist (§ 14 πᾶσαι δὲ συγκεφαλαιοῦνται πολιτικαὶ πράξεις εἰς ὀλίγους ἐπιστάτας).[111]

Xenophon beschließt seine Darstellung, indem er schildert, wie Kyros die Satrapien jährlich durch Inspektoren überprüfen läßt (6,16) und das Postwesen mit Kurieren zur schnellen Nachrichtenübermittlung begründet (6,17–18). Was das Inspektionssystem betrifft, so deckt sich die Beschreibung im wesentlichen mit dem Abschnitt über Kyros im Oikonomikos (4,6–8). Es gibt jedoch zwei Unterschiede: Im Oikonomikos (4,6) betont Xenophon, daß Kyros selbst Inspektionen durchführt und seine Vertrauten zu weiter entfernten Orten schickt. Zum zweiten hebt er in dieser Schrift hervor, wie Kyros die Gouverneure, die sich um die Kultivierung des Landes bemühen, großzügig mit neuem Land belohnt und auf diese Weise sein Interesse für die Landwirtschaft unter Beweis stellt (4,8–9). Dieser Aspekt spielt an der Kyrupädiestelle keine Rolle.

Was das Postwesen betrifft, so muß offen bleiben, ob Xenophon Kyros zu Recht als Erfinder dieses μηχάνημα bezeichnet. Seine Darstellung kongruiert im wesentlichen mit der Herodots. Herodot (VIII 98) geht im Zusammenhang mit der Niederlage des Xerxes bei Salamis auf die persischen Kuriere ein, wobei er zusätzlich den persischen Begriff für diese berittenen Boten angibt. Er beschreibt, wie ein Kurier dem anderen nach jeweils einem Tagesritt seine Nachricht übergibt, und lobt an ihnen, daß es nichts Schnelleres unter den Sterblichen gebe. Wer dieses Postwesen begründete, sagt er jedoch nicht.

Xenophon beruft sich einmal mittels des Verbums φασί (§ 18) auf eine 'Quelle', nach der dieses Nachrichtensystem auch in der Nacht funktioniert. Die Quellenangabe soll die Glaubwürdigkeit erhöhen. Im zweiten Falle grenzt er sich unmittelbar danach mit dem Hinweis φασί τινες (§ 18) von einer die Schnelligkeit dieser Boten betreffenden Behauptung ab, die er als

---

[110] Es gibt keinen Grund, 6,14 mit Lincke, De Xenophontis Cyropaediae interpolationibus, 27 ff., Hertlein-Nitsche und Hug (editio maior) zu athetieren. Auf den ersten Blick scheint zwar der Beginn von 6,15 (ταῦτα εἰπὼν ὡς χρὴ ποιεῖν ἑκάστους καὶ δύναμιν ἑκάστωι προσθεὶς ἐξέπεμπε κτλ.) nicht fugenlos an 6,14 anzuschließen, doch ist die Schwierigkeit nur scheinbar: ταῦτα ist abhängig von ποιεῖν und bezieht sich nicht zusammenfassend auf den Schluß der Rede des Kyros (§ 13); vgl. Breitenbach, 1869 und Holden zu VIII 6,15. Auch die Umstellung von 6,14 nach 6,15, die Breebaart, 131 erwägt, ist folglich unangebracht.

[111] Zum Gedanken vgl. auch VIII 1,15.

Übertreibung wertet. Er bezeichnet seinerseits diese Art der Nachrichtenübermittlung als die schnellste, die es auf dem Landweg gibt (§ 18), stimmt also im Grunde in seinem Urteil mit Herodot überein.

Der Schluß des sechsten Kapitels (6,19–23) und zugleich des dritten Teils der Kyrupädie enthält eine summarische Aufzählung der Länder, die Kyros ein Jahr nach seiner Rückkehr nach Babylon unter die persische Herrschaft bringt. Die Nennung Ägyptens zeigt, daß Xenophon wie im Prooöm (I 1,4) von den späteren Verhältnissen zur Zeit des Kambyses ausgeht.[112] Was Aithiopien betrifft, das Xenophon als südliche Grenze des von Kyros begründeten Reiches nennt (6,21) so handelt es sich ebenfalls um eine unhistorische Angabe. In der Inschrift von Behistun[113] und in der Satrapienliste des Dareios bei Herodot (III 89 f.) taucht Aithiopien nicht auf. Herodot teilt in III 97,2 mit, die Aithioper entrichteten keine Steuern, sondern gäben nur Geschenke. Sie seien von Kambyses auf seinem Zug gegen die sogenannten langlebigen Aithioper unterworfen worden.

Ein wichtiger Aspekt ist, daß Xenophon im folgenden auf die Unbewohnbarkeit der Grenzgebiete hinweist (§ 21) und bemerkt, daß Kyros seinen Wohnsitz im Zentrum wählt. Das persische Reich soll als 'Reich der Mitte' erscheinen.[114] Die Residenzen des Herrschers sind Babylon im Winter, Susa im Frühling und die alte medische Hauptstadt[115] Ekbatana im Sommer (§ 22). Kyros erscheint, indem er seinen Wohnsitz je nach der Jahreszeit wechselt, als Begründer einer Tradition, die Xenophon aus eigener Anschauung kennt[116] und die noch zur Zeit der Parther im ersten nachchristlichen Jahrhundert Bestand hat.[117]

---

[112] Vgl. auch oben S. 59.

[113] I 14ff.; vgl. Kent, Old Persian, 119.

[114] Vgl. Breitenbach, Xenophon, 1716, der vermutet, daß das Motiv auf "persische Anschauungen" zurückgeht.

[115] Zur Gründung durch Deiokes vgl. Hdt. I 98 f.

[116] Vgl. Anab. III 5,15.

[117] Vgl. auch Ael. NA III 13, X 6, Plut. An vitiositas 499 A, De exil. 604 C καίτοι τούς γε Περσῶν βασιλέας ἐμακάριζον ἐν Βαβυλῶνι τὸν χειμῶνα διάγοντας, ἐν δὲ Μηδίαι τὸ θέρος, ἐν δὲ Σούσοις τὸ ἥδιστον τοῦ ἔαρος (die Stelle bei Breitenbach).

15. Kyros als εὐδαίμων und Weiser (VIII 7)

Xenophon macht zu Beginn von VIII 7 einen zeitlichen Sprung. Statt eine chronologisch lückenlose Darstellung zu geben, geht er sofort auf das Lebensende des Kyros ein. Das Verfahren läßt sich mit der Erzähltechnik in I 5,1 vergleichen, wo Xenophon die Erziehung des Protagonisten nach der Rückkehr aus Medien kurz zusammenfaßte und mit dem Partizipialsatz προϊόντος δὲ τοῦ χρόνου fortfuhr (I 5,2).

In den der Kyrupädie zeitlich vorangehenden Texten herrscht in einem Punkt Übereinstimmung: Kyros stirbt im Zuge einer kriegerischen Auseinandersetzung, bei Herodot (I 214,3) im Kampf gegen die Massageten und ihre Königin Tomyris[1], bei Ktesias (F Gr Hist 688 F 9,7) an den Folgen einer Verwundung, die er sich im Krieg gegen die Derbiker zuzieht. Ktesias' Darstellung liegt gleichsam zwischen Herodot und Xenophon[2], da Kyros bei ihm wie in der Kyrupädie vor seinem Tod eine Abschiedsrede an seine Familie und die Angehörigen des Hofes richtet.

Wie behandelt Xenophon das Thema? Ein gewaltsames Ende paßt nicht zu dem Entwurf des idealen Herrschers. Bei ihm kehrt Kyros als alter Mann[3] ein siebtes Mal nach Persien zurück (7,1). Der Hinweis auf die heilige Siebenzahl unterstreicht das Numiose des Geschehens.[4] Dort bringt er die traditionellen Opfer dar, wobei er den Chor anführt. Die Verbindung des Chores mit dem Opfer entspricht griechischer Sitte.[5] Über den Ort des Geschehens sagt Xenophon nichts, doch am ehesten wird man an Pasargadai zu denken haben.[6]

---

[1] Auf die Darstellung des Herodot bezieht sich Luc. Charon 13; vgl. auch Euseb. Vita Constantini I 7,1. Bei Diod. Sic. II 44,2 wird die Geschichte variiert: Kyros zieht gegen die Skythen und endet als Gefangener der skythischen Königin am Kreuz.

[2] Vgl. auch Sancisi-Weerdenburg, The Death of Cyrus, 466f.

[3] Bei Dio Chrys. 2,77 figuriert Kyros als Herrscher, dem Zeus wegen seiner ἀρετή ein hohes Alter schenkt. Vgl. auch Ps. Luc. Macrob. 14, wo persische Jahrbücher und Onesikritos (F Gr Hist 134 F 36) als Zeugen für die Nachricht genannt werden, daß Kyros hundert Jahre wurde; vgl. auch Hoistad, 89.

[4] Eine andere Frage ist, ob Xenophon an die Siebenzahl als Symbolzahl bei den Griechen oder bei den Persern denkt. Für letzteres ohne zwingende Argumente Knauth, 54. Zur Siebenzahl bei den Persern vgl. W.H. Roscher, Die enneadischen und hebdomadischen Fristen und Wochen der ältesten Griechen, Sächs. Ges. d. Wiss. 21, 1903, 32ff. Zur Sieben in der griechischen Religion vgl. W. Burkert, Weisheit und Wissenschaft, Nürnberg 1962, 449.

[5] Abwegig Knauth, 54, der an den persischen Schildtanz denkt.

[6] Vgl. Dindorf zu VIII 7,1 ἔθυσε.

Xenophon zeigt im folgenden einen Herrscher, dessen nahender Tod nicht der eines gewöhnlichen Menschen ist. Kyros hat einen Traum, in dem ihm eine göttliche Gestalt erscheint und befiehlt, sich zu den Göttern zu begeben (7,2). Der Herrscher deutet diesen Befehl richtig als Hinweis auf seinen bevorstehenden Tod und erweist sich erneut als εὐσεβής, indem er Zeus, Helios und den anderen Göttern auf einem Berggipfel opfert (7,3). Nur an dieser Stelle spielt Xenophon in Übereinstimmung mit Herodot (I 131,2) eindeutig auf den persischen Brauch an, die Opfer auf den Bergen zu vollziehen.

Bei dem folgenden Gebet, das Kyros an Zeus, Helios und die anderen Götter richtet (§ 3), handelt es sich um ein Dank- und Bittgebet. Die Götter erscheinen als die Mächte, die Kyros' Leben bestimmten, indem sie ihm zeigten, was zu tun war und was nicht. Kyros dankt ihnen für ihre Fürsorge und dafür, daß er im Glück nicht hochmütig wurde. Der Hinweis auf die göttliche ἐπιμέλεια drückt Xenophons Überzeugung aus, daß die Götter den Menschen grundsätzlich wohlgesonnen sind[7], wenngleich sie sich nicht um alle kümmern.[8] Der Dank für das Maßhalten im Glück entspricht griechischer Vorstellung: Die εὐτυχία und die Hybris liegen eng beieinander. Es kommt darauf an, im Glück das den Menschen gesetzte Maß nicht zu überschreiten. Xenophon bedient sich des gleichen Gedankens in VIII 7,7 und betont so seine Wichtigkeit.[9]

Das Bittgebet zeigt Kyros als besorgten Herrscher. Er bittet um Eudaimonie für seine Familie, die Freunde und die Heimat und für sich selbst um ein Ende, das seinem bisherigen Leben entspricht (7,3). Letzteres ist ebenfalls griechisch gedacht: Im Hintergrund steht die solonische Maxime, daß ein Mensch nicht vor seinem Tode glücklich zu preisen ist.[10]

Xenophon schildert im folgenden, wie Kyros nach dem Gebet nach Hause zurückkehrt und drei Tage lang keine Nahrung zu sich nimmt (7,4–5). Kyros deutet auch dies als Anzeichen seines nahen Todes und ruft die Söhne, die Freunde und die persischen Magistrate zu sich, um an sie eine Rede zu richten (7,6 ff.). Sie stellt einen Höhepunkt der Kyrupädie dar. Die Berühmtheit, die diese Rede in der Antike erlangt hat, wird durch

---

[7] Vgl. auch Mem. I 4,11 ff., IV 3,3 ff.

[8] Vgl. I 6,46.

[9] Vgl. auch III 1,26, Ages, 11,2 ἀλλὰ μὴν καὶ ὁπότε εὐτυχοίη, οὐκ ἀνθρώπων ὑπερεφρόνει, ἀλλὰ θεοῖς χάριν ᾔδει, 11,10 ἔν γε μὴν ταῖς εὐπραξίαις σωφρονεῖν ἐπιστάμενος ἐν τοῖς δεινοῖς εὐθαρσὴς ἐδύνατο εἶναι.

[10] Vgl. Hdt. I 32,7.

eine Reihe von Zitaten dokumentiert.[11] Besonders zeigt sich ihre Wir-
kungskraft jedoch in der Übersetzung, die Cicero im Cato maior (79–81)
vom Beweis der Unsterblichkeit der Seele (7,17–22) gibt.[12]

Auch bei Ktesias richtet Kyros vor seinem Tod eine Rede an die Angehörigen, Freunde und Magistrate. Dem Auszug des Photios zufolge thematisiert er im wesentlichen fünf Punkte: Er regelt die Thronfolge, indem er
Kambyses zum neuen Herrscher bestimmt. Der jüngere Sohn erhält eine
eigene Domäne. Die Söhne sollen der Mutter gehorchen. Sie sollen die
Freundschaft mit dem Sakerkönig Amorges wahren. Schließlich wünscht
Kyros denen Gutes, die sich als gerecht erweisen, und verflucht die Ungerechten. Er stirbt am dritten Tage nach der Verwundung.

Was die Regelung der Thronfolge und die 'Entschädigung' des jüngeren
Sohnes betrifft, so findet sich beides auch in der Rede des xenophontischen
Kyros (7,9 ff.). Ansonsten gibt es keine Übereinstimmungen.[13] Bei Ktesias
geht es, soweit sich dem Exzerpt des Photios entnehmen läßt, in erster Linie
um administrative Fragen. Kyros' eigenes Leben kommt in seiner Abschiedsrede nicht zur Sprache.[14]

Anders bei Xenophon. Die Rede seines Kyros ist primär philosophischen
Inhalts. Kyros thematisiert zunächst das Problem der Eudaimonie und geht
auf sein Leben ein (7,6–9). Er fordert die Söhne und Freunde auf, ihn nach
dem Tod glücklich zu preisen. Dieser Gedanke steht zu Beginn der Rede
und bildet den Abschluß des ersten Abschnitts, der auf diese Weise eine
ringförmige Struktur erhält.

---

[11] Daß Cäsar die Abschiedsrede des Kyros kannte, ergibt sich aus Suet. Iul. 87 illud
plane inter omnes constitit, talem ei mortem paene ex sententia obtigisse. Nam et quon-
dam, cum apud Xenophontem legisset Cyrum ultima valetudine mandasse quaedam de
funere suo, aspernatus tam lentum mortis genus subitam sibi celeremque optaverat. Vgl.
E. Richter, Xenophon in der römischen Literatur, Progr. Charlottenburg 1905, 17, Münscher, 75, 82.

[12] Vgl. dazu D. Kroemer, Würzb. Jahrb. 3, 1977, 93–104.

[13] Falsch Hirsch, The Friendship of the Barbarians, 83, der die Unterschiede zwischen
Ktesias und Xenophon ignoriert und behauptet, Xenophon benutze entweder Ktesias
oder schöpfe aus der gleichen Überlieferung.

[14] Vgl. auch Sancisi-Weerdenburg, the Death of Cyrus, 469. Sie rückt Cyr. VIII 7 in
die Nähe der Grabinschrift des Dareios (Übersetzung bei Kent, Old Persian, 138) und
rechnet aufgrund gewisser Ähnlichkeiten zwischen dieser Inschrift und dem, was Kyros
bei Xenophon expliziert, mit "an Iranian model" für Cyr. VIII 7. Nun wird man zwar
zugestehen können, daß auch die Grabinschrift des Dareios zu einem wesentlichen Teil
aus einem Rückblick des Herrschers auf sein Leben und seine Leistungen besteht, Dareios
ferner Ahuramazda für die Hilfe dankt und ihn um Schutz für sein Haus und sein Land
bittet, was eine Parallele im Dank- und Bittgebet des Kyros findet, doch darüber hinaus
gibt es keine Gemeinsamkeiten.

Kyros bringt eine Reihe von Gründen vor, die für seine Eudaimonie sprechen. Zunächst habe er sich als Kind, Knabe und Mann so verhalten, wie es sich für die jeweilige Altersstufe geziemte (§ 6). Gemeint ist in erster Linie die Ehrfurcht des Jüngeren vor dem Älteren, worauf Kyros in 7,10 eigens hinweisen wird. Der Gedanke, daß sich die Angemessenheit des Verhaltens nach dem Alter ändert, entstammt der griechischen Ethik. Bereits Pindar (Nem. 3,72 ff.) setzt ihn als bekannt voraus, indem er ebenfalls zwischen drei Altersstufen differenziert.

Zum zweiten vergleicht Kyros sein Alter mit seiner Jugend. Er habe den Eindruck gehabt, daß mit der Zeit auch seine δύναμις wuchs, so daß auch sein Alter in nichts schwächer als seine Jugend gewesen sei (§ 6). Im Hintergrund dieser paradoxen Überlegung steht der bekannte Topos, daß das Alter nur Beschwerden mit sich bringt und nicht erstrebenswert ist.[15] Kyros kehrt diese Wertung im Grunde um. Den im wesentlichen gleichen Gedanken wie in der Kyrupädie verwendet Xenophon auch im Agesilaos (11,14 f.) mit Bezug auf den Spartanerkönig, um die These zu stützen, daß die Kraft des Körpers altert, die Seelenstärke tüchtiger Männer hingegen alterslos ist. Die Kyrupädiestelle hat besonders auf Cicero Eindruck gemacht. Er gibt im Cato maior (30) eine genaue Übersetzung des Gedankens, daß Kyros sein Alter, verglichen mit seiner Jugend, nie als schwächer empfunden habe, und spielt in der gleichen Schrift (Cat. mai. 32) ein zweites Mal auf die Stelle an.

Die Argumente, die Kyros im folgenden für seine Eudaimonie vorbringt, entstammen im wesentlichen ebenfalls der griechischen Werteethik (7,7). Kyros stellt zunächst fest, er habe seinen Freunden zum Glück verholfen und sich die Feinde unterworfen, womit er auf die traditionelle Maxime 'Den Freunden nützen, den Feinden schaden' anspielt.

Er nennt ferner seine politische Leistung, Persien, das zuvor bedeutungslos war, zu Ansehen verholfen und alles Erworbene bewahrt zu haben. Das Stichwort διεσωσάμην erinnert an VII 5,76, wo Kyros hervorhob, daß es schwieriger sei, eine Herrschaft zu erhalten, als sie zu erwerben. Es bereitet den Leser zugleich e contrario auf den Schluß des Werkes (VIII 8) vor, aus dem hervorgeht, daß die Söhne das Erbe des Vaters verspielen.

Der griechischen Gedankenwelt entstammen auch die beiden folgenden Argumente. Kyros erwähnt, daß er jederzeit fürchtete, etwas Schlimmes zu erleiden, was ihn daran hinderte, hochmütig zu werden und sich im Glück

---

[15] Vgl. Soph. OC 1211 ff. Die ausführlichste Behandlung des Topos bei Cic. Cat. mai. 15 ff. Vgl. auch Eur. HF 638 ff., Fg. 453, 575 N.²

übermäßig zu freuen. Im Grunde handelt es sich um den gleichen Gedanken wie in 7,3. Neu ist der Hinweis auf die Furcht vor dem Schlimmen, das jederzeit eintreten kann. Hier liegt die Überlegung zugrunde, daß der Mensch nichts vorauszuschauen vermag und alles dem Gesetz des Wandels unterliegt. Xenophons Kyros offenbart eine Einsicht, die nicht allzu weit von der Position Solons bei Herodot (I 32,2–4) entfernt ist. Solon weist Kroisos, als dieser darüber erzürnt ist, nicht zu den Glücklichsten gezählt zu werden, darauf hin, daß der Mensch in seinem langen Leben viel Unerwartetes sieht und erleidet und kein Tag dem anderen gleicht. Wie Solon, so ist sich Kyros der Beschränktheit menschlichen Wissens und der daraus resultierenden Notwendigkeit des Maßhaltens bewußt.

Der griechischen Vorstellung vom Glück entspricht auch, daß Kyros auf seine Kinder hinweist, die ihm die Götter schenkten (§ 8). Damit ist nicht nur das Glück gemeint, überhaupt Kinder zu haben. Kyros hebt hervor, daß sie noch am Leben sind. Herodots Solon bedient sich eines ähnlichen Gedankens, um zu begründen, warum er den Athener Tellos für den glücklichsten Menschen hält (I 30,4).[16]

In einem zweiten Schritt (7,9 ff.) wendet sich Kyros an die Söhne, um die Thronfolge zu regeln. Sein erklärtes Ziel ist es, dafür zu sorgen, daß die Herrschaft den Söhnen keine Schwierigkeiten macht (§ 9). Das Stichwort πράγματα bereitet indirekt auf den Schluß des Werkes vor.[17] Kyros bestimmt Kambyses, den älteren Sohn, zum Nachfolger. Seine Entscheidung beruht nicht auf einer größeren Neigung, sondern auf der Überlegung, daß der Ältere eine größere Erfahrung besitzt (§ 9). Tanaoxares, dessen persischer Name Bardiya lautet und der bei Herodot Smerdis heißt, wird Satrap von Medien, Armenien und Kadusien (§ 11).

Von besonderer Wichtigkeit ist, was Kyros im einzelnen über die persische Erziehung und das Amt des Herrschers sagt. Er erinnert zunächst daran, daß die πατρίς ihn dazu erzog, den Älteren mit Respekt im täglichen Leben zu begegnen, und er die Söhne von Beginn an ebenso erzog. Er beruft sich dabei ausdrücklich auf παλαιὰ καὶ εἰθισμένα καὶ ἔννομα (§ 10). Xenophon präsentiert Kyros auch am Ende des Werkes als einen Herrscher, der sich auf die persische Tradition stützt und in Anspruch nimmt, den Söhnen die gleiche Erziehung vermittelt zu haben, die er selbst genoß. Eben dies ist der Punkt, an dem Platon in den Nomoi mit seiner Kritik ansetzt, indem er bestreitet, daß Kyros seine Söhne angemessen erzogen habe.[18] Was

---

[16] Vgl. auch Isocr. 9,72.
[17] Vgl. auch Delebecque, Xénophon, Cyropédie III, 143, A. 3.
[18] Vgl. oben S. 53.

Kyros über die Rolle der Ehrfurcht sagt, die die Jüngeren vor den Älteren haben sollen, erinnert an die spartanische Erziehung.[19] Daß die Jungen den πρεσβύτεροι aus dem Wege gehen, sich vor ihnen erheben und ihnen beim Reden den Vortritt lassen sollen, scheint zu einem festen Kanon der Erziehung zu gehören.[20]

Besondere Aufmerksamkeit verdient, was Kyros mit Blick auf seinen Nachfolger über das Herrscheramt sagt. Es handelt sich um einen Herrscherbegriff, der dem des Antisthenes nahe kommt: Zur βασιλεία gehört mit Notwendigkeit, daß der Herrscher viele Sorgen hat und keine Ruhe findet. Kambyses muß nämlich seinem großen Vorgänger nacheifern (§ 12). Auf der anderen Seite steht eine Eudaimonie, die weniger Sorgen bereitet und die dem jüngeren Bruder vorbehalten ist (§ 11). Sie ist nach Xenophon nur zweitrangig, da die Mühen notwendig sind, um zur wahren Eudaimonie zu gelangen.

Ein zweiter Punkt betrifft den Erhalt der Herrschaft (§ 13–17). Es fällt auf, daß Kyros nicht so sehr politische oder pragmatische Ratschläge gibt, sondern in erster Linie das ethische Fundament der βασιλεία beschreibt. Es geht um eine Freundschaftslehre zum Nutzen des Herrschers.

Zu Beginn steht ein Lehrsatz: Nicht das Szepter bewahrt die Monarchie, sondern die treuen Freunde bedeuten für Könige das 'wahrste und sicherste Szepter' (§ 13). Sallust (Jug. 10,4)[21] legt den gleichen Satz mit einer geringfügigen Ausschmückung dem sterbenden König Micipsa in den Mund, wobei er auch den äußeren Rahmen der Szene in Anlehnung an die Kyrupädie gestaltet: Micipsa spricht vor seinem Tod zu den Freunden, den Verwandten, unter denen sich die beiden Söhne befinden, sowie zu Jugurtha.

Das Vertrauen der Menschen ist, wie Kyros im folgenden darlegt, kein natürliches Gut. Man muß die Menschen gewinnen, wozu es nicht der Gewalt, sondern der Wohltätigkeit bedarf (§ 13). Daß sich die Freundschaft nicht erzwingen läßt, ist ein Lieblingsgedanke Xenophons, der auch in den Memorabilien (II 6,9, III 11,11) begegnet. Sallust übernimmt an der ge-

---

[19] Vgl. Resp. Lac. 3,4, Mem. III 5,15 πότε γὰρ οὕτως 'Αθηναῖοι ὥσπερ Λακεδαιμόνιοι ἢ πρεσβυτέρους αἰδέσονται κτλ., Cat. mai. 63 Lysandrum Lacedaemonium, cuius modo feci mentionem, dicere aiunt solitum Lacedaemonem esse honestissimum domicilium senectutis; nusquam enim tantum tribuitur aetati, nusquam est senectus honoratior.

[20] Vgl. Mem. II 3,16 und zur Stelle Gigon, Xenophons Memorabilien II, 114 f.

[21] Jug. 10,4 non exercitus neque thesauri praesidia regni sunt, verum amici, quos neque armis cogere neque auro parare queas: officio et fide pariuntur. Zum Bezug Sallusts auf die Kyrupädiestelle vgl. auch Münscher, 83, P. Perrochat, Les modèles grecs de Salluste, Paris 1949, 62 ff., K. Latte, Sallust, Darmstadt 1962, 44.

nannten Stelle des Bellum Jugurthinum auch diesen Gedanken. Er schmückt
ihn durch das Argument aus, daß sich Freunde auch nicht durch Gold kau-
fen lassen. Eine sachliche Abweichung besteht darin, daß Sallusts Micipsa
officium und fides als Voraussetzungen zum Erwerb der Freundschaft nennt,
während Kyros von der εὐεργεσία spricht. Der Römer gleicht die Vorlage
in diesem Punkt den römischen Verhältnissen an.

Die Freundschaftslehre bildet den Hintergrund, vor dem Kyros im folgenden am Kambyses den Appell richtet, an erster Stelle den Bruder zur
Stütze seiner Herrschaft zu machen (§ 14). Zur Begründung entwickelt er
ein Stufenmodell: Mitbürger stehen einander näher als Fremde, Tischgenossen sind sich näher als die, die nicht die Tafel teilen. Die engste Beziehung
jedoch besteht zwischen Brüdern.[22] Auch sprachlich findet diese Steigerung
ihren Ausdruck: Die beiden ersten Gruppen faßt Kyros in einer konstatie-
renden Aussage zusammen. In einer kunstvollen Periode, die aus fünf Gliedern besteht, nennt er anschließend die natürlichen Gemeinsamkeiten zwischen Brüdern, um mit der Frage zu enden, wie diese nicht einander am
nächsten sind.[23] Sallust (Jug. 10,5)[24] spielt auch auf das Stufenmodell in der
Kyrupädie an, doch faßt er die Vorlage zusammen, indem er nur die Frage
πῶς οὐ πάντων οὗτοι οἰκειότατοι wiedergibt.

Die natürlichen Bande zwischen Brüdern sind nur ein Aspekt, den Kyros
hervorhebt. Die Vorteile, die aus dieser Verwandtschaft erwachsen, sieht er
als Gabe der Götter an. Diese ἀγαθά dürfen nicht ungültig gemacht werden
(§ 15). Was Xenophon hier nur kurz andeutet, findet eine ausführliche Erklärung in den Memorabilien (II 3,18 f.) im Gespräch zwischen Sokrates
und Chairekrates, der sich mit seinem Bruder überworfen hat. Sokrates
zeigt, daß das Verhältnis zwischen Brüdern sich mit zwei Händen und Fü-
ßen vergleichen läßt, die die Gottheit dem Menschen zum Nutzen gegeben
hat.[25] Es wäre, so Sokrates, eine Torheit und κακοδαιμονία, das, was des
Nutzens wegen geschaffen wurde, zum Schaden zu gebrauchen. In einem
zweiten Schritt weist Sokrates nach, daß der Vorteil, den zwei Brüder voneinander haben, noch höher ist als der der genannten paarigen Gliedmaßen.

---

[22] Vgl. auch Mem. II 3,4, Hier. 3,7. Zum Wert der brüderlichen Eintracht vgl. Men.
Fg. 610 K.[2]

[23] Der Hinweis auf die gemeinsame Mutter findet eine Entsprechung in der Inschrift
von Behistun (I 28 ff.); vgl. Kent, Old Persian, 119.

[24] Jug. 10,5 quis autem amicior quam frater fratri? aut quem alienum fidum invenies,
si tuis hostis fueris?

[25] Das gleiche Argument bei Plut. De frat. amore 478 D, wo an die Stelle der Gottheit
die Physis tritt.

In beiden Fällen fungiert die Gottheit als Technite, der zwei Brüder dazu bestimmt, sich gegenseitig zu nützen. Ein Verstoß gegen diese Bestimmung kommt einem Verstoß gegen göttlichen Willen gleich.

Kyros vertieft den theologischen Aspekt nicht weiter. Statt dessen formuliert er im folgenden eine Reihe von Fragen, die verdeutlichen sollen, daß es nichts Besseres als einen mächtigen Bruder gibt (§ 15). Der Adressat ist der jüngere Sohn, dem auch der Appell gilt, schneller als jeder andere dem künftigen Herrscher zu gehorchen (§ 16). Der Sinn dieser Mahnung ist offenbar: Sie bereitet auf das letzte Kapitel des Werkes vor, wo der Leser vom Streit zwischen den Söhnen erfährt (VIII 8,2).

Ein Appell an beide Söhne, die Eintracht zu wahren, beendet den Abschnitt und leitet zugleich zum Beweis der Unsterblichkeit der Seele über (7,17). Das neue Thema steht mit der vorangehenden Argumentation in Zusammenhang: Kyros will zeigen, daß er nach dem Tode weiter existiert, um so auf das Verhalten der Söhne Einfluß zu nehmen. Die Reflexion über das Wesen der Seele weist ihn als philosophischen Herrscher aus. Daß er den Unsterblichkeitsbeweis unmittelbar vor dem Tod liefert, rückt ihn in die Nähe des platonischen Sokrates im Phaidon.

Mit Platons Phaidon zeigt der Unsterblichkeitsbeweis des Kyros auch sachlich eine gewisse Verwandtschaft. Es ist nicht notwendig, deswegen mit der Abhängigkeit Xenophons von Platon zu rechnen[26], denn einige der Argumente für die Unsterblichkeit der ψυχή sind älter als die Sokratik.

Kyros führt zunächst die Unsichtbarkeit der Seele ins Treffen. Da man sie auch nicht im Leben sehen könne, sei es nicht zulässig zu schließen, daß sie mit dem Körper sterbe. Die Seele lasse sich nur an dem, was sie tue, erkennen. Daß die ψυχή zu den unsichtbaren Dingen gehört, führt auch der platonische Sokrates im Phaidon (79b7 ff.) aus.[27] Aus dieser Zuordnung zu den ἀόρατα folgert Platon: Die Seele ist dem ähnlicher, das sich immer gleich verhält. Sie unterliegt nicht wie die sichtbaren Dinge einem Wandel (79e1–e5). Bei Xenophon findet sich keine analoge Schlußfolgerung.

Kyros bringt im folgenden Argumente für die Unsterblichkeit der Seele vor, die auf zwei verschiedenen Ebenen liegen. Auf der einen Seite orientiert er sich am Volksglauben und am Seelenkult.[28] Er nennt die Furcht, die die Mörder nach der Tat packt, und die Rachegeister, die die Toten senden (§ 18). Aus dem Fortdauern der Ehren, die man den Toten entgegenbringt,

---

[26] So Beyschlag, Philologus 62, 1903, 221 ff.
[27] Vgl. auch Mem. I 4,9.
[28] Vgl. auch Rohde, Psyche, Bd. 1, 277 mit Anm. 2.

schließt er ferner auf die Macht ihrer Seelen.[29] Beide Argumente ruhen gleichsam auf einer empirischen Basis. Sie sind nicht durch Deduktion aus einer Hypothese über die Beschaffenheit der Seele gewonnen, sondern entsprechen dem, was man im allgemeinen über die Verbindung zwischen den Lebenden und den Seelen der Toten glaubt. Etwas Vergleichbares fehlt in Platons Phaidon. Auch der Unsterblichkeitsbeweis im Phaidros (245c5 ff.) ist ganz anders, nämlich deduktiv, angelegt.

Auf der anderen Seite führt Kyros zwei Argumente an, die das Wesen der Seele betreffen. Zum einen: Die ψυχή ist das Prinzip, das den Körpern Leben verleiht, solange sie ihnen innewohnt (§ 19). Es handelt sich um die alte Vorstellung von der Seele als einer vis motrix.[30] Platon geht auf sie besonders im Phaidros (245c5 ff.) ein, aber auch im Phaidon (105c9 ff.) erkennt er ihre Gültigkeit uneingeschränkt an. Der Gedanke ist jedoch viel älter. In der Doxographie wird er Thales (VS 11 A 22) zugeschrieben, und auch mit Anaxagoras (VS 59 A 99)[31] wird er in Verbindung gebracht.

Zum zweiten argumentiert Kyros mit der Trennung der Seele vom Körper. Sie werde beim Verlassen des σῶμα unvermischt und rein und erreiche dann das Höchstmaß an Vernunft (§ 20). Auch hierbei handelt es sich um eine alte Vorstellung, die sich in nuce schon bei Pindar[32] findet und die allenthalben in Platons Phaidon[33] zugrunde liegt. Die Seele ist durch die Bindung an den Körper behindert. Sie kann sich erst voll entfalten, wenn sie ihn verlassen hat. Platon betont besonders, daß die Trennung vom Körper notwendig ist, um zur reinen Erkenntnis des Seins zu gelangen. Xenophon hebt diesen erkenntnistheoretischen Aspekt nicht eigens hervor, doch auch an der Kyrupädiestelle findet sich ein Hinweis auf die Erkenntnisfähigkeit der Seele: Zum einen gebraucht Kyros den Begriff νοῦς für ψυχή, zum zweiten das Adjektiv φρονιμώτατος.

Die Sonderstellung der Seele versucht Kyros auch in einer zweiten Beziehung zu verdeutlichen. Er bezeichnet es als evident, daß beim Tode des Menschen die Komponenten des Körpers zum jeweils verwandten Element zurückkehren[34], die Seele hingegen nicht diesem Prinzip 'Gleiches zu Gleichem' unterliegt (§ 20).

---

[29] Vgl. schon Pind. Ol. 8,79–80. Cic. De am. 13 Plus apud me antiquorum auctoritas valet, vel nostrorum maiorum, qui mortuis tam religiosa iura tribuerunt, quod non fecissent profecto, si nihil ad eos pertinere arbitrarentur.

[30] Vgl. Rohde, Psyche, Bd. 2, 140 f. mit Belegen aus der elegischen und iambischen Dichtung.

[31] Vgl. auch Alkmaion VS 24 A 12.

[32] Vgl. Fg. 131, 1–3 Sn.-M.

[33] Vgl. e. g. 65a9 ff., 66b1 ff., 67c5 ff.

[34] Vgl. auch Eur. Suppl. 531 ff.

Die Frage, wohin sich die Seele beim Tode des Menschen begibt, beantwortet Kyros nicht. In 7,27 wird er jedoch andeuten, daß er mit dem göttlichen Ursprung der ψυχή und ihrer Rückkehr zur Sphäre der Götter rechnet. Er vergleicht am Schluß seiner Argumentation den Tod mit dem Schlaf (§ 21). Der Vergleich ist traditionell. Der platonische Sokrates bedient sich seiner in der Apologie (40 c 9 ff.), wobei er noch eine zweite Hypothese nennt, nach der es sich beim Tod um eine μεταβολή und μετοίκησις der Seele an einen anderen Ort handelt. Von dieser Hypothese ist an der Kyrupädiestelle keine Rede. Statt dessen qualifiziert Kyros den Schlaf als einen Zustand, in dem die Seele am göttlichsten wirkt und die Fähigkeit zur Voraussicht offenbart. Hier liegt die homerische Vorstellung[35] zugrunde, daß die Träume göttlichen Ursprungs sind.

Am Ende seines Beweises nennt Kyros die beiden Möglichkeiten, die theoretisch in Frage kommen: Wenn die Seele den Körper verläßt, sollen die Söhne aus Scheu vor seiner Seele das tun, worum er sie bittet. Wenn sie mit dem Körper stirbt, so sollen sie wenigstens die Götter fürchten und keine gottlose Tat verüben (§ 22). Kyros läßt im Grunde offen, ob die ψυχή den Körper überlebt oder nicht, wobei er sich deutlich für die erste Möglichkeit entscheidet. Daß er die gegenteilige Hypothese nicht ausschließt, mag angesichts des Beweiszieles überraschen. Hierin offenbart sich eine dem Problem angemessene Skepsis, die der Überzeugung entspringt, daß sich in dieser metaphysischen Frage nicht die letzte Gewißheit erlangen läßt.[36]

Die Möglichkeit, daß die Seele sterblich ist, bildet den Übergang zum folgenden Appell, zumindest die Götter zu fürchten. Kyros qualifiziert sie als ewig, alles sehend und allmächtig. Es handelt sich um traditionelle Prädikate.[37] Auffällig ist der Preis der Ordnung: Die Götter erhalten sie, so Kyros, in einem alterslosen und fehlerfreien Zustand. Die Schönheit und Größe dieser Ordnung sind unerklärlich. Xenophon gebraucht fast die gleichen Attribute zur Beschreibung dieser τάξις in den Memorabilien (IV 3,13) im Zusammenhang des Beweises, daß die Götter viele Dinge zum Nutzen des Menschen schufen.[38] Von dieser Position bis zum Glauben an eine göttliche Pronoia ist es nur ein kleiner Schritt.[39]

---

[35] Vgl. Il. 1,63, 2,26.

[36] Eine ähnliche Zurückhaltung in der Beurteilung des Todes offenbart Sokrates in Platons Apologie (37 b 6–7, 42 a 3–5).

[37] Vgl. Mem. I 4,18, Pind. Nem. 6,2 ff.

[38] Vgl. zu letzterem auch Mem. I 4,2 ff., Oec. 7,18 ff., Eur. Suppl. 201 ff., Plat. Prot. 320 d 1 ff.

[39] Vgl. Mem. IV 3,7.

Kyros fordert von den Söhnen jedoch nicht nur αἰδώς gegenüber den Göttern, sondern auch gegenüber den Menschen (§ 23). Thematisch gehört dieser Abschnitt in gewisser Weise noch zum Appell, die Eintracht zu wahren, dem sich ja auch der Unsterblichkeitsbeweis unterordnete. Kyros versucht nämlich zu zeigen, daß das gerechte Verhältnis zwischen den Brüdern die Voraussetzung ist, um sich das Vertrauen der Menschen zu sichern, und jede Ungerechtigkeit, die sie sich gegenseitig zufügen, zum Verlust dieses Vertrauens führt.

Die Gerechtigkeit hat in diesem Zusammenhang die Bedeutung einer grundlegenden ἀρετή, von der die Anerkennung bei den Menschen abhängt. Dies korrespondiert der Darstellung der persischen Erziehung im ersten Buch (I 2,6 f.), wo Xenophon besonders betonte, daß die Perser zur Gerechtigkeit erziehen.[40]

Am Schluß der Rede (7,25 ff.) gibt Kyros Anordnungen, die die Bestattung seines Körpers und sein Grab betreffen. An der Spitze steht die Forderung, seinen Körper nicht in Gold oder Silber zu legen, sondern ihn möglichst schnell der Erde zurückzugeben (§ 25).[41] Es handelt sich um den gleichen Grundsatz, den Kyros bereits in III 3,3 im Zusammenhang der Armenienepisode verfocht. Die Erde als die Empfängerin des σῶμα erfährt in VIII 7,25 einen kleinen Preis als die Mutter, die alles Schöne hervorbringt und ernährt. Es handelt sich um eine traditionelle Vorstellung.[42] Kyros bezeichnet sie als Wohltäterin der Menschen. Das gleiche Bild zeichnet von ihr Sokrates im Oikonomikos (5,2), wo er zu Beginn seines Enkomions hervorhebt, daß die Erde den Menschen alles Lebensnotwendige und Angenehme spendet.

Kyros' Verhalten unmittelbar vor seinem Tod weist eine auffällige Ähnlichkeit mit der Darstellung auf, die Platon vom Tod des Sokrates am Schluß des Phaidon gibt. Wie Sokrates (Phaed. 118a6), so verhüllt sich Kyros. Er erlaubt den Söhnen, seine rechte Hand zu berühren oder ihn anzublicken, solange er sich noch nicht bedeckt hat (§ 26). In beiden Fällen wünscht der Sterbende, mit dieser Maßnahme den Leichnam den Blicken zu entziehen. Ob Xenophon dieses Motiv Platon verdankt[43], ist eine andere Frage. Möglicherweise gibt er wie Platon nur einen Brauch wieder, der in der Antike verbreitet ist.[44]

---

[40] Vgl. oben S. 75.

[41] Eine Anspielung auf die Stelle bei Cic. De leg. II 56.

[42] Vgl. Aesch. Choe. 127–28, Eur. Fg. 195 N.² ἅπαντα τίκτει χθὼν πάλιν τε λαμβάνει, Fg. 839 N.², Plut. Plac. phil. 880 B.

[43] So Beyschlag, 223 und Delebecque, Xénophon, Cyropédie III, 148, A. 2. Zurückhaltender Due, 145.

[44] Vgl. Plut. Caes. 66,12, Pomp. 79,5, Luc. BC VIII 614 f.

Besonderes Gewicht legt Xenophon auf die letzte Verfügung des Kyros. Dies entspricht der antiken Darstellung von Sterbeszenen, in der die letzten Worte des Sterbenden hervorgehoben werden.[45] Ein besonders bekanntes Beispiel liefert der platonische Sokrates im Phaidon (118a7–8), der Kriton dazu auffordert, Asklepios den geschuldeten Hahn zu opfern. Kyros erinnert die Söhne daran, daß sie, wenn sie den Freunden nützen, auch den Feinden werden schaden können. Dann grüßt er sie, seine abwesende Frau und die Freunde (§ 28). Der xenophontische Idealherrscher stellt die traditionelle Freund-Feind-Maxime nicht in Frage. Er vermittelt vielmehr ein Dogma, das ihn auch sein Vater Kambyses lehrte (I 6,27).[46]

Überblickt man die Rede des Herrschers, so fallen zwei Dinge besonders auf: zum einen die Ausführlichkeit, mit der Kyros auf die Bedingungen der Eudaimonie eingeht, zum zweiten der Unsterblichkeitsbeweis. Beides weist ihn als Philosophenherrscher aus. Ob Xenophon sich für diese Konzeption auf eine bestimmte Vorlage stützen kann, ist aufgrund der Quellenlage nicht zu entscheiden. Die Konstellation des sterbenden Herrschers, der in Gegenwart seiner Familie und der Hofmitglieder eine letzte Rede hält, findet sich zwar auch bei Ktesias, doch im einzelnen sind die Unterschiede zwischen beiden Versionen nicht zu übersehen. Die Problematik der Eudaimonie und die Freundschaftslehre, die der xenophontische Kyros entwickelt, entstammen mit Sicherheit nicht Ktesias.

Das Problem der Eudaimonie erfährt bei Xenophon eine Behandlung, die sich in erster Linie an traditionellen Vorstellungen der griechischen Werteethik orientiert. Keine der Komponenten, die Xenophon als wesentlich für ein glückliches Leben erachtet, ist besonders ausgefallen. Eine bestimmte Quelle ausfindig zu machen, ist von daher schwierig. Gleichwohl läßt sich eine gewisse Nähe zum herodoteischen Solon nicht übersehen.

Der Unsterblichkeitsbeweis rückt Kyros in die Nähe des platonischen Sokrates im Phaidon. Der Annahme einer Abhängigkeit von Platon steht jedoch entgegen, daß verschiedene Elemente dieses Beweises älter als die Sokratik sind. Zum anderen läßt sich nicht ausschließen, daß bereits Antisthenes zumindest im Ansatz eine ähnliche Thematik für seinen Kyros wählte, von der sich Xenophon inspirieren ließ.

---

[45] Vgl. C. Gnilka, Ultima verba, Jahrb. für Antike und Christentum 22, 1979, 5 ff.
[46] Vgl. auch oben S. 126 f.

16. Der Schluß der Kyrupädie (VIII 8)

Im Anschluß an Kyros' Rede erfährt der Leser in einer Zusammenfassung, wodurch sich die Herrschaft des Reichsgründers auszeichnete und wie unter seinen Söhnen eine Entwicklung zum Schlechteren einsetzte. In der Antike wurde die Echtheit des Schlusses nicht in Zweifel gezogen.[1] L. C. Valckenaer[2] sah in ihm ohne Begründung als erster eine Interpolation und löste damit eine bis in die Gegenwart dauernde Echtheitsdiskussion aus.[3] In jüngerer Zeit läßt sich die Tendenz erkennen, den Schluß für echt zu halten.[4] Daß es keinen Grund zur Athetese gibt, soll sich auch im folgenden zeigen.

Der Beginn von VIII 8 enthält ein kurzes Resümee und Enkomion des persischen Idealherrschers. Seine Herrschaft wird in einer Synkrisis als die schönste und größte Asiens bezeichnet. In einer deutlichen Anspielung auf VIII 6,21 werden die Grenzen seines Reiches genannt[5], und er selbst wird als Herrscher qualifiziert, der wie ein Vater über seine Untertanen herrschte und von ihnen entsprechend geehrt wurde. Der Vergleich knüpft an VIII 1,1 an, wo Xenophon die Fürsorge als tertium comparationis nannte, die einen guten Monarchen und Vater auszeichnet. Der Gedanke ist xenophontisch und fügt sich völlig in sein Herrscherbild ein.

---

[1] Vgl. Athen. 465 E, 496 C, 515 A.

[2] Valckenaer bei J. A. Ernesti, 238 (vgl. oben S. 45, A. 4). Vgl. auch Schulz, De Cyropaediae epilogo Xenophonti abiudicando, 1806, der als erster versuchte, die Athetese zu begründen.

[3] Gegen Valckenaers These regte sich schon früh Widerspruch; vgl. J. G. Schneider, Xenophontis de Cyri disciplina libri VIII zu VIII 8,1, F. A. Bornemann, Der Epilog der Cyropaedie, ders., Xenophontis opera omnia I, Gotha–Erfurt 1828 zu VIII 8,1. – Ein Überblick über die ältere Forschung bei Eichler, De Cyropaediae capite extremo (VIII 8), von dem die ausführlichste Verteidigung stammt. Die jüngere Forschung ist zusammengefaßt bei Bizos, Xénophon, Cyropédie I, XXVI f. Er verficht die Athetese.

[4] Vgl. Breitenbach, Xenophon, 1742, Carlier, 160 ff., Breebaart, 133 f., Delebecque, Xénophon, Cyropédie III, 172 (vgl. schon Essai sur la vie de Xénophon, 405 ff.), Tatum, 223 ff., Due, 16 ff., Levine Gera, 299–300. – Gegen die Echtheit in jüngerer Zeit Hirsch, The Friendship of the Barbarians, 91 ff.

[5] Schulz, 39 f. (vgl. auch Schenkl, Ueber die Echtheit des Epilogs der Xenophontischen Kyrupädie, 542) nimmt Anstoß an der Wiederholung und daran, daß der Wortlaut in VIII 8,1 weitgehend mit der Formulierung in VIII 6,21 übereinstimmt. Es ist jedoch nicht einzusehen, warum dieser Befund gegen die Echtheit von VIII 8 sprechen soll. Xenophon bedient sich zur Bezeichnung der Reichsgrenzen unter Kyros gleichsam einer festen Formel. Möglicherweise will er damit den Eindruck des Authentischen erwecken.

Das kurze Enkomion bildet den Hintergrund, vor dem der Leser im folgenden erfährt, wie sich sofort nach Kyros' Tod die Verhältnisse in Persien zum Schlechteren wandelten (8,2ff.).[6] Zwar kündigt Xenophon die Darstellung des Umschlags im Laufe des Werkes nicht explizit an, doch läßt sich daraus kein Argument gegen die Echtheit von VIII 8 gewinnen.[7] Zum einen repräsentiert die Rede, die Kyros vor seinem Tod an die Söhne richtet und in der er sie eindringlich auffordert, die Eintracht zu wahren, ein Mittel, um indirekt auf den Schluß vorzubereiten. Zum zweiten handelt es sich bei der Antithese zwischen einer idealen Vergangenheit und der schlechten Gegenwart um ein Modell, das in Xenophons Werk eine Parallele hat: Im 14. Kapitel der Respublica Lacedaemoniorum schlägt Xenophon in ganz ähnlicher Weise die Brücke vom idealen spartanischen Staat zur Zeit Lykurgs zur dekadenten Gegenwart und leugnet, daß die Gesetze Lykurgs auch jetzt noch unverändert bestehen.[8] Weder Lykurg noch Kyros wird die Entwicklung zum Schlechteren angelastet. In beiden Fällen sind es die späteren Herrscher und Bürger, die sich des großen Vorbildes als unwürdig erweisen.

Wie und in welchen Bereichen der Niedergang nach Kyros' Tod begann, schildert Xenophon im wesentlichen in drei Schritten. Er thematisiert zunächst τὰ θεῖα, um zu zeigen, daß sich die Nachfolger des Kyros der Gottlosigkeit und Ungerechtigkeit schuldig machten (8,2–5). Daß das Verhalten gegenüber den Göttern an der Spitze steht, entspricht Xenophons Überzeugung von der kardinalen Bedeutung der Frömmigkeit.[9]

Um seine These zu stützen, nennt Xenophon drei historische Ereignisse: den Eidbruch des Artaxerxes, der die griechischen Generäle nach der Schlacht bei Kunaxa durch Tissaphernes in seine Gewalt brachte und hin-

---

[6] Schulz, 38 und Schenkl, 543 nehmen daran Anstoß, daß es in 8,2 heißt, sofort nach Kyros' Tod sei es zum Streit zwischen seinen Söhnen gekommen, die folgenden Beispiele jedoch aus der Zeit des Artaxerxes stammen. Es handelt sich zwar um eine gewisse Unstimmigkeit, doch spricht sie nicht gegen die Echtheit des Schlusses. Xenophon begnügt sich damit, seine These mit einer Analyse der jüngeren persischen Vergangenheit zu begründen, da er wohl die Revolte des falschen Smerdis als bekannt voraussetzt.

[7] Anders Schulz, 14.

[8] Hirsch, The Friendship of the Barbarians, 95 stellt die Dinge auf den Kopf, indem er mit Bezug auf Cyr. VIII 8 und Resp. Lac. 14 behauptet: "It is possible that both are a product of the tendency of a later age to supplement or improve upon Xenophon."

[9] Vgl. VIII 1,23ff. und oben S. 227.

richten ließ (8,3)[10], den Verrat des Mithridates an seinem Vater Ariobarzanes und den Verrat, den Rheomithres an seiner Frau und seinen Kindern verübte, indem er sie als Geiseln beim ägyptischen König Tachos zurückließ.

Bei der Hinrichtung der griechischen Generäle handelt es sich um ein Ereignis, von dem Xenophon als unmittelbar betroffener Zeitzeuge erzählt, das zum Zeitpunkt der Abfassung der Kyrupädie freilich schon einige Jahrzehnte zurückliegt. Es wäre sonderbar, wenn ein Interpolator ausgerechnet darauf anspielte, um die These vom Niedergang des persischen Reiches nach Kyros' Tod zu stützen.

Die beiden anderen Ereignisse stehen im Zusammenhang mit dem gescheiterten Satrapenaufstand gegen Artaxerxes.[11] Sie fallen in das Jahr 362 und liefern eine Bestätigung für die Spätdatierung der Kyrupädie.[12] Der Verrat, den Mithridates an seinem Vater Ariobarzanes, einer treibenden Kraft des Satrapenaufstandes, verübte, scheint in der staatstheoretischen Literatur des 4. Jahrhunderts besondere Beachtung gefunden zu haben. Aristoteles spielt in der Politik (V 10, 1312a15–16) nur kurz auf die Geschichte an und kann ihre Bekanntheit voraussetzen.

In der Kyrupädie dienen die drei historischen Beispiele dazu, eine regelrechte Theorie zu untermauern: Alle Asiaten hätten sich ein derartiges Verhalten zum Vorbild genommen. Wie nämlich die Herrscher seien, so entwickelten sich meistens auch die Untertanen (8,5). Bei letzterem handelt es sich um einen Lehrsatz, dessen sich Xenophon schon in VIII 1,8 bediente, wo er die Qualität der Bräuche in Relation zur Qualität eines Herrschers setzte.[13] Statt anzunehmen, daß ein Interpolator des Schlusses diesen Satz kopierte, liegt es näher, in VIII 8,5 ein Indiz für die Echtheit von VIII 8 zu sehen.[14]

Die Aussage über den Zusammenhang zwischen dem Verhalten eines Regenten und dem der Untertanen stellt einen Schlüsselsatz für das Verständnis des Schlusses dar. Xenophon will zeigen, daß nicht die Institutio-

---

[10] Vgl. Anab. II 5,31ff. (vgl. auch Isocr. 4,147), wo Xenophon das gleiche Ereignis mit den gleichen Worten beschreibt (II 6,1): οἱ μὲν δὴ στρατηγοὶ οὕτω ληφθέντες ἀνήχθησαν ὡς βασιλέα καὶ ἀποτμηθέντες τὰς κεφαλὰς ἐτελεύτησαν ∼ Cyr. VIII 8,3 καὶ ἀναχθέντες πρὸς βασιλέα ἀπετμήθησαν τὰς κεφαλάς. Es ist nicht einzusehen, warum die wörtlichen Übereinstimmungen gegen die Echtheit des Schlusses der Kyrupädie sprechen sollen; vgl. Cyr. VIII 1,39 πάσαις τιμαῖς ἐγέραιρεν und VIII 8,4 οἱ ταῖς μεγίσταις τιμαῖς γεραιρόμενοι. Anders Schenkl, 544.

[11] Vgl. dazu Diod. XV 90ff. und Holden zu VIII 8,4.

[12] Vgl. oben S. 45ff.

[13] Vgl. auch die Stellen oben S. 225, A. 38.

[14] Vgl. auch Bornemann, Der Epilog der Cyropaedie, 46.

nen, die Kyros begründete, und auch nicht die von ihm gepflegten Bräuche, sondern seine Nachfolger für den Verfall verantwortlich sind. Dies entspricht auf das Beste der bereits im Prooöm geäußerten Überzeugung, daß Kyros mit seiner Herrschaft etwas Einmaliges gelang.

Zum Nachweis der Gottlosigkeit und Ungerechtigkeit, die nach Kyros um sich griff, gehört thematisch die Spitze, die Xenophon in VIII 8,6 gegen die jetzige Ungerechtigkeit der Perser in Geldangelegenheiten richtet. Er behauptet nicht, daß das Streben nach Besitz generell den Sinn für die Gerechtigkeit verdrängt habe. Vielmehr prangert er an, daß nicht nur Schuldige, sondern auch Unschuldige, wenn sie wohlhabend sind, zur Zahlung von Geldstrafen verurteilt werden. Die unmittelbare Folge dieser Ungerechtigkeit ist nach Xenophon, daß sich die Reichen aus Furcht davor hüten, die Herrschenden und das königliche Heer zu unterstützen.[15] Die Analyse erinnert an die traditionelle Beschreibung der Tyrannis, in der stets die Spannung zwischen den reichen Bürgern einer Polis und dem Tyrannen hervorgehoben wird.[16]

Xenophon beschließt den ersten Abschnitt mit der Bemerkung, aufgrund der ἀσέβεια und der ἀδικία der Perser sei es jedem möglich, sich kampflos im persischen Reich aufzuhalten (8,7). Man wird diese Aussage nicht als Aufforderung an die Griechen interpretieren, Asien mit Krieg zu überziehen. Es handelt sich lediglich um eine Spitze, die sich in den Rahmen der Beschreibung einfügt, die Xenophon von der Dekadenz des Perserreiches gibt.[17]

Der Verfall der Sitten und der Erziehung ist Thema des zweiten Abschnitts (8,8–18). Der entscheidende Punkt ist, daß Xenophon nicht die im Verlaufe des Werkes geäußerten Bemerkungen über den Fortbestand einzelner Bräuche und Lebensgewohnheiten widerruft. Es handelt sich nicht um eine Palinodie.[18] Vielmehr betont er wiederholt, daß bestimmte Bräuche zwar weiterbestehen, jedoch ihren ursprünglichen Zweck nicht mehr erfüllen.

---

[15] 8,6 καὶ εἰς χεῖρας οὐδ' οὗτοι ἐθέλουσι τοῖς κρείττοσιν ἰέναι. οὐδέ γε ἀθροίζεσθαι εἰς βασιλικὴν στρατιὰν θαρροῦσιν. Schneider, 1800 athetiert den Abschnitt mit der Begründung, er passe nicht in den Kontext und widerspreche dem Plan Xenophons. Davon kann jedoch keine Rede sein. Beide Sätze sind vielmehr notwendig, um die folgende Behauptung (8,7 τοιγαροῦν ὅστις ἂν πολεμῆι αὐτοῖς, πᾶσιν ἔξεστιν ἐν τῆι χώραι αὐτῶν ἀναστρέφεσθαι ἄνευ μάχης κτλ.) verständlich zu machen. 8,7 schlösse bei einer Athetese der zwei vorangehenden Sätze überhaupt nicht an 8,6 (ὥστ' οὐδὲν ἧττον οἱ πολλὰ ἔχειν δοκοῦντες τῶν πολλὰ ἠδικηκότων φοβοῦνται) an.

[16] Vgl. Hier. 4,11, Plat. Resp. 565e3ff.

[17] Anders Schulz, 47, der keinen Zusammenhang zwischen 8,7 und dem Kontext sieht.

[18] In dieser Richtung Eichler, 75ff.

Dies zeigt bereits deutlich der erste, die Sorge um den Körper betreffende Punkt (8,8). Xenophon erinnert an den persischen Brauch, in der Öffentlichkeit nicht auszuspucken und sich nicht zu schneuzen. Der Leser erfährt, daß diese Sitte fortbesteht, die Perser sich jedoch nicht mehr darum bemühen, durch körperliche Anstrengungen dem Körper Wasser zu entziehen. An der korrespondierenden Stelle I 2,6 (ταῦτα δὲ οὐκ ἂν ἐδύναντο ποιεῖν, εἰ μὴ καὶ διαίτηι μετρίαι ἐχρῶντο καὶ τὸ ὑγρὸν ἐκπονοῦντες ἀνήλισκον, ὥστε ἄλληι πῆι ἀποχωρεῖν) betonte Xenophon, daß die körperlichen Mühen es den Persern ermöglichten, diesen Brauch zu wahren. Hier scheint auf den ersten Blick ein Widerspruch vorzuliegen. Die Verfechter der Athetese[19] führen die Diskrepanz zwischen den beiden Stellen gegen die Echtheit des Schlusses an. Doch stellt sich die Frage, warum ein Interpolator die diaitetische Erklärung in I 2,16 im Schlußkapitel mit der Bemerkung τὸ δ' ἐκπονεῖν οὐδαμοῦ ἐπιτηδεύεται in Zweifel ziehen sollte. Einfacher ist wohl die Annahme, daß Xenophon selbst in diesem Punkt seine Aussage im ersten Buch korrigiert. Es handelt sich nicht um einen Widerruf, denn das Faktum des Brauches wird auch am Schluß nicht geleugnet.

Dies gilt auch für die folgenden Beispiele (8,9 ff.). Xenophon stellt mit Bezug auf jeden Brauch fest, daß er weiterbesteht, seine frühere Funktion jedoch eingebüßt hat. Die Bemerkung, die Perser äßen wie früher nur einmal täglich, knüpft an I 2,11 an, wo Xenophon diese Sitte im Rahmen des persischen Idealstaates erörterte. Daß in der Kyrupädie mehrmals[20] vom ἄριστον und δεῖπνον entsprechend griechischer Sitte die Rede ist, läßt sich nicht gegen die Echtheit des Schlusses geltend machen.[21] Die Hinweise auf zwei Mahlzeiten entsprechen vielmehr Xenophons Bestreben, Kyros und die Perser wie Griechen agieren zu lassen, während er am Schluß des Werkes als Historiker Bezug auf die Gegenwart nimmt.

Die beiden folgenden Spitzen richten sich gegen das Verhalten der Perser beim Gelage und ihre Abstinenz von Essen und Trinken während des Marsches (8,10–11). Im ersten Fall soll die Unbeherrschtheit der Perser im Vergleich zu ihren Vorfahren, im zweiten die Sinnlosigkeit einer Sitte deutlich werden. Mit Bezug auf die Symposien erfährt der Leser, daß es bei den Persern früher verpönt war, große Becher[22] mitzubringen, um ein übermä-

---

[19] Vgl. besonders Schulz, 44 f., Schenkl, 547; vgl. auch Holden zu VIII 8,8.
[20] Vgl. II 1,29, VI 3,37, 4,1.
[21] Vgl. auch Eichler, 67. Anders Schenkl, 547 f.
[22] So wird wohl der Begriff προχοίδες (8,10) zu verstehen sein. Vgl. Athen. 496 C. Eine alternative Erklärung gibt Hesych (προχοίδας · ἀμίδας), der sich Breitenbach, Holden, Delebecque und Schenkl, 548 anschließen.

ßiges Trinken zu vermeiden. Die Information findet keine Entsprechung im Werk. Der Befund ist wichtig, spricht er doch gegen die Annahme, ein Interpolator habe einfach die über die gesamte Kyrupädie verstreuten Bemerkungen über die persischen Bräuche zum Anlaß genommen, in VIII 8 eine Gegendarstellung zu liefern. Der Abschnitt über das Verhalten der Perser beim Symposion mündet in die Bemerkung, auch jetzt sei es Sitte bei ihnen, keine großen Trinkgefäße mitzubringen. Sie tränken aber so viel, daß sie selbst herausgetragen werden müßten. Das Wortspiel mit εἰσφέρειν (sc. προχοίδας) und ἐκφέρεσθαι mag befremden und als deplazierter Witz empfunden werden.[23] Es ist jedoch fraglich, ob dies gegen die Echtheit des Schlusses angeführt werden darf.

Von der Jagd heißt es im folgenden, daß sie seit Artaxerxes nicht mehr wie früher bei den Persern praktiziert werde (8,12). Daß der Brauch weiter existiert, ergibt sich indirekt aus der Bemerkung, der König und seine Gefolgsleute seien eifersüchtig geworden, wenn einige φιλόπονοι regelmäßig auf die Jagd gingen. Es liegt kein Widerspruch zu VIII 1,36 vor, wo Xenophon erklärte, der König und der Hof übten sich auch jetzt noch in der Jagd, um Mühen, Kälte, Hitze, Hunger und Durst zu ertragen. Die Spitze in VIII 8,12 richtet sich in erster Linie gegen Artaxerxes[24] und seine Trunksucht, die ihn daran hinderte, regelmäßig die Jagd auszuüben.

Was die Erziehung der Kinder betrifft (8,13–14), so stellt Xenophon fest, sie finde auch jetzt noch am Hofe statt. Dies stimmt mit VIII 6,10 und Anab. I 9,3[25] überein. Am Schluß der Kyrupädie spricht Xenophon davon, daß allerdings die Sorge um das Reitwesen erloschen und die Sitte, die Kinder durch die Übung in Prozessen die Gerechtigkeit zu lehren, in ihr Gegenteil verkehrt worden sei. Man hat die erste Bemerkung unter Hinweis auf Anab. I 9,5 als "arge Übertreibung" bezeichnet.[26] Der Schluß der Kyrupädie erzielt jedoch seine Wirkung nicht zuletzt durch zum Teil überspitzte Bemerkungen gegen die zeitgenössischen Perser vor dem Hintergrund des Idealbildes, das Xenophon von Kyros entwirft. Dies entspricht durchaus xenophontischer Arbeitsweise, wie die überspitzte Polemik gegen Artaxerxes im Agesilaos (9,1 ff.) zeigt.

Neu ist für den Leser die Information, daß die persischen Kinder früher Botanik lernten, um sich der nützlichen Pflanzen zu bedienen und sich von den schädlichen fernzuhalten[27], nun jedoch dieser Brauch dazu dient,

---

[23] So Schneider zu VIII 8,10.
[24] Vgl. auch Due, 37.
[25] Anab. I 9,3 πάντες γὰρ οἱ τῶν ἀρίστων Περσῶν παῖδες ἐπὶ ταῖς βασιλέως θύραις παιδεύονται.
[26] So Schenkl, 549.
[27] Vgl. dazu auch Strab. XV 734.

möglichst großes Unheil anzurichten (8,14). Xenophon umschreibt die Botanik mit dem Ausdruck τῶν φυομένων τὰς δυνάμεις. Schenkl[28] nimmt Anstoß am Begriff δύναμις in der Bedeutung 'natürliche Eigenschaft'. Erst bei
Theophrast (HP VIII 8,1 τὰς τῶν σπερμάτων δυνάμεις) finde sich dafür ein
Beleg. Der Einwand ist nicht zwingend. Xenophon spricht im Oikonomikos (16,4) ganz analog von der δύναμις der Erde, in De vect. 4,1 von der
δύναμις mit Bezug auf Silberbergwerke. Sprachlich läßt sich an der Passage
über die Pflanzenkunde bei den Persern nichts aussetzen.

Dies gilt auch für die anschließende Bemerkung, nirgends stürben mehr
Menschen an Gift oder erlitten häufiger Vergiftungen als in Persien.
Schenkl[29] bezeichnet οὔτ᾽ ἀποθνήισκουσιν οὔτε διαφθείρονται als "sehr un-
klar". Problematisch ist jedoch nur die Bedeutung des zweiten Verbums.
Schenkl nimmt an, ἀποθνήισκειν bezeichne den freiwilligen Tod durch
Selbstvergiftung, διαφθείρεσθαι den Giftmord. Es liegt jedoch näher, διαφ-
θείρεσθαι auf eine Vergiftung ohne Todesfolge zu beziehen.[30]

Den Schluß des Abschnitts bildet eine ausführliche Kritik der Verweichlichung der zeitgenössischen Perser (8,15–18). Athenaios (515 A–C) zitiert
die Textstelle im Rahmen seiner Kritik an der persischen τρυφή. Die Passage
scheint in der Antike ein wichtiger Beleg für dieses Thema gewesen zu sein.
Es gibt weder sprachliche noch inhaltliche Gründe, ihre Echtheit in Zweifel
zu ziehen.

Die Kritik beginnt mit der These, die jetzigen Perser seien viel verweich-
lichter als zur Zeit des Kyros (§ 15). Das entscheidende Stichwort lautet
θρυπτικώτεροι. Es entspricht Xenophons Sprachgebrauch[31], der θρυπτικός
den Vorzug gegenüber dem gebräuchlichen attischen τρυφερός gibt. Xenophontisch ist auch die Wortstellung τὰς εὐνὰς οὐ μόνον ἀρκεῖ μαλακῶς ὑπο-
στόρνυσθαι (§ 16) statt οὐκ ἀρκεῖ τὰς εὐνὰς μόνον, wie Hell. III 2,21 (οὐ
μόνον ταῦτ᾽ ἤρκει) zeigt.[32]

Die Kritik richtet sich im wesentlichen gegen drei Dinge: einen übertrie-
benen Luxus im Haus – die Perser unterlegen selbst die Beine der Betten
mit Teppichen –, ihre ständige Suche nach neuen Speisen und die künstli-
chen Mittel, mit denen sie der Kälte im Winter und der Hitze im Sommer
begegnen. Der zweite Punkt findet eine auffällige Entsprechung im Agesilaos (9,3), wo Xenophon in der Synkrisis des Agesilaos und des Artaxerxes

---

[28] Schenkl, 551.
[29] Schenkl, 551.
[30] Vgl. Holden zur Stelle. Ähnlich auch Delebecque in der Übersetzung der Stelle.
[31] Vgl. Mem. I 2,5.
[32] Vgl. auch Holden zu VIII 8,16.

von letzterem sagt, er beschäftige Leute, die für ihn neue Speisen erfänden. Das Motiv scheint später zu einem Topos in der Polemik gegen die Verweichlichung der Perser geworden zu sein.[33]

Der dritte und letzte Abschnitt (8,19 ff.) ist im wesentlichen dem persischen Kriegswesen gewidmet. Zu Beginn kontrastiert Xenophon erneut die Vergangenheit und die Gegenwart, um die Zweckentfremdung eines früheren Brauches festzustellen: Während die Perser früher gewohnt gewesen seien, sich nicht zu Fuß fortzubewegen, um als möglichst gute Reiter zu erscheinen, richteten sie nun ihr Augenmerk darauf, beim Reiten möglichst bequem zu sitzen (§ 19). Die Spitze richtet sich gegen ihre jetzige Verweichlichung und knüpft insofern eng an den vorangehenden Abschnitt an. Mit dem Hinweis auf die Vergangenheit spielt Xenophon auf IV 3,22–23 an, wo er bemerkte, Kyros habe den Brauch eingeführt, jede Wegstrecke mit dem Pferd zurückzulegen.

Das persische Kriegswesen kritisiert Xenophon im wesentlichen aufgrund seiner Wirkungslosigkeit (8,20 ff.), indem er sich des gleichen Kontrats zwischen Vergangenheit und Gegenwart bedient. Auf der einen Seite nennt er die frühere Gliederung des persischen Heeres in Berufssoldaten und Reiter, die von Fall zu Fall von reichen Landbesitzern für den Krieg aufgeboten wurden. Das Übel der Gegenwart besteht nach Xenophon darin, daß im persischen Heer jeder, vom Türsteher über die Köche und Weinschenke bis zu den für die Kosmetik zuständigen Personen, Aufnahme als Reiter findet (8,20). Die gleiche Kritik legt Xenophon in den Hellenika (VII 1,38) dem arkadischen Gesandten Antiochos nach seiner Rückkehr vom Kongreß in Susa im Jahre 367 in den Mund.[34] Die Spitze richtet sich gegen die Rekrutierung unqualifizierter, mit der Techne nicht vertrauter Leute, die lediglich den Eindruck zahlenmäßiger Stärke erwecken sollen. Eben dies spricht Xenophon an der Kyrupädiestelle aus, wobei er diese Kritik mit der spitzen, gegen die persische Treulosigkeit gerichteten Bemerkung verknüpft, es sei für Feinde leichter als für Freunde, sich in Persien aufzuhalten (8,21).[35]

Um die Nutzlosigkeit des persischen Heeres zu illustrieren, erinnert Xenophon in einem zweiten Schritt an die Veränderungen, die Kyros auf dem Gebiet der Waffentechnik und mit Bezug auf die Kampfesweise durchsetzte, indem er auch die Perser aus dem Volk mit Nahkampfwaffen ausstattete

[33] Vgl. Theophr. Fg. 125 W., Cic. De fin. II 112, Tusc. V 20. Holden zu VIII 8,16.

[34] Hell. VII 1,38 ... ἀπήγγειλέ τε πρὸς τοὺς μυρίους ὡς βασιλεὺς ἀρτοκόπους μὲν καὶ ὀψοποιοὺς καὶ οἰνοχόους καὶ θυρωροὺς παμπληθεῖς ἔχοι, ἄνδρας δὲ οἳ μάχοιντ' ἂν Ἕλλησι πάνυ ζητῶν οὐκ ἔφη δύνασθαι ἰδεῖν (Hinweis auf die Stelle bei Dindorf).

[35] Holden zu VIII 8,21 verweist auf Isocr. 4,149 (über den Zug der 10000): ἀσφαλέστερον κατέβησαν τῶν περὶ φιλίας ὡς αὐτὸν (sc. βασιλέα) πρεσβευόντων. Vgl. auch Isocr. 4, 152.

(8,22). Diese Reform hat, wie Xenophon feststellt, auch jetzt noch Bestand, doch wollen die Perser sich nicht mehr auf den Nahkampf einlassen (8,22–23).

Auch mit Bezug auf die Sichelwagen konstatiert Xenophon, die Perser bedienten sich ihrer nicht mehr wie früher (8,24). In diesem Falle sieht er nicht im Mangel an Kampfeseifer die Ursache für den Wandel. Vielmehr diagnostiziert er einen geänderten Status der Wagenlenker: Während Kyros sie ehrte und sie unter ihm Anerkennung genossen, nehmen die Perser der Gegenwart an, jeder Ungeübte könne diese Tätigkeit wie ein Könner ausüben. Hier wie schon im Zusammenhang der Rekrutierung der persischen Reiter zielt die Kritik gegen ein mangelndes Techneverständnis. Die Folgen dieses Defizits im Kampf schildert Xenophon in drastischer Weise (8,25). Er mag sich hierbei auf die eigene Erfahrung stützen. In der Anabasis (I 8,20) beschreibt er einen ähnlichen Fall während der Schlacht bei Kunaxa, als herrenlose persische Wagen durch die Linien der Perser und Griechen fuhren.

Xenophon läßt es bei der Polemik gegen die Unfähigkeit der Perser, sich der Sichelwagen richtig zu bedienen, nicht bewenden. Am Ende des Abschnitts (8,26) hebt er die Griechen ins rechte Licht, indem er bemerkt, die Perser bedürften aufgrund dieser Unfähigkeit der griechischen Hilfe bei internen Streitigkeiten oder bei Kriegen gegen die Griechen. Die Anspielung auf den zweiten Fall evoziert beim Leser die Erinnerung an die Feldzüge der Spartaner Thibron, Agesilaos und Derkyllidas gegen Tissaphernes und Artabazos in Kleinasien, als auch auf der persischen Seite griechische Söldner kämpften.[36]

Am Schluß des Kapitels rekapituliert Xenophon kurz den Inhalt seiner Thesen. Er erhebt den Anspruch, bewiesen zu haben, daß die zeitgenössischen Perser in moralischer Hinsicht und auf dem Gebiet der Kriegsführung ihren Vorfahren unterlegen sind (8,27). Die möglichen Gegner seiner Position verweist er auf die ἔργα der Perser. Sie stützten seine Worte.

Es handelt sich um eine Formel, mit der der Autor den Anspruch auf Wahrheit erhebt. Sie ist gut xenophontisch, wie der Schluß der Memorabilien (IV 8,11) zeigt.[37] Auch dort grenzt sich Xenophon von denen ab, die mit seiner Sokratesdarstellung nicht einverstanden sind, und fordert dazu auf, den Charakter anderer Menschen zu vergleichen und sich so ein Urteil zu bilden. Die Formel ist hier insofern etwas anders, als Xenophon dem, der seiner Darstellung nicht zustimmt, nahelegt, einen Vergleich mit anderen Menschen anzustellen. Von der Struktur und Intention her besteht jedoch zwischen beiden Stellen eine enge Verwandtschaft: Der Leser, der anderer

---

[36] Vgl. Holden zur Stelle; Hell. III 2,12 ff.
[37] Vgl. auch Bornemann, Der Epilog der Cyropaedie, 19 f.

Meinung als Xenophon ist, wird auf Fakten verwiesen, die er selbst über-prüfen kann, um sich von der Richtigkeit der xenophontischen Darstellung zu überzeugen.

Überblickt man den Schluß der Kyrupädie, so zeigt sich Folgendes: Das Schlußkapitel komplementiert in sinnvoller Weise das Bild, das Xenophon zuvor von Kyros als dem idealen Herrscher entwarf. Die xenophontische Darstellung ist von dem Gedanken bestimmt, daß ein monarchischer Staat und seine Bürger so gut sind wie der Herrscher. Diese Vorstellung prägte insbesondere das achte Buch der Kyrupädie, in dem Xenophon den Gedan-ken vom Monarchen als einem Vorbild für seine Untertanen entwickelte. Die gleiche Überlegung steht im Hintergrund des Schlußkapitels. So ist zu erklären, warum Xenophon den Niedergang des persischen Reiches in moralischer und militärischer Hinsicht unmittelbar nach Kyros' Tod einset-zen läßt.

Die Gegenüberstellung einer guten Vergangenheit und einer dekadenten Gegenwart ist ebenfalls xenophontisch, wie der Vergleich mit der Respu-blica Lacedaemoniorum zeigt. Das Besondere daran ist, daß Xenophon nicht eine generelle Verfallstheorie vertritt, nach der die Gegenwart immer schlechter als die Vergangenheit ist. Sein Modell ist spezieller: Es soll erklä-ren, warum eine bestimmte Staatsform, in der Kyrupädie die Monarchie, abrupt eine Entwicklung zum Schlechteren erfährt, auch wenn sich die äußeren Voraussetzungen wie die Verfassung, die Gesetze und das Normen-system der Gesellschaft nicht geändert haben.

Ob Xenophon mit dem Schlußkapitel über die Entfaltung dieser Verfalls-theorie hinaus eine weiteren Zweck verfolgt, ist fraglich. Die These, er wolle das griechische Lesepublikum vor einem Feldzug gegen Persien war-nen, indem er auf die Gefahren einer Monarchie nach persischem Muster hinweise[38], ist weit hergeholt und findet keine Stütze im Text. Das Gleiche gilt wohl auch für die zuerst von E. Schwartz[39] geäußerte Ansicht, Xeno-phon wolle mit dem letzten Kapitel die Griechen zu einem panhellenischen Zug gegen Persien unter spartanischer Führung aufrufen.

Der Schluß der Kyrupädie läßt sich vollständig mit werkimmanenten Kri-terien erklären. Xenophon wies bereits im Proöm auf das Einzigartige der Herrschaft hin, die Kyros begründete. Dieser Sichtweise korrespondiert die Kritik an seinen Nachfolgern und den zeitgenössischen Persern am Ende des Werkes.[40]

---

[38] So Carlier, 163.
[39] Schwartz, Fünf Vorträge über den griechischen Roman, 69.
[40] Vgl. auch Walser, Hellas und Iran, 112.

III Ergebnisse

Die Kyrupädie hat den Wert eines politischen Handbuches. Thematisch gehört sie zur Literatur über die Monarchie. In ihr behandelt Xenophon freilich weder rein theoretisch die Vorzüge dieser Staatsform noch entwirft er einen Idealstaat, der mit dem Modell Platons vergleichbar wäre.

Die Kyrupädie führt dem Leser mittels einer Projektion sokratischer Tugendvorstellungen auf eine historische Person vor Augen, wie der ideale Herrscher beschaffen sein muß und wie sich unter seiner Herrschaft selbst ein Weltreich regieren läßt, dessen Dimensionen griechische Maßstäbe sprengt.

Kyros als der ideale Herrscher inkarniert alle Tugenden, die der Sokratiker Xenophon als wesentlich für die Ausübung des Herrscheramtes erachtet. Er übt ständig die Eigenschaften, die ihn auszeichnen, und diese Übung endet auch nicht, als er Herrscher eines Weltreiches geworden ist. Der Titel des Werkes gewinnt von daher eine weitere Bedeutung, als der Begriff 'Paideia' zunächst suggeriert. 'Paideia' bezeichnet in der Kyrupädie eine stetige Weiterentwicklung, die nicht mit dem Erreichen des Mannesalters endet.

Auf der anderen Seite übt Xenophons Kyros nach der Gründung des Weltreiches während seiner Stabilisierung selbst die Tätigkeit des Erziehers aus. Xenophon überträgt auf seinen idealen Herrscher die bereits vorgegebene Vorstellung, daß ein guter Monarch als Vorbild auf die Untertanen zu wirken hat und letztere so gut wie der König sind (VIII 1,21 ff.).

Die Position, die Xenophon mittels seiner Idealfigur sichtbar macht, unterscheidet sich grundlegend von der Sicht Platons, von dessen Politikos Xenophon sich im Proöm der Kyrupädie abgrenzt. Platon leugnet im Politikos die Existenz des idealen Herrschers. An seine Stelle setzt er in der Politeia die Konzeption des Idealstaates. Nicht individuelle Eigenschaften einer Person wie bei Xenophon entscheiden darüber, ob ein Staat und seine Mitglieder gut oder schlecht sind. Entscheidend sind nach der platonischen Vorstellung die Institutionen des Staates.

Die Darstellung des persischen Idealstaates im 1. Buch der Kyrupädie steht nicht in Widerspruch zu dieser auf die Person konzentrierten Perspektive. Der persische Idealstaat gibt den Rahmen ab, innerhalb dessen sich der junge Kyros entwickelt und der für ihn, wie aus dem 7. und 8. Buch erhellt, der gültige Bezugspunkt auch nach der Gründung des Weltreiches bleibt.

Xenophon teilt die auf die Person konzentrierte Sehweise mit Antisthenes. Dem älteren Sokratiker verdankt er wohl die Idee, den persischen Reichsgründer zum Träger seines Herrscherideals zu machen.

Diese Wahl hat verschiedene Gründe: Zum einen entführt sie den Leser gleichsam in eine fremde Welt. Die Kyrupädie ist hierin dem griechischen Roman vergleichbar, dessen Schauplatz im allgemeinen außerhalb des hellenischen Raums angesiedelt ist. Das Fremde soll auf den Leser eine Reizwirkung ausüben, wobei die literarische Eigenart der Kyrupädie darin zu sehen ist, daß die in dieser fremden Welt agierenden Personen, allen voran Kyros, griechischen Wertmaßstäben entsprechend handeln.

Zum zweiten bringt die Entscheidung für den Reichsgründer Kyros eine gewisse Objektivierung mit sich. Kyros ist zwar eine historische, zugleich jedoch schon halbmythische Person. Im Bewußtsein der Griechen gilt er seit dem 5. Jahrhundert v. Chr. als vorbildlicher, nichtgriechischer Herrscher.

Zum dritten ermöglicht diese Wahl einen Kontrasteffekt: Xenophon hält den griechischen Städten, deren Mängel er an exponierter Stelle zu Beginn der Kyrupädie (I 2,2) kritisiert, das idealisierte Persien und Kyros als Vorbild entgegen. Besonders die Bedeutung der Gerechtigkeit bei den Persern hebt er in diesem Zusammenhang als paradigmatisch hervor (I 2,3).[1] Und auch die Gleichheitsdebatte im 2. Buch (II 2,18 ff.), die thematisch zu jenen Diskussionen gehört, in denen die Eigenarten der proportionalen, geometrischen Gleichheit und ihre Vorzüge gegenüber der arithmetischen behandelt werden[2], hat Vorbildcharakter für den griechischen Leser. Sie führt ihm die Schwierigkeiten der arithmetischen Gleichheit und der dahinter stehenden Demokratie, in der sie propagiert und realisiert wird, vor Augen. Entkleidet man diese Debatte, die Xenophon in eine Reihe von Tischgesprächen einbettet, ihres fiktiven Rahmens, so ist sie als ein Beitrag des Sokratikers zu den politischen Diskussionen über die Vorzüge der proportionalen Gleichheit zu verstehen.

Auffällig ist in der Kyrupädie gegenüber der kyrosfreundlichen Tendenz in der Historiographie der Schritt zur Darstellung des Kyros als eines idealen Herrschers. Antisthenes ist wohl der erste, der diesen Schritt vollzieht. Bei ihm wird Kyros zum Repräsentanten des Gedankens, daß sich ein guter Herrscher durch die ständige Bereitschaft auszeichnet, Mühen zu ertragen.

---

[1] Vgl. oben S. 68 f.
[2] Vgl. Plat. Resp. 558c, Gorg. 508a, Leg. 757a–758a, Isocr. Areop. 21 ff., Nicocl. 14 ff. und oben S. 138 mit Anm. 14.

Der xenophontische Kyros verkörpert einen ähnlichen Typus.[3] Allerdings übernimmt Xenophon die antisthenische Vorstellung vom Wert der Mühen für einen Herrscher nicht völlig. Für Antisthenes (Fg. 95 DC)[4] ist der Gedanke bezeugt, daß die Ruhmlosigkeit ein Gut und der Mühe gleichwertig sei. Dieses Motiv spielt auch in seiner Schrift Kyros (Fg. 20 DC) eine wesentliche Rolle.[5] Etwas Vergleichbares fehlt in Xenophons Kyrupädie völlig. Im Gegenteil hat bei Xenophon der Gedanke des Ruhms, den ein guter Herrscher erntet, eine wichtige Funktion vom Beginn des Werkes (I 2,1) bis zum Ende (VIII 7,6.9).

Auch in anderer Hinsicht weicht Xenophons Kyros von der antisthenischen Konzeption ab. Sein Kyros zeichnet sich von Anfang an durch eine außerordentliche Wißbegierde aus.[6] Diese Eigenschaft kommt besonders dem Philosophen zu. Xenophon steht hierin in der Nähe Platons, der in der Politeia (475b11 ff., 485b1 ff.) die Wißbegierde an erster Stelle in der Reihe der den Philosophenherrscher kennzeichnenden Eigenschaften nennt. Kyros ist von Natur aus wißbegierig (I 4,3). Xenophon bereitet auf diese Weise auf seine Konzeption des philosophischen Herrschers vor. Eine ähnliche Konzeption läßt sich bei Antisthenes nicht erkennen.

Xenophon entwickelt in der Kyrupädie das Bild eines sokratischen Herrschers. Ob die Betonung sokratischer Züge ein Vorbild bei Antisthenes hat, muß offen bleiben. Die Tatsache, daß Xenophon seinem Kyros manche Züge des in den Memorabilien dargestellten Sokrates wie die Fähigkeit, sich zu beherrschen und Hunger, Durst und Kälte zu erdulden, verleiht, entscheidet diese Frage nicht. Denn es ist nicht auszuschließen, daß der xenophontische Sokrates und somit indirekt sein 'Abbild' Kyros vom antisthenischen Sokrates beeinflußt wird.

Xenophons Kyros zeichnet sich, was die Ethik betrifft, besonders durch zwei Tugenden aus: die Frömmigkeit (I 6,3, VIII 1,23, VIII 7)[7] und die Gerechtigkeit.[8] In nahezu allen Situationen, in denen Xenophon seinen Kyros während der Feldzüge auftreten läßt, entsteht das Bild des frommen und gerechten Feldherrn, und auch im dritten, der Organisation und Verwaltung des Weltreiches gewidmeten Teil des Werkes repräsentiert Kyros den frommen und gerechten Herrscher, der seine Untertanen zu diesen Tugenden erziehen will.

---

[3] Vgl. e.g. I 5,12, VII 5,80 und oben S. 66, 106.
[4] Vgl. oben S. 66.
[5] Vgl. oben S. 37.
[6] Vgl. I 2,1 und oben S. 65 f.
[7] Weitere Stellen S. 108 mit Anm. 22.
[8] Vgl. oben S. 72, 75 ff.

Eine spezifische Herrschertugend ist der freiwillige Gehorsam der Untertanen. Das Motiv darf als typisch xenopontisch gelten. Xenophon macht als
Sokratiker diesen Gehorsam vom Wissen des Herrschers abhängig (I 1,3, I
6,21, VIII 1,21ff.). In Xenophons Rangordnung der Eigenschaften des
idealen Königs rangiert der freiwillige Gehorsam der Bürger sehr weit oben.
Dies zeigt neben der Kyrupädie der Oikonomikos (21,12).

Das Wissen, das der Herrscher nach Xenophon besitzen muß, zeichnet
ihn vor anderen aus. Nur auf diese Weise kann es zur freiwilligen Unterordnung der Untertanen kommen. Die Prämisse, unter der dies gilt, lautet:
Niemand wird ungehorsam sein, wenn vom Gehorsam sein eigener Nutzen
abhängt. Dieser Gedanke, der hinter I 6,21 steht, ist im Ansatz mit dem
sokratischen Dogma verwandt, daß niemand freiwillig Unrecht begeht, da
er sich dadurch selbst Schaden zufügt. Nach Xenophon reicht es für den
guten Monarchen nicht, technisches und ethisches Wissen zu erwerben, um
seine Herrschaft auszuüben, sondern es bedarf eben auch der Einsicht der
Untertanen, daß der freiwillige Gehorsam das Beste für jedes Mitglied des
Staates ist.

Indem Xenophon im 7. und 8. Buch zeigt, wie sich auch ein Weltreich
organisieren und stabilisieren läßt und wie ein Herrscher als Vorbild und
Erzieher mit Erfolg das moralische Verhalten seiner Untertanen beeinflussen
kann, deutet er an, daß er von der Funktionsfähigkeit dieses Modells überzeugt ist.

Eine für den xenophontischen Kyros ebenfalls typische Tugend ist die
Philanthropie und als ihr Ausdruck die Wohltätigkeit. Das Philanthropie-
und Euergetes-Motiv hat in der Kyrupädie geradezu leitmotivische Bedeutung. Xenophon ist wohl der erste, der die Philanthropie zum kardinalen
Element in der Literatur über den idealen Herrscher macht. Zwar findet
sich schon bei Isokrates im Euagoras (§ 43) und in der Parainese des Nikokles (§ 15) das Prädikat φιλάνθρωπος, doch hat es bei Isokrates noch nicht
die zentrale Bedeutung. In der Kyrupädie hingegen spielt das Motiv der
Philanthropie schon zu Beginn (I 2,1) eine wichtige Rolle; es kehrt in I 4,1
und IV 2,10 wieder und wird besonders im 7. Buch (VII 5,73) thematisiert.

Ein Element des xenophontischen Herrscherbildes, das in der Kyrostradition offenbar kein Vorbild hat, ist das Motiv des Herrschers als eines Weisen.
Xenophon entwickelt es in der Rede, die Kyros vor seinem Tod an die
Söhne richtet (VIII 7). Weder Ktesias noch eine persische Quelle haben bei
der Entwicklung dieses Motivs als Vorlage gedient.[9] Die Themen, die der

---

[9] Vgl. oben S. 252.

xenophontische Kyros behandelt und die ihn als Weisen auszeichnen, sind der griechischen Vorstellungswelt und Werteethik entlehnt und geben auch deutlich ihren griechischen Ursprung zu erkennen. Dies gilt sowohl für das Problem der Eudaimonie (VIII 7,6–9)[10] als auch für den Unsterblichkeitsbeweis (VIII 7,17 ff.). Eine gewisse Nähe zu Platons Unsterblichkeitsbeweis im Phaidon darf nicht zu dem Schluß verleiten, Xenophon hänge in diesem Zusammenhang von Platon ab. Einige der von Xenophon benutzten Argumente sind älter als die Sokratik. Sie finden sich schon bei Pindar (Ol. 8,79–80) bzw. bei Thales (VS 11 A 22) und Anaxagoras (VS 59 A 99).

Die Rede, mit der sich Kyros vor seinem Tod an die Söhne wendet, hat neben der Aufgabe, ihn als einen Weisen zu charakterisieren, jedoch noch eine zweite Funktion. Sie bereitet in VIII 7,7 den Leser e contrario auf den Schluß des Werkes (VIII 8) vor, dem sich entnehmen läßt, daß die Söhne Kyros' Erbe verspielen.

Der Schluß der Kyrupädie gilt in der jüngeren Forschung zu Recht als authentisch, nachdem zuvor lange Zeit Valckenaers Athetese zumindest einige Anhänger fand.[11]

Die Tatsache, daß dieser Schluß durch VIII 7 vorbereitet wird, erschwert die These, es liege eine Interpolation vor.[12] Zum zweiten findet die Gegenüberstellung der idealen Vergangenheit und der dekadenten Gegenwart eine enge Parallele in Xenophons Respublica Lacedaemoniorum (14), wo Xenophon den idealen spartanischen Staat unter Lykurg mit der Gegenwart kontrastiert. Es gibt keinen Grund zu der Annahme, daß einem Interpolator die Respublica Lacedaemoniorum als motivische Vorlage für die Abfassung des Schlusses der Kyrupädie gedient habe.

Daß Xenophon in VIII 8 den Verfall früherer Werte im Persien der Gegenwart mit historischen Beispielen stützt, liegt in der Natur der Sache. Der Übergang vom fiktiven Geschehen in VIII 7 zur Gegenwart und der Rekurs auf die Realität finden auf diese Weise eine Erklärung. Eine gewisse Parallele liefert das Prooöm der Kyrupädie, in dem Xenophon im Rückblick aus der eigenen Perspektive die Wahl des Stoffes und seine These begründet, daß Kyros' Leistung ihresgleichen sowohl in der persischen wie auch griechischen Geschichte sucht.

Die Überleitung zur Gegenwart am Ende des Werkes bedeutet nicht eine Verletzung von Gattungsgrenzen. Der pessimistische Blick auf das zeitgenössische Persien und die Feststellung seines moralischen Verfalls unterstreichen vielmehr durch den Kontrast mit der Vergangenheit das Besondere, das den

[10] Vgl. oben S. 252 ff.
[11] Vgl. oben S. 262.
[12] Vgl. oben S. 263.

Reichsgründer und Helden der Kyrupädie ausmacht. Der Schluß des Werkes ist auf diese Weise eng mit der Darstellung des idealen Herrschers verknüpft.

Die Kyrupädie ist ein Spätwerk Xenophons. Zwar läßt sich das genaue Jahr der Entstehung nicht ermitteln, doch sind mit einiger Wahrscheinlichkeit die Jahre 366–61 als termini post quos, das Jahr 359, in dem der Agesilaos erschien, als terminus ante quem zu fixieren.[13]

Xenophon polemisiert im Proöm der Kyrupädie gegen Platons Politikos.[14] Er erhebt damit den Anspruch, mit der Kyrupädie einen Beitrag zur philosophischen Diskussion über den idealen Herrscher zu liefern. Platon repliziert seinerseits auf Xenophons Kyrupädie im 3. Buch der Nomoi[15], indem er eine ausführliche Begründung seiner These liefert, daß Kyros sich nicht um die richtige Erziehung der Söhne gekümmert und die politisch-ökonomische Organisation des Reiches vernachlässigt habe. Der zweite Vorwurf zielt auf die gegenteilige Darstellung in Cyr. VIII 6,1 ff. Mit dieser Auseinandersetzung zwischen Xenophon und Platon, deren Ausgangspunkt der platonische Politikos ist und deren letzte Etappe das 3. Buch der Nomoi Platons bildet, gewinnt die schon in der Antike[16] aufgestellte These von der Feindschaft zwischen Xenophon und Platon an Bedeutung.

Mit der späten Entstehung der Kyrupädie hängt möglicherweise zusammen, daß Xenophon in diesem Werk in stärkerem Maße als in anderen Schriften mit Selbstzitaten arbeitet, indem er Gedankenblöcke aus früheren Werken mit leichten Veränderungen übernimmt, um sie in den neuen Kontext einzufügen.

Ein besonders einprägsames Beispiel liefert das Gespräch zwischen Kyros und Kambyses (I 6,2 ff.), das mit dem Problem des Verhältnisses zu den Göttern beginnt. Xenophon übernimmt, indem er die Vorlage leicht abwandelt, eine in den Memorabilien (I 1,9) behandelte Fragestellung. Der gleiche Vorgang der Übernahme eines Motivs läßt sich auch in I 6,12 beobachten:[17] Der Katalog der Pflichten, die ein guter Feldherr zu erfüllen hat, entstammt dem gleichartigen Gespräch zwischen Sokrates und einem jungen Mann, von dem Xenophon ebenfalls in den Memorabilien (III 1) erzählt. Und auch die in Cyr. I 6,12 referierte Situation, in der der junge Kyros zu einem früheren Zeitpunkt einen Strategiklehrer gegen Bezahlung aufsuchte, hat ihr Vorbild in den Memorabilien (III 1).[18]

---

[13] Vgl. oben S. 45 ff.
[14] Vgl. oben S. 46–48.
[15] Vgl. oben S. 53 ff.
[16] Vgl. die Stellen oben S. 51, A. 19.
[17] Vgl. oben S. 119 f.
[18] Vgl. oben S. 110–111.

Man wird diese Arbeitstechnik nicht mit der Erklärung abwerten, daß Xenophon aus Verlegenheit auf früheres Material zurückgreife. Im Gegenteil: Die Tatsache, daß er in der Kyrupädie in besonderem Maße die Memorabilien als Quelle benutzt, deutet vielmehr auf eine feste künstlerische Absicht: Die Kyrupädie soll eine sokratische Prägung erhalten.

Xenophon zeigt seinen Protagonisten als eine Art Sokrates, der in Gesprächen, die an sokratische Dialoge in den Memorabilien erinnern, den Gesprächspartner zur Einsicht führt.

Ein Beispiel liefert der Dialog zwischen Kyros und Tigranes im 3. Buch (III 1,15 ff.), ferner das Gespräch zwischen Kyros und Kroisos, in dem Kroisos über den Wert von Freunden belehrt wird (VIII 2,15 ff.).

Xenophons Arbeitsweise erschöpft sich nicht darin, aus den Memorabilien vorgegebene Motive zu übernehmen. Er spielt auch indirekt auf diese Schrift an, indem er aus ihr stammende Gedanken in verkürzter Form in der Kyrupädie entwickelt, deren volle Bedeutung sich erst erschließt, wenn man auf die Memorabilien blickt. So steht die ausführlichere Fassung von Cyr. I 2,7 über die soziale Bedeutung des Undanks in den Memorabilien (II 2,3), die zum Verständnis der Kyrupädie unerläßlich sind.[19]

Im 2. Buch der Kyrupädie (II 2,24) kontrastiert Kyros die Schlechtigkeit und die Tugend mittels des Bildes vom Wege. Die Gegenüberstellung erinnert an die gleiche Konstellation in der Heraklesfabel in den Memorabilien (II 1,21 ff.). Auch in diesem Falle sind die Memorabilien der latente Bezugspunkt.[20]

Daß Xenophon umgekehrt der Kyrupädie Motive entlehnt, zeigt der Agesilaos (11,4).[21] Und auch zwischen dem Agesilaos (9,7) und dem Hieron (11,6) gibt es eine auffällige Kongruenz, die wohl so zu erklären ist, daß Xenophon den Gedanken aus dem Hieron übernimmt.[22] Die Beispiele zeigen, daß es sich bei der Kyrupädie nicht um einen Sonderfall handelt. Auffällig ist allerdings die Häufigkeit, mit der Xenophon in dieser Schrift Motive und Gedanken aus den Memorabilien überträgt und beide Werke auf diese Weise eng miteinander verknüpft. Damit bestätigt auch Xenophons Arbeitstechnik den Befund, daß es sich bei der Kyrupädie primär um eine sokratische Schrift handelt, deren philosophischen Charakter der Leser vor dem Hintergrund der Memorabilien erkennen soll.

---

[19] Vgl. oben S. 72.
[20] Vgl. auch oben S. 140; ferner Cyr. II 2,27 und Mem. I 2,19 ff. und dazu S. 141 f.
[21] Vgl. dazu oben S. 50.
[22] Vgl. oben S. 51, Anm. 18.

Literaturverzeichnis

Der Text der Kyrupädie wird nach E. C. Marchant, Xenophontis opera omnia Tomus IV, Oxford 1910 zitiert.

Ausgaben, kommentierte Ausgaben

Ammendola, G., Senofonte, Ciropedia, Libro I, Neapel 1936.

Bizos, M.–Delebecque, E., Xénophon, Cyropédie I–III, Paris 1972–1978.

Breitenbach, L., Xenophons Cyropaedie, Heft 1–2, Leipzig ²1869 (³1878).

Breitenbach, L.–Büchsenschütz, B., Xenophons Kyropädie, Heft 1–2, Leipzig 1878–1890.

Brodaeus, J., In omnia Xenophontis opera tam graecae quam latinae annotationes, Basel 1559.

Dindorf, L., Xenophontis Institutio Cyri, Oxford 1857.

Gemoll, W.–Peters, J., Xenophontis Institutio Cyri, Leipzig 1968.

Hertlein, F. K., Xenophons Cyropaedie, Heft 1–2, Berlin ²1859–1860.

Hertlein, F. K.–Nitsche, W., Xenophons Cyropädie, Bd. 1–2, Berlin 1876–1886.

Holden, A. H., The Cyropaedia of Xenophon, Cambridge 1887–1890.

Hug, A., Xenophon, Cyropaedia, editio maior, Leipzig 1883.

Hutchinson, T., Xenophontis de Cyri institutione libri octo, London 1773.

Schneider, J. G., Xenophontis de Cyri disciplina libri VIII, Leipzig 1800.

Weckherlin, M. C. C. F., Xenophon, Κύρου παιδείας βιβλία ὀκτώ, Stuttgart ²1822.

Sonstige Ausgaben und Kommentare

Adam, J., The Republic of Plato, Vol. I, Cambridge 1938.

Chantraine, P., Xénophon, Économique, Paris 1949.

Decleva Caizzi, F., Antisthenis Fragmenta, Varese-Milano 1966.

Delatte, A., Le troisième livre des Souvenirs Socratiques de Xénophon, Lüttich 1933.

Diès, A., Platon, Œuvres complètes T. VI, Paris 1947.

Ernesti, J. A., Apomnemoneumata seu Memorabilium Socratis dictorum libri IV, cui accesserunt animadversiones D. Ruhnkenni et L. C. Valckenarii, Leipzig [5]1772.

Giannantoni, G., Socraticorum Reliquiae Vol. II–III, Neapel 1983–1985.

Gigon, O., Kommentar zum ersten Buch von Xenophons Memorabilien, Basel 1953.

–, Kommentar zum zweiten Buch von Xenophons Memorabilien, Basel 1956.

How, W. W.–Wells, J., A Commentary on Herodotus, I–II, Oxford [2]1928.

Luccioni, J., Xénophon, Hiéron, Paris 1948.

Marchant, E. C., Xenophontis opera omnia II, Oxford [2]1921.

–, Xenophontis opera omnia III, Oxford 1904.

–, Xenophontis opera omnia V, Oxford 1920.

Newman, W. L., The Politics of Aristotle, Vol. I–IV, Oxford 1887–1902.

Ollier, F., Xénophon, La république des Lacédémoniens, Lyon 1934.

Skemp, J. B., Plato, The Statesman, Bristol [2]1987.

Woldinga, G. J., Xenophons Symposium II, Commentaar, Diss. Amsterdam 1939.

Sekundärliteratur

Aalders, G. J. D., Date and Intention of Xenophon's Hiero, Mnemosyne 6, 1953, 208–15.

–, ΝΟΜΟΣ ΕΜΨΥΧΟΣ, in: P. Steinmetz (Hrsg.), Politeia und Respublica, Palingenesia 4, Wiesbaden 1969, 315–29.

–, Political Thought in Hellenistic Times, Amsterdam 1975.

Accame, S., La leggenda di Ciro in Erodoto e in Carone di Lampsaco, in: Studi publicati dall' Istituto italiano per la storia antica 33, Rom 1982, 1–43.

Aly, W., Volksmärchen, Sage und Novelle bei Herodot, Göttingen 1921.

Anderson, J. K., Xenophon, London 1974.

v. Arnim, H., Leben und Werke des Dio von Prusa, Leipzig 1898.

–, Xenophons Memorabilien und Apologie des Sokrates, Kopenhagen 1923.

Avery, H. C., Herodotus' Picture of Cyrus, AJPh 93, 1972, 529–46.

Barker, E., Greek Political Theory, New York [2]1947.

–, The Political Thought of Plato and Aristotle, New York 1959.

Bauer, A., Die Kyros-Sage und Verwandtes, SB d. kais. Ak. Wien, Philos.-hist. Kl. 100, 1882, 495–578.

Beyschlag, F., Das 32. Kapitel der platonischen Apologie, Philologus 62, 1903, 196–226.

Bornemann, F. A., Der Epilog der Cyropädie durch philosophische, historische und philologische Anmerkungen erläutert, Leipzig 1819.

Breebaart, A. B., From Victory to Peace, Some Aspects of Cyrus' State in Xenophon's Cyrupaedia, Mnemosyne 36, 1983, 117–34.

Breitenbach, H. R., Historiographische Anschauungsformen Xenophons, Diss. Basel 1950.

–, RE 9 (1967) Xenophon (6) 1569–2052.

Buchanan Gray, G., The Foundation and Extension of the Persian Empire, in: The Cambridge Ancient History Vol. 4, Cambridge ⁴1960, 1–25.

Buchheit, V., Untersuchungen zur Theorie des Genos Epideiktikon von Gorgias bis Aristoteles, München 1960.

Carlier, P., L'idée de monarchie impériale dans la Cyropédie de Xénophon, Ktema 3, 1978, 133–63.

Castiglioni, L., Studi Senofontei V: La Ciropedia, Rendi Conti della Acad. dei Lincei 31, 1922, 34–56.

Christensen, A., Les gestes des rois dans les traditions de l'Iran antique, Paris 1936.

Cizek, A., From the historical Truth to the literary Convention. The Life of Cyrus the Great viewed by Herodot, Ctesias and Xenophon, Antiquité Classique 44, 1975, 531–52.

Dahmen, J., Quaestiones Xenophonteae et Antistheneae, Diss. Marburg 1897.

Decleva Caizzi, F., La tradizione antisthenico-cinica in Epitteto, in: G. Giannantoni (Hrsg.), Scuole socratiche minori e filosofia ellenistica, Bologna 1977, 93–113.

Delebecque, E., Essai sur la vie de Xénophon, Paris 1957.

Dierauer, U., Tier und Mensch im Denken der Antike, Amsterdam 1977.

Dittmar, H., Aischines von Sphettos, Studien zur Literaturgeschichte der Sokratiker, Phil. Untersuchungen 21, Berlin 1912.

Drews, R., The Greek Accounts of Eastern History, Cambridge Mass. 1973.

–, Sargon, Cyrus and Mesopotamian Folk History, Journal of Near Eastern Studies 44, 1974, 387–93.

Due, B., The Cyropaedia: Xenophon's Aims and Method, Aarhus 1989.

Duemmler, F., Akademika, Giessen 1889.

–, Kleine Schriften I, Leipzig 1901.

Düring, I., Herodicus the Cratetean, Stockholm 1941.

Eichler, G., De Cyropaediae capite extremo, Diss. Leipzig 1880.

Erasmus, S., Der Gedanke der Entwicklung eines Menschen in Xenophons Kyrupädie, in: Festschrift für F. Zucker, Berlin 1954, 111–25.

Eucken, C., Isokrates. Seine Positionen in der Auseinandersetzung mit den zeitgenössischen Philosophen, Berlin 1983.

Farber, J. J., Xenophon's Theory of Kingship, Diss. Yale 1959.

–, The Cyropaedia and Hellenistic Kingship, AJPh 100, 1979, 497–514.

Friedländer, P., Platon III, Berlin–New York [3]1975.

v. Fritz, K., Die griechische Geschichtsschreibung Bd. 1, Berlin 1967.

Gautier, L., La langue de Xénophon, Genf 1911.

Gemoll, W., Zur Kritik und Erklärung von Xenophons Kyrupädie, Progr. Liegnitz 1912.

Gigon, O., Sokrates. Sein Bild in Dichtung und Geschichte, Bern 1947.

–, Aristoteles: Politik, Zürich [2]1971.

Gomperz, Th., Griechische Denker II, Leipzig 1902.

Goodenough, E. R., The Political Philosophy of Hellenistic Kingship, Yale Classical Studies 1, 1928, 55–102.

Grossmann, G., Politische Schlagwörter aus der Zeit des Peloponnesischen Krieges, Diss. Zürich 1950.

Gruber, J., Xenophon und das hellenistisch-römische Herrscherideal, in: Dialog Schule-Wissenschaft 20, München 1986, 27–46.

Guthrie, W. K. C., A History of Greek Philosophy Vol. II, Cambridge 1965.

–, A History of Greek Philosophy Vol. III, Cambridge 1969.

Hadot, P., Fürstenspiegel, RAC 8, 1972, 555–632.

Hartman, I. I., Analecta Xenophontea Nova, Leiden 1889.

Heinimann, F., Nomos und Physis, Basel 1945.

Higgins, W. E., Xenophon the Athenian, Albany 1977.

Hirsch, S. W., The Friendship of the Barbarians, Hanover, New England 1985.

–, 1001 Iranian Nights: History and Fiction in Xenophon's Cyropaedia, in: The Greek Historians, Literature and History, Papers presented to A. E. Raubitschek, Stanford 1985, 65–85.

Hirzel, R., Der Dialog I, Leipzig 1895.

Hoistad, R., Cynic Hero and Cynic King, Uppsala 1948.

Jacoby, F., RE Suppl. 2 (1913) Herodot 205–520.

–, RE 11,2 (1922) Ktesias (1) 2032–73.

Jaeger, W., Paideia 3, Berlin 1947.

Joel, K., Der echte und der xenophontische Sokrates, 3 Bde., Berlin 1893–1901.

Kaerst, J., Studien zur Entwicklung und theoretischen Begründung der Monarchie im Altertum, München 1898.

Keller, W. J., Xenophon's Acquaintance with the History of Herodotus, CJ 6, 1910–11, 252–59.

Kent, R. G., Old Persian, Grammar, Texts, Lexicon, New Haven [2]1953.

Knauth, W., Das altiranische Fürstenideal von Xenophon bis Ferdousi nach den antiken und einheimischen Quellen, Wiesbaden 1975.

Lefèvre, E., Die Frage nach dem ΒΙΟΣ ΕΥΔΑΙΜΩΝ. Die Begegnung zwischen Kyros und Kroisos bei Xenophon, Hermes 99, 1971, 283–96.

Lehmann-Haupt, C. F., Gobryas und Belsazar bei Xenophon, Klio 2, 1902, 341–45.

–, Der Sturz des Kroisos und das historische Element in Xenophons Kyropädie I, WS 47, 1929, 123–27.

–, Der Sturz des Kroisos und das historische Element in Xenophons Kyropädie II, WS 50, 1932, 152–59.

Levine Gera, D., Xenophon's Cyropaedia, Style, Genre, and literary Technique, Oxford 1993.

Lincke, C. F. A., De Xenophontis Cyropaediae interpolationibus, Diss. Berlin 1874.

–, Kritische Bemerkungen zu Xenophons Kyrupädie, Neue Jahrbücher für Phil. und Päd. 149, 1894, 705–28.

–, Xenophons persische Politie, Philologus 60, 1901, 541–71.

Luccioni, J., Les idées politiques et sociales de Xénophon, Paris 1947.

MacDowell, D. M., Spartan Law, Scotish Classical Studies 1, Edinburgh 1986.

Madvig, J. N., Adversaria critica Vol. I, Kopenhagen 1871.

Maier, H., Sokrates. Sein Werk und seine geschichtliche Bedeutung, Tübingen 1913.

Marschall, Th., Untersuchungen zur Chronologie der Werke Xenophons, Diss. München 1928.

Mathieu, G., Les idées politiques d'Isocrate, Paris 1925.

Momigliano, A., Tradizione e invenzione in Ctesia, in: Quarto contributo alla storia degli studi classici del mondo antico, Rom 1969, 181–212.

–, The Development of Greek Biography, Cambridge Mass. 1971.

Müller, A., De Antisthenis Socratici vita et scriptis, Diss. Marburg 1860.

Müller, C. W., Gleiches zu Gleichem. Ein Prinzip frühgriechischen Denkens, Klassisch-Philologische Studien H. 31, Wiesbaden 1965.

–, Die Kurzdialoge der Appendix Platonica, München 1975.

–, Der griechische Roman, in: E. Vogt (Hrsg.), Neues Handbuch der Literaturwissenschaft Bd. 2, Griechische Literatur, Wiesbaden 1981, 377–412.

–, Zur Datierung des sophokleischen Ödipus, Ak. d. Wiss. und Lit. Mainz, Geistes- u. sozialwiss. Kl. 5, 1984.

Münscher, K., Xenophon in der griechisch-römischen Literatur, Philologus Suppl. 13, Leipzig 1920.

Nestle, W., Spuren der Sophistik bei Isokrates, Philologus 70, 1911, 1–51 (Griechische Studien, Stuttgart 1948, 451–501).

–, Xenophon und die Sophistik, Philologus 94, 1941, 31–50 (Griechische Studien, Stuttgart 1948, 430–50).

Newell, W. R., Xenophon's Education of Cyrus and the Classical Critique of Liberalism, Diss. Yale 1981.

Nickel, R., Xenophon, EDF 111, Darmstadt 1979.

Norden, E., Über einige Schriften des Antisthenes, in: Beiträge zur Geschichte der griechischen Philosophie, Jahrbücher für Class. Philologie Suppl. 19, 1892, 368–85.

Ollier, F., Le mirage spartiate, Paris 1933.

Patzer, A., Antisthenes der Sokratiker. Das literarische Werk und die Philosophie, dargestellt am Katalog der Schriften, Diss. Heidelberg 1970.

Perry, B. E., The Ancient Romances, Berkeley–Los Angeles 1967.

Persson, A. W., Zur Textgeschichte Xenophons, Diss. Lund 1915.

Pohlenz, M., Aus Platons Werdezeit, Berlin 1913.

–, Staatsgedanke und Staatslehre der Griechen, Leipzig 1923.

Prinz, W., De Xenophontis Cyri institutione, Diss. Göttingen 1911.

Pritchard, J. B., Ancient Near Eastern Texts, Princeton [3]1969.

Proietti, G., Xenophon's Sparta, Mnemosyne Suppl. 98, Leiden 1987.

Rankin, H. D., Sophists, Socratics and Cynics, London–Totowa (New Jersey) 1983.

–, Antisthenes Sokratikos, Amsterdam 1986.

Richter, E., Xenophon-Studien, Leipzig 1892.

Riemann, K. A., Das herodoteische Geschichtswerk in der Antike, Diss. München 1967.

Rinner, W., Untersuchungen zur Erzählstruktur in Xenophons Kyrupädie und Thukydides, Buch VI und VII, Diss. Graz 1982.

Rohde, E., Psyche, Bd. 1–2, Freiburg–Tübingen [2]1898.

de Romilly, J., Le conquérant et la belle captive, Bull. de l'Assoc. Budé 1, 1988, 1–15.

Roquette, A., De Xenophontis vita, Diss. Königsberg 1884.

Rosenstiel, F., Über einige fremdartige Zusätze in Xenophons Schriften, Progr. Sondershausen 1908.

Rossetti, L., Aspetti della letteratura Socratica antica, Chieti 1977.

Sage, D. W., Solon, Croesus, and the Theme of the ideal Life, Diss. Baltimore 1985.

Sancisi-Weerdenburg, H., Yauna en Persai, Groningen 1980.

–, The Death of Cyrus, Xenophon's Cyropaedia as a Source for Iranian History, Acta Iranica 25, 1985, 459–71.

Scharr, E., Xenophons Staats- und Gesellschaftsideal und seine Zeit, Halle 1919.

Schenkl, K., Ueber die Echtheit des Epilogs der Xenophontischen Kyropädie, Neue Jahrbücher für Phil. und Päd. 83, 1861, 540–57.

Schnyder, F., Die Religiosität Xenophons, Diss. Basel 1953.

Schubart, W., Das hellenistische Königsideal nach Inschriften und Papyri, in: H. Kloft (Hrsg.), Ideologie und Herrschaft in der Antike (WDF 528), Darmstadt 1979, 90–122.

Schubert, R., Herodots Darstellung der Kyrossage, Breslau 1890.

Schulz, D., De Cyropaediae epilogo Xenophonti abiudicando, Halle 1806.

Schwartz, E., Fünf Vorträge über den griechischen Roman, Berlin ²1943.

–, Ethik der Griechen, hrsg. von W. Richter, Stuttgart 1951.

Sinclair, T. A., A History of Greek Political Thought, London 1951.

Susemihl, F., Der Idealstaat des Antisthenes und die Dialoge Archelaos, Kyros und Herakles, Neue Jahrbücher für Phil. und Päd. 135, 1887, 207–14.

Tatum, J., Xenophon's imperial Fiction. On the Education of Cyrus, Princeton 1989.

Thomas, E., Quaestiones Dioneae, Diss. Leipzig 1909.

Tigerstedt, E. N., The Legend of Sparta in Classical Antiquity I, Lund 1965.

Todd, J. M., Persian Paedia and Greek Historia. An Interpretation of the Cyropaedia of Xenophon, Book I, Diss. Pittsburgh 1968.

Walser, G., Hellas und Iran. Studien zu den griechisch-persischen Beziehungen vor Alexander, EDF 209, Darmstadt 1984.

Walzer, R., Sulla religione di Senofonte, Annali della Scuola Normale Superiore di Pisa Ser. II, 5, 1936, 17–32.

Weil, R., L'"Archéologie" de Platon, Paris 1959.

Weissbach, F. H., RE Suppl. 4 (1924) Kyros (6) 1129–66.

Widengren, G., Die Religionen Irans. Die Religionen der Menschheit 14, Stuttgart 1965.

Wiesehöfer, J., Kyros und die unterworfenen Völker, Quaderni di Storia 13, 1987, 107–26.

v. Wilamowitz, U., Platon II, Berlin ²1920.

Wolf, E., Griechisches Rechtsdenken III 1, Frankfurt 1954.

Wood, N., Xenophon's Theory of Leadership, Classica et Mediaevalia 25, 1964, 33–66.

Zeller, E., Die Philosophie der Griechen in ihrer geschichtlichen Entwicklung II 1, Leipzig ⁵1922.

Zimmermann, B., Roman und Enkomion – Xenophons 'Erziehung des Kyros', Würzb. Jahrb. N. F. 15, 1989, 97–105.

Register

Achill. Tatius
I 10   205 A. 7

Aelian
De nat. an.
I 59   33 A. 43
III 13   249 A. 117
X 6   249 A. 117
NH
II 40   89 A. 93
VH
II 21   241 A. 93
IX 4   241 A. 92
XIII 4   241 A. 92

Aelius Aristides
14, 18   39 A. 72

Aineas Tact.
Pol.
7, 4   131 A.96
8, 5   131 A. 96
12   195 A. 1
14, 2   131 A. 97
21, 1   131 A. 96
21, 2   131 A. 98
40, 8   131 A. 96

Aischines Socr.
Fg. 8 D.   27 A. 6
Fg. 35 D.   23 A. 84

Aischines orator
1, 143   156 A. 21

Aischylos
Choe.
127f.   260 A. 42
Eum.
275   168 A. 6
537   132

Pers.
74   42 A. 84
241   42 A. 84
393   170 A. 19
766   7, 24
767–72   4
771   212 A. 1
978 f.   232 A. 70

Prom.
105   146 A. 33
789   168 A. 6

Sept.
224 f.   223
592   124 A. 74
602 ff.   227 A. 50

Suppl.
767   42 A. 84

Alkmaion
VS 24 A 12   258 A. 31

Ammianus
XVI 10, 10   86

Anakreon
356 b 5   240 A. 89

Anaxagoras
VS 59 A 99   258, 277

Anon. Jambl.
2, 1 ff.   124 A. 74
6, 1   94 A. 109
7, 13   95 A. 110

Antiphon
4, 2, 1   107 A. 18
5, 82   227 A. 50

Antisthenes
Fg. A 1   76 A. 47